力学の誕生

オイラーと「力」概念の革新

有賀暢迪 著
Nobumichi Ariga

名古屋大学出版会

力学の誕生

目　次

第Ⅲ部　『解析力学』の起源

凡　例

一、原典史料からの引用は、特に断りのない限り、原典から直接訳出したものである。ただし既存の訳を参考にした場合には、対応する箇所を併せて示した。
一、原典史料からの引用に当たっては、原文を注に記載した。その際、古い綴り等を現代のものに改めることはしなかった。
一、邦語文献からの引用に当たっては、本書全体の統一方針に従い、漢字・ひらがなや句読点等の表記を適宜変更した。
一、引用文中、角括弧（［　］）で記した部分は、引用者による補足や省略である。
一、原典史料の参照に当たっては、学術誌等に掲載された初出時の版と、後に著作集等に収められた版とが存在する場合、基本的には後者のページ番号を記した。ただし、二つの版に相違がある場合や、いずれの版も同等に入手しにくい場合などには、両方のページ番号を併記した。
一、注における原典史料の年記は、その初出が十八世紀の学術誌など（特にアカデミーの紀要）である場合には、実際の刊行年ではなく、扉頁等に記載されている年度を表す。
一、著作の表題は、書籍であるか論文であるかにかかわらず、本文中ではすべて二重鍵括弧（『　』）で記した。

序論　力の起源をたずねて

十八世紀半ば、ベルリンの王立科学・文学アカデミーが刊行した紀要の一七五〇年度の巻に、『力学の新しい原理の発見』と題する一篇の論文が掲載された。著者は、ヨーロッパを代表する数学者の一人でアカデミーの数学部門の長でもあった、レオンハルト・オイラーである。

この論文の直接の主題は、大きさのある物体の回転運動であった。だが、オイラーはその中に「力学全体の基礎となる一般原理の説明」という一節を設け、運動方程式という名前で今日知られている力学原理の簡明な解説を与えている。現代的に述べ直すなら、それは、一つの点と見なされる物体（質点）に働く力の大きさと、それによって生じる速度の変化（加速度）との関係を、空間の三つの次元それぞれについて与えるものであった。微積分の言葉で表現された、この関係式の持つ重要性について、オイラーはこう宣言している。「今しがた私の打ち立てた原理は、ただそれだけで、あらゆる物体——それがどのような性質のものであれ——の運動についての知識につながりうるような、あらゆる原理を内包している」と。[1]

力学史上、オイラーのこの論文は、いわゆる「ニュートン力学」の理論体系が明瞭な形で提示された記念碑的著作として知られている。それは確かに、十八世紀を通じて進行した力学の解析化と体系化の過程において、一つの到達点と見なすべきものである。アイザック・ニュートンの『自然哲学の数学的諸原理』（通称『プリンキピア』）、初版一六八七年）と、ジョセフ・ルイ・ラグランジュの『解析力学』（初版一七八八年）を両端とするほぼ百年のあいだに、力学の言語は作図を中心とした幾何学から、数式操作に基づく微積分へと移行した（解析化）。そしてそれと同時に、力学の種々の法則や問題は、一般原理を出発点とする演繹的な理論体系へと整理されていった（体系化）。こうして確立した力学の解析的な理論体系は、少数の公理や原理から出発してさまざまな定理や法則を機械的に導き出すという、科学における一つの理想、一つの理念型を提供するものであった[2]。

古典的な科学史の研究、特に、いわゆる十七世紀の科学革命をめぐる議論では、ガリレオからニュートンへと至る「近代力学」の形成に大きな関心が寄せられていた[3]。しかし、十七世紀末の時点における力と運動の科学、あるいは自然哲学と、今日「力学」と聞いて連想されるものとのあいだには、相当大きな開きがある。実際、現在の力学（ひいては物理学一般）では、考えている事象に対して運動方程式や変分原理といった一般的な原理を適用し、系を記述する微分方程式を立ててそれを解く、というのがふつうである。仮にこれが「力学をする」ということの意味であるなら、そのスタイルはまさに十八世紀に生み出されたと言わねばならない。この時代の力学が持つ歴史的な重要性は、何よりもこの点にある。十九世紀以降、近現代の物理科学や工学の営みを思想的にも実践的にも支えたものは、十八世紀に打ち立てられた普遍的かつ汎用的な「力学」の存在であった。そのような力学理論の体系がどのようにして形成されてきたのかという問いは、科学史上、特に重要な問題の一つと言ってよい。

十八世紀のヨーロッパにおける理論的な力学の展開については、そのさまざまな局面が、多数の研究により明らかにされてきた。しかしながら、力学にとって本質的な、ある要素の歴史に対しては、これまで十分な考察が行われていない。本書で問題にするその要素とは、一般的な作用としての力の概念である。現代の物理学者や工学者は、太陽の引力による地球の運動とばねにつながれた小球の往復運動が、同じ運動方程式によって記述できることを疑っていない。惑星の運行から種々の機械装置のメカニズムまでを同じ理論によって扱える点が古典力学の大きな特徴であるが、そのようなことができるのは、由来の異なるさまざまな作用が同一の「力」なるものによって等しく表せるからである。この意味で、ニュートン力学に代表される真に近代的な「力学」を可能にしたものは、物体に対して働くさまざまな物理的作用を一括して表現する、一般的な力の概念であったと考えられる。ところがこのような力概念は、あらかじめ存在していたわけではなかった。それ自体、十八世紀のあいだに確立されてきたのであって、その過程が本書の主題である。

ここで、次のような疑問が発せられるかもしれない。力学理論の数学的形式が十八世紀に大きく変わったのだとしても、力学の物理的内容は、ニュートンによって適切に述べられていたのではないだろうか。つまり、一般的な力概念なるものは、ニュートンにおいてすでに、正しく把握されていたのではなかったか、という疑問である。この指摘は、ある意味では正しい。ニュートンが『プリンキピア』で与えた「刻印力」(*vis impressa*) という概念は、確かに、今日の物理学で言われる「力」と同一視して差し支えないように思われる。興味深いことに、これは『オックスフォード英語辞典』の見解でもあって、そこには次のように書かれている――。

> 力…… [語義の十一 - a] (ニュートンの「刻印力」[……] に同じ)。物体に働きかけ、その静止または一様直線運動の状態からの変化ないし変化の傾向を生み出そうとする影響 (その強度に関して測定可能で、その方向に関して決定可能なもの)。定量可能な量としての、そのような影響の強さ。[4]

とはいえ、科学史研究の立場から見ていっそう重要なのは、ニュートン研究の大家であったウェストフォールが、それと同様の見方を示していたことである。実際、ウェストフォールはニュートンによるこの新たな力概念の把握をもって近代的な力学の確立と見なし、それをいわゆる科学革命の頂点として位置づけた。[5] このような主張が科学革命の解釈として適切かどうかということには、ここでは立ち入らない――歴史家による科学革命の理解は、実のところ、過去数十年間に大きく様変わりしてきたのである。[6] しかし、たとえ適切であったとした場合でも、別の問題は残るだろう。なぜなら、仮にニュートンが近代的な力概念に到達していたのだとしても、そのことは、それがすぐに一般的な理解になったということを意味しないからである。

このことを物語る文献が、冒頭で言及した一七五〇年度のベルリン・アカデミー紀要の中にある。実は、『力学の新しい原理の発見』が掲載されたこの巻の中には、『力の起源の探究』と題されたオイラーの別の論文も印刷されていた。この後者の論文では、物体に作用するあらゆる力は物体同士の衝突から生じると論じられており、さらに、こうした力の起源は物体の不可入性（複数の物体が同時に同じ場所を占めることはできないという性質）にある、と主張されている。力学の数学的理論体系が打ち立てられたとされるのとまったく同じ時、同じ場所で、理論の要石とも言うべき「力」そのものについて、オイラー自身が半ば思弁的な考察を行っていたのである。[7]

オイラーの『力の起源の探究』は、二つの点で注目に値する。第一に、オイラーがこのような議論を行っているということは、力学理論の概念基盤である「力」について、この時代にはまだ何かを論じる必要があったということを示唆する。それは言い換えれば、「力」なるものについて、この当時、完全な合意が存在していたわけではないということである。第二に、オイラーはこの問題を論じるにあたり、物体の衝突を引き合いに出して検討を行っている。仮にオイラーが、同時代の人々とまったく異なる枠組みでこの問題を考察しているのではないとするなら、力の概念と衝突の問題という両者のあいだには、先行する何らかの議論が存在していたと予想されよう。オイラーが一七五〇年の時点で、衝突の問題に即して力の概念を論じているという事態には、どのような歴史的背景が存在するのか。オイラーがあえて展開した、現代から見れば奇妙にも感じられるこの議論は、歴史上、どのように位置づけられるのか。こうした問いに答えるには、ニュートンの『プリンキピア』以降に始まる力学理論の解析化・体系化とは異なる文脈に、目を向ける必要がある。

その文脈として本書で取り上げるのが、ふつう「活力論争」と呼ばれている十八世紀前半の議論である。この一連の論争は、「力」がデカルトの言うように質量と速度の積（すなわち「運動の量」）に比例するのか、それともライプニッツの主張するように質量と速度の二乗の積（すなわち「活力」）に比例するのかという問いに関わるものであった。伝統的な力学史、あるいは物理学史において、活力論争が言わば正常な発展からの逸脱として語られてきたのは、不思議なことではない。なぜなら、質量と速度の積に比例するのは運動量（mv）であり、質量と速度の二乗の積に比例するのは運動エネルギー（$\frac{1}{2}mv^2$）であって、どちらも「力」とは区別されるべきだからである。この観点から見るならば、活力論争は「幾重にも誤解に基づいていた」（マッハ）、「本質的には言葉の論争に過ぎなかった」（ヤンマー）ということになるだろう。[8] ましてや、ニュートンが「正しい」力概念をすでに与えていたのだとすれば――。

だが、こうした見方には根本的な問題がある。このような歴史観においては、今日から見て「正しい」概念がいずれは自然に獲得され、かつ、ひとたび提出されれば必然的に広まるはずだということが、暗黙のうちに前提されているからである。それがもたらす最大の問題は、そのような目的論的かつ運命論的な見方を採った場合、十八世紀前半に論争に現に関わっていた人々――仮にも当時「学者」と呼ばれ得た人々――が、この「誤った」概念をめぐって延々と議論していたという事態を、私たちが理解できなくなるということにある。しかもそうした「学者」たちの中には、オイラーの師であったヨハン・ベルヌーイを始め、力学理論の整備に貢献したとされる著名な数学者たちも含まれていた。そうだとすれば、むしろ積極的にこう考えるべきではないだろうか。この時期にはまだ――ニュートンの偉大な達成にもかかわらず――今日的な力概念は人々に共有されていなかったのであり、活力論争はこの概念を明確化しようとしてなされた悪戦苦闘の一部であったのだ、と。そうであるなら、私たちに求められるのは、活力論争を「誤った」論争として捉え、「正しい」概念への到達がなぜ遅れたのかと問うことではないだろう。そうではなく、当時の一般的な了解がどのようなものであったかをまず把握し、その上で、その中から今日的な概念が生まれてきた過程を明らかにすることでなくてはならない。本書で示されるように、そうした作業は結局のところ、力学それ自体の形成過程を物語ることにつながるはずである。

力学の理論的発展を扱った従来の研究では、今日的な力概念の成立という出来事に対して、これまで十分な注意が払われてこなかった。その大きな理由は、おそらく、この概念があまりに当然のものに思えるからである。私たちは教育の早い段階で、力とは物体の運動状態や形状を変化させる働きのことであると教わり、さまざまな問題を解くことを通じてその概念の使い方を学ぶ。力とは何かというのは言葉で説明されるというよりも、実際に使ってみる訓練を通して会得される。力について何事かを分かっているとは、それを適切に用いることができるということにほかならない[9]。しかしそのような了解の様式は、当の概念が本来有していた意味合いや、それが形成されるまでに経てきた長く複雑な過程を、しばしば容易に忘却させる。科学の基本的な概念、あまりに基本的であるがゆえに私たちが自明だと思っている概念の歴史的由来を問うこと、それがここでの関心事である。

オイラーが一七五〇年に運動方程式を力学の基礎に据えるためには、それに先立って、もしくはそれと同時に、一般的作用としての力概念が確立される必要があった。これは、同じく十八世紀を通じて進行した力学の解析化や体系化とは異なる次元での変化であり、本書はこの側面——力概念の革新——から、力学の形成過程を考究するものである。

*

本書では、力の概念を切り口とし、オイラーの思考を軸に据えながら、十八世紀における「力学の誕生」を叙述することを試みる。この世紀に力概念の革新に寄与したのは必ずしもオイラーだけではなかったが、オイラーが特に重要な貢献を行ったと考えられたためである。以下で述べるように、オイラーの関与した力概念の革新は、大きく二点に集約されるであろう。そしてそれと対応して、本書は次のような構成を採る。

まず第1章で、十八世紀の力学と力概念を扱った先行研究の批判的検討を行い、本書で提示される内容がどのような意味で従来の歴史叙述と異なるのかを論じる。その上で、第2章から第10章までで本論が展開される。本論は大きく三つの部に分かれており、総体としては必ずしも年代順に書かれていない。それどころか、同じ著作や出来事が異なる章の中で、違った文脈で登場することも少なくない。なぜなら、十八世紀における力概念の革新は、単線的な発展として記述されうるような単純な過程ではないからである。むしろそれは、並行して走る出来事の諸系列を束ねたものとして、あるいはより比喩的に言えば、さまざまな太さの糸が三次元的に絡み合った織物として記述される。とりわけ、三つの部をそれぞれ貫く三つの大きなテーマが、本書全体の基調を定めることになるだろう。

第I部では、力概念の革新の第一点を扱う。これは主に、「力」という語の指示対象に関わっている。本書で「力」と訳しているのはラテン語の *vis* やフランス語の force であるが、これらは本来、物体に内在するもの、あるいは一種の能力を指して使われていた。物体の運動という力学の主題に引き付けて言えば、このことは、運動の変化をもたらす主体が物体の内部にあるという解釈につながる。活力論争で問題にされていた「力」とは、このように理解されたある種の実体であり、当時の表現で「運動物体の力」と呼ばれたものであった。このような力概念の隆盛と衰退を描き出すことが、第I部の課題である。

実際、運動している物体が何らかの「力」を有しているという発想は、十七世紀のデカルト、ニュートン、ライプニッツにも見られるものであり（第2章）、一七二〇年代になって「力」の尺度をめぐる論戦が活発化した際にも、議論の前提として共有されていた（第3章）。ところが一七四〇年代になると、オイラーや、同時代のダランベールといった人々が、「運動物体の力」という概念そのものを否定するようになり、論争は解消へと向かうことになった（第4章）。「力」を物体の外部にある変化の原因として捉え直すこと、これが力概念の革新の第一の要素であり、私たちはここに、力学史上の大きな転換点を認めることができる。

しかしながら、少なくともオイラーの場合、力概念の革新にはもう一つの要点があった。それは、右のように解釈し直された「力」を、物体の釣りあいを扱う静力学の主題である「動力」と同一視したことである。ここで「動力」とは、ラテン語の *potentia* やフランス語の puissance の訳語であるが、元来は機械に対して加えられる作用のことであり、平たく言えば押したり引いたりする働きを指す。これを表記の上で「力」と区別するのは、オイラー自身が初期の著作において、「力」でなく「動力」を自覚的に用いているからである。しかしオイラーはやがて、由来の異なるこの二者を同一視するようになり、結果として、「力」とは何であれ押したり引いたりする作用一般のことであるという、今日ではごく自然に感じられる力概念が確立することになった。

本書第II部では、物体の有する「力」という当時の常識的な考え方をオイラーが批判し、「力」=「動力」という新しい理解を打ち立てていった過程を扱う。これは結局のところ、オイラーが、師のベルヌーイらが採用していたライプニッツ流の「動力学」理解（第5章）から出発しながらも、そこから離れ、真に新しい意味での「力学」――静力学的な力概念に基づく運動の科学――を構想した過程を明らかにすることにほかならない（第7章）。オイラーにおける、この新しい「力学」のコンセプトは、とりわけ衝突の問題という場面において、それ以前の人々との鮮やかな対照をなすことになるであろう（第6章）。こうして私たちは、『力学の新しい原理の発見』や『力の起源の探究』が書かれた一七五〇年頃の地点まで戻ってくる。

残された課題は、オイラーの新しい「力学」理解が、その後にどのような形で受け継がれたかを見定めることである。本書の第III部ではこの問題を、ラグランジュの『解析力学』における静力学と動力学の統一、というテーマに即して検討する。ラグランジュの力学構想、特に「動力学」の理解は、ダランベールに代表されるパリの学者たちの議論の延長線上に位置づけることができるが（第8章）、静力学と動力学を結びつけるという点に関しては、オイラーが一七五〇年前後に展開した最小原理の議論が重要な背景となっていた（第9章）。ラグランジュはこの双方を消化して独自の再解釈を施し、釣りあいと運動を同一の力概念に基づき論じた。この意味で『解析力学』は力概念の革新によって可能となった著作であると言うことができる（第10章）。

本書はこのように、「活力論争と『運動物体の力』の盛衰」、「オイラーの『力学』構想」、「『解析力学』の起源」、という三つの副テーマに即して展開される。これらは少しずつ異なる側面から、十八世紀における力概念の革新を、ひいては「力学の誕生」を描くものである。これら以外の側面からこの歴史的過程を論じることもおそらくは可能であっただろうし、また、これら三つのテーマだけが力学の成立にとって本質的な要素であると主張するつもりもない。とはいえ、この三つの角度から同時に眺めることで、私たちは問題の過程を立体的に、奥行きをもって捉えることができるようになる。そのようにして得られる描像を提示することにより、力学の歴史という古典的主題に新たな語りの次元を付け加え、力学史それ自体の捉え直しを図ること――それが、本書の究極的な目標である。

第1章　十八世紀力学史の歴史叙述

近代的な力学理論の成立過程を力概念に着目して解明すること、それが本書の課題である。次章以降では、「運動物体の力」という概念をめぐって十八世紀に展開された議論、すなわち活力論争の諸相や、それと密接に関係していた物体の衝突という問題、さらにはそれらに対するオイラーの考え方などを、具体的に論じていくことになる。本章ではそれに先立ち、関連する先行研究の到達点と、本書における歴史叙述上の問題意識について述べることにしたい。

第一節では、十八世紀における力学理論の展開を扱った主な先行研究を概観し、そこに認められる力学理論の解析化と体系化という論点を確認する。これらは本書でも重要な導きの糸となるが、しかし、それだけで十八世紀における力学の革新を語るのは不十分と考えられる。なぜなら第二節で論じるように、活力論争や力の概念を扱ったいくつかの歴史研究は、力学の概念基盤である力概念そのものがこの時期に大きく変わったことを示唆しているからである。このことはさらに、「力学」の概念や「力学史」の捉え方そのものにも反省をもたらすことにつながるだろう。第三節ではそうした点を議論し、「力学の誕生」という本書表題の意味するところを論じる。

一　解析化と体系化

「十八世紀の力学」という言葉でふつう想定されているのは、ニュートンの『プリンキピア』（初版一六八七年）とラグランジュの『解析力学』（初版一七八八年）を両端とする約百年の期間に展開された力学――力と運動の科学――のことである。言うまでもなく、このような時代区分は恣意的なものであり、その区切り方の妥当性は常に問われなくてはならない。とはいえ、力学史上有名なこの二冊の本を並べてみることは、十八世紀に生じた変化を把握する上では確かに有用である。以下で見ていくように、その変化は解析化と体系化という言葉で要約される（この二つのキーワードは伊藤による）[1]。

『プリンキピア』と『解析力学』を比較して直ちに分かるのは、前者が主として幾何学的な作図に基づく議論を行っているのに対し、後者では数式を変形する操作が中心になっているということである。確かに、ニュートンは「流率法」と呼ばれる微積分法の一形態を編み出しており、いわゆる「極限を取る」という発想は『プリンキピア』でも随所で使われている（「最初と最後の比の方法」と呼ばれる）。しかしながらそれは、高橋の表現を借りて言えば「幾何学的流率法」と呼ばれるべきものであり、数式を使った「解析的流率法」ではなかった。ニュートンは、若い頃にはデカルトに代表される最新の代数的方法（すなわち「解析」）に傾倒したものの、後には古代ギリシア数学の有する厳密性をことのほか重視するようになり、幾何学的手法を意識的に採用したのである[2]。

これに対し、ラグランジュの数学的手法は、代数操作への傾斜という点で際立っている。『解析力学』の目的は、力学の理論や問題解法を「一般的な公式に帰着させ、それを単に展開することで各々の問題を解くのに必要な方程式すべてが与えられるように」することであった（強調は引用者による）[3]。したがってラグランジュによれば、力学をするに際して作図などを行う必要はない。同書の緒言にある有名な言葉、「この著作には図がまったく見出されないであろう」とは、この事情を指している。[4] このことはすなわち、力学が「マニュアル化」されたということでもあった（山本による表現）。運動方程式のような一般的公式を適用して問題を解くという力学の方法が、十九世紀以降における物理科学や工学の広範な発展へとつながったのである。[5]

それゆえ、力学が十八世紀のあいだに蒙った重要な変化の一つは、解析化（analyticalization）という言葉で表現できる。これはすなわち、作図に依拠した幾何学的手法から数式操作を中心とする代数的手法へ、という変化である。[6]

重要なことに、この変化を促したのは、ニュートンではなくむしろライプニッツの記号法であった。現在でも使われる、微分の「d」や積分の「$\int$」がそれである。ライプニッツは、ニュートンの『プリンキピア』が世に出るよりも三年早く、自身の考案した微分法を学術誌に公表していた。この手法はスイス出身のベルヌーイ兄弟（ヤーコプとヨハン）によって直ちに受容、発展させられ、さらにヨハンを通じてパリの数学者たちにも伝えられた。ヨハンの個人教授を受けたロピタル侯が、微分法の最初の教科書的著作『無限小解析』を著したのは、一六九六年のことである。[7] この頃になると、力学の問題をライプニッツ流の新しい数学によって解くことも始められた。とりわけパリのヴァリニョンは、中心力による物体の運動の解析を一七〇〇年に行うなど、ニュートンの提起した問題をライプニッツの数学によって扱う試みにおいて、先駆的な仕事を残した。[8] こうした事情から、「ニュートン革命」のようなものは存在せず、力学の解析化はフランスで独自に開始されたのだと主張する歴史家もいる。[9]

概して、『プリンキピア』以降の力学の展開においては、大陸の数学者たちが主要な役割を担ったと言われる。ここで「大陸」とはヨーロッパ大陸のことを指すが、より正確を期して述べるなら、この時代に力学理論の発展を見た場所はほぼ四箇所に限られていた。すなわち、パリ（フランス）、バーゼル（スイス）、ベルリン（プロイセン）、ペテルブルク（ロシア）である。このうちバーゼルを除く三都市には、それぞれ王権の下に科学アカデミーと呼ばれる機関が置かれ、学者たちに知的活動の場を与えていた。[10] これらのアカデミーでは定期的に会合が開かれ、そこでは会員の研究発表などが行われた。そうした成果はさらに、紀要（論文集）という形で出版され、ヨーロッパ各地に伝えられていった。十七世紀のガリレオ、ホイヘンス、ニュートンが研究成果をほとんど例外なく書籍の形で公刊したのに対して、十八世紀の学者たちにとっては、書籍と並んで学術誌に印刷される論文が重要な発表媒体であった[11]。

ところで、「大陸の数学者たち」と名指す際の「数学者」という表現についても、いくらか注意しておく必要がある。十八世紀における「数学」の意味は現在よりも広く、むしろ数理科学全般を指したからである。本書の主題である力学は、今日でこそ物理学の一分野とされるけれども、十八世紀にそのように分類されることはほとんどなかった。たとえば、パリの科学アカデミーは一六九九年の会則により、「数学」(mathématique)と「自然学」(physique, 後述するように、この語はやがて現代の「物理学」に近い意味を獲得する)という二大領域に分けられていたが、力学は「数学」部門に含まれていた[12]。本書でしばしば取り上げることになる、ペテルブルクやベルリンのアカデミーにおいても、同様のことが指摘できる。もっとも、「数学」と「物理学」が完全に分離していたというわけではなく、自然の事物を数学的に取り扱う学問(力学のほか、光学、天文学、音楽理論など)は十八世紀半ばまでに、「物理=数理科学」(physico-mathematiques)や「混合数学」(mathématiques mixtes)といった名前で呼ばれるようになっていた[13]。たとえば、『百科全書』第一巻(一七五一年)に掲げられた「人間知識の体系詳述」の図表――この時代における知の分類表として有名なもの――では、この種のカテゴリーを指す用語として「物理=数理科学」と「混合数学」が併記され、これらは「純粋数学」(mathématiques pures)と並んで「数学」の下位分類となっている[14]。以上の例は、「数学」や「物理学」という学問の枠組みそのものが、歴史の中で変化してきたことを示すものである。

そもそも、西欧諸語の「物理学」(フランス語であればphysique)はアリストテレスの学問に由来しており、これはふつう、「自然学」と訳される。十八世紀はちょうど、「自然学」から「物理学」への移行期に当たっており、どちらの訳語を用いるべきかは難しい問題である。本書では、物理学史家のハイルブロンが示している見解――十八世紀初頭からは、自然全般を対象とするのでなく、電気・磁気・熱・光など、現在の物理学に相当する限られた題材が扱われるようになった――に従って、基本的には「物理学」を採用する。[15] この意味での、狭義の物理学の研究は、十八世紀においては定性的な観察・実験によるものが中心で、数理的なアプローチとほぼ無縁であった。数学的理論と定量的実験を結合した研究手法は、一般には、十九世紀初頭のラプラス学派に至って確立したと考えられている。[16] 少なくとも十八世紀半ばにおいては、自然現象への数理的アプローチは「数学者」の領分に属していた。

このように理解された広義の「数学者」のうち、力学の理論的発展に大きく貢献した人物は、ほとんどが先述した四都市の住人であった。というより、彼らが住んでいたことにより、それらの都市は力学理論の発達中心となった。先に名前を挙げたベルヌーイ兄弟のうち、兄のヤーコプ・ベルヌーイは一七〇五年に没するまでバーゼル大学の数学教授を務め、後を襲った弟のヨハンも一七四八年に亡くなるまでその地位にあった。この兄弟にそれぞれ学んだヤーコプ・ヘルマンとレオンハルト・オイラーは、ともにバーゼル出身のスイス人であり、また年の離れた遠縁の親戚同士でもあった。ヘルマンとオイラー、そしてヨハンの息子のダニエル・ベルヌーイは、一時期、ペテルブルクのアカデミーに揃って所属していたこともある。[17] 一方フランスでは、ヴァリニョン以降しばらく数理科学研究は下火となっていたが、一七三〇年代にモーペルテュイやクレローといった人物が現れて活気を取り戻し、次いで一七四〇年代にはダランベールが登場して、力学の発展に貢献するようになった。[18] 十八世紀中頃の力学は、バーゼルに戻ったダニエル・ベルヌーイ、ペテルブルクからベルリンに移り住んだオイラー、パリに居住し続けたクレローおよびダランベールといった人々の手で発展し、これを受けて研究を始めた第三世代に当たるのが、ラグランジュやラプラスであった。このうちラグランジュはイタリアのトリノに生まれ、オイラーの後任としてベルリン・アカデミーに招かれ、さらに後になってパリのアカデミーに移籍した。『解析力学』は、パリ移住後に完成し、フランス革命の前年に出版された著作であった。

ところで、この『解析力学』について、ラグランジュは力学を解析化することのほかに「もう一つ別の有用性」

があるとも述べている。「同一の視点の下に、力学の問題を容易に解くためにこれまで見出されてきたさまざまな原理を統一して提示し、それらの結びつきと相互依存関係を示し、それらの正確さと広がりについての判断に手が届くようにすること」である。[19] 比較のために再びニュートンの『プリンキピア』を参照すると、この本は「定義」や「公理」から筆を起こし、命題を一つずつ順に証明していくという、典型的な幾何学書のスタイルを採っていた。その結果、一般的な原理や公式を個々の事例に直接当てはめていくという、今日の物理学で馴染みのある体裁にはなっておらず、ニュートンの提示する運動の法則が本当に『プリンキピア』全体の基礎となっているのかどうかは、極めて不透明になっている。これに対してラグランジュは、自身の提示する力学理論の基本原理をまず宣言し、そこからさまざまな原理が導き出されることを式変形によって示していくという進め方を採った。ここでは、諸原理の階層構造が明確化されていると言うことができる。

十八世紀のあいだに力学に生じたこのような変化が、本書で体系化（systematization）と呼んでいるものである。一般原理に基づく理論体系の確立は、この時代の力学を特徴づける重要な出来事であった。実際、これに先立つ十七世紀における力学の展開を論じたベルトローニ゠メリは、ある種類の問題を別の種類の問題に関連づけて考えるというパターンがこの時代には広く見られると主張している。その結果として現れてくるのは、言わば、種々の問題が網の目状に連なったネットワーク構造である。[20] これに対して十八世紀の数学者たちが目指したのは、さまざまな問題に適用可能な一般原理を探究し、それを頂点とするピラミッド型の理論体系を打ち立てることであった。オイラーによって積極的に採用された一般原理――今日の運動方程式に相当するが、この言葉はまだ使われていない――のほかにも、活力保存の原理、ダランベールの原理、最小作用の原理などが次々と提唱され、世紀中頃にはそれらが力学の基礎の座をめぐって競合していた。一般原理に基づく体系的理論への志向こそが、十八世紀という時代を力学史の中から切り取ることに一定の正当性を与えると言ってもおそらく過言ではない。

ここまで述べてきた解析化と体系化という二つの変化は、十八世紀の力学を扱った諸研究の中に広く認めることができる。一例として、山本義隆の『古典力学の形成』を取り上げてみよう。[21] 同書は副題にある通り、「ニュートンからラグランジュへ」至る力学理論の展開を追った著作であり、その内容は二つの部に分かれている。第一部ではケプラー問題（中心力による物体の運動）がニュートン以後、大陸の数学者たちによってどのように議論されたかが論じられ、第二部ではオイラー、ダランベール、ラグランジュらによる力学原理の整備が取り上げられている。したがって同書はおおむね、第一部が解析化を、第二部が体系化を扱っていると言ってよい（ただし、著者がこれらの用語を使って議論しているわけではない）。

ここで問題となるのは、同書の二つの部で取り上げられている題材がかなり異なっている点である。すなわち、第一部で扱われている惑星運動の問題は第二部にほとんど登場せず、反対に、第二部で議論されるさまざまな原理の出現に惑星運動の問題がどう関与したのかは明らかでない。『古典力学の形成』からは、世紀前半にはニュートンの提示した惑星運動の問題（現代的に言えば質点の力学）が主たる関心事であり、これに即して力学の解析化が進行したが、世紀中頃から後半にかけては拘束のある複数の物体の運動（あるいは質点系や連続体の力学）へと研究上の関心が移ったような印象を受ける。つまりここで提示されているのは――著者がそのように明言しているわけではないけれども――力学理論の守備範囲が質点から質点系や連続体に拡張されていったという歴史観である。一般に、古典力学の教科書では、最初に質点の運動を扱い、その後で質点系や連続体の力学へと進んでいく。これは言わば力学理論それ自体の持つ論理であり、遡ってみればオイラー自身がそのような研究プログラムを示していたのだが、[22] それが『古典力学の形成』における歴史叙述の背骨となっているように見受けられる。これは山本の著作に限ったことではなく、たとえば、振動の問題に即して十八世紀前半の力学を論じたキャノンとドストロフスキーの著書もやはり、質点から質点系への理論の拡張を主眼に置いて書かれている。[23]

同じことは、十八世紀力学史の古典であるトゥルースデルの研究についても言える。理論力学の専門家であったトゥルースデルは、オイラーの全集のうち弾性体力学や流体力学の著作を収める諸巻に長大な解説を付し、オイラーに限らず同時代のほかの人々の貢献も含めて、力学理論の発展を文字通り詳述した[24]。さらに、この仕事を踏まえて執筆された一九六〇年の総説論文『理性の時代における合理力学の再発見に向けた一計画』は、この領域におけるその後の歴史研究の出発点を与えるものであった[25]。これらトゥルースデルの諸論では、特徴的なことに、天体力学の問題がほとんど扱われていない。トゥルースデルが一貫して話題にしていたのは、質点の力学ではなく連続体（弾性体や流体）の力学の歴史、つまりは著者自身の研究領域の歴史であった。

トゥルースデルによる一連の著述は、その後の力学史の歴史叙述に重要な影響を与えてきた。ニュートンが古典力学を作ったという神話を批判し、それまでほとんど忘れられていたヤーコプ・ベルヌーイやオイラーの仕事を極めて高く評価したのはトゥルースデルであった。オイラーの一七五〇年の論文『力学の新しい原理の発見』を、運動方程式が力学全体の基礎だと宣言された重要作品として認定したのもトゥルースデルであり、この見解は今日でも広く受け容れられている。しかしながら、おそらくそれ以上に重要なのは、十八世紀の力学全体を「合理力学」(Rational Mechanics) として特徴づけたことであろう。トゥルースデルによれば、ニュートン以後の百年間に展開された力学の歴史とは、具体的な問題の解を求める作業を通じて一般的な原理への到達が目指された過程であり、それは実験的でも哲学的でもなく数学的であったとされる[26]。この主張に対しては批判も当然ありうるが[27]、個々の法則の探究や検証でなく力学理論全体の解析化・体系化という変化を問題にする限りでは、「合理力学」という特徴づけは依然として有効であると思われる。確かに、フレイザーが注意しているように、「合理力学」という言葉は十八世紀当時でも現在でも決して一般的な表現ではなく、使用を控えるべきだという主張には一理ある[28]。しかし本書ではむしろ、当時の力学の特徴を表現する歴史用語として、この表現を積極的に用いることにしたい。すなわち、一般原理によって力学の具体的問題を解析的に解こうとする試みや、そうしたことを可能にする一般原理の探究を指して、以下では「合理力学」と呼んでおく。

問題なのは、「合理力学」という特徴づけの妥当性ではなく、トゥルースデルの歴史叙述に色濃く滲み出ている彼自身の力学観のほうである。一般的な力学史の見方とは大きく異なり、トゥルースデルの見解では、力学の歴史的発展に全世紀を通じて最も貢献したのはオイラーであり、二番目がコーシー（十九世紀前半に活躍した数学者）であったという。そしてたとえば、ラグランジュの『解析力学』には低い評価しか与えられない[29]。なぜこのような判定がなされるかと言えば、それはトゥルースデルにとって「正しい」力学というものが一つしか存在しないからである。「真なる力学はただ一つしかなかったがゆえに、特殊事例はそれ自体が目的となったのではなく、正しい考えへの手引きとして役立った」（強調は原文）と彼は考えていた[30]。歴史上の著作は、この「正しい」力学に照らして重要性を判断される。この点では、トゥルースデルの姿勢は彼の批判したマッハとそれほど違わない。後者もまた、「力学の現在における形成の理解に必要で、かつ脈絡を大体において崩さない限りで、歴史的発展を考慮したい」と書いていたからである[31]。どちらも力学理論の本質について確固たる見解を持っており、それを基準として、それに資するための歴史を書いた。それゆえマッハの著書と同様に、トゥルースデルが著した一連の力学史は、金森の言う「嚮導科学史」の性格を部分的に含んでいたと言えるかもしれない[32]。事実、トゥルースデルの目標は、「合理力学」を独立した数理科学の一分野として確立することにあった。彼は一つの歴史を構築することによって、そのプロジェクトを推進しようとしたのである[33]。

力学をより深く理解し、さらなる発展をもたらすための歴史が、一部の読者にとって有意義なのは確かである。実際、トゥルースデルの力学史を「ホイッグ主義的」と批判することが可能であるとしても、「ホイッグ主義的」の意味内容と、当該の歴史が語られる文脈次第では、容認されることがありうるだろう[34]。だがその種の歴史は、現代の物理学や数理科学から見て興味のない対象を切り落としてしまうという危険性も同時に孕んでいる。つまり、「十八世紀の力学」なるものが、「現代の専門家にとって重要性が明らかであるような過去の出来事のうち、十八世紀という年代に属するもの」としてのみ了解され、「現代の専門家はそれほど興味を示さないかもしれないが、その形成に現に関与した十八世紀の学者たちにとっては本質的であったような出来事」が無視されてしまう。その典型が、本書で詳しく取り上げようとする活力論争であり、力概念の問題である。

それゆえ、私がここで描き出そうと試みる「十八世紀力学史」は、トゥルースデルらの語ってきた歴史とは本質的に異なる性格のものである。私たちにとって異文化に属する時代・地域を生きた人々が、生涯の情熱を傾けた事柄を、可能な限り彼らの問題意識に沿って理解すること、それが本書の基本的姿勢を形作っている。そのような、時代に内在的な視点から描かれる歴史は結果として、私たちが現代の力学や物理学を、ひいては科学技術全般を見るときの、新たな視点を提供してくれるだろう。

二　活力論争と力の概念

「活力」なるものをめぐる十八世紀の議論は、前節で見たような力学史の著作では、エネルギー保存則の前史として扱われる傾向にある。本書で見るように、「活力」を提唱したライプニッツやその後継者たちは、この量が世界の中で常に一定である、つまりは保存されると考えていた。そのことは、「活力」が質量と速度の二乗に比例すると主張されたことと相俟って、それをエネルギー概念の先駆的形態と見なすだけの根拠を与える。現に、十九世紀中葉になって今日的なエネルギー保存則が確立してくる際、その「同時発見者」の一人とされるヘルムホルツは、運動エネルギーに当たるものを「活力」、位置エネルギーに当たるものを「張力」と呼んでいたのである。[35]

しかしながら、十八世紀前半の状況に関する限りでは、当時の学者たちが関心を寄せていたのは保存則の発見やその活用というよりも、「力」の尺度を決定するという問題のほうであった（もっとも、第8章で見るように、「活力の保存」が問題を解くために使われなかったわけではないが）。かつてデカルトは、「力」の尺度として、今日言うところの質量と速度の積（mv）を採用した。これに対してライプニッツは、質量と速度の二乗の積（mv^2）が正しい尺度であると主張し、これに「活力」という名称を与えた（一六八六年）[36]。このどちらが正当な見解であるのかをめぐり、少なくとも半世紀にわたって、ヨーロッパの学者コミュニティを二分する議論が繰り広げられた。これが通常、活力論争と呼ばれている出来事である。十八世紀の学術論争の多くがそうであるように、この議論は主として学術誌などのメディア上で行われ、著者に対する人格攻撃のような要素さえも時に含まれていた[37]。

現代の物理学の観点からすれば、この論争は端的に言って無意味に見える。事実、力を時間で積分したもの（力積）は運動量に相当するから速度に比例し（$\int Fdt=mv$）、距離で積分したもの（仕事）は運動エネルギーに対応するから速度の二乗に比例する（$\int Fds=\frac{1}{2}mv^2$）。それゆえ二つの尺度はどちらも正当なのであって、この論争は「本質的には言葉の問題に過ぎなかった」としばしば主張されてきた[38]。この立場から見るなら、活力論争は古典力学の成立史において、何ら本質的なものではない。別の言い方をすれば、活力論争に触れずとも力学の歴史を語ることは可能である。解析化と体系化だけが十八世紀力学史の主題であるならば、活力論争はせいぜい、時代を偲ばせる一つのエピソードという程度の位置づけしか与えられないだろう。

こうした伝統的な見方に対し、一九六〇年代から七〇年代にかけて発表された一連の歴史研究は、かなりの修正を要求してきた。しかしそうした研究の大部分は、活力論争に絡みついていた種々の要因を指摘することには成功したものの、論争の中心にあった問い——正しい「力」の尺度は何か——の意味を突き詰める方向ではなされてこなかったように思われる。以下、先行研究が明らかにしたことと明らかにしなかったことは何であるかを、まずは整理しておきたい。

重要な研究成果として最初に挙げられるのは、ダランベールの『動力学論』（一七四三年）が活力論争に終止符を打ったとする伝統的歴史観への批判である。ダランベールの書に見られる、これは「言葉の論争」（dispute de mots）に過ぎないという断定には、確かに現代の読者の共感を呼ぶものがある[39]。だが実際には、これを「言葉の論争」と呼んだのはダランベールが最初ではなかったし、その主張内容も論争の解決になっているとは言い難い——このように論じたのが、ハンキンズの一九六五年の論文『活力論争を解決する十八世紀の試み』である。[40] この批判は、とりわけラウダンの研究によって補強された。論争の「検死」を標榜したその論文では、『動力学論』刊行以降もこの問題が議論され続けていたことを示す数多くの原典史料が引用され、さらに二つのことが主張された。すなわち、一七五〇年代以降にこの論争を終結したものと見なしていた人々の多くは、ダランベール流に論争を「言葉の問題」として退けたのではなく、質量と速度の積（*mv*）を「力」の真の尺度と考えていた。また、ダランベールの見解を受け入れたかのように見える人々も、二つの尺度がどちらも正しいという見解に独立に達していたのであって、ダランベールから影響を受けていたわけではない。[41] それゆえ、ダランベールが論争を終わらせたというのは端的に言って神話である。

別の大きな成果としては、「力」の尺度をめぐる見解の相違が生じた原因について、新たな知見が得られたことが挙げられる。とりわけ強調されるべきなのは、当時の表現で「硬い物体」と呼ばれた概念の重要性であり、この主題を詳細に論じたスコットに至っては、「力」の尺度をめぐる論争は「硬い物体論争の一部分――実のところ下位の一部分」であったとすら述べている。[42] ここで言う「硬い」（仏 dur／羅 *duris*／英 hard）とは、第一義的にはまったく変形しないという意味であるが、重要だったのはむしろ、そうした物体は弾性を欠くとされた点であった。そのように理解された「硬い」物体の衝突では、衝突前後において「活力」（あるいは運動エネルギー）の総和が一定にならず、保存されない。この事実は、十八世紀の論争の中で時折、活力説そのものへの批判として持ち出された。ハンキンズはこうした事情を捉えて、活力論争には少なくとも二つの論点が存在していたと主張している。すなわち、「運動している物体の『力』を測る正しい方法は何か」と、「宇宙の中で常に保存されている量があるとして、それは何か」である。[43] 十八世紀の論争が見かけ上、混迷を極めていた一因は、本来は「尺度」の問題であったところに「保存」という隠れた論点が付随しており、かつそこに「硬い物体」という物質観の問題が絡んでいたという事情にあった。

活力論争を扱った歴史研究ではこのほかにも、論争を駆動した要因について、いくつかの解釈が提示されてきた。たとえば、イルティスは一連の研究を通じて、この論争を哲学的世界観の衝突という大きな思想史的枠組みの中で描こうとした。すなわち、ニュートン主義者、デカルト主義者、ライプニッツ主義者という三つの派閥の間の抗争としてである[44]。これに対し、テラルはむしろ科学社会学的な観点から、パリの科学アカデミー周辺で起こった一連の論争を再検討し、ハンキンズらが主張したような物質観の違いに加えて「スタイル」の違いが当事者間の対立の要因であったと主張した。ここで言われている「スタイル」を厳密に定義することには困難が伴うが、大まかには、力学あるいは物理学をどのように研究するべきかという姿勢や方針の違いと言ってよいであろう[45]。

ここまで述べてきたような一連の研究成果により、活力論争に対する見方はずいぶんと更新された。論争には尺度に加えて保存という論点があり、そこでは「硬い物体」という物質観の問題が無視できない意味を持っていた。加えて、論戦には「哲学的世界観」や「スタイル」といった思想的あるいは社会学的要因も絡んでいた。そうして、論争はダランベールの『動力学論』によって収束したわけではなく、世紀後半になっても続いたのであった――総じて、これらの歴史研究においては、論争の中でなされた主張が現代の物理学の理解に照らして「正しい」かどうかは副次的な重要性しか持っていない。むしろ考察の対象となっているのは、論争の現場では実のところ何が問題だったのかということである。同時代的文脈に即して活力論争を理解するということに関する限りでは、このように多くの成果が挙げられてきた。

だが、これだけではおそらく、活力論争が力学史上なぜ重要なのかを言い立てるには足りないだろう。なぜならこれらの研究の多くは、論争の根本要因が力概念に関する誤解ないし混乱にあったという伝統的な見方を、必ずしも否定していないからである。これに対して本書では、活力論争は理論力学の歴史を記述する上で無視することのできない正統的な主題であるという立場を表明する。この主張を正当化するためにここで援用したいのが、科学史家というよりは哲学史家のパピノーの議論である。これは本書にとって極めて重要な論点を提示しているため、少し立ち入って述べておくことにしたい[46]。

パピノーは、活力論争の当事者たちが皆、デカルトによって提供された同じ枠組みの中で議論していたと指摘している。そもそも論争が成立するためには、論者たちのあいだで何かしら共通の枠組みが前提されていなければならない——これがパピノーの議論の骨子である。問題はこの枠組みの内容であるが、そこではまず、自然の中で生じるあらゆる運動の変化は、物体同士の衝突によって引き起こされると想定される（したがって、遠隔的な万有引力の存在は否定される）。さらにパピノーは、当時、そうした衝突の際には一方の物体から他方の物体に「力」が移されると考えられており、そして、この「力」は全体として保存されると想定されていた、と論じる。もしこのような理解が正しければ——本書では大筋で正しいと考えるが[47]——活力論争の当事者たちが「力」と呼んでいたものは、私たちが今日理解しているのとは異なる、ある種の実体であったと考えることができる。そして、その枠組みに則るならば、運動状態の変化（これこそ力学の対象である）とは、物体が有する「力」のやり取りにほかならず、かつ、それは衝突を通じてのみ生じることになる。これは近代的な力学の理解とは大きく異なるが、パピノーの議論で重要なのは、この枠組みが活力論争に加わった学者たちに共有されていたと主張されている点である。つまり、それが当時の常識であったということになる。

パピノーが示唆するような「力」の理解は、今日の古典力学に登場する力——物体に対する作用であり、運動方程式において通例「F」と書かれるもの——とは明らかに異なっている。しかしその一方で、トゥルースデルの著作を始めとする十八世紀力学史の標準的記述では、一七五〇年前後にオイラーがいわゆる「ニュートン力学」を確立したことになっている。実際、その頃のオイラーの力学論文や、その次の世代に当たるラグランジュの著作を読む限りでは、彼らの「力」という言葉の使い方に違和感を覚えることはほとんどない。そうだとすれば、その間に「力」に関して何らかの変化が生じたと想定せざるを得ないだろう。理論の解析化と体系化だけでは、古典力学が成立するのに十分ではなかった。もう一つ、今日的な力概念の確立が必要であったという予想が、本書の探究の出発点を与えることになる。

実のところ、十八世紀中葉に一部の学者たちが「力」を批判していたことは、これまでの歴史研究を通じてよく知られている。とりわけ有名なのはダランベールであり、『動力学論』（一七四三年）では力学から「力」を追放しようとする試みがなされた[48]。さらに、力概念の歴史一般を論じたヤンマーの古典的著作の中には、十八世紀になされた種々の批判を見ることができる[49]。そうした批判は一つには、ニュートンの提示したいわゆる万有引力をめぐるものであったけれども、それだけには止まらなかった。すでにカッシーラーが簡潔に論じていたように、それはまた、因果性の概念そのものに関わる射程の広い問題であった[50]。加えて、そのような力概念一般の問題が「合理力学」と現に関係していたことは、最小作用の原理と呼ばれる力学原理の出現を力概念の批判と結びつけて考察したプルテの著書により、具体的かつ説得的に示されている[51]。

さらにこうした諸論を踏まえ、十八世紀の力学における力概念の変化を総合的に論じたものとして、ブドリの著作がある[52]。ブドリはニュートンとライプニッツの力概念をまず検討した上で、ダランベール、モーペルテュイ、オイラーの力学思想を考察し、さらに世紀後半における力の理解をラグランジュやベルリン・アカデミーの懸賞課題に即して論じた。その分析によれば、この世紀の初め頃には、力は一般に物体に内在する「実体」(substance) として捉えられていた。しかし世紀の半ば以降になると、力は個々の物体を離れたところに関連づけられるものとして、すなわち「構造」(structure) として、把握されるようになったとされる。この見解は、先に見たパピノーの主張をさらに発展させたような内容になっており、力学史研究への重要な貢献として評価できる。

しかしながら、十八世紀における力概念の問題を論じたこれらの研究を総合してみても、依然として欠けている点が存在する。第一に、活力論争の諸相を力概念それ自体に着目して分析することはこれまで行われておらず、したがって、パピノーが言うような枠組みが当時の常識であったという主張は十分検証されていない。ブドリの著作でも、ニュートンとライプニッツ、ダランベールとモーペルテュイとオイラーという二つのグループについては分析されているが、その狭間に当たる活力論争の本格化した時期についてはほとんど触れられていないのである。第二に、十八世紀力学史の中心人物と言えるオイラーの「力」をめぐる思考過程には、依然として検討の余地が残されている。この問題について最も詳しい研究を行ったプルテは、主として最小作用の原理との関連で分析を行っているため、活力論争や衝突の問題に直接関わるような著作の検討は必ずしも十分と言えない。そして第三に、ここで問題にしているような一般的な力概念の確立が「力学」という科学それ自体の成立にとってどのような意味を有するのかについて、これまでの研究では積極的に論じられてこなかった。その結果、十八世紀力学史の歴史叙述は今でもなお、解析化や体系化の側面からのみ論じられる傾向にある。(53)

この最後の点は、そもそも「力学」とは何なのかという問いに関わっている。本書ではここまで、「力学」という言葉をあえて定義せず、暗黙の前提として用いてきた。本章の最後に、「力学」を始めとする用語の問題について議論し、本書の表題である「力学の誕生」とは何を指すのか述べることにしたい。

三 「力学」の誕生

「力学」という言葉を現代の辞書・事典で調べると、物体の運動や力の働きを扱う物理学の一分野であるという説明が多く見られる。ここまで「力学史」という言葉で指示してきたのは、そのように了解された科学の歴史である。しかしながら「力学」が、あるいはむしろ、本書で扱う西欧諸語において力学を指すのに使われる種々の用語(羅 *mechanica* /仏 mécanique /英 mechanics /独 Mechanik 等)が、古くからそうした意味で用いられてきたわけではない。本節では、十八世紀において「力学」とは何を意味していたのかを、この言葉——便宜上、日本語の「力学」でそれらを代表させる——の用法に即して確認し、そこから浮かび上がってくる歴史叙述上の問題を提起する。[54]

ただし、「十八世紀における力学」ということでの表現には、もう少し限定が必要である。本書は専らヨーロッパの事情について述べているが、とりわけラテン語とフランス語という当時の二大学術用語で書かれた史料に依拠して論を進めている。十八世紀における力学の発展を担ったのは、第一節で述べたように「大陸の数学者たち」であり、彼らの著述は大部分がラテン語またはフランス語でなされたからである。英語圏やドイツ語圏その他において力学がどのような展開を見せたかという問題は、これとは別に追究されて然るべきであろう。[55]

以上のことを断った上で最初に指摘しておきたいのは、「力学」という語が十七世紀にはまだ今日的な意味合いを持っていなかったという事実である。たとえば、力学の古典として知られるガリレオの『新科学論議』（一六三八年）を考えよう。イタリア語で書かれたこの本は、正確には、『機械学と位置運動という二つの新しい科学に関する議論と証明』と題されていた。「機械学」（mecchanica）が「位置運動」（movimenti locali）と並置されていることに注意しておきたい。「機械学」とは梃子や滑車を始めとする諸機械についての理論的または実践的な学知のことであり、物体の運動というよりはむしろ釣りあいを主題とするものであった。それゆえ、ガリレオの力学史上の業績として知られる物体の落下規則（自由落下では落下距離が時間の二乗に比例すること）の発見や、投射体の運動についての考察を、ガリレオ自身は「力学」と呼ばない。物体の運動を論じた十七世紀の著作群を指す言葉を強いて探すとすれば、ベルトローニ＝メリが指摘するように、「運動論」（*de motu*）が適当であろう。つまり、十七世紀以前における「力学史」なるものは、実際には、「機械学」と「運動論」という二つの学知の歴史である。[56]

十七世紀が終わる頃になると、今日的な「力学」という語の用法が少しずつ現れるようになった。たとえばニュートンは『プリンキピア』（一六八七年、ラテン語）の序文で、「力学」（*mechanica*）には実践的なもの（*practica*）と理知的なもの（*rationalis*）があるとした上で、次のように述べている。

ところで手による技芸はとりわけ物体を動かすことに関係しているから、「幾何学」が大きさに関わっているように、「力学」はふつう運動に関わる。この意味では「理知的力学」とは、任意の力から生じる運動と、任意の運動に必要な力についての、正確に提示され証明された科学のことであろう。[57]

このようにニュートンは、「力学」の対象として運動と力という二つを並べており、これは現代的な「力学」の意味合いに近いと言える。しかしそれにもかかわらず、この著作の表題に選ばれたのは「力学」ではなく「自然哲学の数学的諸原理」であった。この理由についてニュートンは、この本では技芸でなく哲学が、手仕事的な力よりも自然的な力が扱われているからだ、と説明している。[58]「力学」を物体の運動一般の科学とするのは、十七世紀末頃の時点では時期尚早であったように見受けられる。

しかし十八世紀に入ると、「力学」の意味ははっきり変化していった。たとえば、アカデミー・フランセーズの仏語辞書でこの単語を引いてみると、一六九四年の初版では「機械を対象とする数学の部門」となっていたのが、一七一八年の第二版と一七四〇年の第三版では「駆動力を対象とする数学の部門」となり、一七六二年の第四版では「運動の法則、釣りあいの法則、駆動力などを対象とする数学の部門」となっている。[59]この変化に関連して特に注目されるのは、ヴァリニョンのよく知られた著作『新しい力学あるいは静力学』(一七二五年、死後出版)である。伝統的な機械学の主題である単純機械の問題を扱っているにもかかわらず、ヴァリニョンは本文冒頭で、「力学」とは運動に関する事柄の科学であると明言し、したがってそれは機械についての科学でもあると書いている(機械とは運動を手助けするものであるから)。つまりここでは機械の学が運動の学に包摂され、その全体を指す言葉として「力学」が用いられているのである。[60]

多くの状況証拠から判断して、遅くとも十八世紀半ばには、「力学」を第一義的には運動の科学とする共通了解が成立したと考えられる。この意味での「力学」の早い用例としては、ドイツの哲学者ヴォルフが『数学辞典』

（一七一六年）で「運動の科学」と定義した例が確認できるが[61]、このような用法が世紀半ばには標準となった。たとえばオイラーは一七三六年に二巻本の『力学』を出したとき、その副題を特に断ることなく「解析的に提示された運動の科学」とした。世紀後半に書かれた啓蒙的著作『ドイツのある姫君への手紙』でも、オイラーは「力学」を（「動力学」と同じく）運動一般を論じる科学と説明している[62]。同様にダランベールも、実質的な処女作と言える一七四三年の『動力学論』の序文で、「運動とその一般的性質が力学の第一にして主たる対象である」と記している[63]。

これら一連の事実が提起する歴史叙述上の問題は、「力学」という単一の科学が最初から存在していたと想定するべきではなく、むしろ機械学と運動論がどのようにして結びついたのかを示さねばならない、ということである。かつて下村寅太郎は、「科学史」とは「科学の歴史」でなく「科学への歴史」でなくてはならないと述べたが[64]、それを借りて言うなら、「力学への歴史」としての「力学史」が問題なのである。だが管見の限り、十八世紀の力学を扱った歴史研究において、この意味での「力学」の誕生を検討したものは存在しない。以下に記すのは、この課題に取り組むための予備的な考察である。

機械学と運動論という十七世紀の二つの伝統は、十八世紀後半には「静力学」（羅 *statica*／仏 statique）と「動力学」（羅 *dynamica*／仏 dynamique）という対の形で知られるようになっていた。これが最も明瞭な形で体現されているのが、ラグランジュの『解析力学』（一七八八年）である。同書の緒言においてラグランジュは、「私はこれを二つの部に分割している。静力学すなわち釣りあいの理論と、動力学すなわち運動の理論である。そしてこれらの部それぞれが別々に固体と流体を扱うことになる」と宣言する[65]。それだけでなく、この本では静力学の基本原理を拡張することによって動力学を扱うというアプローチが採用されており、二つの科学が結合した「力学」の形が端的に示されている。本書で記述する歴史の終端を『解析力学』に置いているのは、まさにこのためである。とはいえ、静力学と動力学が結合して「力学」が誕生した、という物言いには、再び慎重さが求められる。なぜなら、「静力学すなわち釣りあいの理論」と「動力学すなわち運動の理論」という用語法自体が、十八世紀の産物と考えられるからである。

「静力学」という言葉の起源ははっきりしないが、十七世紀末にアカデミー・フランセーズで編まれた『技芸・科学辞典』（一六九四年）には収録されており、「それによって自然物体の重さ、重心、釣りあいについての知識が獲得される科学」と説明されている[66]。しかしながら、その意味は十八世紀になっても揺れていたと見られ、同じアカデミー・フランセーズが後に編纂した仏語辞書では第三版（この語の初出）と第四版の記述に重大な差異がある。すなわち、第四版（一七六二年）では「固体の釣りあいを対象とする科学」という現代的な意味が与えられているのに対して、第三版（一七四〇年）では「固体の運動あるいは釣りあいを対象とする科学」（強調は引用者）となっていたのである[67]。

これと類似した変化はほかの原典史料にも認められる。たとえばヴォルフの教科書的著作『普遍数学原論』における「静力学」の定義は、一七一七年版での「重さによる物体の運動を扱う」から、一七三三年版での「固体の釣りあいを論じる」に変化している[68]。同様に、イギリスのチェンバーズの百科辞典『サイクロペディア』（一七二八年）では「静力学」が「重量や重さ、およびそれらから生じる物体の運動を考察する」と説明されていたのに対し[69]、同書の翻訳企画から出発したフランスの『百科全書』では、ダランベールが次のように書いている（一七六五年）。

> 諸物体の重さに由来する限りでの運動を考察する力学の部門は時に静力学と呼ばれており、[……]駆動力とその適用を考察する部門（同じ著者たちからは力学と呼ばれている）に対置されている。だが、釣りあい状態にある物体と動力を考察する力学の部門を静力学と呼び、運動しているそれらのものを考察する部門を力学と呼ぶほうが、本来的である[70]。

以上の断片的な証拠から判断すると、「静力学」は十八世紀中頃に釣りあいの科学を意味するようになったと考えられる。それまでは、物体の釣りあいはむしろ「機械学」の対象であった。しかし先に見た通り、「機械学」の語は世紀半ばまでに運動の科学を第一義とするようになり、今日の「力学」の意味で使われるようになった。これとちょうど入れ替わるように、釣りあいを対象とする部門を指す言葉として「静力学」が定着したように見受けられる。「機械学」が「静力学」に継承されたことは、『解析力学』の記述からも予想される。というのは、同書第一部（静力学）で釣りあいの一般公式を提示するにあたり、ラグランジュは「機械における釣りあいの一般法則」(la loi générale de l'équilibre dans les machines) から議論を始めているからである。[71]

「動力学」の場合にも、これと並行する意味の変化が認められる。再びアカデミー・フランセーズの仏語辞書を引いて見ると、この語は第三版（一七四〇年）までは掲載されておらず、第四版（一七六二年）で初めて見出し語に採用された。そこでの説明は次のようなものである。

本来は物体を動かす力ないし動力の科学を意味する。より具体的には、どのような仕方で押しあうのでも、また引きあうのでも、何であれ相互作用する物体の運動の科学について言われる。[72]

ここでは、一見すると無関係に思われる二つの意味が挙げられている。すなわち、「力の科学」と「相互作用する物体の運動の科学」という二つである。

本書で詳述するように、「動力学」とは本来、十七世紀末にライプニッツが「活力」に関する学問を指すために案出した造語であった。ライプニッツは、物体の本質を延長に求めたデカルトに反対して「力」に重要な役割を与え、物体に帰属するそうした「力」のうちある種のものを「活力」および「死力」と呼んだ。このように区別した上で、ライプニッツは伝統的な「機械学」を「死力の学」と同一視し、これと対置される「活力の学」を「動力学」と名づけたのである（詳しくは第2章および第5章で論じる）。このように理解された「動力学」は、ラグランジュが『解析力学』で論じた「動力学」とは根本的に異なっている。前者にとっての「動力学」が物体の「力」を主軸とする自然哲学の企てであり、形而上学とも密接に関わっていたのに対し、後者にとっての「動力学」は、釣りあいと運動を扱う「力学」という数理科学の一部門であるに過ぎない。「動力学」の意味内容は明らかに、十八世紀のあいだに大きく変化したのである。[73]

ライプニッツとラグランジュの「動力学」理解の中間に来るのが、アカデミー・フランセーズの辞書が与えている二番目の意味――相互作用する物体の運動の科学――である。この用法は、本書で見るように、一七四〇年前後のパリ科学アカデミーで広まった（第8章を参照）。この意味の転換は確かに大きな出来事であるが、しかしこれだけでは、「動力学」の変化の記述として十分ではない。これと並んで、あるいはそれ以上に重要なのは、ライプニッツがいったん切り離した釣りあいの科学と運動の科学を接続する試みであった。後の議論を先取りして述べておけば、それを行った中心人物こそ、オイラーにほかならない。オイラーは、ライプニッツ流の「動力学」理解にはっきりと反対を表明し、「静力学」を基盤とする運動の科学として「力学」を提示した（第7章）。さらにオイラーは、ふつう最小作用の原理と呼ばれている力学原理の研究を通じても、釣りあいと運動を統一的に扱う方向性を打ち出していた（第9章）。ラグランジュが行った「静力学」と「動力学」の統一は、このような背景があって初めて可能になったと言える。

以上、本節で行ってきた議論をまとめておこう。まず、「力学」が第一義的には物体の運動の科学であり、さらに機械学的な事柄もそこに含まれるという合意は、十八世紀の早い時点で成立していたと考えられる。しかしながら、「力学」が「静力学」と「動力学」という二つの下位領域からなるという共通認識は、十八世紀中葉になるまでおそらく存在していなかった。そもそも「静力学」「動力学」の語が釣りあいの科学および運動の科学という意味で使われるようになったのが、この世紀の半ばだったからである。したがって私たちは、現在理解されているような「力学」という枠組みが十八世紀初頭の時点ですでに存在していたと考えることはできない。「力学とは力と運動を扱う物理学の一部門である」といった了解そのものがいかにして可能になったのかを問うことが、力学史研究の根本課題として浮上してくる。

機械学と運動論、あるいは静力学と動力学が結びついた「力学」の誕生という過程は、第一節で議論した解析化・体系化という見方では原理的に記述できない。なぜなら、この主題を扱っている歴史研究は、今日的な「力学」のカテゴリーから出発し、それを通して十八世紀の著作を見ているからである。これに対し、第二節で議論した活力論争や力概念についての歴史研究は、種々の同時代的文脈を掘り起こすとともに、「力」の捉え方そのものの変化を指摘してきた。本書ではそこからさらに一歩を進めて、そうした力概念の変化、とりわけオイラーが行った革新は、釣りあいの科学と運動の科学を統一するような性格のものであったがゆえに、近代的な「力学」の誕生を告げるものであったと主張したい。ただし、このオイラー流の「力学」は現在から見ればほとんど自明のものであるがゆえに、その新しさを真に理解するためにはまず、それが登場する前の状況を知る必要がある。本節で指摘したように、オイラーの生まれてくる前の時代には、「力学」なるものは存在していなかった。十七世紀の自然哲学における、ある種の「力」の問題から、本論を始めることにしたい。

第Ⅰ部　活力論争と「運動物体の力」の盛衰

「力学という科学全体は、それに従って物体の死力ならびに活力を正しく見積もることのできるような、そうした適切な尺度を見出すことに関わっている」――これは、十八世紀初頭に力学の発展に貢献したとされる人物の一人、ヘルマンが、一七二〇年代半ばに書いた文章である。[1]「力」の尺度を決定すること――これがその頃の学者たちにとって、重要な研究課題であった。そしてそこでの「力」――「死力ならびに活力」――には、「物体の」という文言が添えられていた。

それから二十年ほど後、一七四三年に出版された『動力学論』の中で、ダランベールは「運動物体に内在する力という、曖昧かつ形而上学的な存在［……］を完全に追放した」と宣言した。[2] これとほぼ時期を同じくしてオイラーも、物体の衝突を扱った論文の中で、「運動物体にはいかなる力も絶対に帰属させられないであろう」と述べた。[3] 彼らは明らかに、「力」なるものについて、ヘルマンとは異なる見解を示している。そうした新しい態度の出現は、本書が問題にしている近代的な「力学」理解にとって重要な意味を持つ。

この第I部では、活力論争の展開を辿りながら、その中心にあった「運動物体の力」という概念の興隆と衰退を描き出すことを目指す。まず第2章では、デカルト、ニュートン、ライプニッツという十七世紀を代表する自然哲学者たちの著作において、物体が何らかの「力」を持つという発想が認められることを示す。とりわけライプニッツは、この考えを深めて「活力」「死力」という対概念を提示し、それらの尺度について新しい説を立てた。第3章では、これを支持したヴォルフ、ヘルマン、ベルヌーイらの活動の結果として、一七二〇年代に賛同と批判が寄せられ、本格的な論争が勃発した経緯を見る。あわせて、論争の当時者たちが口にしていたさまざまな「力」の意味についても分析を加え、「運動物体の力」という発想が議論の前提になっていたことを確認する。これに対して第4章では、ダランベール、オイラー、およびモーペルテュイという三人を取り上げ、一七四〇年代から五〇年代にかけて、三者三様の形で論争の解消が試みられたことを示す。

第2章　十七世紀の自然哲学における「運動物体の力」

啓蒙主義の時代と呼ばれる十八世紀ヨーロッパの科学思想が、科学革命の世紀とも呼ばれる十七世紀の知的遺産に多くを負っているのは言うまでもない。[1] とりわけニュートンの与えた広範な影響については、伝統的に多くのことが語られてきた。だが仔細に検討してみると、「ニュートン主義」と呼ばれたものの具体的内容は、非常に多義的かつ曖昧であったと言わざるを得ない。[2] 現代の研究者は概してその多様性を強調する傾向にあり、「ニュートン主義」の語を科学史の叙述から意識的に締め出している例もある。[3]

理論力学の歴史においても事情は同様であって、十八世紀における発展はニュートン一人を水源としていたのではないと考えられている。たとえばトゥルースデルは、イギリス人のニュートンと並べる形で、スイス人のヤーコプ・ベルヌーイを十八世紀力学史の出発点に置いた。[4] あるいは近年の野澤の研究では、ヨハン・ベルヌーイの力学が、ニュートンと大陸（具体的にはホイヘンスなど）にそれぞれ由来する二つの「研究伝統」の合流点として捉えられている。[5] さらにブルテは、力概念の歴史という観点から、十八世紀には「ニュートン」「デカルト」「ライプニッツ」という三つの研究プログラムがあったと論じている。[6] 十八世紀の力学史をニュートンの著作がもたらした影響のみによって語るのは、端的に不可能と言うべきである。

本書ではこの立場から、特にライプニッツの提唱した「活力」「死力」概念の歴史的重要性を強調していくことになる。それが十八世紀前半に持った影響力を把握しておくことは、少なくともオイラーの力学思想を理解する上で、不可欠だからである。しかしながら、ライプニッツの「活力」「死力」が極めて特殊な概念であったわけでは必ずしもない。むしろ反対で、それらは「運動物体の力」という当時一般的だった概念の亜種として理解することができる。実際、これに近い発想は、ライプニッツが批判した当のデカルトや、ライプニッツとは大きく異なる自然哲学を展開したニュートンにおいても、やはり認められるのである。このことを説得的な形で提示し、活力論争を理解するための土台を用意することが、本章の目的である。

一　物体の中の「力」と衝突の問題——デカルト

運動する物体がある種の「力」を持つと述べたとき、最初に思い起こされるのは中世スコラ哲学の「インペトゥス」という概念であろう。手から放たれた物体が運動し続けるのはなぜか、という問いに対して、西洋中世の学者たちの中には、物体を投げるときに手から物体へとインペトゥスが込められるからである、と答えた人々がいた。つまりインペトゥスとは、物体が強制運動を続けるための内的原因のことであった。このような考え方は古くは古代ギリシアのフィロポノスにまで遡り、アラブ＝イスラーム世界では「マイル」と呼ばれた。ヨーロッパでは十四世紀にパリ大学のビュリダンが詳しく論じており、初期のガリレオにもその影響が見られるとされる。論者によってその考え方の細部には幅があったとされるものの、運動状態を維持する原因であることと、物体に内在的であることという二点をもって、インペトゥス概念の特徴としておくことはひとまず可能であろう(7)。

インペトゥスの自然学と近代的な力学との相違について、伊東は『近代科学の源流』（初版一九七八年）の中で考察を行い、「中世力学は、その運動や力の本性、慣性の概念、抵抗の役割などについて近代力学とは本質的に相容れない思考方式の上にある」と結論づけた。その理由として具体的に言われたのは、たとえば、インペトゥスが「他から移されたり、再び放出されたりするような力学的実体」（強調は原文）として捉えられていることや、この理論では「常にそのインペトゥスという一種の力が働くことによって、一様運動が保たれる」といった点である[8]。確かに、インペトゥスと現代の力学概念の比較としては、こうした指摘は正しいであろう。だが、この二つの考え方の歴史上の分水嶺は、ここで想定されているほど急峻なものではなかった。本節ではこのことを、デカルトに即して見ておきたい。

デカルトの「力」理解がはっきりと現われているのは、主著『哲学原理』の第二部で自然の第三法則が述べられている箇所である。第一法則と第二法則を併せたものが今日の慣性の法則に相当するのに対し（後述）、第三法則の目的は、二つの物体が衝突した際に何が起こるかを定めることにあった。デカルトはここで、観察や実験ではなく演繹的な推論によって、二つの物体の衝突規則、すなわち衝突前後における両物体の運動の量的変化を、具体的に把握しようと試みている。結果として得られた七つの規則は大部分が経験と合わず、正しい規則の探究が十七世紀後半の課題となっていくが、そのことはここでは問わない。考えておきたいのは、デカルトがこの問題に取り組むにあたって採用した基本的な方針と、そこに登場する「力」の性格である[9]。

デカルトの方針とは、次のようなものであった――「それぞれの物体の中に、運動する力なり、運動に抵抗する力なりが、どれだけあるかを計算し、力の強いほうの物体がいつでも効果をあげるものだということを明確にしさえすればよい」（強調は引用者）[10]。この基本的な考え方については、『哲学原理』の初版であるラテン語版（一六四四年）と、デカルト自身が手を加えたフランス語訳（一六四七年）とのあいだに相違はない（本書では専らラテン語版を参照する）。そのことをわざわざ断っておくのは、衝突規則の内容については二つの版で若干の異同が指摘されているためである[11]。

右の引用から分かるように、デカルトは二つの物体の衝突を、それぞれの「物体の中に」ある「力」を比べることで考察しようとする。物体に帰せられているこの「力」とは、単独の物体について見れば「運動する力」または「運動に抵抗する力」であるが、別の物体に接触ないし衝突した際には、それに対する作用として機能する。すなわち、デカルト自身がこのように表現しているわけではないが、物体の「力」は衝撃力という形で表に現れてくる。したがって、インペトゥスが専らそれを有する物体自身に対して働きかけるのと異なり、デカルトの「力」には、それを持つ物体がほかの物体に対して働きかけるという特徴が指摘できる。加えて、デカルトは静止物体にも「力」を認めており、その働きは、ほかの物体から衝突されたときにそれに抗して作用することにあるとされる。そのためデカルトの議論では、「力」は外部の物体に対して作用を及ぼす原因であると同時に、それを有している物体の運動状態を維持する原因でもある、ということになる。この両義的な性格を持った「力」は、インペトゥスの概念と今日的な力概念の両方の要素を含むものと言えるであろう。「いったん動かされたものはいつまでも運動しつづけ」(自然の第一法則)、「すべての運動はそれ自身としては直線運動である」(第二法則)と主張すること——すなわち慣性の法則の把握——と、運動している物体が何らかの「力」を有すると考えることとは、必ずしも矛盾しないのである。[12]

加えてデカルトは、「力」を暗に「運動の量」と同一視し、それは物体の大きさ(後世にはこれが質量と読み替えられる)と速度に比例するとした(デカルトの「運動の量」は、今日の物理学の運動量と異なり、運動の向きを考慮に入れないスカラー量である)。このことと、運動の量の総和が常に保存される(一定である)というデカルトのよく知られた主張とを考え併せるならば、「力」の和もまた衝突前後で保存されなくてはならない。ここから論理的に帰結するのは、二つの物体が衝突する際、両者が当初持っていた「力」はその合計を変えないようにして衝突後に再分配されるということである。それゆえ結果として、衝突においては一方の持っていた「力」が他方に移されたと解釈することが可能になる。つまり「力」はインペトゥスと同じく、「他から移されたり、再び放出されたりするような力学的実体」(伊東)にほかならない。[13]

以上のように、デカルトは運動物体が何らかの意味で「力」を持っていると考えていた。この結論は、デカルトの運動論に関する武田の主張とも合致している。その分析によれば、デカルトのテクストにおいて「力」(force)という言葉は、第一義的には運動物体の有するものとして使われているとされる。[14] もっとも、このような指摘自体はすでに、ニュートン研究で知られたウェストフォールの大著『ニュートンの物理学における力』(一九七〇年)の中で述べられていた。同書の記述からは、特に十七世紀後半の力学文献に「力」が繰り返し登場することが見て取れるが、そうした「力」は今日の力学において考えられているような、物体に対して外から働きかける抽象的作用を意味していたのではない。それらは、ウェストフォールの表現で言えば、インペトゥスに類似した「物体の運動の力」(force of a body's motion)として理解されていたのである。そしてこのような考え方の伝統の代表者として名指されたのが、ほかならぬデカルトであった。[15]

『ニュートンの物理学における力』は、その副題「十七世紀における動力学」が示しているように、ガリレオからニュートンに至るまでの力と運動に関する議論を包括的に論じた研究書である。ウェストフォールによれば、十七世紀の力概念には大きく分けて二つのモデルがあった。一つは梃子に代表されるさまざまな機械の働きであり、これは物体の持つ重さや、そうした物体を持ち上げるときの作用、さらには物体の自由落下と関連している。ガリレオはこの考え方を体現しているとされるが、しかしこの発想を一般的な力の概念に練り上げるまでには至らなかった(同書第一章)。これに対するもう一つのモデルは、物体が衝突する際の衝撃力であり、すでに述べたようにデカルトによって代表される。運動物体に内在する「力」と結びついているのは主としてこちらの考え方であり、十七世紀後半のボレッリ、ウォリス、マリオットといった著名な人々の著作にもそうした発想が見られるという(同書第五章)。[16] ウェストフォールが注視したのは、衝撃力=運動物体の力とは異なる、物体に対する外的作用としての力――今日の力学で普通に了解されている意味での力――が把握されてくる過程であった。そのような新しい力の概念は、ガリレオやホイヘンスが行ったような運動の数学的取り扱いを可能にし、かくして数学的伝統と機械論的伝統という二つの流れが合流して、そこに近代的な力学が成立した――これがウェストフォールの語る科学革命の筋書きである。そしてその総仕上げを行ったとされるのが、言うまでもなくニュートンその人であった。

二 「固有力」と「刻印力」――ニュートン

ニュートンが運動の法則を打ち立てるにあたり、まずはデカルトから出発したことはよく知られており、若い頃のノートに書き留められたアイディアが最終的に『自然哲学の数学的諸原理』（通称『プリンキピア』、初版一六八七年）で提示されるまでには、興味深い思考の発展が見られる。特に、運動の法則の原型が、ほかでもない衝突のモデルを通じて現れてきたことは注意されてよい[17]。しかし、本書の関心は基本的にニュートン以後の時代にあるため、ここでは直接『プリンキピア』に向かい、運動の三法則に関連して提示された二つの力概念を考察することにしよう。

ニュートンの第一法則、いわゆる慣性の法則は、「すべての物体は、刻印力によってその状態を変えるよう強いられない限り、静止または一様直進運動の状態を堅持する」という主張である[18]。これだけを見る限りでは今日の理解とまったく同じであるようにも思えるが、これに先立つ「定義三」で、ニュートンは「固有力」（*vis insita*）なるものを次のように定義していた。

> 物質の固有力とは、あらゆる物体が、それが可能な限りにおいて、静止または一様直進運動の状態を堅持する能力のことである[19]。

物体が慣性運動を続ける原因を、ニュートンはこの「固有力」に求めている。これは一見インペトゥスへの逆戻りであるように思えるが、そうではない。というのもニュートンはこれを「慣性の力」（*vis inertiae*）とも呼び、物体がこの力を行使するのは運動状態が変化しているあいだだけだと説明しているからである。したがって中世的なインペトゥスと異なり、「慣性の力」は、物体が慣性運動をしているあいだは必要とされない。それは変化が起こるときにだけ動員される抵抗能力であり、このことによって間接的に一様運動の継続が保証されるのである。ところが、非常に紛らわしいことに、ニュートンは続けて、この力の行使は「見方によって、抵抗でもインペトゥスでも」あると述べている。[20]「インペトゥス」という言葉のここでの用法は、本来の意味とは異なっていると見るべきであろう。つまりそれは、運動状態を維持する原因としてではなく、行く手に立ちはだかる障害物の状態を変えようとして運動物体が働きかける能力として言われていると考えられる。

このように見てくると、ニュートンの「固有力」ないし「慣性の力」の説明にはデカルトの場合と同じく、運動物体が衝突を通じてほかの物体に作用するという発想が表れているのが分かる。もっとも、デカルトが運動と静止を峻別し、それぞれについて「力」を考えたのに対し、ニュートンは運動と静止を相対的なものと見なすことで、「抵抗」と「インペトゥス」を同じ「固有力」の二つの側面として捉えることができた。[21]この点で両者のあいだには大きな違いがあるが、それでもなお、ニュートンが「物質の固有力」について語っているのは注目に値する。運動物体に内在し、衝撃力という形で現われてくる「力」の概念は、ニュートンにも確かに認められるのである。

ウェストフォールが強調したように、ニュートンの新機軸はむしろ、これと対になるもう一つの「力」を次の「定義四」で導入したことにあった。

> 刻印力とは、物体の静止または一様直進運動の状態を変えるべく、それに及ぼされる作用のことである。[22]

この「刻印力」（*vis impressa*）については、「作用のうちにのみあって、作用が止んだ後は物体中に残っていない」と言われ、「衝撃、圧、向心力といったさまざまな源がある」と説明されている。[23]こうした記述を総合すると、「刻印力」とは今日の力学で言われる力、すなわち外部から物体に働きかける作用そのもののことであって、物体に内在的な「慣性の力」とは存在論的次元を異にすると考えるのが妥当であろう。それゆえ、邦語文献で時折使われる「込められた力」という訳語は、ニュートンに関する限り適切とは言えない。それは事実、物体内部に「込められた」何かを指していないからである。しかし一方で、*"vis impressa"*という表現が中世のインペトゥスと似た意味で用いられていたのも事実であるため、ここではそれを考慮して「刻印力」という日本語を用いる。この表現であれば、物体内部の何かを指すのと、物体に対する外的作用を指すのと、そのどちらの意味にも取れると考えられるからである。物体に備わった能力を指すように見えて、実は作用そのものを意味しているというニュートンの「刻印力」は、「衝撃、圧、向心力」をすべて同じものとして扱うことを可能にし、これに基づいて力学理論を構築することを原理的には可能にしている。ウェストフォールがこの点に近代的な力学の誕生を、ひいては科学革命の頂点を認めたのには一理あったと言ってよい。

　しかし実際には、そうした理論の整備が直ちに完了したわけではなかった。その理由の一端は、ニュートンが「刻印力」という新しい力概念を導入した一方で、旧来の「力」を「固有力」あるいは「慣性の力」という形で残したことに求められる。『プリンキピア』の第一法則では「力」について触れられていないとしても、『光学』では明確に、「慣性の力とは受動的原理であって、物体はそれによってその運動または静止を堅持」すると述べられていた[24]。加えて「刻印力」という言葉もまた、ある種の「力」が文字通り物体の中に「刻印される」というイメージを喚起する（元のラテン語*"imprimo"*は、押し付ける、刻み込む、の意）。ニュートン自身は、「刻印力」を一種のテクニカルタームとして導入し、「固有力」とはまったく別種のものとしているが、しかし「刻印力」という言葉を選択したことで、その意図は極めて理解されにくいものになったと思われる。現代の物理学に慣れ親しんでいる人間にはこの言葉の意味は明らかであるが、これに初めて接した人々にとってもそうであったという保証はないのである。

このことを踏まえると、運動の第二法則についても従来と少し異なる見方が可能になると思われる。ニュートン自身はこの法則を、「運動の変化は駆動的な刻印力に比例し、その力の刻印される直線に沿ってもたらされるということ」と規定した[25]。この言明が、今日「運動方程式」として表現される事柄（$F=ma$）と同じなのかどうかという問題をめぐっては、さまざまな議論がある。従来の通説は、ニュートンの主張は第一義的には瞬間的な衝撃に関するものであり、今日で言う力積と運動量変化の関係（$\int F\,dt=\Delta(mv)$）に相当するというものであった[26]。しかし最近ではその両方、すなわち連続的変化と不連続的変化の双方に直接適用されるとするポーシオの解釈が主流になりつつある[27]。加えて、第二法則を同時代や後世の人々がどのように受容したかという問題に関しても少なからず研究が行われてきたが、運動方程式として今日知られる関係式がどのような過程を経て広く利用されるようになったかという問題は、まだ完全には解かれていない[28]。むしろ確実なのは、運動方程式そのものは十八世紀半ばまでに確かに普及していたものの、ニュートンの名前とは概して結びついていなかったということのほうであろう。第二法則と運動方程式が同一視されるようになったのは、塚本の研究によれば、十九世紀中頃のイギリスにおいてであったと考えられる[29]。

これらの議論に深入りする代わりに、ここではニュートンの第二法則について、従来あまり検討されたことがないと思われる一つの問題を提起しておきたい。その問いとは、当時の学者たちから見た場合に、第二法則の最も自然な読み方は何であったかというものである。もしかするとそれは、物体の外部からその物体に「力」が「刻印される」（あるいは「込められる」）とちょうどその分量だけ物体の運動が変化する、ということではなかっただろうか。というのも、これはすでに述べたような、「他から移されたり、再び放出されたりするような力学的実体」としての「力」のイメージとも、また「力」を「運動の量」と同一視する理解とも、完全に親和的だからである。ニュートンの言葉はこのようにして、伝統的な思考法の枠内で解釈できる。現に、十八世紀の著名な「ニュートン主義者」として知られたオランダのス・グラーフェサンデは、ニュートンの第二法則の解説を次のように始めている――「運動している物体に、それを同じ方向に動かそうとする別の力が付加される（*superadditur*）と、運動はより速くなり、そして確かに新しく込められた力に比例する」（強調は引用者）[30]。

それゆえ、デカルトと同じくニュートンの運動の法則のうちにも、物体の運動と結びついた「力」が存在する余地があったと結論できる。それは物体に内在しているという点でインペトゥスの性格を受け継いでいると同時に、主に衝突を通じて他の物体に働きかけることで運動状態に変化をもたらすという点で今日的な力概念に通じている。この分析は、ブドリの与えている次の結論とも親和的と言えるであろう。すなわち、「力とは一つの実体から別の実体へと移すことができ、そのプロセスのあいだに運動の量や抵抗や重さといったさまざまな形態をとって現れてくる原因なのである」[31]。

それでは、このような「力」の大きさは、具体的にはどのようにして表せるのだろうか。これを問題にした人物こそ、ライプニッツであった。

三　「活力」と「死力」――ライプニッツ

活力論争の発端となったライプニッツの論文が『博学報』（*Acta eruditorum*）誌に掲載されたのは、ニュートンの『プリンキピア』出版の前年、一六八六年のことである。この論考は、『自然法則に関するデカルトらの顕著な誤謬についての簡潔な証明』という表題が示しているように、デカルトを始めとする当時の一般的な「力」理解の批判を目指したものであった[32]。しかしながら、「力」の尺度に関するその批判にもかかわらず、ライプニッツもまた「力」を物体に帰属させる発想そのものは共有していた――というよりもむしろ、ライプニッツの自然哲学を特徴づけていたのは、「力」を物体にとって最も本質的なものと見なすという考え方であった[33]。本節で見ていくように、ライプニッツの主張、とりわけ彼の提唱する「動力学」は、「運動物体の力」を精緻化する試みとして捉えることができる。

「力」が質量と速度の二乗に比例するというライプニッツの有名な主張は、物体をある高さから落下させるという思考実験に基づいて述べられた。物体が落下によって獲得する「力」の大きさは、どのように測られるべきであろうか。それは、この「力」のもたらす「効果の量」(*quantitas effectus*)によってである、というのがライプニッツの回答であった(ここで「効果」と訳したラテン語"*effectus*"には、原因に対する「結果」の意味もある[34])。「効果の量」として、ライプニッツは具体的には、この「力」でもって物体を上向きに投射した際、物体が上昇しうる高さを採用する(なぜそれが選ばれるべきなのかは説明されていない)。ところでこの上昇しうる高さというのは、最初に物体を落下させたときの高さに等しく、さらにその高さは落下によって得られる速度の二乗に比例する(これらの事実はガリレオ以来よく知られるようになっていた[35])。ここから、「力」は速度でなく速度の二乗に比例する、とライプニッツは結論づけた。

明らかにライプニッツは、落下によって物体が何らかの「力」を獲得し、かつその「力」によって物体は上方へ運動することができると考えている。ライプニッツが「力」の尺度を最初に問題にしたとき、想定されていたのはこのような「力」であった。なお、この時点ではまだ「活力」という言葉は使われていないが、ここで言われている「力」は後に「活力」と同一視されるようになり、右の議論は「活力」が質量と速度の二乗に比例することの証明として流通するようになっていく。このため、活力論争について述べている文献の多くは、いま見たような『簡潔な証明』の議論を紹介することで、ライプニッツの主張の要約に代えている。

だが、十八世紀における活力論争の展開を理解する上では、一六九五年の論考『動力学提要』(*Specimen Dynamicum*)のほうがおそらく重要である[36]。この著作は、日本語版のライプニッツ著作集では『力学提要』と題されているが、本書では「機械学」または「力学」(いずれも *mechanica*)とはっきり区別するために、「動力学」(*dynamica*)

と訳しておく。実際、ライプニッツは一六九〇年頃からの出版物の中で、物体の「力」に関する新しい学問に言及し、それを指すために「動力学」という表現を造語した。しかしながら、その構想が詳しく説明されたのは、この『動力学提要』が最初で最後であった。ライプニッツの「動力学」構想が「機械学」に対する批判であったことは、後の章で見ることになるだろう（本書第5章）。ここでは、この論考の中で「力」の分類が試みられ、「活力」と「死力」という対概念が明示的に導入されたことを確認しておきたい。

ライプニッツによる「力」の分類は、複数の方法でなされていた。一つは「根源的」（*primitiva*）と「派生的」（*derivativa*）という区別であって、前者は形而上学に、後者は自然学に関わるとされる。もう一つは「能動的」（*activa*）と「受動的」（*passiva*）という対比に基づくもので、前者の「力」は「性能」（*virtus*）、後者は「抵抗」（*resistentia*）とも言い換えられている。これは根源的な力と派生的な力の双方について言われるので、都合四種類の「力」があることになる[37]。

力学に直接関係するのは、派生的と呼ばれる二種類の「力」である。ライプニッツはこれらの「力」について、明示的な定義を与えていない。その代わり、「今この場における我々の務めは、さらにいっそう前進して、派生的な性能と抵抗について、いかにして物体はさまざまな努力を発揮したり、あるいは逆にさまざまな仕方で抵抗したりするのかということをこの学説の中で論究することであ」ると述べ、また、「それによって物体が実際に互いに作用したり互いに作用を被ったりする派生的な力を、ここでは、運動（すなわち位置運動）と緊密に結びついており、また他方ではこれから位置運動を生み出そうとする力にほかならないと我々は理解する」とも宣言している[38]。こうした文言から判断すると、能動的な「力」と受動的な「力」というライプニッツの二分法は、ニュートンが「固有力」について「見方によって、抵抗でもインペトゥスでもある」と語っていたことにほぼ対応していると思われる。

続いて、ライプニッツは派生的で能動的な「力」をさらに二つに分類する。それが「活力」（*vis viva*, 生きた力）

と「死力」（*vis mortua*, 死んだ力）である。[39] そもそも「力」が物体に帰属するものとされ、その下位分類として「活力」「死力」が言われている以上、これらも必然的に物体に内在すると考えられる。

このうち「活力」は、「現実の運動と結びついた通常の力」とも表現されている。[40] ここでさらに重要なのは、先の『簡潔な証明』では物体の落下あるいは上昇との関連のみで「力」が議論されていたのに対し、『動力学提要』ではそれに加えて、衝撃における力は活力だと述べられている点である。[41] これはデカルトを始めとする「運動物体の力」の理解にそのまま通じるものであって、衝撃力として姿を現す「力」の概念がライプニッツにとっても自然なものであったことを示唆している。衝突する物体の持つ「力」については、後の時代にも繰り返し取り沙汰されることになるであろう。

一方、ライプニッツの言う「死力」なるものは、今日の力学あるいは物理学の中に対応する概念を持っていない。『動力学提要』では回転する円筒内の球という例でこの概念が説明されているが、それよりもむしろ、「遠心力そのもの」「重力あるいは向心力」「引き伸ばされた弾性体が復元し始める力」といった事例のほうが分かりやすいように思われる。[42] 重さにより落下しようとしている物体や、ばねにつながれて動かされようとしている物体は、直感的に言って、動き出そうとする「力」を持っているように思える。現代の物理学から見ればこの考え方は適切でないが、たとえば重たい物体を支えていたり、ばねを手で押し縮めていたりすれば、私たちは確かに物体からの「力」を感じるだろう。このように、動こうとはしているが現実には動いていないという場合に、物体は死力を持つと言われる。ここでは、重力やばねの力が外的な作用としてではなく、物体の持つ「力」として言われていることに注意しておきたい。つまり、現代の教科書ならば物体に対して外側から何らかの力が作用すると言うところを、ライプニッツはむしろ、死力が内側から物体を動かそうとしていると捉えるのである。

なお、死力が関係するこのような状況について、ライプニッツは「まだ運動が存在しておらず、ただ運動への励動が存在しているだけ」とも表現している。[43]「励動」（*solicitatio*）という言葉で言われているのは、今しがた述べたような、物体の持つ運動への傾向にほかならない。ここでさらに付言するなら、この用語は十八世紀の力学文献では、動詞の受動態の形で用いられることが多く、（物体が）動かされようとしている、（動くように）働きかけられている、という意味合いを表す。このため本書では、日本語のライプニッツ著作集が充てている「誘発」の語に替えて、「励動」という訳を充てている。

ここまでの議論から、ライプニッツが「活力」「死力」を物体に内在するものとして捉えていたのは明らかであるが、そのような「力」の理解は必ずしも、ライプニッツに特有のものではなかったと思われる。たとえば、「遠心力」（*vis centrifuga*）という用語を導入したホイヘンスは、それを（現代の物理学で言うところの）見かけの力としてではなく、中心から遠ざかろうとする物体の傾向性として捉えていたと言われている。[44] また、ニュートンの発明した概念である「向心力」（*vis centripeta*）——現代の物理学ではふつう「中心力」と呼ばれる——についても、ニュートンにおいては右の意味での「遠心力」の反作用として理解されていたという指摘がある。[45]

さらに言えば、ニュートンの「向心力」は同時代の人々のあいだでは、物体が中心点に向かおうとする一種の能力として理解されていた節がある。たとえば、この種の「力」にライプニッツ流の微積分計算を初めて適用したことで知られるヴァリニョンの一七〇〇年の論文では、物体の「持つ」中心力という表現が使われていた。すなわちヴァリニョンは、問題設定のためにそれを図示した際、「物体が各点Hにおいて、速度と独立に力を持っていること（私はそれを今後、中心としての点Cへのその傾向性のために「中心力」と呼ぶことにする）は［……］」と述べているのである（強調は引用者）。[46] このことは、ヴァリニョンの論文の内容を解説した同年の記事中で、「中心力」が重さや軽さに類似したものとして説明されていることとも整合的と言えよう。[47] このように、今日の物理学では抽象的な作用として解釈される多くの「力」が、十七世紀から十八世紀への転換期にはことごとく物体に帰属させられていた。この時代の力学文献に現れる「力」という単語は、ほとんど例外なく、物体の有する能力を指していたように見受けられる。

本節で見た通り、『動力学提要』においてライプニッツは、根源的‐派生的、能動的‐受動的、死力‐活力という、物体に内在する「力」の三重の分類を提示した。力学史にとってはこのうち、能動的かつ派生的な力に分類される活力と死力が特に重要であり、前者は現実の運動（衝撃力）に、後者は運動への傾向（重力、遠心力、ばねの力）に結びつけられていた。この一連の分類は、当時の学者たちが漠然と共有していた物体の持つ「力」という概念を整理し、さらには吟味する試みであったと評価できる。

現代の目には、それは一種の後退と映るかもしれない。ニュートンが「固有力」に「刻印力」を対置させたことが力学における進歩であったとして、ライプニッツがそれに匹敵するような理論的枠組みを提示しえたのかどうかは議論の余地がある――少なくともライプニッツは、自らの構想を出版物の中で数学的に展開しなかった（第5章で見るように、これは部分的にヨハン・ベルヌーイらにより実行される）。だが、たとえライプニッツの「動力学」が数学的・物理学的に見て（現代的観点から）有望でなかったとしても、『動力学提要』が『プリンキピア』より後に書かれたという歴史的事実は真剣に受け止める必要があるだろう。ウェストフォールは自著の中で、ライプニッツを論じた章を、ニュートンを扱った二つの章の前に置いていた[48]。だが実際の歴史的順序は逆なのであって、ライプニッツはニュートンを読んだ上で、「刻印力」ではなくむしろ「固有力」の理論を発展させることを企てたのである。そして十七世紀末に提出されたこの構想こそが、次の世紀の力学研究に対し、重要な出発点の一つを与えることになったのであった。

第3章　活力論争の始まり

活力論争はいつ、どのようにして始まったのだろうか。常識的な回答は、一六八六年に、ライプニッツが論文『自然法則に関するデカルトらの顕著な誤謬についての簡潔な証明』を発表して始まった、というものである。前章で述べたように、ライプニッツはこの論文でデカルトその他の人々を批判し、「力」は質量と速度の二乗に比例するという主張を展開した。この主張に対してはカトランやパパンといった人々から直ちに反論が寄せられ、ライプニッツとのあいだで論争が起こった。この意味では、『簡潔な証明』の出版が論争の端緒となったのは事実である(1)。

しかしながら、この説明は一つの重要な点を見落としている。確かにライプニッツ自身も論争を行ったが、一般に活力論争として知られる議論の大部分は、実はライプニッツの死後になされており、とりわけ一七二〇年代に本格化している。これはライプニッツの最初の論文から、実に三十年以上も後のことである。それゆえ、「活力論争はいつ、どのようにして始まったのか」という問いに答えるには、ライプニッツの最初の主張とそれに寄せられた反論を検討するのでは不十分だと言わなくてはならない。むしろ、この三十年のあいだにライプニッツの見解がどのように受容され、また批判されたのかという点が問題にされるべきであろう。

本章では、ライプニッツの提唱した活力と死力の概念がその後どのような反響を呼んだのかを、特に一七二〇年代の状況を中心に検討する。そしてそれと同時に、論争に参加した人々が「力」についてどのように理解していたかを概観することにしたい。第一節で、ライプニッツの支持勢力の拡大をヴォルフとヘルマンという二人の人物に即して見た後、第二節では活力論争が本格化するきっかけを作ったオランダの実験哲学者、ス・グラーフェサンデの主張を取り上げる。第三節では、ベルヌーイの論考を契機として起こった、フランスでの論戦の始まりについて述べる。

一　ドイツ語圏での支持拡大

十八世紀初頭には、ライプニッツの支持者と呼ぶことのできる有力な数学者・哲学者が幾人か存在していた。活力論争においてライプニッツ流の「力」尺度を主張したのは、ライプニッツ本人よりもむしろそうした人々であった。本節では、ライプニッツ本人とも親交のあった言わば第一世代に当たる人々、とりわけヴォルフとヘルマンを中心にして、活力と死力の学説がどのように広まっていったのかを検討する。[2]

最初に取り上げるのは、ライプニッツの思想を通俗化したと言われる哲学者、クリスティアン・ヴォルフである。ライプニッツの推挙によってハレ大学に着任したこの人物は、狭義の哲学（形而上学）のみならず、数学や自然科学なども含む膨大な量の教科書的著作をドイツ語とラテン語で出版した。ヴォルフ自身の思想が哲学史において重要な地位を占めているかどうかは措くとしても、そうした一連の著作が十八世紀ドイツ語圏の学問状況に多大な影響を与えたことは疑いを容れない。[3]力学に関しても、たとえばカントの力学理解は基本的にヴォルフに負うものであったことが知られている。[4]

ここではまず、数理科学に関連する学問分野を網羅的に解説した教科書的著作、『普遍数学原論』に注目したい。

同書は最初、全二巻で一七一三年に出版され、後に大幅に増補改訂されて、一七三三年に全五巻で公刊された。以下ではこのうち、旧版では第一巻、新版では第二巻に収録されている『力学および静力学原論』(*Elementa mechanicae et staticae*)を取り上げる。なお、厳密な意味での初版本は確認できておらず、参照できたのは一七一七年の年記がある版(ベルリン国立図書館所蔵本)であるが、この版は献辞が一七一三年一〇月付であることから見て、初版と同一内容の再版と思われる。

ヴォルフは『力学および静力学原論』の「定義七」において、「力」についての説明を与えている。この記述は旧版と新版とで概ね同じであるが、文面にいくらかの改訂が施されているため、両方の文章を並べて訳出しておく。

【旧版】「駆動力」あるいは単に「力」とは、運動を生み出すものである。実際に運動を生み出すならば、または現実の運動と結びついているときには、「活力」と呼ばれ、落下する球の中にあるものがたとえばそうである。対して、運動を生み出そうとするのではあるが、真の運動を実際にはまだ生み出していないならば、「死力」と呼ばれ、糸で吊るされた球の中にあるものがたとえばそうである。(5)

【新版】「駆動力」あるいは単に「力」とは運動の原理であり、すなわちそれは、物体における運動が依拠しているものである。現実の運動と結びついているならば、「活力」と呼ばれ、落下する球の中にあるものがたとえばそうである。対して、運動を生み出そうとするのではあるが、真の運動を実際にはまだ生み出していないならば、すなわち運動への尽力ないし努力のうちにのみあるならば、「死力」と呼ばれ、糸で吊るされた球の中や、復元しようとする伸張した弾性体の中にあるものがたとえばそうである。(6)

管見の限り、このうち旧版での記述は、活力と死力の概念がライプニッツ以外の人物によって公に紹介された最初の事例である。また、ヴォルフは一七一六年の『数学辞典』においてもこの二つの用語を項目として立て、ごく簡単に解説をしているが、これはドイツ語で書かれた最初の説明であった可能性がある。[7] さらに、右に引用した旧版と新版の文章が本質的には同じ内容であることから、概ね一七三〇年代まではこれが標準的な説明であり続けていたことが示唆される。

ヴォルフによる「力」の説明でまず注意を向けたいのは、「駆動力」(*vis motrix*) という用語である。実のところ、この表現は、ニュートンの『プリンキピア』でも使われていた。しかしながら、ニュートンはそれを「向心力の駆動的な量」(*vis centripetae quantitas motrix*) の略称として導入していたことに留意する必要がある。[8] ニュートンによれば、この量は「向心力の加速的な量」(*vis centripetae quantitas acceleratrix*)、略して「加速力」(*vis acceratrix*) と対をなすものであり、加速力と物質の量(質量)に比例する。また、誘引や衝撃についても、同じようにして「加速的」および「駆動的」と呼ぶとされている。本質的なのは、誘引であれ衝撃であれ、あるいは向心力であれ、「これらの力は自然学的にではなくただ数学的に考察されるべき」と言われている点である。それゆえ、ニュートンの「駆動力」はあくまで抽象的な量であり、物体に帰されるものではない。[9] ところが、ヴォルフの説いている「駆動力」は明らかに、物体「の中にある」運動の源としてイメージされている。「駆動力」という言葉のこの種の用法は、後にもたびたび見ることになる。

活力と死力は、この意味での「駆動力」の異なる形態として位置づけられており、また、『力学および静力学原論』のほかの箇所で説明されているように、尺度において異なっている。すなわち、死力は質量と速度に比例するが(初版の定理二九、改訂版では三六)、活力は質量と速度の二乗に比例する(初版の定理四二、改訂版では四九)。[10] ヴォルフはこの活力の尺度に関して、ライプニッツが『簡潔な証明』で行ったのと同じ趣旨の正当化(物体の落下・上昇による議論)を与えているが、「注解」として、この尺度を支持する別の議論も紹介している。これは同時代の数学者ヨハン・ベルヌーイからの書簡を引用する形で述べられており、この問題をめぐって両者のあいだで何らかの意見交換があったことがここから分かる(このベルヌーイの書簡には、後の節で再び触れる)。[11]

次に、ヴォルフと同輩の数学者であるヤーコプ・ヘルマンの場合を見ておきたい。ヘルマンは、十八世紀初頭に力学の解析化に貢献した人物として知られる。バーゼル出身で、ヤーコプ・ベルヌーイから微積分を学び、一部ではまだ批判のあったこの新しい数学を積極的に擁護した。これがきっかけとなってライプニッツの知遇を得、後者の推挙でイタリアのパドヴァ大学に赴任した（一七〇七年）。その地で行った講義では、ライプニッツの「動力学」や活力の測定についても詳しく論じていたと伝えられ、そこで交わった人物の一人、ポレーニも後に、ライプニッツ流の力尺度を支持することになる[12]。

ヘルマンは、パドヴァでの水力学に関する講義を契機として『ホロノミア、あるいは固体および流体の力と運動についての二巻』（*Phoronomia, sive de Viribus et Motibus Corporum solidorum et fluidorum libri duo*）を執筆し、一七一六年にオランダの業者を通じて出版した。「ホロノミア」という表題の意味について、ヘルマンは特に説明しておらず、その由来ははっきりしない。ただ、ライプニッツに生前未公刊の著作『ホラノムス』（*Phoranomus*）があることから、これと何かしら関連がある可能性も考えられる[13]。というのも、ヘルマンの『ホロノミア』はまさにライプニッツに献じられた著作だからである。この点は、従来の力学史では軽視されてきたように見える。確かに、同書ではニュートンの提起した中心力下での物体の運動が論じられており、そうした側面についてはこれまでにも歴史研究がなされてきた[14]。それに対してここで指摘したいのは、ヘルマンの力学理解にニュートンと並んでライプニッツの影響が色濃く見られるという点である。

『ホロノミア』の導入部に当たる、「物体の力と運動についての予備的諸注意」（*De viribus et motibus corporum praenotanda*）の中で、ヘルマンは質量や速度、時間といった諸概念とともに、いくつかの「力」を説明している。最初に挙げられるのは、ヴォルフの教科書でも述べられていた「駆動力」（*Vis motrix*）である。

物体を運動へと駆り立てるか、あるいは物体の運動がそこから生ずるもの、すなわちそれが止めば物体の運動が止むものは、「駆動力」と呼ばれ、「活力」と「死力」に分けることができる。[15]

このように、ヘルマンもやはり、物体の力であるところの「駆動力」によって物体が動かされると考え、それを活力と死力に分類している。続いて、「『活力』とは、現実の運動と結びついた力である」、「対して『死力』とは、物体においてある程度長く連続したか反復されたかでなければ、そこからは一切現実の運動が生じない力である」と説明した後、これらを「よりよく区別するために」、活力を単に「力」と、死力を「励動」と呼ぶことにすると述べている。[16]

さらにヘルマンは、ここまで述べてきた「力」は物体の「能動的な力」であるとして、もう一つの「受動的な力」に話題を移す。「能動的」「受動的」という区別はライプニッツが『動力学提要』で行っていたものであり、前章で見たように、ライプニッツは「受動的な力」を「抵抗」とも呼んでいた。ヘルマンにとっても、「受動的な力」とはすなわち抵抗のことであり、「[物体は]それによって、状態の変化すなわち運動または静止の状態の変化を物体にもたらそうとする、どのような外在的な力にも抗う」と説明する。[17]興味深いことに、ヘルマンはこの「受動的な力」のことを、「慣性の力」(*vis inertiae*)とも呼んでいる。この用語の由来について、ヘルマン自身はケプラーの名前を挙げているが、[18]これはむしろニュートンとライプニッツ双方の用語が直接結びついている例として注目に値する。実際、ヘルマンによれば、この「慣性の力」は「任意の作用にはそれと等しくかつ反対向きの反作用がある」という「自然法則」の基礎であるが、これは言うまでもなく、ニュートンの第三法則である。[19]

このようにヘルマンは種々の「力」を解説しているものの、単なる「力」については特に説明を与えていない。しかし後に書かれた別の論考『物体の力の尺度について』(一七二六年)を見ると、「任意の物体の力とは、力学のあらゆる著述家の一致しているところでは、この能力が内在していると理解された当の物体そのものにおいてであれ、それから離れた別の物体においてであれ、ともかく『運動を生む能力』を指す」という一文がある。[20]これを先に見た『ホロノミア』の記述（「駆動力」の定義）と比べる限り、ここで言われている「物体の力」と「駆動力」とは同じものを指していると考えてよいであろう。そのことはすなわち、『ホロノミア』の副題にある「固体および流体の力」なるものが、実質的には「駆動力」を、あるいはその異なる種別である「活力」と「死力」を指しているということを意味する。これらの考察から、ヘルマンが「力」について、ライプニッツやヴォルフと同様の理解をしていたのは明らかである。

それだけでなく、活力が質量と速度の二乗に比例するという点でも、ヘルマンはライプニッツの主張に同意していた。事実、『物体の力の尺度について』は、ライプニッツ流の力尺度を擁護するために書かれたのである（その議論の一部を第5章第三節で検討する）。この問題はヘルマンにとって無視できない、重要なものであった。なぜなら、「力学という科学全体は、それに従って物体の死力ならびに活力を正しく見積もることのできるような、適切な尺度を見出すことに関わっている」からである。[21] 力学の解析化に貢献したとされるヘルマンもまた、「力」を物体の能力として捉え、その尺度を決定することに関心を寄せていたのであった。

ところで、ヘルマンのこの論文が発表された媒体は、一七二五年に設立されたペテルブルク帝室科学アカデミーの紀要第一巻（一七二六年度、実際の刊行は一七二八年）であった。ヘルマンはこのアカデミーが発足するに当たり、ほかならぬヴォルフの推薦によって、設立時の正会員の一人として招聘されていたのである。特徴的なことに、ペテルブルク・アカデミーの初期の会員はヘルマンも含め、ほとんどがドイツ語圏出身の「御雇外国人教師」（この表現は橋本による）であった。そしてこの北方のアカデミーは設立されるや否や、以下で述べるように、活力をめぐる議論の中心地の一つになったのである。[22]

出版された紀要の第一巻を見ると、巻頭を飾ったヘルマンの論文には「一七二五年九月」というアカデミーでの口頭発表年月の記載があり、本文中にはアカデミーで寄せられたという反論への言及も見られる。[23] さらにこの論文の次には、哲学者ゲオルク・ビュルフィンガーによる『運動物体の固有力とその尺度について』と題した論文が載せられており、二部からなるこの長大な論考の発表年月は「一七二五年九月および一〇月」となっている[24]。アカデミー会員の会合が始まったのが同年九月（公式の設立は一一月）と伝えられることから考えると、ペテルブルク・アカデミーではほとんど最初から「力」をめぐる話題が取り上げられ、議論されていたことになる。

ビュルフィンガーは、かつてヴォルフに学んだことのある人物で、アカデミーでは「ヴォルフ派」を率いていたとも言われる。指導的神学者である一方、自然学や築城術にも造詣が深かったという[25]。アカデミーの議事録から判断する限り、ペテルブルクで最も積極的に「力」の尺度を論じていたのはこの人物であった。議事録は一七二五年一一月の途中から始まっているため、『運動物体の固有力とその尺度について』の口頭発表に関する記載はないが、記録のある範囲内でも、一七二六年の二月五日には「力の量と運動の伝達について」と題した発表を行い、その三ヶ月後には五月一〇日、一四日、一七日の三回にわたって「力の尺度についての論述」を読み上げている。いずれも詳細は不明であるが、公刊された『運動物体の固有力とその尺度について』においてライプニッツの力尺度が支持されていることから、これらの発表でもライプニッツの主張が肯定的に議論されたと考えられる[26]。

アカデミーの議事録ではほかに、一七二五年一二月四日の記事として「ニコラウス・ベルヌーイが力の尺度についてのライプニッツの定理を証明した」と書かれているのが注目される[27]。ニコラウス（二世）はヨハン・ベルヌーイの息子であり、弟のダニエルとともに若くしてペテルブルクに招聘されていた。しかしその直後、病気のため一七二六年に夭逝している。残した業績はわずかであり、その思想はほとんど知られていないが、この議事録の記載からは、ライプニッツの説を支持していたと考えられる[28]。

ヴォルフもまた、「力」に関する論文をアカデミーに寄稿していた。『動力学原理』と題されたこの論文は、一七二六年の一二月一〇日に読み上げられ、前述のヘルマンやビュルフィンガーの論文とともに、紀要の第一巻に印刷された（管見の限り、この論文はライプニッツ以外の人物が著作表題に「動力学」の語を使った最初の文献である[29]）。ヴォルフはこの中で、抽象的な「作用」（actio）についての考察から出発して、純粋に論理的に、「力」が質量と速度の二乗とに比例することを証明しようと試みた。

ヴォルフのこの試みは、ライプニッツが『動力学提要』（一六九五年）で「アプリオリ」と形容したアプローチに当たるものと考えられる。実際、ライプニッツは、自分は「極めて異なる道筋によって」同一の尺度に達したと書いていた。一方は「アプリオリに、空間と時間と作用の極めて単純な考察によって」であり、他方は「アポステリオリに、すなわち自らを消費することで生み出す効果から力を見積もることによって」である。[30]「アポステリオリ」な考察の例は、『簡潔な証明』（一六八六年）で最初に展開された、物体の落下と上昇に基づく議論に求められるであろう。この例では確かに、上昇に転じた物体の持つ「力」によって生み出される高さが「効果」として採用されていた（物体が上昇しきった時点では、「力」はすべて消費されていることに注意）。ヴォルフの論文はこれに対し、ライプニッツが出版物の中では具体的に展開することのなかった、「動力学」の「アプリオリ」な路線を継承するものであったと考えられる。[31]

実際、ヴォルフが与えた「証明」をめぐっては、ライプニッツとの直接的な意見交換も行われていた。このことは、ヴォルフが論文中で次のように述べていることから知られる。

さらにこれは、可動体［の質量］が等しく速度が二倍比である［すなわち二乗に比例する］という仮説のもと、一七一〇年に、極めて高名なるヘルベルシュタイン伯と高名なるライプニッツを始めとする人々に［私が］伝えた証明であり、空間に適用されたインペトゥスによって駆動的作用を見積もるものである。また、ライプニッツは一七一一年一月一二日付の手紙の中で、その証明はヨハン・ベルヌーイやヤーコプ・ヘルマンほかの有名な人々に［自分が］伝えたものに帰着すると書いていた。私は［それを］書き写し、彼の言葉によって信を得ることにしよう。[32]

これに続けて引用されているライプニッツの言葉とほぼ同じ文面が、ライプニッツからヴォルフへの書簡中に確かに存在している。[33] この書簡は日付を欠いているが、論文でのヴォルフの説明が正しければ一七一一年一月一二日付と考えてよい。さらに、ヴォルフの証言が正しいとするならば、ライプニッツはヴォルフとだけでなく、ベルヌーイやヘルマンとも、「力」をめぐる意見交換をしていたことになる。「動力学」の思想はこのようにして、まずは彼らのあいだで受容されたのである。

以上の議論から明らかになった通り、ライプニッツの活力・死力概念は、親交のあったヴォルフやヘルマンといった人々に継承された。そして、この二人が中心的役割を担っていた新設のペテルブルク・アカデミーでは、「力」の尺度に関するライプニッツの主張が肯定的に取り上げられ、議論された。活力と死力は、仮にフランスやイギリスでほとんど話題に上ることがなかったとしても、一七一〇年代と二〇年代を通じて存在感を増していたのである。この普及の過程は、ペテルブルク・アカデミーの構成員が大部分ドイツ語話者で占められていたことを考慮すれば、基本的にドイツ語圏での展開であったと言える。活力論争が本格的に始まるのは、こうした動向に対する外からの反応をきっかけとしてであった。具体的には、それはまず、オランダからやって来た。

二　オランダからの反応

ライプニッツの支持者たちとは距離を取りつつも、結果としてその強力な援軍となった人物がいる。ライデン大学の数学・天文学教授であった実験哲学者、ウィレム・ヤーコプ・ス・グラーフェサンデである。本節では、大きな反響を呼んだ一七二二年の論文を中心として、「力」に関するその考え方と活力論争への関与を考察する。[34]

ス・グラーフェサンデはもともと、イギリスのいわゆる「ニュートン主義者」たちと近しい関係にあった。オランダ大使付秘書官として一七一五年にロンドンを訪れた際、王立協会の人々と接し、その時から実験哲学を積極的に支持するようになったのである。帰国後には、教授として就任したライデン大学での講義に演示実験を採り入れて好評を博す一方、何度も版を重ねることになった教科書的著作、『実験によって確かめられた自然学の数学的原論、あるいはニュートン哲学入門』（初版一七二〇—二一年）を著した。ス・グラーフェサンデはこのように、自他ともに認めるニュートンの支持者であった[35]。

死後に出版された『著作集』の編者が伝えるところによれば、ス・グラーフェサンデは当初、「力」が質量と速度の二乗に比例するというライプニッツの主張を実験的に反証しようと試みていた。後の論争で繰り返し取り沙汰されたその実験とは、大きさが同じで重さの異なる球を粘土板の上にさまざまな高さから落下させ、衝撃によって作られる凹みの大きさを比較するというものである。実験によって直接調べられているのは衝撃の効果でしかないが、それが物体の持つ「力」の尺度であるとされたのである。ところが結果は、予期に反してライプニッツの主張を支持するものであった。すなわちス・グラーフェサンデは、球の落下距離と重さ（質量）が反比例している場合に凹みの大きさが等しくなることを見出し、ここから球の中の「力」は質量と速度の二乗に比例すると結論したのである（自由落下を想定しているので、落下距離は物体が獲得する速度の二乗に比例する）。この結果に彼は、「ああ、間違っていたのは私のほうだ」と叫んだと伝えられる[36]。

この新たな成果は、一七二二年の論文『物体の衝突に関する新たな理論の試み』で公表された[37]。ス・グラーフェサンデはこの直後、自分が行ったのとほとんど同じ実験がイタリアのポレーニによってなされていたことを知ったが[38]、そのことはこの論考の価値を減じるものではなかったと思われる。なぜならス・グラーフェサンデはこの中で、球の落下実験を報告しただけでなく、「力」についての新たな理論的枠組みを提示していたからである。

ス・グラーフェサンデの理論は、「力」（force）と「圧」（pression）という二つの概念に基づいて組み立てられている。これらは論文の始めのほうに置かれた四つの定義の中で、「慣性」（inertie）および「労力」（effort）とともに、次のように規定されている。

定義一　物体が運動に対して抵抗したり、その運動の変化に対して抵抗したりするという物質の性質は「慣性」と呼ばれる[39]。

定義二　運動物体の中にあってある場所から別の場所へとそれを運ぶものを、私は「力」と名づける[40]。

定義三　物体に対して作用し、それの占めている場所から出ていかせようとしたり、それの力を変化させようとしたりする外的な原因全体を、我々は「労力」という一般的な名前で呼ぶ[41]。

定義四　ある時間にわたって継続する労力全体であって、位置運動を伴わずに、すなわちそれが作用する物体の運動を変化させることなしに作用しうるものは、「圧」と名づけられる[42]。

ス・グラーフェサンデはここで（定義二）、「力」とは「運動物体の中にあって」その物体を「運ぶ」ものであると言い切っている。後に書かれた論考では「力」の意味についてさらに反省がなされ、それは「作用する能力」（Pouvoir d'agir）だと言われるようになるが[43]、いずれにせよ「力」が物体に帰属するものであるのは変わらない。

今日の力学で言われる作用としての力概念に相当するのは、「力」よりもむしろ、ス・グラーフェサンデが言うところの「労力」あるいは「圧」である。この「圧」は「力」と連動する点に特徴がある。すなわちス・グラーフェサンデによれば、物体の「力」はそれに対する「圧」の働きによって連続的に増えたり減ったりするのである[44]。それゆえ物体同士の衝突を考える場合も、ス・グラーフェサンデは両物体の「力」が直接相互作用するのではなく、「圧」を介して「力」が増減すると想定する（その詳細は第6章第二節で述べるが、この部分だけを取り出して見るなら、「圧」と「力」の関係は今日の力学における仕事と内部エネルギーの関係に近い）。このアイディアこそ、ス・グラーフェサンデの新しい理論体系を形作るものであった。

ス・グラーフェサンデはまた、「圧」によって物体の「力」が増減するという枠組みを用いて、「力」が質量と速度の二乗に比例することを理論的に証明しようとも試みている。ここではその詳細には立ち入らないが、ただ一点、「力」が保存されないことが議論の出発点に置かれている事実に注意を促しておきたい。「力」の尺度をどのように考えるべきかという一般論を、ス・グラーフェサンデは次のように述べている。

> 力の作用は物体がこの作用によって失う力に等しいのだから、「合計の作用に違いのない力は等しい」、また一般に「力はそれが完全に消費されるところの作用に比例する」というのは明らかである[45]。

このように、論争の中心人物の一人であったス・グラーフェサンデは「力」が「消費される」という観点に立って「力」の尺度を論じた。この点は第6章第三節で取り上げるマクローリンの場合にも同様に当てはまるが、元を辿れば、ライプニッツが『簡潔な証明』(一六八六年)で物体の上昇距離を「力」の効果としたときから受け継がれている発想と言えるであろう。前節でヴォルフの論文を検討した際、それがライプニッツの言う「アプリオリな」路線を継承したものであることを注意しておいたが、ス・グラーフェサンデの研究はそれと反対に、「アポステリオリに、すなわち自らを消費することで生み出す効果から力を見積もることによって」(ライプニッツ)、「力」の尺度を定める新しい試みであった。

ここから理解されるように、活力論争とは、第一義的には「力」の尺度をめぐるものだったのであって、保存に関するものではなかった。このことは、活力論争がデカルトの枠組みで行われており、そこでは「力」が保存されると考えられていたとするパピノーの見解に部分的な修正を迫るものである。同様に、尺度の問題と保存の問題とを並列させていたハンキンズの見方もやや不正確であるし、論争が「硬い物体論争の一部分」であったとするスコットの主張も行き過ぎていると言わねばならない(これらの先行研究については第1章第二節で取り上げた)。運動物体が衝突を通じてもたらす効果の大きさから「力」を決定する、というアプローチでは、「力」が保存されるかどうかは最初から問題にならないのである。

本節では、ライプニッツの尺度を支持した実験哲学者ス・グラーフェサンデの「力」理解について検討した。前節で見たヴォルフやヘルマンの場合と異なり、ス・グラーフェサンデはライプニッツの構想を全面的に受け入れたわけではない。事実、ス・グラーフェサンデの論文に「活力」「死力」の語や「力」の保存に関する主張は見当たらないし、自分は「活力」という表現を使っていないと本人も後に書いている。[46] しかしながら、ス・グラーフェサンデの論考が出版されたのはちょうど、ニュートンとライプニッツの思想が対立的に語られていた時期であった。一七一〇年代には微積分の先取権をめぐる論争と、それに引き続くライプニッツとクラークの論戦があり、一七二〇年にはこれらの論争をまとめた著作がフランス語で出版されたところであった。[47] このような時代状況を踏まえると、『ニュートン哲学入門』の著者がライプニッツ流の「力」の尺度を支持したことが、相当にセンセーショナルな出来事として受け取られたとしても不思議はないだろう。

現に、ス・グラーフェサンデ（およびポレーニ）に対しては、ロンドンのいわゆる「ニュートン主義者」たちからの反論が噴出した。「ニュートン主義」あるいは「ニュートン主義者」という言葉はその多義性ゆえに悪名高いが、この場合は要するに、ペンバートン、デザギュリエ、イームズ、クラークといった一群の人名を指している。彼らは一様に、「力」は速度に比例すると主張し、ス・グラーフェサンデやポレーニからの再反論がこれに続いた。[48] 少なくともイギリスに関する限り、活力論争の発端となったのはライプニッツ本人でも彼とゆかりの深い支持者たちでもなかった。結果的にライプニッツの代理人の役割を果たしたのは、新しい「力」の理論を提唱した『ニュートン哲学入門』の著者、ス・グラーフェサンデであった。

三　フランスでの論戦の始まり

一七一六年にライプニッツが没した折、パリの科学アカデミーでは、故人の生前の栄誉を称える追悼演説が行われた。原稿を執筆した終身幹事のベルナール・フォントネルはその中で、この偉大な人物が「力」は質量と速度の二乗に比例すると考えたこと、そして「この原理の上に、新しい動力学、すなわち力の科学を打ち立てると主張した」ことにも触れている。もっとも、この考えは、カトランやパパンなどの「デカルト主義者たち」(Cartesiens)による批判の的となった。演説はこの話題をこう結んでいる。「彼は精力的に反論したが、しかし彼の見解が優位に立ったようには思われない[49]」――一七二〇年代の始めまで、活力の学説はフランスではまったくと言っていいほど支持を集めなかった。ところが同じ二〇年代の後半には、イギリスで論争が始まるのとほとんど時期を同じくして、この土地でも「力」の尺度をめぐる議論が活発になされるようになっていく。この状況の変化が、本節の主題である。

パリのアカデミーの紀要で「力」の尺度の問題が大きく取り上げられたのは、一七二一年度の巻に掲載された解説記事『運動物体の力について』が最初であった。とはいえ、この時点での取り上げられ方は、あからさまなまでに一方的である。この記事(やはりフォントネルの執筆と考えられる)によれば、「近代の数学者たち、より具体的には力学者たちは皆、物体の力がその質量とその速度の積であるということで一致している」という[50]。そしてライプニッツの主張については、アカデミー会員ルーヴィルによる反論の要点とともに、次のように記されている。

一六八六年以降、ライプニッツ氏はそのパラドキシカルな命題をライプツィヒの雑誌『『博学報』(*Acta Eruditorum*)を指す』で展開した。それは数学者の誰にも受け容れられることがなく、皆がそれを考慮することなく彼らの通常の道を進み続けたから、それにはほとんど言及されることがなかった――おそらく、その著者と同じくらい偉大な人物に敬意を払ってのことだろう。ところがウォルフ氏［ママ］（M. Volfius）は、その光明にもかかわらず大いなる権威に唆されたと見えて、しばらく前からこの原理を彼の数学講義［『普遍数学原論』を指す］の中で採用しているので、ルーヴィル卿は、勝利を収めるようになってきた悪と戦わねばならないと考えた。新しい相当な権威によって力を得ることのできた悪と、である。(51)

これに続いてルーヴィルの議論の内容が紹介されているが、いずれにせよ問題がライプニッツとヴォルフの気の迷いという程度にしか扱われていないのは明白である。そもそもこの解説記事の書き出しからして、「極めて偉大な才能にも大きな過ちがありえないわけではない」となっていた。(52)

このような論調はある程度まで、執筆者フォントネル個人の考えを反映したものだったと考えられる。というのも、フォントネルは一七二七年の著書『無限幾何学原論』の中で、デカルト流の力尺度をはっきり採用しているからである。この本の大部分は無限小解析（微積分計算）の概念的基礎を論じることに充てられていたが、(53)同書の最後の節で、フォントネルは「物体の力一般について」（Sur les forces des Corps en général）論じている。その中では、「物体は運動によってのみ力を持つ」ことや、「物体の運動の量は――これはその力とも呼ばれるが――質量と速度の積である」ということが、ほとんど自明なこととして述べられている。(54)

さらに注目に値するのは、この「力」についてフォントネルが導入した次のような区分である。フォントネルは「力」を「単駆動力」（force simplement motrice）と「加速力」（force accélératrice）という二つに分け、両者の相違を、それが加えられる時間に関係づけている。すなわち「力」は、「動かされる物体に対して、正確に衝突に必要とされる時間に限って加えられ、その後で物体は駆動力から離れる」か、「物体に連続的に加えられ、その運動のあいだそれを追いかけ、それに対して常に刻印を繰り返す」かのどちらかであって、前者の場合には「単駆動力」、後者の場合には「加速力」と呼ばれるのだという[55]。これは要するに、「単駆動力」が一瞬だけ作用するのに対して（瞬間的な衝撃）、「加速力」はそれが繰り返し、連続的に作用するということである。実際、ほかの箇所で言われているように、「単駆動力」というのは「加速力が *dt*［すなわち無限小の時間］のあいだだけ作用し、次いで物体に加えられるのを止めた場合と同じことである[56]」。

先にヴォルフのところで注意しておいたように、ニュートンは『プリンキピア』の中で、「加速力」（*vis accelatrix*）ならびに「駆動力」（*vis motrix*）という表現を使っていた。ニュートンにおいては、これらはいずれも物体に帰される実体ではなく、運動状態を変化させる作用の尺度となる数学的な量であった。だが、フォントネルがこの章に付している題は「物体の力一般について」であり、「単駆動力」と「加速力」もあくまで「物体の力」として扱われている。つまり、運動している物体は衝突を通じてほかの物体に作用を及ぼすという意味で確かに「力」を持っているのだが、そのような近接作用の様式としては瞬間的なものと連続的なものが考えられるとフォントネルは言っているのである。フォントネルの議論は、これだけ取り出すとニュートンの誤読に見えなくもないが、見方によっては一つの進歩であったとも言いうる。なぜならフォントネルの「単駆動力」と「加速力」は、私たちが繰り返し見てきた「運動物体の力」を、その作用形態、とりわけ作用する時間に着目して分類する初めての試みだったからである。

しかし、「力」が質量と速度に比例するのは明らかだとするフォントネルの立場は、この頃には安泰と言えなくなっていた。なぜなら、『無限幾何学原論』が出版された一七二七年はまた、ヨハン・ベルヌーイの長大な論考『運動の伝達法則についての論議』が同じくパリで出版された年でもあったからである。ヨハンは十八世紀前半のヨーロッパでおそらく最高の数学者として聞こえた人物であり、微積分法とそれを用いた力学の発展に大きく貢献したことで知られる。彼は二人の息子ニコラウスとダニエルをペテルブルクのアカデミーに送り出していたが、自身はバーゼル大学の数学教授職に留まっていた。その地で執筆されたのが『運動の伝達法則についての論議』であり、これはライプニッツ流の力尺度を擁護する最重要著作の一つに数えられる。もともとパリ科学アカデミーの懸賞課題に応募して書かれたこの論文は、受賞こそ逃したものの、アカデミーから一定の評価を受けて出版されることになったのであった[57]。

『運動の伝達法則についての論議』は、フランス語で書かれた著作としてはおそらく初めて、ライプニッツの「動力学」の基本概念である活力と死力に詳しい説明を与えた。この著作の第三章で、ベルヌーイは活力と死力を次のように解説している(定義二)。

「活力」とは、物体が一様運動にあるときにその中にある力である。また「死力」とは、「静止している」物体が運動するようにと、あるいはこの物体がすでに運動しているときにはより速くまたはより遅く運動するようにと、働きかけられたり押されたりする際、この物体が運動なしに受け取る力である[58]。

この説明では、活力が単なる運動ではなく一様運動(すなわち等速運動)に、加速と減速が死力に関連づけられている点が特徴的である。とはいえ、現実化した運動が活力に、運動への傾向性が死力に結びつけられているという点では、ライプニッツやヴォルフ、ヘルマンと同じことが言われているのが分かる。先行研究で指摘されているように、ベルヌーイの理解はライプニッツの主張の延長線上にあった[59]。

またベルヌーイは、活力が質量と速度の二乗に比例するという命題についても、この論考で複数の「証明」を与えている。そのうち特に興味深いのは、「一般的・幾何学的証明」(Démonstration generale & géométrique)と題された第九章の議論である[60]。これは物体が複数のばねに繰り返し衝突するという思考実験に基づくものであり、後の章で見るように、こうしたばねのモデルをベルヌーイは頻繁に利用している。しかしここで興味深いのは、その内容よりもむしろ、この議論が以前から関係者のあいだで知られていたという事実のほうである。

実のところ、ベルヌーイは早くも一七〇〇年の時点でこの「証明」を考えついており、それをオランダの自然哲学者ド・フォルダーに書き送っていた。[61] この内容はさらに、一七一〇年代初めまでにヴォルフにも伝えられ、『普遍数学原論』(一七一三年)で紹介されることになった(本章第一節を参照のこと)。[62] ヴォルフは『数学辞典』(一七一六年)や『動力学原理』(一七二六年)の中でも、『普遍数学原論』で紹介したこの「証明」に言及しており、[63] 同様にヘルマンも『物体の力の尺度について』(一七二六年)の中で、やはりヴォルフの本を参照してベルヌーイの議論に触れている。[64] ベルヌーイ自身はと言えば、一七二二年にス・グラーフェサンデに宛てた書簡で再びこれを持ち出していた。すなわち、後者から『物体の衝突に関する新たな理論の試み』を贈られたベルヌーイは、それへの返信で右の「証明」を伝え、それに関連して次のように述べたのである。

私が三十年ほど前に見出し、またポレーニ氏の言及されている証明を、貴方がご覧になったことがあるかどうか、私は存じておりません。[65] 私はそれをヴォルフ氏に伝えたのですが、氏はそれ以後、氏の数学原論の第一巻、五九四頁でそれを公表しています。貴方はこの証明をご覧になったことがないようですね。といいますのも、もしご覧になったことがあるのでしたら、ほかの証明を探すことなどせずにそれと関わりを持たれたことでしょうから。というのは、それはまったく幾何学的で説得力があり、運動の合成のみに基づいているからです[……]私はそれを喜んであなたにお知らせしましょう。それがあなたのお気に召すことを期待しています。まさにこの証明により、私は約二十三年前、あなたの前任者である故ド・フォルダー氏を(かつては頑固なデカルト主義者であったにせよ)改宗させるという幸福を手にしたのですから尚更です。それより前にライプニッツ氏が、[ド・フォルダー]氏に真理を認めさせようとして(二人のあいだにあった長い手紙のやり取りの中で――これはいつでも私の手を通っていったのですが)あらゆる議論を動員しても無益だったのに、です。[66]

したがってベルヌーイが『運動の伝達法則についての論議』で展開した内容は、アカデミー懸賞への応募に際して新しく練られたものというより、従来の主張をまとめたものだと言うほうが正確である。しかしそれがパリで、フランス語で出版されたことによって、パリ科学アカデミーの状況には大きな変化が生じることになった。そのことは、ベルヌーイの論考が公刊された翌年、一七二八年の『運動物体の力について』という記事から窺うことができる。つまり、パリ科学アカデミーは七年前とまったく同じ表題の記事を紀要に載せたのだが、その内容と論調には以前と比べて大きな違いが認められるのである。

今回の記事ではまず、「力」が質量と速度の二乗に比例するという主張や、それと密接に関わる活力・死力の概念について、きちんとした詳しい紹介がなされた。その上で、ス・グラーフェサンデやポレーニが行ったような球の落下実験についても簡単に説明されている。[67] もっとも、落下による衝撃を調べる実験についてはベルヌーイの論考でも簡単に触れられているため、[68] ス・グラーフェサンデやポレーニの著作が直接参照されたのかどうかは定かでない（後二者の具体的な名前は記事中に登場しない）。確かなことは、これらを紹介している文章に、以前のような嘲笑的雰囲気がもはや感じられないということである。

さらにこの記事では、「力」の尺度についてアカデミー会員が発表した三編の論文も紹介された。その中には、デカルト流の尺度を支持するルーヴィルおよびメランの論文に加えて、速度の二乗を支持するカミュの論文もあった。[69] 七年前の表現を借りて言うなら、アカデミー内部にまで「悪」が入り込んできたわけである。解説記事の分量は全部で二五頁と、七年前の五倍になった。それでもなお、ここで世間に公表されたのはアカデミーでなされた議論のうちの一部でしかなく、会合ではさらに多くの議論が戦わされていた。[70] 解説記事を書いたフォントネルは、ベルヌーイの論考がアカデミーでの論争の契機となったことを認めている。[71] あるいは、後年のダランベールの表現を借りるなら、「この著作が力の尺度をめぐる一種の学者間分裂の画期であった」。[72]

かくして、一七二〇年代の末までに、「力」の尺度は学者たちの好んで取り上げる主題となった。この状況の変化を、主としてライプニッツの学説への反響という観点から描き出すことが、本章の目的であった。ヴォルフやヘルマンによって支持された活力と死力の考え方はス・グラーフェサンデの転向をもたらし、論争が本格化する一つのきっかけを生み出した。同様にフランスでは、ベルヌーイの論考によって、パリ科学アカデミー内部の分裂状況が生じた。他方、ペテルブルクのアカデミーでは、設立当初からライプニッツの見解が好意的に論じられた。総じて、活力論争が本当の意味で始まったのはライプニッツの『簡潔な証明』（一六八六年）出版直後ではなく、むしろ一七二〇年代のことであったと言える。

この一連の議論の中には、前章で論じた「運動物体の力」の概念が、形を変えて繰り返し現れている。ヴォルフやヘルマンは、活力・死力を物体の有する「駆動力」の一形態として説明していた。ス・グラーフェサンデも同様に、「力」を物体に内在的な実体として理解していた。フォントネルの「単駆動力」と「加速力」もまた、「運動物体の力」の変奏と見ることができる。運動している物体が何らかの「力」を有しているという考え方は、少なくとも一七二〇年代まで、言わば常識の類であった。それがどのようにして常識でなくなったのかが、次章で検討する問題である。

第4章　活力論争の解消

活力論争はいつ、どのようにして終わったのだろうか。伝統的な回答は、一七四三年に、ダランベールが著書『動力学論』を出版して終止符を打った、というものであった。たとえば、マッハは力学史の古典的著作の中で活力論争の「無意味さ」に触れ、それは「幾重にも誤解に基づいていた」と断じた上で、論争は「ダランベールの『動力学論』の出現まで五七年間の長きにわたって続いたのである」と書いた。同じく力学史の古典となっている本を著したデュガも、「それ［活力論争の基礎にある誤った学説］は運動の量の定義に関する誤解に依拠していたのであり、ダランベールが認めた通り、これが数学者たちを三〇年以上にわたって分裂させたのであった」と結論づけた。『力の概念』のヤンマーは、これを受けて次のように言う。「この論争は本質的には言葉の論争に過ぎなかったことだけ述べておこう。というのも、論争者たちは、同じ名称のもとに別の概念を論じていたからである」――ここで「言葉の論争」とは、ダランベールの『動力学論』に登場する言い回しにほかならない[1]。

第1章第二節で述べておいたように、このような「ダランベール神話」はすでに過去のものとなっている。ハンキンズを始めとする科学史家の検討の結果、活力論争の終結に対してダランベールは何の役割も果たしていないことが明らかになり、一七四三年という年号はその重要性を喪失した――ように見える。だがそうだとすれば、この論争は実際にはいつ終わったと言うべきなのだろうか。注目すべきことに、ハンキンズは十八世紀西洋科学史の概説書『科学と啓蒙主義』の中で活力論争について説明しながらも、それがどのようにして終わったのかを記述していない。それはおそらく、ハンキンズにとって活力論争の解決（resolve）とはエネルギーや運動量の概念が力と明確に区別されて確立することにほかならず、これは十九世紀になるまで達成されなかったからである[2]。

だが、活力論争の解決が十九世紀まで持ち越されたという歴史叙述は、十八世紀のうちに生じた局面の転換を掬い取ることに失敗している。実際には、この世紀の半ば頃から、一部の有力な学者たちが論争に対し、新しい態度を示すようになっていたのである。そのうちの一人が、実はほかならぬダランベールであり、さらにモーペルテュイやオイラーもその中に数え入れることができる。本章では、第一節でダランベールの「動力学」構想を、第二節でモーペルテュイの最小作用の原理を、第三節でオイラーによる「慣性」と「力」の議論をそれぞれ取り上げる。それらの検討から浮かび上がってくるのは、この三人がいずれも一七四〇年代から五〇年代にかけ、相前後して「運動物体の力」を力学から追放しようとしたという事実である。言わば、彼らは従来立てられていた問題の前提そのものを共有しないという態度によって論争の消去を企てたのであり、以下ではこのような事態を指して解消（dissolve）という表現を用いる。

解決と解消という二つの歴史叙述は、互いに排他的というよりはむしろ相補的な関係にある。通常言われる活力論争の解決では、「力」の二つの尺度が（適切な条件の下で）どちらも有効と認めること、すなわち運動量と運動エネルギーという二つの概念が力学において等しく地位を獲得することが問題になっている。この意味での解決が十九世紀まで持ち越されたということについては完全に同意できる。しかし、この現代的な理解とはまったく別の意味で、十八世紀半ばには論争の解消が試みられていた。それが、「運動物体の力」という概念自体を力学から排除することであった。解決が現代的基準に照らした事態の評価であるのに対し、解消は当事者の認識に即した同時代的観点からの記述を意図している。次節以降で検討していくのは、ダランベールやモーペルテュイが現代的な意味での力や運動量や運動エネルギーの概念にどれほど接近していたか（あるいは届いていなかったか）ということではない。そうではなく、「運動物体の力」なるものを彼らがどのように認識し、それを退けた先に何を構想したかということである。

一　ダランベールの「動力学」構想

一七四〇年、活力論争全体を通じてある意味で最もスキャンダラスな出来事が、パリで出版された『自然学教程』という著作によって引き起こされた。最初は匿名で出版されたこの本の著者は、やがて判明したように、エミリー・デュ・シャトレ（シャトレ侯爵夫人）であった。シャトレは後に、『プリンキピア』を初めてフランス語に訳すことになるが（死後出版）、『自然学教程』ではライプニッツ－ヴォルフ流の自然哲学に依拠して活力説を支持し、これを皮切りとして、パリ科学アカデミー終身幹事のメランとの論戦を展開した。両者の主張は平行線をたどったけれども、論争は広く社交界の注目を集め、『ジュルナル・ド・トレヴー』誌は夫人の「エレガンス」を讃えてシャトレに軍配を上げたとされる[3]。

この一連の出来事は、本書の文脈では、一七四〇年代に入ってもなお活力論争の基本的枠組みが維持されていたことを端的に物語るものである。「運動している物体は、この物体の速度が増すときには大きくなり、速度が減るときには小さくなるような、一定の力を有している」――シャトレは『自然学教程』の中で、はっきりとそう書いていた。「運動物体の力」は依然として、議論の争点ではなく前提であった[4]。

その三年後、同じくパリで、ダランベールの『動力学論』が出版された。これはダランベールの最初の著書であると同時に、おそらくは最も有名な著作である（改訂版が一七五八年に出版されているが、ここでは時代状況を重視して、専ら初版を参照する）。当時二十代の半ばで、学者としてはまだ無名に近かったダランベールは同書において、これまでに多くの学者が関与し、「最後にエスプリと学識でもって知られる御婦人の著作が公衆の関心を引くのに貢献したところの」論争について、自身の見解を述べている。[5] ダランベールの立場は、端的に言って、「運動物体の力」を全面的に排除すべしという過激なものであった。「力」を排除した「動力学」というのは、ライプニッツの規定に照らせばほとんど自己矛盾した表現だが、フランスではこの頃までに、「動力学」(dynamique)という表現がある種の運動の科学を指して使われるようになっていた(本書第8章で詳述する)。本節ではそのことを前提として、ダランベールの構想した「動力学」の特徴を見ていくことにしたい。

ダランベールが抱いていた独特な力学思想については、すでに多くの研究で論じられている。それらを踏まえて概括的に述べるなら、『動力学論』においてダランベールが目指したのは、一つには力学の理論体系に強固な基盤を与えることであった。[6]「力学」(Méchanique)という名の建造物については、概してそれを高くすることばかりが念頭に置かれ、基礎を適切に固めることがなされてこなかった、とダランベールは指摘する。ところで、力学に限らず、一般に何らかの科学を論じる上で優れた方法とは、その科学に固有の対象を可能な限り抽象的かつ単純なやり方で検討することである。そうすれば、その科学の諸原理は明晰なものとなり、同時に原理の数は可能な限り減るであろう――これがダランベールの基本的な考え方であった。[7]

この思想は、後に『百科全書』の序論(一七五一年)において、より詳しく展開されることになる。ダランベールによれば、学問(科学)はその扱う対象が単純で抽象的なほど確実性を増す。ゆえにそこから、対象に応じて、言わば学問の階層的秩序が生じてくる。最も確実なのは量の一般的属性を扱う代数学であり、物体の延長のみを扱う幾何学がそれに続く。さらに、物体の延長に不可入性を加えたものが、力学の対象を構成する。ここで不可入性というのは、複数の物体が同時に同じ場所を占めることはできないという性質であり、ダランベールにおいては物体の「硬さ」と同一視される。これ以外の物体の属性を扱う学問は、一括して「物理＝数理科学」(physico-mathematiques)という名前で呼ばれる。[8]「実験自然学」(physique experimentale)はそこからさらに区別され、「本来、経験と観察の合理的蒐集にとどまる」ものである。[9]

種々の学問は連続的なスペクトルをなしているようにも思われるが、ダランベール自身は最初の三つ、すなわち代数学・幾何学・力学のみが明証的と呼ばれるに値すると考えていた。[10] 現代の一般的な考え方とは異なり、力学は物理＝数理科学や実験自然学の仲間ではなく、代数学や幾何学と同じ範疇に入れられていたのである。『動力学論』においても、ダランベールはその序文を、代数学・幾何学・力学の明証性や単純さについての議論から始めている。ダランベールにとっては、確実性や明証性といった性質こそが、力学理論の構築において決定的に重要であった。[11]

それでは、このような問題意識に基づいて構想された力学理論とは、実際にどのようなものであったのだろうか。『動力学論』は、その長い副題の前半部分「この中では物体の釣りあいと運動の諸法則が可能な限り少数にまで減らされ、新たな手法で証明される」が示しているように、[12] 力学の理論体系を少数の原理の上に築こうとする試みであった。具体的には、ダランベールは三つの原理を理論の基礎に置いた。それらはそれぞれ、慣性、運動の合成、運動の平衡についてのものである（これらと別に、「ダランベールの原理」として知られる「一般原理」があるが、これについては第8章第三節で扱う）。

第一の原理は、今日では慣性の法則として知られるものであり、外的な原因が存在しなければ物体は静止または一様運動の状態を続ける、と述べられている。すでに見たように、ニュートンはこれを物体の「固有力」あるいは「慣性の力」によるものとしており（第2章第二節）、ヘルマンはそれをライプニッツの受動的な力と結びつけていた（第3章第一節）。これに対してダランベールは、「慣性の力」（force d'inertie）という言葉こそ引き続き用いているものの、それを物体の持つ「性質」（propriété）と呼んでいる。物体がその中にある何らかの「実体」（Etre）によって慣性運動をするという考え方は、ダランベールにとっては批判の対象であった。[13]

第二の原理は、二つの運動を合成したものが、それらを二辺とする平行四辺形の対角線で表されるという主張である。[14] この原理は、十八世紀前半の活力論争の中では、「運動物体の力」の合成として解釈されることがあった。

たとえばス・グラーフェサンデやベルヌーイは、「力」が速度の二乗に比例するということの証明の一つとしてこの原理を持ち出している。なぜなら、互いに垂直な方向をなす二つの速度の合成という例においては、合成された速度の二乗が元の二つの速度の二乗の和になるからである。[15] しかし、ダランベールにおいてはそのような含意はなく、この原理は単に運動の合成として提示される。

第三の原理は、二つの運動物体の平衡に関わる。すなわち、「速度が質量に逆比例している二つの物体が反対の方向を持っており、一方が他方を脇へどかさずには動けないようになっているとすれば、これら二つの物体のあいだには平衡が存在するであろう」というのがこの原理の内容である。[16] この命題は、二つの物体が正面から押しあっているような状況を念頭に置いていると読める（そのため、「釣りあい」でなく「平衡」という訳を充てた）。ここで、速度が質量に逆比例するという関係は、両物体の運動の量（質量と速度の積）が等しいことを意味する。仮に「運動物体の力」の概念を認め、かつデカルト流の「力」尺度を採用するならば、これは両物体の「力」が等しいということを意味するが、ダランベールはそのような解釈を与えていない。

このように見てくると、ダランベールは三つの原理を選定して提示するに当たり、物体の「力」という概念への言及を避けていることが分かる。このことは、先に見ておいたダランベールの力学思想と深く関連している。すなわち、『動力学論』の序文で次のように述べられた通り、「運動物体の力」は、真正の力学理論に要求されるべき明晰さを欠いていたのである。

物体の運動のうちに我々が十分判明に見るもの、それは物体が一定の空間を通過するということと、それを通過するのに一定の時間を要するということだけである。それゆえ力学のあらゆる諸原理を適切かつ厳密なやり方で証明したいというときには、まさにこの観念だけからそれらを導き出すべきなのである。そういうわけであるから、この反省の帰結として、私が駆動因の上から言わば視線を逸らし、それらの生み出す運動を考察するだけにしたこと、そして運動物体に内在する力という、曖昧かつ形而上学的な存在にして、それ自体では明晰な科学の上に闇を広げるだけのものを完全に追放したことは、まったく驚かれないであろう[17]。

ここから、活力論争がダランベールにとって無意味なものであったのは明らかである。その論争で問われたのが「運動物体の力」の尺度だったのに対し、ダランベールはそのような「曖昧かつ形而上学的な存在」そのものを力学から排除しようとした。問題の論争は、ダランベールからすれば、力学にとって有害なものでしかない。力学は高度な確実性・明証性を備えた理論体系でなければならないが、「運動物体の力」について語ることはそれ自体、力学の特権的地位を掘り崩してしまう行為だからである[18]。

ダランベールの主張は、全体として認識論的な関心に支配されている。注目すべきことに、ダランベールは決して、「運動物体の力」なるものは存在しないとは主張していない。問題にされているのはあくまで、観念の曖昧さなのである。ダランベールにとって、「力」とは「物体のうちにあると言われる存在」を指すのでなく、あくまで「事実の短縮された表現法」であった[19]。「明晰な観念に従ってのみ推論したいのであれば、『力』という言葉で、[……]生み出される効果のみを了解すべきである」とダランベールは強調している[20]。

重要なことに、この最後の主張は「運動物体の力」だけでなく、「加速力」に対しても適用される。問題となっているのは、現代では運動方程式と呼ばれる関係式、$\varphi dt = \pm du$ に登場する φ の解釈である（dt は微小時間、du は微小速度を表す[21]）。ダランベールによれば、多くの数学者はこの式を次のように理解しているという。

> 速度の増加というのは加速因の効果であり、効果は（彼らによれば）常にその原因に比例するはずだから、ということで、この数学者たちは φ という量を、ただ du と dt の比の単純な表現とは見なさない。これ［φ］はさらに、彼らによれば、加速力の表現なのであり、du は（dt を一定として）それに比例するはずだと彼らは主張する。そこから彼らは、加速力と時間の要素との積は速度の要素に等しいという、一般的な公理を導き出して

いる。[22]

ダランベールはこのように、多くの数学者たちはφを「加速力の表現」と考えており、単にduとdtの比として捉えているのではないと指摘している。実際、そのような理解は（「加速力」を「力」と読み替えれば）現代でも標準的であると言ってよく、また、やがて見るように、これはオイラーの立場でもあった。ところがダランベールによれば、このように考えるのは適切ではない。なぜならこのような加速現象において、変化の原因は我々に知られていないからである。運動の変化が生じるとき、その原因が明らかなのは衝撃（ほかの物体の衝突）による場合のみであって、それ以外の変化の原因——たとえば、物体を地球の中心に向かって落下させる原因や、惑星をその軌道に保っている原因——は知られていない。後者のような運動の変化はただ、効果（結果）によって知られるのみである。そうして、$\varphi dt = \pm du$という式は、加速運動においては通過距離が時間の二乗に比例するというような、経験的に知られる事柄に基づいている[23]——要するに、ここでダランベールが言わんとしているのは、加速・減速をもたらす原因について語るのは不適切だということである。

それゆえダランベールはここでも、「加速力」という用語を専ら効果に結びつける。すなわち、「加速力」（force accélératrice）という言葉は単に速度の増分を指すものとして理解しようというのである。同様にして「駆動力」（force motrice）は、質量と速度の増分との積を意味するとされた[24]。さらにダランベールは、「動力の作用、および静力学において一般に使われている『動力』（puissances）という語それ自体」についても、「物体［の質量］とその速度あるいは加速力の積としてのみ理解すべきである」と述べる[25]。このように、ダランベールにおいては、原因としての「力」や「動力」に言及することは一切禁じられているのであり、あくまで経験的に知られる効果だけに基づいて理論を構築することが目指されている。そのような試みが有意義かどうかは措くとして、確かなことは、ダランベールが排除したのは「運動物体の力」に限らず加速・減速運動の原因全般であったということである[26]。

そうすると、本書で探究の主題としているような力概念、すなわち物体の状態を変化させる一般的な作用としての力概念は、ダランベールの理論体系において中心的な要素となり得なかったであろうと考えられる。そのことが意味するのは、活力論争を解消した後にダランベールが構想したものは、運動方程式を中心とする力学——いわゆる「ニュートン力学」——ではなかった、ということにほかならない。

現に、ダランベールは「加速力」の関係式（運動方程式）それ自体の正しさこそ否定しないものの、それを力学の普遍的法則であるとは見なしていない。なぜなら、ダランベールによれば、「速度の要素に比例する加速力という原理は、衝撃から生じる運動の決定にはまったく用いることができない」からである[27]。この理由を、ダランベールは「硬い物体」の衝突法則に基づき説明している（第6章第一節で詳述する通り、これは現代では完全非弾性衝突の法則と呼ばれる）。それによれば、衝突する片方の物体の質量が他方に比して無限に小さく、かつ、その物体の衝突前の速度が他方に比して無限に大きい場合——これはつまり、静止している極めて大きな物体に、極めて小さな物体が衝突する場合である——には、大きいほうの物体が衝突によって獲得する運動の量は、小さいほうの物体の質量と速度の積で表される[28]。それゆえこの場合には、先の用語の定義に照らして、「衝撃的な動力」（puissance impulsive）によって加速が起こると考えてよい。だがこれは裏返せば、そのように言えるのはごく限られた場合に過ぎない、ということであって、「硬い物体」の関係する衝突一般には「加速力」の原理は当てはまらない。先にも述べたように、ダランベールにとって「力学」とは延長と不可入性を備えた物体を扱う学問であり、不可入性は「硬さ」と同一視されている。それゆえダランベールの枠組みにおいては、「硬い物体」の運動を扱えることが不可欠であり、その見地からすれば、運動方程式は力学全体の基礎となり得ないのである。

しばしば、ダランベールは力学から「力」を追放しようとしたと言われる。しかし以上の検討から了解される通り、このことは「力」という言葉を使わないという意味ではなかった。実際、ダランベールは「力」が速度に比例することも速度の二乗に比例することもあると述べているし[29]、天体力学や流体力学のさまざまな問題に取り組んでいる場面では「力」という用語が頻繁に――場合によっては今日と異なる意味合いで――用いられている。[30] むしろ、ダランベールの思想の核心は、「力」という言葉に適切な用法を与えることにあった、と言うべきであろう。語の指示対象を原因から効果に移すこと、それがダランベールの書いた処方箋であり、そのことは必然的に、活力論争を解消することにつながった。本章冒頭で触れた「言葉の論争」という文言は、本節で述べてきたような意味で理解される限りにおいて、ダランベールの思想を的確に表していると言える。もっとも、ダランベールが「運動物体の力」を拒否した論理は同時に、加速運動の原因としての力全般を運動の科学から排除するものでもあった。ダランベールの信ずる明晰判明な力学理論の体系は、したがって、一般的作用としての力概念を含まない形で定式化されたのである。

二　モーペルテュイの最小作用の原理

ピエール＝ルイ・モーペルテュイは、十八世紀フランスを代表する「ニュートン主義者」として知られた人物である。一般には、一七三六―三七年のラップランド測量探検を通じて地球が赤道方向に膨らんでいることを立証し、それによりニュートンの万有引力説の正しさを示したことで名を馳せたと紹介される。[31]

だが、モーペルテュイのことを単純にニュートンの信奉者として描くことはできない。というのも、モーペルテュイは一七三〇年頃にヨハン・ベルヌーイのもとで学んでおり、その前後にパリ科学アカデミーを二分した「運動物体の力」をめぐる議論（本書第3章第三節）では、活力説の支持者をもって自任していたからである。[32] さらに、モーペルテュイは一七四〇年頃からは独自の道を歩むようになり、数学と形而上学の結合を目指して、「最小作用の原理」を提唱するに至った。本章の議論との関連で注目されるのは、この後者の過程において、モーペルテュイが「運動物体の力」に対し、ダランベールとよく似た批判的態度を示すようになったという事実である。[33] 本節ではこの点に着目し、モーペルテュイによる最小作用の原理の提唱を、活力論争の解消という視点から考察する。

一七四〇年、モーペルテュイは所属するパリの科学アカデミーの会合で、『諸物体の静止の法則』と題する論文を発表した。[34] 最小作用の原理そのものはここではまだ述べられていないが、そこへと向かう重要な一歩がこの論文の中に見て取れる。その一歩とは、「一見して単純かつ明白な」(simple et clairs dès le premier aspect) 原理と、それほど自明ではないが「非常に大きな有用性を持つ」(d'une très-grande utilité) 原理との対比である。[35] あらゆる科学は究極的には前者の原理からの演繹によって構築されるかもしれないが、それでは目標とする現象までなかなか到達できないとモーペルテュイは言う。そこで後者の原理が必要になるのであり、その一例として提唱されたのが、表題にある「静止の法則」であった。

目下注目したいのは、モーペルテュイがここで、自明な原理だけでは力学にとって十分ではないという認識を示し、多様な現象を扱えるような別種の原理を探究しているという点である(「静止の法則」の内容は第9章第二節で扱う)。後から振り返ってみれば、モーペルテュイのこの議論は、ダランベールが『動力学論』(一七四三年)で推し進める路線をあらかじめ批判したものになっていた。前節で見たように、「一見して単純かつ明白な原理」に基づく力学理論の体系こそ、ダランベールが追い求めたものにほかならなかったからである。それに対し、「非常に大きな有用性」を志向する問題意識こそが、おそらくは、モーペルテュイが最小作用の原理を導入した直接的な動機であった。というのも、モーペルテュイは四年後の論文で、数学的方法の持つ「確実さ」(sûreté) に「広がり」(étendue) を加えるためには形而上学的方法を併用すべきだ、と説いているからである。[36]

モーペルテュイの言う形而上学的方法とは、具体的には、「自然はその効果を生み出す際、常に最も単純な方法で作用する」という目的論的な原理に基づいて自然現象を考究することを意味していた。[37] こうした目的因の考え方自体は新しいものではなく、すでに前世紀のフェルマーによって、光学の問題に適用されていた。だがモーペルテュイによれば、光の経路はその通過に要する時間が最小になるようなものだとするフェルマーの主張（最小時間の原理）は、光の速度は媒質が密であるほど大きいという自明な学説――光の粒子説の立場を指す――と相容れない（実際には、誤っているのは光の速度に関するこの学説のほうであり、フェルマーの主張は正しい）。モーペルテュイはそこで、最小なのは通過時間ではなく「作用の量」（quantité d'action）であるという解釈を提示し、この量は通過距離と速度の積を足し合わせたものであると主張した（最小作用の原理）。モーペルテュイは、このように定義された「作用の量」が最小だとする要請と、光の速度に関する先の学説から、屈折の法則を実際に導くことができた。[38]

それゆえ、自然は単純な方法で作用するという主張そのものは、決して目新しいものではない。むしろモーペルテュイの自負は、「単純な方法」という形而上学的発想に「作用の量」という適切な数学的尺度を結びつけた点にあったのである。[39] モーペルテュイからすれば、フェルマーの「失敗」は形而上学的な原理を用いたことにではなく、「単純な方法」の数学的解釈が不適切だったことに由来していた。速度と距離の積によって定義された「作用の量」は、数学的方法と形而上学的方法を結びつける要として導入されたのであり、その背後には、いっそう広範な問題を扱える原理が必要だとする意識が働いていた。

翌一七四五年の八月に、モーペルテュイはパリを離れ、ベルリンへと移り住んだ。当地に新設される科学・文学アカデミーの総裁になってもらいたいと、プロイセン国王フリードリヒ二世から要請されていたのである。この新しいアカデミーは、特徴的なことに、「数学」「実験哲学」という自然科学系の二部門と「文学」部門に加えて、「思弁哲学」部門を擁していた。[40] テラルの詳細な伝記的研究によれば、モーペルテュイはこのアカデミーで、ドイツの伝統的スタイルとは異なる「形而上学」を打ち立てようとした。友人に宛てた一七四七年の手紙には、「フランス人は形而上学を過剰に嫌っていますが、ドイツ人は泥沼に深くはまりすぎです」と書かれているという。[41] モーペルテュイ自身による新たな「形而上学」の試みは、総裁就任後になされた最初の研究発表『神の諸属性から導かれた運動と静止の諸法則について』（一七四六年一〇月六日）で具体的に示されることになった。[42] 実際、この内容は後に、『形而上学的原理から導かれた運動と静止の諸法則』（傍点は引用者）という題名で、アカデミーの紀要の思弁哲学の部に印刷された[43]。

この論文でモーペルテュイが試みたのは、最小作用の原理の適用対象を光の粒子から物体一般へと拡大し、さらにその議論に基づいて神の存在証明を行うことであった。簡潔にまとめると、この「証明」の基本的な論理構造は、神が自然に課した「基本法則」（premières loix）が神の「諸属性」（attributs）の帰結と一致するなら、「それは神が存在することと、神がこうした法則の起草者であることの最も強力な証明ではないだろうか」というものである[44]。ここに言う神の「諸属性」とは「力」（puissance）と「知恵」（sagesse）のことであり、モーペルテュイは先に見た一七四四年の論文の中で、「力」を物体の運動に、「知恵」をその目的因に関係づけていた[45]。このことと、最小作用の原理が数学的方法（物体の運動の計算）と形而上学的方法（目的因の探究）を結びつけるものであったことを考え合わせるなら、最小作用の原理には神の「諸属性」が同時に体現されていることになるだろう。したがって神の存在を証明するには、あらゆる自然現象の基礎にある「基本法則」が最小作用の原理から導かれることを示せばよい。

こうして最小作用の原理は、極めて重大な意義を持つ自然哲学全体の基本原理として、改めて提示されることとなった。これは具体的には、「一般原理」（Principe Général）という見出しの下に、「自然において何らかの変化が起こるときには、その変化に必要な作用の量は、可能な限り少ない」と定式化されており、「作用の量」とは質量と速度と通過距離の積であると規定された[46]。以前の定式化と比較すると「作用の量」の定義に「質量」が追加されているが、モーペルテュイは後年、この点について、一七四四年の論文では物体（ここでは光の粒子）が一つしかないため、質量を省略していると注記している[47]。

本章の議論にとって重要な点は、この「一般原理」には「力」（force）が登場しないということである。最小作用の原理に関する詳細な歴史研究を著したプルテはこの点を捉え、モーペルテュイの最小作用の原理を、力概念を使わない力学の研究プログラム——「デカルト的プログラム」（Cartesianische Programm）——として特徴づけた[48]。

この評価は、モーペルテュイが年齢を重ねていくにつれ、妥当性がいっそう高まるように思われる。若い頃のモーペルテュイがヨハン・ベルヌーイの活力説を支持していたことはすでに述べたが、そのベルヌーイが没した一七四八年頃を境にして、モーペルテュイは「運動物体の力」の積極的な批判に転じていった。このことは部分的には、今しがた取り上げた一七四六年論文の初版と後年の改訂版との比較から明らかになる。[49]

一七四六年の論文では、「力」への明らかな批判こそ見られないものの、モーペルテュイはこの時点ですでに、「運動物体の力」をめぐる議論から距離を置いていた。このことは、最小作用の原理から「運動の法則」を導き出そうとする議論において見ることができる。ここで言う「運動の法則」とは、「[運動が]分配され、保存され、打ち消される」法則にして「自然哲学全体の基礎」をなすものであるとされ、今日ならば衝突の法則と呼ばれるはずのものであることは疑いを容れない。現にモーペルテュイはこの法則について、偉大なデカルトが見出そうとして失敗し、後にホイヘンス、ウォリス、レンによって発見されたと述べているが、これは今日に至るまで、衝突の法則の標準的な歴史叙述であり続けている。[50]

したがって、「運動の法則」は前世紀に発見されていたわけであるが、モーペルテュイによれば今日でもなお、問題は完全に片づいていない。なぜなら、知られている二種類の衝突いずれにも当てはまるような原理が、まだ見つかっていないからである。当時知られていた主要な衝突の法則は、今日の表現で言えば完全弾性衝突と完全非弾性衝突に関するものであり、前者は「弾性的な」物体に、後者は「硬い」物体に当てはまるというのが支配的な考え方であった（詳しくは第6章第一節で述べる）。モーペルテュイはダランベールと同様、「硬さ」を物体の不可入性そのもの、あるいはその必然的帰結にほかならないと述べており、弾性に関しては、物体の構造に由来するのではないかという見解を示している（こうした考え方は、若い頃に支持していたヨハン・ベルヌーイの立場とは相容れないものである）。[51] モーペルテュイの問題意識は、これら二種類の物体、二種類の衝突を、統一的に扱うことに向けられていた。

重要なことに、この観点からは、デカルトの提唱した運動の量の保存とライプニッツの提唱した活力の保存とが、どちらも退けられることになる。それというのも、「運動［の量］の保存はある場合にしか正しくない。活力の保存はある物体に対してしか成り立たない」からである。[52] それでは、この両方の種類の物体に等しく適用されるような規則とは何であろうか。実はそれに対する回答こそ、モーペルテュイの提唱する最小作用の原理にほかならない。この原理は、「物体の衝突において、運動は、生じる変化から想定される作用の量が可能な限り少ないようにして分配される」ことを含意する。[53] ここから二種類の衝突の法則が両方とも得られるというのが、モーペルテュイの主張の要諦であった。後に編集された『著作集』（一七五六年）では、この論点がさらに強調され、最小作用の原理がデカルトとライプニッツの失敗を乗り越えるものとして語られている。[54]

> 問題は運動の伝達法則をただ一つの原理から引き出すこと、すなわち、かの法則すべてが合致する単一の原理をただ発見することであって、偉大な哲学者たちがそれを企てていたのであった［……］デカルトはそこで誤った［……］ライプニッツもまた誤った［……］したがってこれまで哲学者たちは、無益にも、運動の法則の普遍的原理を不変の力のうちに、物体のあらゆる衝突において常に同じに保たれる量のうちに探し求めてきたのである。そのようなものではまったくないというのに。[55]

ここで指摘しておきたいのは、右の一連の議論の中で、モーペルテュイが「力」の尺度という問題に一言も触れていない点である。従来の歴史研究はこのことに注意を払っていないが、これはむしろ注目すべき事態と考えられる。なぜなら、モーペルテュイはここで、デカルトの運動の量とライプニッツの活力のどちらが「力」の正しい尺度を与えているかという活力論争の問題設定を完全に無視し、「運動の法則の普遍的原理」として失格であるというまったく別の基準を持ち出して、両者ともあっさり却下してしまったからである。運動の量と活力に言及しながら「力」の尺度について何も語られていないというのは、論争に通じた当時の人々には奇異に感じられたことであろう。このようなモーペルテュイの議論は、活力論争に対する消極的な批判であったと解することができる。

これと並行して、モーペルテュイは「力」の概念と活力論争に対する積極的な批判も展開した。これが最初に述べられたのはおそらく、一七五一年の著書『宇宙についての試論』である。この本には先の一七四六年論文の内容を改訂・編集した記述が含まれているが、そこには物体に帰されている「力」について、元の論文には無かった次のような記述がある。「[一部の人々は] 物体に、ほかの物体に運動を伝達するための何らかの『力』を帰属させた。現代の哲学において、これほどよく繰り返され、かつ、正確な定義をこれほどまでにほとんど与えられていない言葉はない[56]」。さらにモーペルテュイは、「力」の何が問題であるかを次のように詳しく論じている。この言葉が本来意味するのは、物体を動かしたり動きを変えたり止めたりするときに我々が抱く「ある種の感覚」(un certain sentiment) である。そうした感覚が物体の運動状態の変化を常に伴っているがゆえに、我々はそれこそが変化の原因だと考えている。のみならずそれを、ある物体における運動状態の変化を見たときに、もう一つの物体に帰属させているのである、と[57]。これに続けて述べられる次の一節は、全文をここに引用しておく価値があるだろう。

> ここから、物体の力について我々が抱こうと欲する観念がどれほど曖昧であるかが分かる——元はと言えば混乱した感覚でしかないものを、仮にも観念と呼べるとして。そして、当初は我々の心の感覚を表していただけのこの言葉がその意味で物体に属しうるというのが、どれほどありそうにないかが判断できる。しかしながら、一種の相互の影響を物体からまったく剝ぎ取ってしまうことは、それがどのような本性のものであるにせよできないのであるから、お望みなら、「力」(force) という名前は残しておこう。しかし我々はそれを外に現れた効果のみによって測ることにしよう。そして「駆動力」(force motrice) ——運動している物体が持っている別の物体を動かす能力——というのは、我々の認識を補うべく発明された言葉に過ぎないのであって、現象の結果しか意味しないのだということをいつでも覚えておくことにしよう[58]。

これとほとんど同じ主旨の議論が最晩年の論文（一七五六年）でも繰り返されているが、そこには活力論争への明確な言及が見られる。モーペルテュイによれば、この論争は、物体の運動状態を変化させる原因の本性に関する我々の無知から生じたものにほかならない。なるほど、人々は依然として「力」という曖昧な語を用い、それに意味を与えて計算に使っている。「だが、この記号は現象の表現でしかない[59]」――モーペルテュイの言葉遣いは、ここに至ってダランベールによく似たものとなった。両者のあいだにどれだけの影響関係があったのかは史料の制約上、明確にならないが、二人が「運動物体の力」について見解の一致を見たのはまず間違いないであろう[60]。

以上、本節では、一七三〇年頃に活力説を支持していたモーペルテュイが、やがて活力論争そのものに対して批判的態度を示すようになった過程を検討してきた。最小作用の原理は、デカルトの運動の量とライプニッツの活力を乗り越えるような、二種類の衝突法則を統一する「一般原理」として提示された。そしてそれと同時に、先行者たちが論じていた物体の「力」という概念の曖昧さも批判された。これらの議論は、活力論争を解消する試みの一つとして捉えることができ、前節で見たダランベールの場合と共通する点が多い。モーペルテュイはダランベールと同様、一方では「力」という語および観念の曖昧さを問題にし、他方では衝突の問題に特に心を砕いていた。そしてダランベールの提示した諸原理がそうであったように、モーペルテュイの最小作用の原理もまた、今日的な力概念を含まない形で定式化されていた。

三　オイラーによる「慣性」と「力」の分離

モーペルテュイが総裁を務めることになったベルリンの新しい科学・文学アカデミーに、同じく数学部門長として招聘されてきたのがオイラーである。一七四六年、このアカデミーが刊行した紀要の第一巻に、オイラーは『衝撃力について、およびその真の尺度について』（以下『衝撃力について』）と題する論文を発表し、おそらくは初めて、活力論争に対する自身の見解を公にした。[61] この論文は、活力論争の歴史の上でも、オイラー個人の力学思想の展開においても、一つの画期をなすものである。というのも、オイラーはこの中で「運動物体の力」なるものを明確に退けており、そしてまた、ここで行われた考察を深める形で、力学の概念基盤に関する独自の哲学を展開していったからである。『衝撃力について』の出版は、オイラーが運動方程式を力学の基礎に採用して剛体や流体の理論を打ち立てていく時期（概ね一七五〇年代）の少し前に当たっている。本節では、この論文を皮切りとして、オイラーが「力」についてどのような議論を行ったのかを考察する。

最初に、当時の論争状況について、オイラーがどのような見方をしていたかを確認しよう。『衝撃力について』では、「力」の尺度をめぐる「党派」（parti）の争いが、次のように評されている——「各々の党派が自分たちの学説を根拠づけている議論を紹介する必要はないと思う。なぜなら、その大きさによってこの力を測るべきであるような効果について互いに見解が一致することが一度もなかったために、彼らの論争は言葉尻の捉えあいへと退行してしまうことが非常にしばしばであったからである」。[62] 活力論争では、「運動物体の力」の生み出す効果が「力」の尺度であるとされていた。たとえばライプニッツは物体の上昇可能な高さをもって効果とすべきと考え（本書第2章第三節）、ス・グラーフェサンデは落下した球が粘土板につくる凹みの大きさをもって効果としていた（第3章第二節）。しかしながら、どのような効果を選ぶのが適切かについては、論者のあいだに見解の一致が存在しなかった。そのため、論争は「言葉尻の捉えあい」になってしまい、両「党派」の行っている議論は紹介するに及ばない——これがオイラーの評価であった。

オイラーはそこで、衝撃力の尺度として何を取るべきかについて独自の提案を行っている。その基本的な考え方は、「衝撃力とは与えられた時間の幅において持続する可変の圧の働きにほかならず、それを測るには時間と、この圧が増減するに際しての変化を考慮しなければならない」というものである。[63]『衝撃力について』の後半部は、このアイディアを具体的に展開することに充てられている。細部に立ち入ることなく要点だけを記せば、オイラーは衝突を有限の時間にわたってなされる連続的なプロセスとして捉え、その際になされる物体間の相互作用（すなわち「圧」）の最大値をもって衝撃力の尺度とした。ここで衝撃力の考察に用いられた理論的道具立ては、オイラーが十年以上前に行った衝突の問題の分析を通じてすでに用意されていたものであったが（この点については本書第6章第五節で論じる）、それを使って具体的に衝撃力の尺度が提案されたところにこの論文の新しさがあったと言える。それによってオイラーの得た結論は、衝撃力は典型的には、衝突前の二物体の相対速度とそれぞれの質量の平方根に比例するというものであった(64)。この結論は、デカルトとライプニッツのどちらの見解も支持していないという意味で、論争に一石を投じるものであったと言える。

興味深いことに、このオイラーのアプローチは、先に見たダランベールの考え方の対極にある。オイラーがここで行っているのは、現代的に述べるなら、衝突の際に生じる物体の速度の変化に運動方程式を適用するということである。しかしダランベールによれば、運動方程式あるいは「加速力」の原理は、衝突の問題一般には役に立たないはずではなかっただろうか。確かにダランベールの考えによればそうなるが、オイラーは実は、ダランベールの基本的前提を共有していなかった。つまり、オイラーは「硬い物体」の衝突を考えていないのである。ダランベールやモーペルテュイは物体の不可入性という性質を「硬さ」と同一視していたが、オイラーはそのようには考えない（もっとも、後で見るように、不可入性そのものはオイラーにとっても極めて重要である）。オイラーはむしろ、あらゆる運動状態の変化が連続的に起こることを前提とし、「硬い物体」の衝突において想定されたような不連続変化のほうを否定する（この点については第6章でさらに述べる）。後年の論文では、オイラーは明確に、「完全に硬い物体」の存在を否定することになるであろう(65)。オイラーによる衝撃力の新たな尺度の提案は、ダランベールとはまったく異なる前提に立って行われたのである。

しかし、『衝撃力について』におけるオイラーの議論は、単に第三の尺度を提案するというものではなかった。

実のところ、オイラーはこの論文の中で、「力」という言葉やその意味内容に対し、根本的な批判を加えているのである。そのことは、オイラーが衝撃力についての検討を始めるに当たり、問題を次のように設定していることからも窺える。

哲学者たちが通常、あまりに曖昧な仕方で提示しているこの問題を明確でしっかりした観念に帰着させるために、静止している物体Bを考え、それに対してもう一つの物体Aが与えられた速度で直線abに沿ってまっすぐぶつかったとしよう。物体Aが物体Bに衝突したとき、Bがその状態を乱す一定の力の作用をこうむるのは明白である。さてこの状況が提示されたとき、物体Bが受けるであろうその力はどれほど大きいだろうかというのが問題である。[66]

ここでオイラーが行っているのは、問題を整理して論点を明確にするという以上の事柄だと言わなくてはならない。なぜなら、オイラーはここで、衝突する物体Aが「どれだけの力を持っていたか」とは尋ねていないからである。「物体Bが受けるであろうその力はどれほど大きいだろうか」とオイラーが述べるとき、この「力」が意味しているものは、活力論争でそれまで論じられてきたような「運動物体の力」ではない。事実、オイラーはこの論文の別の箇所で、「運動物体にはいかなる力も絶対に帰属させられないであろうということをまず注意しておく」とはっきり述べている。これは、静止している物体に衝突した場合と運動している物体に衝突した場合とで、運動物体の及ぼす作用は異なるはずだからである。「このように、この力は、どのような仕方で捉えるにせよ、それ自体として［つまりは単独で］考察されたいかなる物体にも帰属させられないであろう。むしろそれはこの物体が別のものと衝突するときの関係性にのみ関連づけられるのである」[67]。それゆえ、オイラーがこの論文で「衝撃力」と呼んでいるものはむしろ、衝撃の作用の大きさだと理解するのが適切である。これは今日の考え方に照らせばごく自然なことに感じられるが、活力論争の本来の議論からすれば、オイラーはここで問題を書き換えてしまったと言うことができる。

オイラーのこの書き換えは極めて自覚的なものであった。なぜなら『衝撃力について』の前半部で、オイラーは「力」という言葉の従来の用法に批判を加えているからである。この議論は具体的には、「慣性」(inertia) と「力」(force) を区別することに関わっていた。オイラーによれば、慣性が物体の一様運動を維持する「内的原理」(principe interne) であるのに対し、力は運動状態を変化させる「外的な」(extrinseque) 原因である。したがって慣性のことを「力」と呼ぶことはできないと、オイラーはまず主張する。[68] すでに本書で何度か触れたように、慣性は当時、「慣性の力」と呼ばれるのが一般的であった。オイラー自身、以前に著した『力学』(一七三六年) の中では、特に留保を加えることなく「慣性の力」という表現を使っていたのである。[69] 先に見たように、ダランベールは『動力学論』で「慣性の力」を「性質」だと説明していたが、オイラーの『衝撃力について』は「慣性」と「力」を言葉の上でも明確に分離しようとする試みであったと評価できる。オイラーは、この論文が書かれる頃までに自らの用語法に反省を加え、今日とほぼ同じ考え方をするようになったのである。[70]

ただし、『衝撃力について』における「慣性」と「力」の議論には、現代の力学教科書には馴染まないような考え方も含まれている。すなわちオイラーは、ある物体の慣性はそれ自体としては力でないが、別の物体に対しては力となりうると述べているのである。二つの物体の衝突を考えてみよう。それぞれの物体は衝突後も慣性によって運動状態を維持しようとするが、両物体ともにそれを維持し続けるのは不可能である(物体同士が重なりあってしまうことになるが、不可入性がこれを禁じている)。したがって、運動状態には何らかの変化が起こらざるを得ない。これはオイラーの新しい用語法——力とは運動状態を変化させる外的な原因である——に従えば、力がそこで生じているということを意味する。それゆえ、慣性が力を生んでいるとオイラーは考えたのである。[71]

この議論はさらに、一七五〇年度のベルリン・アカデミー紀要に掲載された論文、『力の起源の探究』へとつながっていった。[72] この論文でも、物体の衝突の際に力が生じるという先の主張が繰り返されており、議論の運びはそれほど大きく変わっていない。変わったのは、力の起源が慣性にではなく、物体の不可入性に求められるようになったことである。『衝撃力について』においても不可入性への言及は見られたが、ここではそれが前面に出され、物体の不可入性のために衝突時の運動の変化が、したがって力が生じる、とされた（同論文第一二節以下）。その際、オイラーは明らかにモーペルテュイの主張を念頭に置きつつ、自然は無駄な力を生み出さないとも論じている。つまり、不可入性が生み出す力は、常に物体同士の侵入を防ぐのにちょうど必要とされるだけの大きさだというのである（第二六節）。さらに、いっそう重要なこととして、オイラーは、このようにして衝突時に発生する力はすべて不可入性由来のものだと証明できるとも主張する。なぜなら、不可入性に起因する二物体間の相互作用（すなわち「圧」）がもたらす運動状態の変化について方程式を立て、そこから計算していくと、既知の衝突規則が得られるからである（第四六節）。このようにして、衝突における運動の変化というお馴染みの現象が、不可入性による力の産出という枠組みで捉え直されることになった。

これに加えて、『力の起源の探究』では、遠心力の起源についても考察されている（第五一節以下）。図1のように、物体が曲面MAYに沿って進んでいく場合、この物体は進路を変えながら、壁面に対して外向きに作用を及ぼす。これが「遠心力」と呼ばれているものである（とオイラーは述べる）。オイラーの説明によると、この場合は物体と壁面がともに不可入性を持っているために、相互に侵入するのを防ごうとして力が生み出されている。さらにオイラーは、物体の速度と物体に対する壁面の作用とをそれぞれ二つの方向に分解し（図の左右方向と上下方向）、それぞれについて（私たちが言うところの）運動方程式を立てた上で、その二つの式から遠心力の既知の公式を導き出している。このことは、遠心力も衝撃力同様、不可入性を――不可入性だけを――その源としていることの証左とされた。この議論もまた、「力」を物体から切り離す一つの試みとして解釈できるであろう。

こうした議論を踏まえ、オイラーは論文末尾の二つの節で、不可入性一元論とも形容できそうな自然観を提示している。つまり、物体の重さや惑星間の相互作用もまた、衝突や遠心力によって――ということはつまり不可入性のみによって――説明できるのではないか、というのである（第五八―五九節）。この文脈では、オイラーは明示的に「デカルトやその他多数の哲学者たち」(Descartes et quantité d'autres Philosophes) を支持していた。その意味では、オイラーが「遅れてきたデカルト主義者」（小林）であったのは確かである。[73]

しかしながら、種々の自然現象の原因をどこに求めるかという自然哲学の次元と、物体の運動を論じるさいにどのような概念装置を採用するかという力学の次元とは、区別しておくべきであろう。オイラーは、「力」を物体の外側へ放逐した結果として、一方では運動状態の変化を数学的に記述する力学の一般理論を確立し、他方では不可入性を核とする哲学的議論を展開した。事実、『力の起源の探究』は、オイラーの所属していたベルリン科学・文学アカデミーの一七五〇年度の紀要に、思弁哲学部門の論文として掲載されている。これに対し、紀要の同じ巻の数学部門には、運動方程式が力学全体の一般原理であると宣言した『力学の新しい原理の発見』が印刷されていた。[74]

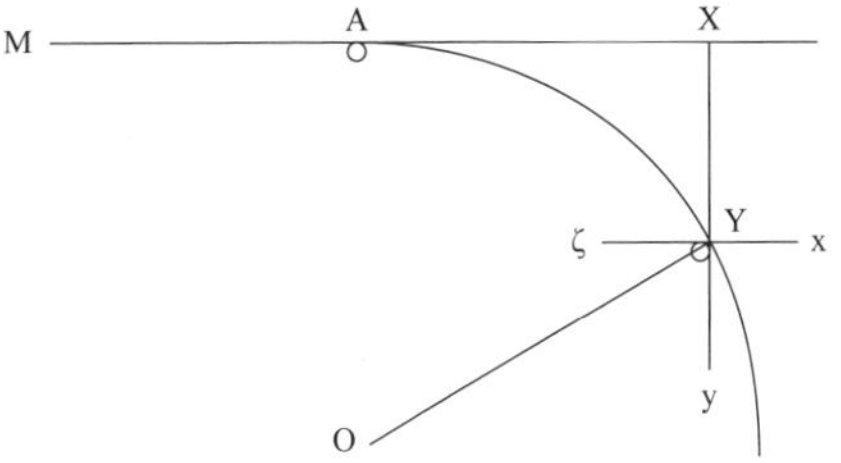

図1 不可入性による遠心力の発生. Euler, "Recherches sur l'origine des forces" (1750), fig. 2 を基に作成.

オイラーがアカデミーの数学部門長を務めており、力学関連の論文は通常、数学部門に掲載されていたことから考えれば、『力の起源の探究』は異例の扱いを受けていたと言える。オイラーがこれをあえて思弁哲学部門で発表したのは、一つには、「慣性」と「力」を分離するという『衝撃力について』の議論が、従来の自然哲学に対する挑戦をもたらしたためと推察される（この点については第7章第三節でさらに論じる）。

オイラーの新しい力概念、ひいては力学の概念基盤に関わる自然哲学上の見解は、後年の著作『ドイツのある姫君への手紙』において、平易な文体で述べられることになった。[75] この作品は、オイラーがある王族から依頼されて行った、通信教育と言うべき書簡をまとめて公刊したものである。この中では自然科学や哲学の広範な話題が扱われているが、目下の議論に直接関係するのは第六九信から第七八信までであり、一七六〇年秋の日付が入っている。これらの手紙で、オイラーはまず物体とは何かというところから説き起こし、不可入性について丁寧に説明した上で、慣性の法則（オイラーはこの表現を用いず、単に力学の原理などと言う）や、「慣性」と「力」の区別について述べている。その上で、不可入性からどのようにして力が生み出されるかという力の起源の問題を解説し、モーペルテュイの最小作用の原理にも言及している。オイラーはこの一連の説明の中で、物体の本性を構成する要素として、延長、慣性、不可入性の三つを挙げた。力は、物体そのものに内在しているのではなく、言わば二次的に派生してくるものとして位置づけられたのである。[76]

本節で見てきたように、オイラーは『衝撃力について』の中で「運動物体の力」を否定し、同時に「力」を物体の性質である「慣性」から切り離した。これにより、運動物体の有する「力」の大きさを問題にしていた本来の意味での活力論争は解消され、後には衝撃の作用の大きさを決定するという問題だけが残った。この意味で、オイラーの『衝撃力について』はダランベールの『動力学論』などと並ぶ、活力論争の重要な転換点として位置づけることができる。

しかしながら、オイラーによる解消の議論は、ダランベールやモーペルテュイとはかなり異なる方向性を有していた。一つには、オイラーの関心が認識論的というよりむしろ存在論的であったということがある。実際、『衝撃力について』における「慣性」と「力」の議論はその後、『力の起源の探究』などへと発展していき、そこでは物体の本性や「力」の存在論的地位が問題とされたのである。加えて、ダランベールやモーペルテュイとは対照的に、オイラーは「力」を効果としてだけでなく原因としても語り続けていた。むしろ、原因としての一般的な力概念こそが、オイラーの力学理論の基本要素であった。これらの事実は、オイラーの立場――現代の「ニュートン力学」に最も近いもの――がその当時にあって唯一の路線だったわけではなく、またそれが必然的だったわけでもないことを示している。本章で検討してきたダランベール、モーペルテュイ、オイラーの三人は、前提や目標を大きく違えながら、しかし「運動物体の力」を拒否するという点では一致したのである。

小括　「運動物体の力」の否定とそれに替わるもの

十七世紀前半に物体の運動を論じたデカルトは、自然界で生じるあらゆる現象が、究極的には運動する物体同士の衝突によって理解できると考えていた。その際、運動している物体は何らかの意味で「力」を有すると見なされ、衝突前後における物体の運動の変化が物体間での「力」のやり取りとして記述された。ニュートンがこれに対して「刻印力」という別種の力概念を導入したのであるとしても、デカルトが提示した枠組みは、その後の議論を長らく支配した。ニュートン自身、「慣性の力」という形で、物体の有する「力」という考え方を受け継いでいたのである。ライプニッツがそのような「力」を自然哲学の主題として引き受け、さらにそうした「力」の尺度という問題提起を行ったことで、「運動物体の力」をめぐる議論は十八世紀へと引き渡された。

活力論争と呼ばれるこの論争は、実際にはライプニッツの死後、とりわけ一七二〇年代に最も盛んになった。ライプニッツが十八世紀の力学に遺していったものは、微積分という新しい数学だけではなかった。活力・死力という考え方の枠組みもまた、ヴォルフ、ベルヌーイ、ヘルマンといった学者たちに受容された。「ニュートン主義者」のス・グラーフェサンデが、部分的にであれ、それを認めたことは、世紀前半の学者コミュニティ内部で大きな反響を呼び、ベルヌーイの著した論考は、パリ科学アカデミーでの論戦を引き起こした。これらの議論には、物質観の相違など種々の要因も絡んでいたとはいえ、従来言われてきたように概念の混乱が原因であったと評価することはできない。彼らは「運動物体の力」という共通理解のもとで、それに適切な量的規定を与えようとしていたのである。

このように状況が把握されると、一七四〇年代に起こった変化がどれほど革命的であったかが理解できる。ダランベール、モーペルテュイ、オイラーといった人々が行ったのは、活力論争のまさに前提を否定することであった。ダランベールは『動力学論』の中で、「運動物体の力」のような「曖昧かつ形而上学的な存在」を排除し、少数の明晰な原理に基づく力学理論の体系を構想した。モーペルテュイは、「力」なるものの曖昧さを同様に批判しつつ、デカルトやライプニッツの考えた「力」の保存に代えて、最小となる「作用の量」という考えを提案した。オイラーもまた、『衝撃力について』の中で「運動物体の力」の存在を否定し、さらには「慣性」と「力」を切り離すことによって、「力」という言葉に新しい定義を与えた。

この三人はいずれも、活力論争に対し、現代的な意味での解決を提示したわけではない。力を時間で積分したものが運動量（質量と速度の積に比例）を与え、力を距離で積分したものが運動エネルギー（質量と速度の二乗の積に比例）を与えるという、今日の力学で了解されている概念体系には達していないからである。また、この三人の著作とともに、論争が下火になったというわけでもなかった。事実、「力」の尺度をめぐる議論は、一七四〇年代以降も繰り返し行われたのである。たとえば、ローマではボスコヴィッチが『活力について』（一七四五年）を出版し、これは後に『自然哲学の理論』（一七五八年）で展開される彼独自の理論体系へとつながった[1]。これと時をほぼ同じくして、ドイツ語圏ではカントが処女作『活力測定考』（一七四七年）を著し、この問題について独自の分析を試みた[2]。スコットランドのリードは、『哲学紀要』に投稿した論文でどちらの見解も間違っていないと主張し（一七四八年）[3]、ボローニャのリッカチは、力の合成規則と活力の問題を結びつけた議論を展開した（一七四九年）[4]。世紀の後半になっても、イギリスではキャヴェンディッシュが一七六〇年頃の手稿でこの問題を取り上げており[5]、さらに時代が下った一七八〇年頃には、スミートンとアトウッドらによって論争が再燃している[6]。

だが、このような論争の持続性にもかかわらず、私たちは解消という視点に立つことで、十八世紀中葉に一つの重要な区切りを認めることができる。ダランベール、モーペルテュイ、オイラーの三人は「運動物体の力」を拒否した点において、それ以前の人々と明らかに一線を画していた。本書でここまで行ってきたのは、解決に代えて解消という視角を導入することにより、連続的な歴史的過程の中に一つの線を引こうとする試みであった。

後から振り返って見るならば、「運動物体の力」という概念を退けることは、今日「ニュートン力学」として知られる理論体系が確立するための必要条件であったと考えることができる。物体の運動変化をもたらす原因が別の物体の中にあり、その変化は物体同士の衝突によってもたらされるとする枠組みにおいては、扱うことのできる問題の範囲にはおそらく限界があるだろう。しかし、「運動物体の力」を否定したからと言って、それによって今日的な力学理論が自動的に手に入ると考えるのもまた正しくない。オイラーは『衝撃力について』の中で、運動状態を変化させる外的な原因という一般的な「力」の定義を与え、これを哲学的に根拠づけることに腐心していた。だがこれに相当する概念は、ダランベールが『動力学論』で提示した三つの原理や、モーペルテュイの定式化した最小作用の原理には含まれていない。それどころかダランベールは、加速運動の原因としての「力」について語ることを断固として拒否していたのである。この事実は、翻って、オイラーの力学構想の特質がどこにあったのかを指し示している。そしてそのことは同時に、オイラーの新しい力概念はどこから来たのかという別の問題をも提起することになるだろう。私たちは、十七世紀末の自然哲学から今日的な古典力学へと移行する過程を、自明かつ必然的な展開として期待してはならない。オイラーがどのようにして「力学」を構想したのかはそれ自体、歴史的に説明されるべき事柄である。本書の第II部では、この問題を追究する。

第II部　オイラーの「力学」構想

一七三七年の秋、バーゼルに住むヨハン・ベルヌーイの手元に、前年にロシアで出版されたオイラーの力学書が届いた。オイラーはかつて自分が指導した優秀な若者であり、今ではペテルブルクの科学アカデミーの一員として活躍していた。しかし、『力学』と題されたその二巻本は、ベルヌーイの期待をいささか裏切るものであった。ほかでもないその表題について、ベルヌーイはオイラーに対し、次のように書き送っている。「貴方はご自分の著作に『力学』という表題を冠され、それを序文の中で根拠づけていますが、しかし『動力学』という表題のほうがいっそう適してはいなかったかと思わなくもありません[1]」。

この書簡は、ベルヌーイがオイラーに対して『力学』ではなく『動力学』を期待していたこと、しかしオイラーがそれには応えなかったことを示唆している。この第II部では、ベルヌーイのそうした期待が確かに正当なものであったこと、しかし結果としては裏切られたことを見ていきたい。この筋書きは、オイラーとベルヌーイの往復書簡を編集したフェルマンとミハイロフによって示唆されたものであるが[2]、その具体的な過程を示すことがここでの目標となる。

まず第5章において、ライプニッツの導入した活力・死力の概念に対し、ベルヌーイらが無限小解析（微積分）という新しい数学を適用した様子を考察する。というのは、このようにして解析化された「動力学」の枠組みが、オイラーの力学研究の出発点にあったと考えられるからである。しかしながら、オイラーは早くも一七三〇年代初頭の時点で、ライプニッツ - ベルヌーイの路線とは異なる道を歩み始めていた。第6章ではこのことを、衝突の問題の取り扱いに即して議論する。そこで示されるのは、オイラーが同時代のほかの学者たちと異なり、「動力」という静力学由来の概念を分析の道具にしていたということである。この「動力」概念の導入こそ、オイラーの「力学」構想の最大の特色であった。第7章では、ベルヌーイらの影響のもとで活力 - 死力の枠組みを当初は受け容れていたオイラーが、どのようにして独自の理論体系を確立していったのかを考察する。

第5章　「動力学」の解析化

ヨハン・ベルヌーイは、ライプニッツ流の微積分計算を発展させ、普及させる上で特に重要な役割を果たした数学者であった。ライプニッツが微積分法の論文を初めて公にしたのは一六八四年のことであるが、それを本格的に受容した最初の人物はヨハンの兄、ヤーコプ・ベルヌーイである。ヨハンはまず、年の離れたこの兄から微積分法を学んだ。数年のうちに、ヨハンはヤーコプと肩を並べるようになり、続々と新たな成果を発表するようになった。さらにヨハンは、一六九一年から数年間パリに滞在した際、フランスの学者たちにこの新しい数学を伝えてもいる。微積分計算の最初の教科書、ロピタルの『無限小解析』(一六九六年)は、この交流の結果として生まれた[1]。

それゆえ、ベルヌーイがライプニッツの『動力学提要』(一六九五年)を初めて読んだとき、ヨハンはすでに、ライプニッツの微積分法に十分熟達していたわけである。論文の感想をライプニッツに伝えた最初の書簡の中で、ベルヌーイはライプニッツの「力」概念に好意的な意見を述べると同時に、それと無限小解析とのあいだの類似性をも、次のように示唆していた。

それから、中心の周りで回転する管や、その空隙の中に存在する球や、努力ないし励動、活力と死力などについて貴方の言っていることは、我々の馴染みある幾何学を通じて次のことを知っていた人々にとっては、極めて本当らしく思われるに違いありません。すなわち、どんな量も無限に多くの微分からなり、どんな微分もまた別の無限に多くの微分からなり、どんな高次の微分もさらにまた別の無限に多くの微分からなり、そして無限にそうなっているということが、どのような理によって理解されるべきかを知っていた人々にとっては、ということです。(2)

本章では、ベルヌーイが着想したような「動力学」の解析化が、実際にはどのような形で試みられたのかを検討する。私たちは第I部での議論を通じて、「運動物体の力」の概念が十七世紀から十八世紀初頭にかけて広く共有されていたこと、またライプニッツの言う「活力」や「死力」がその一種であったことを確認した。そうであるなら、このような「力」の概念に、最先端の数学であった無限小解析を適用する試みがなされていたとしても不思議はないだろう。まして、微積分計算と活力・死力がどちらもライプニッツという同じ人物によって提唱され、ヨハン・ベルヌーイを始めとする同じ人物によって受容されていたのであれば尚更である。しかし十八世紀力学史のこの局面には、これまでまったくと言っていいほど目が向けられていない。

以下では「動力学」の解析化という大きな主題のうち、活力と死力の関係という問題を特に取り上げ、ライプニッツ、ベルヌーイ、およびヘルマンという三人の人物を中心として、微積分計算の適用がどのようになされたかを検討する。とりわけ、後のオイラーへの影響という観点から、ライプニッツが草稿や書簡で何を書いていたのかよりも、ベルヌーイやヘルマンが出版物の中でどのような議論を行っていたかに照準を合わせたい。(3) 結論として本章では、無限小解析が適用された結果、ライプニッツの元の考えには重要な変更が加えられたことを指摘する。つまり、ベルヌーイやヘルマンが数式によって表現した活力と死力の関係は、ライプニッツが『動力学提要』において言葉で述べていた関係と同じではない。後の章で見るように、このことはやがて、オイラーによる「力学」の確立に——ひいては「動力学」の否定に——つながっていくことになる。

一　活力と死力、その異質性

一六九五年の『動力学提要』は、ライプニッツが自身の考える「動力学」について述べた梗概であった（本書第2章第三節）。ライプニッツはこの論文で、根源的 - 派生的、能動的 - 受動的という「力」の分類を提示し、ここから出てくる四つの組み合わせのうち能動的かつ派生的な「力」を、当時一般に流通していた「運動物体の力」に重ね合わせた。この能動的で派生的な「力」は、さらに活力と死力に分類された。すなわち、活力が現実の運動と結びついているのに対し、死力のほうは、まだ実現していない運動と関係しているのであった。本節ではこの議論の続きとして、ライプニッツとその支持者たちがこの二種類の「力」の関係をどのように捉えていたかを見ていくことにする。

論者たちによって繰り返し注意されたのは、活力と死力の異質性であった。すでに一六八六年の論文『自然法則に関するデカルトらの顕著な誤謬についての簡潔な証明』の中で、ライプニッツはこれに相当する二種類の「力」の相違を強調している（この時点ではまだ、「活力」「死力」という用語は導入されていない）。すなわち、衝撃力として現れる「力」の問題を、伝統的な機械学で講じられる事柄と混同してはならない、というのである。

『簡潔な証明』の冒頭でライプニッツが述べているところによれば、「多くの数学者は、一般的な五つの機械［すなわち梃子、滑車、輪軸、螺子、楔］において速度と嵩［質量］が互いに代償するのが見て取れるために、一般に駆動力を運動の量によって、すなわち物体とその速度の積によって算定している」という。[4] この文章の前半、「速度と嵩が互いに代償する」という表現で述べられているのは、一般に仮想速度の原理として知られる命題である。二つの重さ（あるいは今日的に言えば力）が釣りあうのは、それぞれが仮に動いたとしたときの速度が重さ（力）に反比例するときである、というこの命題は、（誤って）アリストテレスに帰されていた著作『機械学の諸問題』を通じ、機械学あるいは静力学の基本的な原理としてよく知られていた。[5] ライプニッツ自身も、この原理そのものについては正しいと認めている。

しかしライプニッツの考えでは、機械においてこのような形で釣りあいが生じるのはむしろ、例外的な事象であった。すなわち、力が運動の量によって見積もられうるというのは、「ここでは偶然的に生じている」に過ぎないとされる。[6] これと同じ主張は、後に『動力学提要』(一六九五年)でも述べられることになった。そこではライプニッツは、「死力が質量と速度に複合的に比例することを把握していたがために、力一般を嵩〔質量〕と速度の積からなる量と混同した人々」のことを批判している。[7] 同様の批判はやがて、ヨハン・ベルヌーイの『運動の伝達法則についての論議』(一七二七年)の中でも繰り返されることになるだろう。[8]

いま見たような活力と死力の峻別は、ライプニッツ自身の「動力学」構想を理解する上で決定的に重要である。ライプニッツによれば、「古代の人々は、知られている限りでは、ただ死力の学しか持っていなかった」。[9]「死力の学」とはすなわち、伝統的な意味での「機械学」(*mechanica*)のことである。このように現状を把握した上で、ライプニッツは、活力を中心的対象とする新しい学問が打ち立てられるべきだと考えた。そしてこの学問の名称として彼が創り出したのが、ほかならぬ「動力学」(*dynamica*)という言葉であった。それゆえ「動力学」とは本来、「死力の学」たる「機械学」に対置される「活力の学」を意味していた。この意味で、それは古い科学に対する新しい科学の企てであったと言える。[10] 第1章第三節で議論したように、十七世紀末の時点では、私たちが現在理解しているような意味での「力学」という用語は存在していなかった。

このような「機械学」と「動力学」の対置は、ヨハン・ベルヌーイにおいても確認できる。それが最も如実に表れているのが、一七三六年に出版されたオイラーの著書『力学あるいは解析的に提示された運動の科学』(*Mechanica sive motus scientia analytice exposita*)を入手した際、その表題についてベルヌーイが述べた意見である。ベルヌーイは実際、オイラーに宛てたドイツ語の書簡の中で、次のように書いている。

貴方はご自分の著作に『力学［機械学］』（Mechanik）という表題を冠され、それを序文の中で根拠づけていますが、しかし『動力学』（Dynamik）という表題のほうがいっそう適してはいなかったかと思わなくもありません。というのも「力学［機械学］」の語はすでに古来から、死力を扱う科学を呼び表すのに受け入れられているからです。その部門の一つは、静力学（Statik）と呼ばれているものです。私には、名称を変更して、それに何かしら別の意味を結びつけるのが、大胆なことであるともまったく必然性を越えたこととも思われません。とりわけ、新しい物事を十分に呼び表している新しい名前が、たとえば「動力学」という言葉が手元にある場合にはそうです。その言葉にライプニッツは初めて、彼が「活力」と名づけているあの力を扱う科学という意味を与えました。もっともこれはついでに言われるべきことに過ぎませんが。[11]

明らかに、ベルヌーイはライプニッツと同じく"Mechanik"を死力の学としての「機械学」であると理解し、それを「静力学」と関連づけていた。活力の学としての「動力学」は、それとはっきり区別されていたのである。

このように活力と死力の違いを強調する際、ライプニッツやベルヌーイが念頭に置いていたことの一つには、ガリレオが述べていた衝撃力と圧迫力の違いがあったと思われる。ガリレオがこの問題を詳細に論じた『新科学論議』（一六三八年）の通称「第六日」は、十八世紀に入ってから出された『著作集』第二巻（一七一八年）に収められるまで公刊されなかったが、[12]圧迫力に比べて衝撃力が極めて大きな効果を生み出すように見えるという話題は、初版に含まれる「第四日」の中ですでに登場していた。すなわち、「衝撃なしで圧すことによってのみインペトゥスを加えるなら、何百リッブラもの重みにも耐えうるほどの抵抗が、八リッブラか一〇リッブラの重さしかない槌の打撃だけで凌駕されてしまう」というのである。[13]このような衝撃力の問題は、メルセンヌの仏訳を通じて世に出たガリレオの初期の著作『機械学』（一六〇〇年頃執筆、一六三四年出版）の中でも取り上げられたテーマであった。[14]

ライプニッツは『動力学提要』の中で、具体的にどの文献を参照したかは明らかでないものの、ガリレオが「謎めいた語り口で、衝突の力は無限である、すなわち単なる重みの努力と比較されるならばそうである、と述べた」と記している。[15]

衝撃力が圧迫力よりも「無限」に大きいとする考え方は、十八世紀初頭には一般的なものであったらしい。たとえば、ヘルマンは一七二六年の論文の中で、優れた著者たちが「活力は死力に対して無限である」と述べたことに言及している。ここでもやはり具体的な著作名は挙げられていないが、衝撃力が重さに比べて無限に大きいことを証明した人物として、ヘルマンはガリレオ、トリチェッリ、ボレッリの名前を例示しており、彼らの著作を読むように勧めている。[16] 同様の見解はまた、ス・グラーフェサンデにも認められる。彼が一七二二年の論文で「力」と「圧」という対概念を提示したことは先に見た通りであるが（本書第3章第二節）、その中では、「圧と力はまったく非共測な量である」（命題三）とも言われていた。[17] これが含意するのは、「力と圧とが有限であると仮定するなら、最弱の力の効果は任意の大きさの圧の効果よりも大きい」ということにほかならない。[18] ス・グラーフェサンデの「力」と「圧」は活力と死力に正確には対応しないが（「圧」は死力と異なり、物体に内在する実体ではない）、問題にされている事柄は同じであったと見てよいであろう。

以上のように、ライプニッツを始めとする人々に共通していたのは、活力と死力、もしくは衝撃と圧は別のものであるという認識であった。そしてそう考えられた理由の一端は、衝撃力が圧迫力に対して無限に大きいことに求められていた。言うなれば、活力と死力の峻別こそが、近代科学としての「動力学」を古代の「機械学」に対して打ち立てる上での基礎であった。

二　活力と死力、その連続性

『動力学提要』(一六九五年) は文字通り「動力学」のマニフェストであり、その基礎には活力と死力の質的な区別が置かれていた。しかしこの論文中には、この構想を根底から揺さぶる要素もまた含まれていたように思われる。衝撃力として現れる「運動物体の力」、すなわち活力が、「無数の死力が連続的に込められることによって生じる」とされたのがそれである。[19] 以下で見る通り、この考えこそは「動力学」の解析化を可能にする鍵であった。しかしそれは結果として、活力と死力の連続性を強調することになり、さらにはライプニッツの当初の考えと異なる数式表現をもたらすに至った。本節ではこのことを、ヨハン・ベルヌーイの著作『運動の伝達法則についての論議』(一七二七年) に基づいて考察する。

すでに本書第3章第三節で見たように、ベルヌーイはこの論考で活力や死力の概念とその尺度を論じ、パリ科学アカデミーに集っていたフランスの学者たちに大きな影響を与えた。ところで、この一連の主張を行うにあたり、ベルヌーイは、ライプニッツやヴォルフ、ヘルマンにはあまり見られなかった考え方を新たに付け加えている。その一つは、死力と活力の説明を行うにあたって導入された、次のような「仮想速度」(vitesse virtuelle) の概念である (定義一)。

釣りあい状態に置かれた二つ以上の力が、わずかな運動を刻印されたときに獲得するであろう速度を、私は「仮想速度」と呼ぶ。あるいはこれらの力がすでに運動しているならば、「仮想速度」とは、各物体が、すでに獲得している速度に対して、無限小の時間に、その方向において得るかもしくは失うような、速度の要素のことである。[20]

ベルヌーイの言う「仮想速度」とは、物体の現時点での運動状態に関わりなく、新たな運動の付加によって得る（または失う）ことになる速度のことである。しかもそれは、「わずかな運動」や「無限小の時間」といった表現が使われていることから分かるように、極めて小さな量であることが想定されている。

この微小な速度としての「仮想速度」は、死力の概念と密接に結びついていた。ベルヌーイは死力の一種である重み（pesanteur）について、机の上に置かれて静止している物体の例で説明しているが、その際、重みが微小速度を生み出していることを次のように解説している。

> こうした小さな速度は消えては生まれ、また生まれては消える。この一定した交替こそが、この産出と破壊の繰り返しこそが、乗り越えられない障害物に支えられているときの重みの効果なのであって、それに我々は死力という名前を与えた。[21]

したがってベルヌーイの考えでは、死力は常に、微小な速度を生み出し続けている。ただ、机のような障害物がある限りこの微小な速度は常に打ち消されてしまうため、現実に知覚される速度としては生じないというだけなのである。

では、仮に障害物がなかったとすればどうだろうか。各瞬間に生み出される微小速度は、破壊されることなく積み重なっていくであろう。そしてこれが無限に集積することで、ついには「仮想速度」から現実の速度が、したがって現実の「力」が生じてくるであろう。「活力は、物体が静止しているとき、それに少しずつ、段階的に位置運動を刻印するときに、この物体中に継起的に生み出される［……］この運動は、無限小の諸段階を経て獲得され、そして有限な確定した速度にまで到達する」[22]。ベルヌーイはこのように述べることで、活力と死力の質的な相違を、量的な相違に読み替えることができた。活力と死力は、ライプニッツによって最初に導入された際には現実化した「力」とまだ現実化していない「力」という質的な性格づけを伴っていたが、今や有限量と微小量の関係として捉え直されることになったのである。そしてこのような理解は、以下で論じる通り、微積分計算あるいは無限小解析の発想と完全に親和的であったと言いうる。

ベルヌーイの説明が実質的に微積分の言葉で語られていることを確認するには、ロピタルの『無限小解析』（一六九六年）を参照するのが近道である。一六九〇年代にパリを訪れたベルヌーイは、当地の科学アカデミー会員であったロピタル侯を相手に微積分計算の個人授業を行い、パリを離れてからも書簡を通じてこのレッスンを続けていた。『無限小解析』は実質的に、ヨハンがロピタルに与えたこの講義の内容を出版したものである。[23] それゆえ、同書における微積分の説明を確認しておくことはそのまま、ベルヌーイの微積分理解を見ることにつながる。以下、その概要を手短に述べておく。[24]

『無限小解析』の本論はまず、「変量」（quantité variable）と「定量」（quantité constante）を定義することから始まっている（第一節、定義一）。定量が一定であり続ける量であるのに対し、変量は「連続的に」（continuellement）増減する。そしてこの変量の増大・減少分としての「無限小部分」（portion infiniment petite）が、一般に「微分」（différence）という名前で呼ばれる（定義二）[25]。この定義からして明らかに、定量の微分はゼロである（系）。いま、任意の量を文字xで表すとすれば、その微分はdxと書かれる。現代の微積分では、xの関数yの導関数がdy/dxと表示されるが、これは単一の記号であって、dxとdyの比という意味ではない。これに対し、未だ関数という概念を持たなかった十八世紀前半の解析学においては、扱われる対象は抽象的・普遍的な量であり、[26] 微分はそうした量の無限小部分として、それ自体で意味を有していた。

次に、xの無限小部分としてdxが考えられるのと同じく、dxに対してもその無限小部分ddx（これをd^2xと書く）を考えることができる。これは「微分の微分」（différence de la différence）あるいは「二次の微分」（différence seconde）と呼ばれる（第四節、定義一）。以下、d^3xやd^4x等についても同様であり、こうして高次の微分が次々と定義される。[27] ここから、無限小にはオーダー（位階、ordre）があるという帰結が得られる（定義一の注）。すなわち、xはdxに対して無限に大きく、dxはd^2xに対して無限に大きく……という具合である。

したがって簡潔に述べれば、ライプニッツ流の微積分計算においては、「微分する」とは与えられた量の無限小部分をとるという操作のことであり、「積分する」とは無限小部分をすべて足し合わせることを意味する。『無限小解析』では扱われていないが、後者の操作は記号$\int$で表され、$\int dx = x$という関係が成り立つ。十八世紀の一般的な理解では、積分とは単に微分の逆演算であるに過ぎなかった。

この『無限小解析』の概念体系をベルヌーイによる活力・死力の説明と比べてみれば、死力が活力の微分として――あるいは逆に、活力が死力の積分として――イメージされていることは疑いを容れない。無限小解析の基本的な発想は、有限量の無限小要素として微分を考え、逆に微分が無限に集まったもの（積分）を有限量と考える点にある。ベルヌーイはこの考え方を（有限の）速度について適用し、その微分、すなわち無限小の速度を考えて、これを「仮想速度」とした。活力と死力はこうして、有限と無限小の二種類の速度に対応する二つの「力」として把握されることになる。なるほど、ベルヌーイは死力と活力について、これらが「線と面」あるいは「面と立体」のように非共測であることを注意している――「これらは異質な量であり、比較をまったく許さない」と。[28] しかしそれにもかかわらず、無限小解析という新しい数学は、本来異質なものとして構想されたこの二種類の「力」を事実上つなげてしまったと言える。

だが、それだけではない。ベルヌーイによって新たに定式化された活力と死力の量的関係、すなわち活力が死力の積分であるという理解は、実のところ、『動力学提要』で提示されたライプニッツの考え方と正確には一致していないのである。

ライプニッツは確かに、活力は「無数の死力が連続的に込められることによって生じる」と述べていた。しかし『動力学提要』を注意深く読むと、活力と死力を仲立ちするものとしてもう一つ、「インペトゥス」（impetus）が想定されていることに気づく。この「インペトゥス」という言葉をライプニッツは独自の意味で使っており、デカルト支持者の言う運動の量、つまり質量と速度の積を指すものだとしている[29]。そしてこの「インペトゥス」について、ライプニッツは次のように述べるのである。

さらに、一定時間にわたる運動の測度が無数のインペトゥスから成っているように、他方でインペトゥス自体(たとえ瞬間的なものであれ)は同一の可動体に継起的に込められた無数の度合いから成っており、またある種の要素を持っている。すなわち、それが無限に反復されるのでなければ「インペトゥス自体が」生じえないような要素を、である[30]。

ここから読み取れるのは、「運動の測度」が「インペトゥス」の無数の集積と見なされ、さらに「インペトゥス」が「同一の可動体に継起的に込められた無数の度合い」の集積として捉えられるという、二段階の構造である。ここで「運動の測度」とは活力を、「同一の可動体に継起的に込められた無数の度合い」とは死力を指すと解釈するならば、これは無限小解析の体系とも適合する。つまり、ライプニッツが言葉で述べていることを仮に微積分の記号で表現するとすれば、次のようになる(mは質量、vは速度)。

死力 mdv → インペトゥス mv → 活力 mv^2

ここで矢印によって示したのは、前者が無限に積み重なることで後者が生じる、すなわち前者の積分が後者を与えるという関係である(数学的には一番最後の式は$\frac{1}{2}mv^2$でなくてはならないが、活力は質量と速度の二乗に比例するという当時の考え方からすれば、係数の有無は本質的でない)。つまり、活力が「無数の死力が連続的に込められることによって生じる」のはその通りなのだが、厳密には死力からまずインペトゥスが生じ、これがさらに蓄積して活力になると言わなくてはならない。無限小解析の言葉を使ってこれを言い換えるなら、死力は活力の単なる(一次の)微分ではなく、二次の微分だということになる。

明らかに、ベルヌーイはライプニッツのこの考え方に気づいていないか、もしくは無視している。死力と活力が「線と面」あるいは「面と立体」のように非共測であるというベルヌーイの先の説明を文字通りに取るなら、死力は活力の一次の微分でなくてはならないからである（線は面の微分、面は立体の微分であることに注意）。その一方、ベルヌーイはライプニッツの「インペトゥス」に相当するものを「向きの量」（quantité de direction）として独自に導入し、これが衝突の際に保存されることを論じている（これは方向を考慮した運動の量、つまり現代的な意味での運動量に相当する）[31]。しかしこの「向きの量」を、活力や死力と関連づけることは行っていない。

それゆえ、『運動の伝達法則についての論議』で述べられた活力と死力の数学的説明は、『動力学提要』でのライプニッツの主張と完全には一致していないと結論できる。ベルヌーイは「仮想速度」の概念を独自に導入し、無限小解析の考え方に依拠して、これを微小な速度であると見なした。これに伴い、活力と死力の関係も有限量と微小量の関係として記述されることになったのだが、その際、ライプニッツが活力と死力のあいだに置いていた「インペトゥス」は見失われてしまった。したがって、ベルヌーイによる「動力学」の解析化の試みは、ライプニッツが言葉で述べた内容を単に無限小解析の記号で表現したというものではない。言わば、数学に引きずられる形で、自然学に変更が加えられたのである。

三　死力による活力の生成

活力は有限の速度と結びついており、それは連続的に増減する——これがヨハン・ベルヌーイの基本的な考えであり、そこには無限小解析の発想との類似性が認められた。しかしその際、ライプニッツの「インペトゥス」が省かれてしまったことは、死力の積分として活力を捉えることを本質的に不可能にしてしまったようにも思われる。

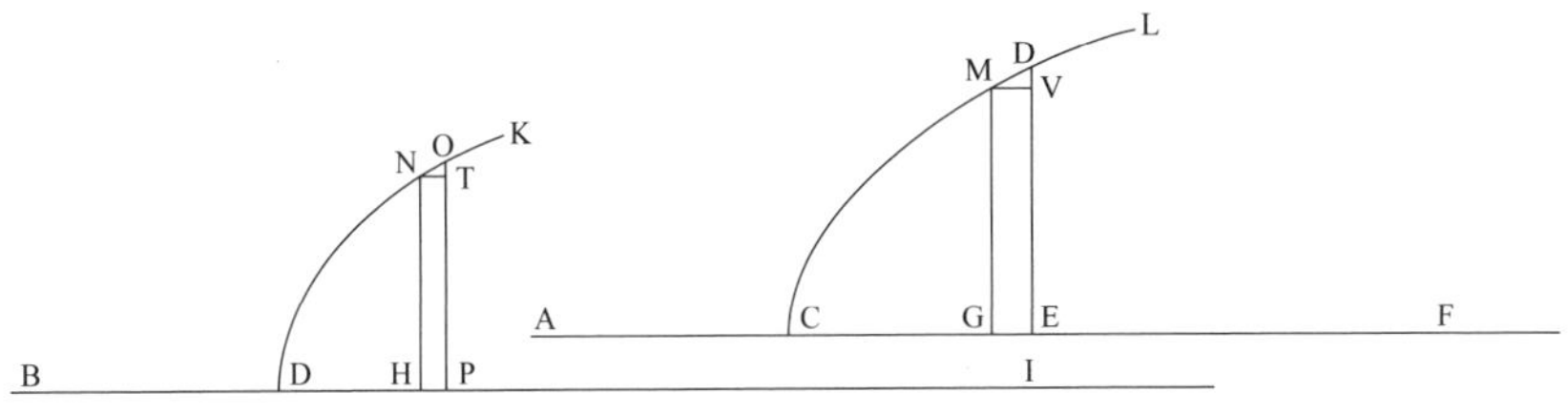

図1　Bernoulli, *Discours sur les loix de la communication du mouvement* (1727), fig. 7 を一部改変.

死力が質量と「仮想速度」の積（mdv）に比例し、活力が質量と速度の二乗との積（mv^2）に比例するのだとすれば、死力を一度だけ積分したものが活力になるというのは数学的にありえないからである。

それでは、死力による活力の生成は、実際にはどのような形で議論されたのだろうか。本節ではこの問題を、活力の尺度を「証明」しようとした二つの試みに即して考察する。第一の例はベルヌーイが『運動の伝達法則についての論議』（一七二七年）の第七章で与えているものであり、第二の事例はヘルマンが『物体の力の尺度について』（一七二六年）の中で与えているものである。ほぼ同じ時期に書かれたこの二つの著作では、非常によく似た形で、活力の生成が無限小解析を用いて論じられている（両者のあいだでアイディアの交換が行われていた可能性も当然考えられるが、そのことを示唆するような史料は今のところ見つかっていない）。以下、この二つを検討することで、活力と死力の関係に対して最終的に与えられた数学的表現がどのようなものであったかを確認していきたい。

まず、ベルヌーイによる「証明」から検討しよう。この議論では、質量の等しい場合に「力」は速度の二乗に比例すると主張される。ベルヌーイはこれを示すため、次のようにして、仮想的なばねを使った議論を展開する[32]。いま、図1において、線分ACとBDはそれぞれ、ばねを表しており、どちらも同程度に押し縮められているとしよう。ばねの先には質量の等しい球が取り付けられており、ばねの復元に伴って一方はCからFへ、もう一方はDからIへ向かって動き出すとする。ばねの長さBDをaとし、ACはそのn倍だとしよう。また、一方の球の動いた距離DHをxで表し、これに対応する他方の球の移動距離（xのn倍）がCGであるとする。さらに、線分HNとGMは両物体がそれぞれ獲得した速度を表すものとし、この速度をvおよびzと置く。前節で説明した通り、dvおよびdzは各々の速度の微分を、すなわち速度の微小な増分を表す。同様に、dxは通過距離の微小部分であるが、この微小距離を通過するあいだ速度が一定と見なせば、それに要する微小な時間はdx/vと表現できる。以上で証明の準備が整った。

ベルヌーイは次のように議論を進める。ばねが復元していき、それぞれの球がHおよびGに到達したとき、「圧および死力」(les pressions & les forces mortes) は二つの球で等しくなっている。このとき、「加速の既知の法則」(la loi connue de l'acceleration) から、微小速度は圧（または死力）と微小時間との積に比例する。したがって、圧の大きさをpと書くと、次の重要な関係式が得られることになる。

$$dv = p\,dx/v, \qquad \therefore vdv = pdx.$$

この最後の式を積分すると、$v^2/2 = \int p\,dx$となる（積分定数は特に断りなくゼロとされている）。現代的に解釈すれば、これは球の運動エネルギーがなされた仕事の合計に等しいという関係であり、同様の議論から$z^2/2 = n\int p\,dx$が得られる。したがってこの二つの式から、$v^2 : z^2 = 1 : n = \mathrm{BD} : \mathrm{AC}$となる。この最後の比は、ベルヌーイがほかの箇所（同じ論考の第六章）で主張したところによれば、二つの物体が持つ活力の比になっている。以上のことから最終的に、質量の同じ二つの物体の有する活力は速度の二乗に比例するという結論が導かれた。

この「証明」で特に注目される点は二つある。一つは、「死力」と「圧」が同一視されているということである。この点は後に書かれた論文『活力の真の概念と動力学におけるその利用についての論考』（一七三五年）ではいっそう明確になっており、「一般に死力は圧と呼ばれうる」という一文が見られる。[33] このことの持つ意味は、実のところかなり大きい。幾度か注意してきたように、「死力」というのは本来、動こうとしている物体が有する傾向を表す概念であり、したがって物体から切り離して考えることができない。これに対して「圧」のほうはむしろ、物体が外から受ける作用を指す言葉である。確かに、物体が外から「圧」を受けたとき、それに応じて物体が動こうとする傾向（「死力」）を持つと考えるのは理に適っている。だがこのように「死力」と「圧」が同一視できるのならば、そもそも「死力」なるものを考える必要はなく、「力」（すなわち「活力」）と「圧」があればそれで足りるであろう。ところでそのような概念体系というのは、ス・グラーフェサンデが一七二二年に提案していたものにほかならない（本書第3章第二節）。したがって、結果的に、ベルヌーイはス・グラーフェサンデとまったく同じことを言っていることになる。つまり、物体の持つ「力」（「活力」）が「圧」（「死力」）によって連続的に増減する、というのがベルヌーイの考え方であったと考えられる。

もう一つの注目すべき点は、ベルヌーイが「加速の既知の法則」から導出している関係式 $v^2/2=\int p\,dx$ に関わっている。この左辺が（目下のところ質量は考えていないので）活力に比例する量であるのに対し、右辺は圧すなわち死力を距離で積分した量になっている。前節で議論した通り、ベルヌーイは活力と死力の関係を、有限量と微小量の関係として捉えていた。しかしここでの議論ではっきり示されているように、実際には死力の単なる総和が活力を与えるのではない。死力を距離で積分して初めて、活力の尺度が得られるのである（現代的な観点から見れば、このことは、力を距離で積分したものが仕事であり、なされた仕事の分だけ力学的エネルギーが増減する、という事態と正しく対応する）。ベルヌーイはこの点について特に何も述べていないが、有限の速度と微小な仮想速度という対概念による活力・死力の説明と、ここに見られる活力と死力の数学的関係とには、重要なずれがあると指摘できる。

このずれは、ヘルマンが『物体の力の尺度について』で行っている議論を検討することで、いっそうはっきりする。ヘルマンは重み（重力）による物体の下降運動を例にして、死力からの活力の生成について論じている。具体的に扱われるのは、（一）一定の重みによる鉛直落下、（二）重みが地表からの距離に応じて変化するときの鉛直落下、（三）重みが地表からの距離に応じて変化するときの、与えられた曲線に沿っての下降という三つの例である[34]。

ここでは第二の例に即して、その考え方を見ておくことにしよう（図2）。いま、物体CがAからHに向かっ

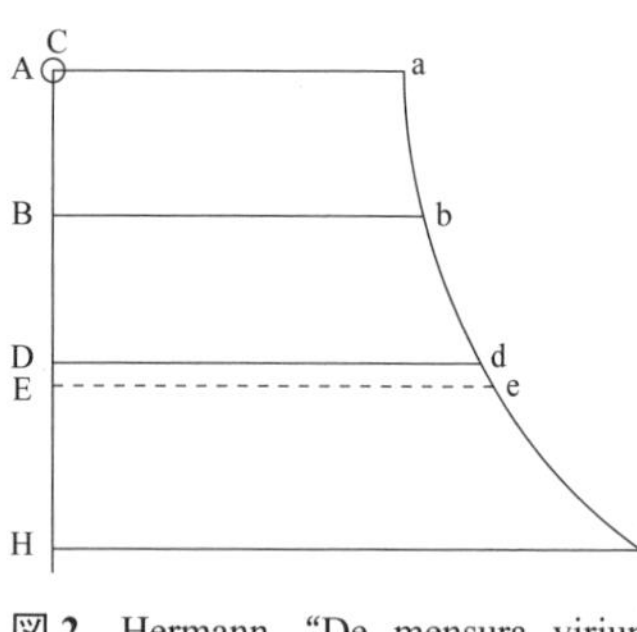

図2 Hermann, “De mensura virium corporum” (1726), fig. 2 を一部改変.

て鉛直線上を自由落下するとし、各点A、B、D等での死力が線分Aa、Bb、Dd等で表されているとする。このとき、「重みによって距離AEを落下する［物体］がEにおいて獲得した活力は、面積AaeEに含まれているすべてのAa、Bb、Dd、Ee［等］の集まりにほかならない[35]」。つまり、生成された活力全体は、この面積AaeEで表される。ヘルマンはこの箇所ではこれを具体的に数式で書くことをしていないが、第三の例を論じている中では、重みをg、落下距離をxとした上で、「積gdxは活力の増分を表すだろう」と述べている[36]。この記述から見て、獲得された活力が$\int gdx$で与えられるとヘルマンが考えているのは間違いないであろう。それゆえベルヌーイの場合と同じく、ここでも活力は重み（死力）を距離で積分した結果として得られている。ライプニッツの「インペトゥス」に相当する量は、ヘルマンにおいてもやはり登場しない。

ここでさらに興味深いのは、ヘルマンの論文のこれに続く箇所、「アカデミーの会合でその議論を初めて述べた時、私に対して実のところ反論があった」というくだりである[37]。この反論の要点は、ヘルマンの議論で距離の代わりに時間を採れば（つまりAHが落下距離ではなく落下時間を表していると考えれば）、活力が死力と時間の積に比例するとも言えるのではないか、ということにあった。これは現代的な観点からは極めてもっともな指摘である。実際、今日の物理学の考え方に基づけば、力を距離で積分したものが運動エネルギー（$\frac{1}{2}mv^2$）を与えるのに対し、力を時間で積分したものは運動量（mv）を与える。つまり、力とともに距離を考えるのか時間を考えるのかによって、速度に比例するのか速度の二乗に比例するのかは異なることになる。

ところがヘルマンは、この反論を次のように述べて退ける。「時間は速度と同じく単に様相的かつ不完全な実体であるが、それに対して下降により通過される空間は現実的実体である」。その上でヘルマンは、活力を距離でなく時間とともに考えようというのなら、物体の運動状態をも同時に考慮する必要があると主張する。具体的には、時間 t のあいだに獲得された活力を V とし、その時の運動の量を Mu（M は質量、u は速度）とするとき、微小時間 dt での活力の増分 dV は $dV=gMudt$ で与えられるという。事実、この最後の式は、$udt=ds$（ds は微小距離）に注意すれば $dV=gMds$ となり、これは正しい尺度を与えることになる[38]。それゆえヘルマンにおいても、活力と死力は単純に有限量と無限小量の関係にあるのではなかった。この両者は距離を介してつながるべきものだったのである。

以上、本章では、活力と死力の概念に微積分計算が適用された結果として何が生じたのか考察してきた。「無数の死力が連続的に込められることによって［活力が］生じる」というライプニッツの考えは、ベルヌーイとヘルマンの「証明」に見られる通り、無限小解析の言葉で表現されるようになった。「動力学」はライプニッツ流の微積分計算を通じて、確かに解析化されたのである。しかしこの書き換えの過程では、重要な変更が加えられていた。活力と死力がまったく別のものであるという当初の主張は、両者が微積分によって結びつけられたことで曖昧となった。ライプニッツの「インペトゥス」は、ベルヌーイにもヘルマンにも受け継がれなかった。そして活力は、死力の単なる総和ではなく、死力を距離で積分した量として議論された。ベルヌーイやヘルマンによって解析化された「動力学」は、ライプニッツが言葉で述べた内容を単純に数式で書き換えたものではなかった。

これに劣らず重要なのは、本来は物体に内在する実体であったはずの「死力」が、外的作用としての「圧」と同一視されたことである。本節ではベルヌーイに即してこの点を指摘したが、ヘルマンもこれと同じような理解をしていたと思われる。なぜならヘルマンは主著『ホロノミア』（一七一六年）の中で、死力の別名である「励動」(*solicitatio*) を、先人に倣って「機械的動力」(*potentia mechanica*) とも呼ぶと書いているからである[39]。この「動力」という用語ならびに概念は、やがて、若き日のレオンハルト・オイラーによって大いに活用されていくことになる。次章で私たちは、そのことをまず、物体の衝突の問題に即して見ることになるだろう。

第6章　活力論争における衝突理論の諸相と革新

今日では古典となっている十八世紀力学史の総説論文『理性の時代における合理力学の再発見に向けた一計画』の中で、数理物理学者にして科学史家でもあったトゥルースデルは、この時代になされた理論的な力学研究を「合理力学」として特徴づけた。すなわち、それは特別な問題を解くことを通じて一般的な原理や方法を探究する数学的営みであったというのが、トゥルースデルの見方であった（本書第1章第一節[1]）。

それでは十八世紀において、特別な問題、解かれるべき問題とは何だったのだろうか。この時代の力学について書かれた最近の総説では、剛体の運動、弾性体の曲げや破断、弦の振動、流体力学、天体力学の三体問題といった題材が取り上げられている[2]。なるほど、これらはどれも重要なものであったに違いないが、しかし、すべてであったわけではないように思われる。少なくとも世紀前半について言えば、当時の学者たちが取り組んだ問題群にはあと一つ付け加えるべきものがあり、それが本章で取り上げる物体の衝突、あるいは当時の言葉遣いでは運動の「伝達」（communication）と呼ばれた問題である。

本書のこれまでの記述を通じて、私たちはたびたび、物体の衝突や衝撃力が論じられる場面に遭遇してきた。第I部で主題的に検討した「運動物体の力」という概念は、そもそも衝突する物体から切り離して考えることができなかったし、前章で見たように、活力と死力の対置は衝撃力と圧迫力の相違を一つの根拠としていた。それゆえ、十八世紀前半において衝突の問題がどのように扱われていたかを検討することは、この時代の力概念を考える上で極めて重要な作業であると言える。とりわけ、オイラーの「力学」の何が新しかったかを理解するためには、衝突の問題の歴史という文脈に即した検討を行うことが不可欠であると主張したい。

力学史研究において、これまで衝突の問題が取り上げられてこなかったわけではない。二つ（ないしそれ以上）の物体が衝突したとき、その前後で運動がどのように変化するのかという問いは、とりわけデカルトが『哲学原理』（一六四四年）で運動の第三法則として議論したことにより、十七世紀後半には自然哲学の重要問題の一つとなっていた。デカルトの与えた衝突の規則が経験と合致せず、ウォリス、レン、ホイヘンスという三人の人物によってその世紀の終わりまでに正しい法則が見出されたという経過は、力学史ではよく知られた事柄である。[3]

しかしながら、衝突の問題が十八世紀に入ってからどのように議論されたのかについては、これまでほとんど注意が向けられていない。例外的に、ザボーの『力学原理の歴史』は、十七世紀の展開に続けて一七三〇年から始まるオイラーの一連の仕事を取り上げているが、そのあいだの時期については具体的な著作に一切言及することなく、「ホイヘンスとニュートンの後、衝突理論の［……］分野では本質的な進歩のないまま半世紀が経過した」と述べている。[4] 十八世紀初頭の状況については、貴重な例外として中田の研究があるとはいえ、[5] 活力論争や力概念の歴史という観点からの詳しい検討は、概して行われてこなかった。

そこで本章では、「力」の尺度をめぐる論争が本格化した一七二〇年代の文献を中心として、論争に参加した人々が衝突の問題に対し、どのような理論的アプローチを試みたのかを見ていきたい。第3章で述べたように、ス・グラーフェサンデがライプニッツの立場の支持に回ったのは一七二二年、ヨハン・ベルヌーイの論考が出版され、パリ科学アカデミーを二分する議論が巻き起こったのは一七二七年のことであった。ところで、ス・グラーフェサンデの論文はその表題『物体の衝突に関する新たな理論の試み』から明らかなように衝突の理論を主題としており、ベルヌーイの論考はパリのアカデミーが衝突の問題について提起した懸賞課題への応募作であった。以下ではこれらを始めとする論考の内容を検討し、最後にそれらと対比させる形で、オイラーが一七三一年に発表した衝突理論を分析する。この一連の作業を通じて、オイラーのアプローチが真に新しいものであったことを示すのが、本章の最終的な目標である。

最初に第一節で、当時の衝突理論を検討する上で必要になる予備知識を説明する。これを踏まえて、第二節ではス・グラーフェサンデが提唱した二種類の理論を分析し、第三節ではパリ科学アカデミーの懸賞課題で賞を獲得したマクローリンとマズィエールの論文を検討する。結論を先に述べておけば、これらの理論はどれも、衝突時における「運動物体の力」の変化を計算するという枠組みを共有していたと言える。これに対し、第四節と第五節でそれぞれ検討するベルヌーイとオイラーの論考では、別の一般的な原理から出発して衝突の法則を導き出すことが試みられた。両者の理論は「運動物体の力」を使わない点などで共通しているが、オイラーにおいては「動力」が主役を演じているのが特徴であり、私たちはこの点に、オイラーの独創性を認めることになる。

一　衝突の法則と物質観

衝突の問題は、現代の物理学教科書では、運動量と運動エネルギーという二種類の物理量を使って解くのがふつうである。しかし十八世紀においては、このような発想はまったく一般的でなかった。衝突理論の具体的検討に入る前に、本節でまず、衝突の問題に関する当時の通念をまとめておくのが有益だろう。

最初に、今日の物理学（古典力学）における理解を確認しておきたい。「運動量」とは、質量と速度の積として定義される量であり、大きさと方向を持ったベクトル量（mv）である。これに対し、「運動エネルギー」は質量と速度の二乗の積を二で割ったもので、方向性のないスカラー量である（$\frac{1}{2}mv^2$）。二つの物体が衝突する場合、両者の運動量の合計は衝突前後で変化せず、一定に保たれる（運動量の保存）。しかし運動エネルギーについては、衝突前の合計と衝突後の合計は等しいか、または衝突後のほうが小さくなる。衝突前後で運動エネルギーの総和が保存されるような衝突は、完全弾性衝突と呼ばれる。これに対し、現実に観察される一般的な衝突現象では、衝突によって一部の運動エネルギーが失われ、物体の変形や温度上昇などに使われる。このような非弾性衝突（エネルギーが保存されない衝突）のうち、最も極端な場合では、二つの物体は衝突後に一体となって運動（もしくは静止）する。これは完全非弾性衝突と呼ばれる。

衝突の法則（衝突前と衝突後の物体の速度を結びつける関係式）は、運動量の保存と運動エネルギーの保存（または非保存）の式から導くことができる。この意味で、二つの保存則は一種の原理として機能すると言える。しかしながら、本章で取り上げる十八世紀の力学文献では、このような形で保存則を前提することは行われていない。保存則はむしろ、衝突についての考察の帰結として、正当化されたり否定されたりする対象であった。そしてその際に問題となったのが、「弾性」や「硬さ」といった物質の性質についての考え方と、それと関連する衝突の様式である。

十八世紀初めの時点で、衝突の法則としては、大きく二種類のものが知られていた。この二つの法則は、今日言うところの完全非弾性衝突と完全弾性衝突にそれぞれ対応しているが、当時はむしろ、「ばね（弾性）を持たない」（sans ressort）と形容される物体と、「ばね（弾性）を持った」（à ressort）ないしは「弾性的な」（élastique）と呼ばれる物体とに、それぞれ結びつけられていた（以下で取り上げる著作の大部分がフランス語のため、テクニタルタームをフランス語で併記する）。直感的なイメージとしては、ある物体が壁に衝突したとき、そこで速度を失って完全に停止するのが「ばねを持たない」物体であり、ぶつかったのと同じ速度で跳ね返るのが「弾性的な」物体である。

これと関連するもう一つの論点として、物体の「硬さ」という問題があった。「硬い」（dur）という形容詞は、物体が衝突の際まったく変形しないという意味で使われており、変形する「柔らかい」（mou）物体と対比された。

表1　物体の種類と衝突の関係

物体の種類	「硬い」	「柔らかい」	「弾性的」
「ばね」の有無	なし		あり
衝突後の変形	変形しない	変形して元に戻らない	変形して元に戻る
衝突の種類（現代的理解）	完全非弾性衝突		完全弾性衝突

ここで重要なのは、物体が「硬い」あるいは「柔らかい」と呼ばれる場合には、弾性を持っていないとされることが多かったという点である。つまり、「弾性的な」物体は変形後に元の形状を回復するが、「柔らかい」物体は変形したまま元に戻らない（今日の専門用語では、前者は弾性変形、後者は塑性変形と呼ばれる）。これを衝突の法則との関係で見ると、「硬い」物体と「柔らかい」物体では「ばねを持たない」場合の衝突法則が成り立ち、「弾性的な」物体では「ばねを持つ」場合の衝突法則が成り立つことになる。最後に、物体の中には「不完全なばね」(ressort imparfait) を持つと呼ばれるものがあり、この場合には、衝突で変形した形状のうち一部が回復されるとされた。この衝突は一般の非弾性衝突に相当しているが、十八世紀初頭の時点では、主題的に扱われることはなかったようである（以上の関係を表1にまとめた）。

現代的な観点からは、どの種類の衝突でも（ベクトルとしての）運動量は保存されると言える。しかし十八世紀においてはむしろ（スカラーとしての）運動の量が問題であったために、この量が一般には保存されないということがしばしば指摘された（混乱を避けるため、現代の用語である「運動量」の代わりに「運動の量」という表現を用いる）。これに対し、活力（または運動エネルギー）が保存されるのは（完全に）弾性的な物体の衝突においてのみであるということについては、論者のあいだで同意があった。ここから次のような議論が出てくる。すなわち、もし（完全に）硬い物体が自然界に存在すると認めるならば、それらの衝突では「ばねを持たない」場合の衝突法則が適用されるから、活力は衝突において一般に保存されない（現代的に言えば、非弾性衝突であるから運動エネルギーが保存されない）。逆に、もし活力が常に保存されるというのが真理であるならば、完全に硬い物体というものは存在しえないことになる、と。

この問題はさらに、衝突によって生じる速度の変化をどう捉えるかということにも関わっていた。いま、二つの硬い物体が、その質量に反比例した速度で真正面から衝突する場合を考えよう（たとえば、物体Aの質量はBの二倍であり、Aの速度はBの半分であると仮定する）。この場合、二つの物体が持つ運動の量（質量と速度の積）は等しくなっているが、このことは論者によっては等しい「力」を持っていることを含意するため、両物体はその瞬間に速度をすべて失って停止するであろうと想定された。つまりこの場合には、速度が瞬間的に、不連続に変化するという事態が生じる。この見解は、当時ライプニッツに帰せられていた「連続律」(loi de continuité) と、正面からぶつかりあうものであった。連続律は、速度を始めとするあらゆる量の変化は連続的になされると主張していたからである。この議論は、「瞬間的に」や「連続的に」といった表現の持つ曖昧さという問題を確かに孕んでいるが、それでもやはり、自然観の基礎に関わる大きな問題であったと言いうる。[6]

ハンキンズやスコットが論じた通り、物質観の問題はこの時代の衝突論に大きく影響していた。[7] 結局のところ、完全に硬い物体の存在を認めるならば連続律が否定され、連続律の普遍性を認めるならば硬い物体の存在が否定されるからである。この意味で、十八世紀の力学理論は図式上、二つに大別できる。硬い物体を優先する側にはダランベールやモーペルテュイがおり、連続律を優先する側にはヨハン・ベルヌーイやオイラーがいた。この問題については第4章で部分的に論じておいたが、本章でも、また後の章でも、繰り返し言及する機会があるだろう。

最後に、十八世紀の衝突理論に登場する基本的な語彙として、「直線的」(direct) と「斜め」(oblique) の区別に触れておく。衝突が二つの物体（大抵の場合は球が想定される）の重心を結ぶ一直線上で起こる場合が「直線的」であり、それ以外はすべて「斜め」に分類される。また「直線的」の場合には、物体が衝突前に同じ向きに動いていた場合（つまり追突）と逆向きに動いていた場合（正面衝突）とで、場合分けがなされることも多かった。このことは、方向性を持つ量（ベクトル）という概念が必ずしも一般的でなかったことの反映であるが、逆向きの場合は単に符号をマイナスに変えればよい、といった主張も十八世紀には少しずつ見られるようになる。

本章では、直線的な衝突に議論を限定し、正面衝突の場合を主に取り上げる。また、二つの物体の衝突のみを対象とし、三つ以上の物体が関係する多重衝突の問題は扱わない。このように限定しておくのは、ここでの関心が衝突の問題の百科全書的記述にあるのではなく、条件を揃えた単純な例の検討を通じて、理論間の共通点や差異を浮かび上がらせることにあるためである[8]。

次節以降では、一七二〇年代の衝突理論を具体的に検討していく。とりわけ、硬い物体と弾性的な物体の衝突法則が、どのようにして導き出されているかに注目したい。先にも述べたように、運動の量の保存や活力の保存は推論の出発点としてではなく、結果として論じられる傾向にあった。以下で見ることになるのは、今日では完全に忘れ去られている、衝突の法則を一般的な前提あるいは原理から導き出そうとする試みである。

二　ス・グラーフェサンデによる「力」の計算

一七二〇年、ライデン大学のス・グラーフェサンデが、ベストセラーとなった教科書、『実験によって確かめられた自然学の数学的原論、あるいはニュートン哲学入門』（初版第一巻）を公刊した[9]。この中で述べられている衝突理論を、ここでは「旧い」という言葉で形容しておくことにする。というのは、この直後の一七二二年に、彼は『物体の衝突に関する新たな理論の試み』と題した論文を書くことになるからである。本節では、この新旧二つの理論を順に検討する。

「旧い」理論を考察する上でまず押さえておくべきなのは、ス・グラーフェサンデにおける「力」の理解である。本書では先に、一七二二年の論文で展開された力概念――「圧」によって物体の「力」が増減するという体系――を検討したが（第3章第二節）、ここで考察しようとするのはそこに到達する以前の考え方であり、いっそう素朴なものと言える。実際、一七二〇年のス・グラーフェサンデによれば、より大きな「力」が物体に「刻印」されるほど、その物体の運動は大きくなるのである。「刻印力」(*vis impressa*)はニュートンが運動の第二法則を述べる際に用いた表現であり、ニュートンにおいては現代的な力概念と同一視することができた(本書第2章第二節)。だが、ス・グラーフェサンデはこの「力」について、それは運動の量とも呼ばれると補足しており(第五四節、定義五)、さらに、この運動の量は質量と速度に比例するとも書いている(第六四節)。ここから、ス・グラーフェサンデがこの時点ではむしろ、デカルト流に「力」を理解していたことが分かる。

これと並んで注意しておきたいのは、ニュートンの第三法則、すなわち作用と反作用が等しいという命題の使われ方である。以下の議論から見て取れるように、ス・グラーフェサンデはこの法則を衝突にも適用し、二つの物体が衝突する際、一方の物体において生み出されたり打ち消されたりする運動の量は他方の物体において生み出されたり打ち消されたりする運動の量に等しい、という解釈を与えている。その結果、衝突現象は、二つの物体がお互いの有する運動の量を——すなわち「力」を——増減させる過程として捉えられることになる。

以上を踏まえて、衝突の問題が具体的に論じられている場面を検討することにしよう。一七二〇年の教科書では、第一書第二部第二〇章(硬い物体の場合)と第二一章(弾性的な物体の場合)がそれに当たっている。ス・グラーフェサンデの主眼はむしろ、衝突の法則の正しさを諸々の実験を通じて確かめることにあったように思われるが、ここで着目したいのは、衝突の法則を導き出している次のような推論である。

いま、二つの硬い(弾性のない)物体AとBが正面衝突し、両物体は衝突後、一体となって、運動の量の大きかったほう(仮にBとする)が進んでいた向きに運動するとしよう(これは「事例四」として議論されている)。このとき、運動の量の小さかったほう(Aとする)は、衝突によって進行方向が反転するのだから、もともと持っていた運動をBによってすべて破壊されたことになる。そうすると、作用・反作用の法則から、Bの持っていた運動もAによって同じだけ破壊されねばならない。その結果、衝突後に残っている運動の量の総計は、Bの運動の量からA

の運動の量を差し引いた残りということになるだろう。衝突後、二つの物体は一体となって動くと想定されているのだから、その速度を求めるには、残った運動の量を質量の和で割ればよい。これで衝突後の速度が得られたことになる（以上、第一七四節）[10]。

衝突する物体が弾性を持っている場合は、二つの段階に分けて考察がなされる。衝突時に両物体が変形し、その変形が最大となるまでの第一段階と、そこから元の形状を回復するまでの第二段階である（弾性は完全であるとされている）。このうち第一段階についての説明は硬い物体の場合と変わらず、衝突の際に両物体のなす相互作用によって運動の量の増減が起こるとされる。しかし弾性的な物体の場合は、ここで話が終わらない。ス・グラーフェサンデによれば、二つの物体は元の形状を回復して跳ね返る際、もう一度作用を及ぼしあう。この二度目の相互作用は一度目と等しいとされるため、衝突全体では結局、作用が二倍となる（第一七八節）。ここから、弾性的な物体の衝突において両物体がそれぞれ得る（あるいは失う）運動の量は弾性がなかったとした場合の二倍である、という「規則」が得られる（第一八〇節および一八一節）。この「規則」により、衝突後の運動の量の総計が計算できるため、これを先ほどと同様に質量の和で割れば、弾性衝突における衝突後の速度が求められる[11]。

このス・グラーフェサンデの議論は、今日の物理学者の目にはあまりに奇妙なものと映るだろう。しかしそれにもかかわらず、二種類の正しい法則がそれなりに筋の通った推論によって導かれているという意味では、この理論は一応の成功を収めていたと言ってよい。ところがス・グラーフェサンデは、わずか二年後にこれを撤回せねばならなくなった。この理論の拠って立つ前提に、重大な変更が生じたためである。

一七二二年の論文『物体の衝突に関する新たな理論の試み』において、ス・グラーフェサンデは、「力」が質量と速度に比例する（したがって運動の量と同一視できる）という立場から「力」は質量と速度の二乗に比例するという立場に転向し、以後、論争に身を投じることとなった（本書第3章第二節）。目下の議論にとって重要なのは、この「力」の尺度の変更に伴い、先の理論は必然的に変更を要求されるという点である。一七二〇年の教科書では、両物体が衝突後に持っている「力」（すなわち運動の量）をまず決定し、それを質量で割るという手順で計算がなされていた。だがこれによって得られるのは今や、速度ではなく速度の二乗のはずである。「力」が質量と速度の二乗に比例するという前提で、正しい衝突の法則が導き出せるような理論を新たに構築すること、これが一七二二年の論文の中心的課題であった[12]。

主として同論文の第七項で展開される「新しい」理論の核となっているのは、衝突時に物体が変形し――したがってここでは「硬い」物体の概念は放棄されている――その際に「力」が消費されるという考え方である。それゆえ非弾性衝突の場合、衝突後に両物体が有している「力」は、衝突前にあった「力」の合計から、変形に要した「力」を差し引いた残りということになる。このようにして衝突後の「力」が求められれば、それを質量で割ったものが速度の二乗を与えるであろう（第五九節、命題二〇）。以上が「新しい」理論の基本的な考え方を形作る。なお、弾性衝突の場合は「旧い」理論と同じく、衝突による速度の変化が二倍になると考えればよい（第七一節、命題二六）。

変形に使われる「力」をどのようにして見積もるかという点に関する議論は錯綜しているが、概略次のようなものである。ス・グラーフェサンデはまず、衝突前の二物体の「相対速度」（vitesse respective）が同じであれば、消費される「力」は等しいと述べる（第四九節、命題一四）。ここでの「相対速度」は今日の用語法と異なり、両物体の持つ速度の大きさの差を意味しているため、鍵括弧を付した）。ここで特殊な場合として、方向が逆向き（正面衝突）で質量に反比例するような速度を持っている（すなわち運動の量が等しい）場合を考える。ス・グラーフェサンデによれば、このとき、衝突前の両物体の「力」の和は「相対速度」が一定という制約の下で最小となっており（第五〇節、命題一五）、さらにこの場合、衝突によって両物体は静止するのであるから（第五三節、命題一八）、最初にあった「力」はすべて失われている。以上の議論をすべて総合すると、非弾性衝突において衝突時に失われる「力」を求めるには、考えている場合と「相対速度」が同じで、かつ等しい運動の量をもって正面衝突するような事例を考えればよい、という結論になる（第五八節、命題一九）。ス・グラーフェサンデはここから、失われる「力」を表す一般的な関係式を得ることができ（第五九節、命題二〇）、したがって衝突後に残っている「力」と、衝突後の両物体の速度を求めることができた。[13]

こうしてス・グラーフェサンデは、以前とは別の前提から衝突の法則を再び導き出すことに成功した。「力」の尺度に関する見解が変わったことに伴い、物体の変形とそれに伴う「力」の消費という要素が取り入れられたのが「新しい」理論の特徴であった。しかしそれでもなお、衝突後の「力」を先に計算してそこから速度を求めるというアプローチは変わっておらず、弾性衝突の扱い方にも変化はない。加えて注目すべきことに、いま検討した議論では、この論文で新たに導入された「圧」の概念が使われていない。衝突の法則を導き出そうとするス・グラーフェサンデの試みにおいては、旧い理論でも新しい理論でも、「運動物体の力」が不可欠な概念装置となっていた。

三　パリ科学アカデミー懸賞受賞論文

衝突の問題、あるいは当時の表現で言うところの「運動の伝達」の問題は、パリ科学アカデミーでも一時期、盛んに取り上げられた。アカデミーの紀要である『年誌』は、一七二一年度、二三年度、二六年度の三回にわたり、「ばねのある物体の衝突について」という解説記事を掲載している。最初の二つの記事はアカデミー会員ソルモンの研究を紹介したものであり、そのうち前者では完全弾性衝突が、後者では一般の弾性衝突が問題にされている。三番目の記事はもう一人の会員であるモリエールが行った研究についてのもので、衝突時に生じる「力」の増減を物理学的（自然学的）に説明することが問題になっている。[14] 全体として、これらの研究の関心は衝突現象そのものよりはむしろ、物体の持つ弾性という性質をどう説明するかという点にあったように見受けられる。

おそらくはこのような議論が内部で行われていたために、アカデミーは一七二四年度と二六年度の二回、懸賞課題として硬い物体の衝突と弾性的な物体の衝突をそれぞれ提示し、このテーマについて広く論文を募った。審査の結果、賞を獲得したのはそれぞれ、マクローリンとマズィエールの論文である。マクローリンはイギリスの代表的な「ニュートン主義者」として知られる人物であり、ニュートン流の微積分を発展させた『流率論』（一七四二年）はやがて大陸の数学者たちにも影響を与えることになるが、この時点ではまだ、少なくとも大陸では無名であった。[15]一方のマズィエールについては、ポントワーズ生まれのオラトリオ会士という以外、詳しいことが知られていない。[16]しかし投稿者が誰であったにせよ、応募論文は匿名のまま審査され、受賞作が決まってから投稿者を明らかにするという手続きが採られていたのであるから、[17]アカデミーがこれらの論文を評価したのは、純粋にその内容に見るべき点があったためと考えてよい。以下、本節では、これら二篇の内容を順に検討する。

　マクローリンの受賞論文『物体の衝突法則の例証』は、その冒頭で、物体の運動に関する「公理と原理」を七項目にわたって挙げている。最初の三つとしてニュートンの三法則（ただしニュートンの名前は出てこない）を、四番目として、一様運動における通過距離が速度と時間の積であることを述べた後、五番目で、「速度の等しい諸物体の力はそれらの質量に比例する」ことが宣言される。さらに六番目の項目には、弾性が関与していない場合、「ある物体の中に生み出される力が、その物体に運動を伝達する作用主体が持っていた力よりも大きいことはあり得ない」と書かれている。[18]マクローリンもス・グラーフェサンデと同様、物体が何らかの意味で「力」を持つと考えているのは明らかであり、このことからも、ニュートンの思想が伝統的な「運動物体の力」の枠組みの中で受容されたという見方が支持される。なお、以上に続く最後の項目（七番目）では、いわゆる運動の相対性が主張されているが、マクローリンは一様な回転運動（具体的には地球の自転）に言及しているので、こうした場合にも相対性が成り立つと考えていたようである。

　この後、マクローリンは第二節において、「力」は質量と速度に比例するという主張を展開する。これはス・グラーフェサンデの『新たな理論の試み』（一七二二年）に対する批判という形を採っており、論考全体の半分近くがこの作業に費やされている。ここでは、本書の後章に関係する主張を一つだけ紹介しておこう。いま、二人の人物がそれぞれ、舟の上と海岸に立っており、舟は一定の速度（2とする）で進んでいるとする。このとき二人が、舟の進んでいる向きに、等しい物体を同じように投げたとしよう（その速さを8とする）。これによってどちらの物体も同じだけ「力」を獲得するが、仮に「力」が速度の二乗に比例するなら、その大きさは8×8＝64となる。一方、舟の上の物体はもともと2の速度を、したがって2×2＝4の「力」を持っていたのだから、「力」は合わせて64＋4＝68となったはずである。ところが、その物体の空気中における速度は8＋2＝10なのだから、「力」は10×10＝100でなければおかしい。要するに、マクローリンの主張は、「力」が速度の二乗に比例するというのは運動の相対性に抵触するということであった[19]。

こうした諸々の議論によって土台を固めたところで、マクローリンは衝突についての議論に移る（第三節で直線的な衝突が、第四節で斜めの衝突が扱われる）。本章の関心事である直線的な衝突の理論という点に関する限り、その内容はある意味で、驚くべきものである。マクローリンによると、硬い（弾性のない）物体が正面衝突する際、「大きいほうの力は［……］小さいほうを打ち消し、またそれを打ち消す際、それ自身は第三の原理［作用・反作用の法則を指す］によって、この小さな力と等しい量だけ減少させられる」（命題二）。よって衝突後に残る「力」は、衝突前にあった両物体の「力」の差に等しい。また、完全な弾性を持つ物体の場合は、ばねの作用によって「力」の変化が二倍になる（命題三）――ここで言われている内容は、ス・グラーフェサンデが一七二〇年の教科書で与えていた議論とまったく同じである。本人にその意識があったかどうかは不明であるが、マクローリンが行ったのは事実上、ス・グラーフェサンデの「新しい」理論を批判して「旧い」理論を支持することであった[20]。

次に、同じくパリ科学アカデミーの賞を獲得したマズィエールの論考の検討に移ろう。『完全または不完全ばねを持つ物体の衝突法則』という表題が示しているように、マズィエールはこの中で、弾性が完全でない場合（すなわち非弾性衝突一般）にも適用できる理論を提示した[21]。その内容は大きく前半と後半に分かれており、前半部では、物体の弾性の原因が論じられている。マズィエールによれば、物体には無数の孔があり、その中は微細物質の渦で満たされている。この渦の遠心力が弾性を生んでいるというのがマズィエールの主張であった。そしてこれに続く後半部で、以下のようにして衝突法則の導出がなされることになる。

マズィエールの理論の要石は、「弾性比」(rapport élastique) という概念である。いま、いくらかの弾性を持つ二つの物体を既知の「力」で衝突させ、衝突後の「力」を観察するとしよう。このとき、衝突前の「力」に対する衝突後の「力」の比は、物体の持つばねが圧縮されるときの「力」に対する復元時の「力」の比を表す、とマズィエールは述べ、これを「弾性比」と名づけている（第三八節、前提二）。これは今日の力学で「反発係数」と呼ばれているものと、実質的には同じである。なお、マズィエールもやはり物体の持つ「力」について語っているが、これは質量と速度に比例するとされており（第三節、原理二）、デカルト流の尺度が無条件に採用されている。

その上で、マズィエールは四つの「衝突の法則」を提示する。それらは順に、（一）衝突の際、圧縮が終わった時点では両物体の速度が等しいこと、（二）正面衝突の場合、圧縮が終わった時点では両物体が等しい「力」を失っていること、（三）追突の場合、後ろから衝突する物体の失う「力」は衝突された物体の獲得する「力」に等しいこと、（四）同じ性質の物体においては弾性比が一定であること（特に、弾性が完全であれば弾性比は一であり、不完全であれば一より小さい、云々）である（第四四—四七節）。

衝突後の速度を導出するに当たっては、次のような手続きが採られている（ここでは、二つの物体AおよびBが正面衝突し、衝突前の「力」はAのほうが大きいという「場合二」（第五〇節）の例を取り上げる）。衝突の過程全体を、物体の圧縮と復元という二つに分けて考えよう。圧縮時には、Aは一定量の「力」を失い、Bはそれと同じだけの「負の力」を失う、すなわち同量の「力」を得る（速度の向きに応じて、「力」に正負が設定されている）。続く復元時には、Aは先ほど失った「力」に弾性比を乗じただけの「力」をさらに失い、Bはこれと同じだけの「力」を得る。

これにより、衝突前と衝突後の「力」を結びつける方程式が各々の物体について得られる。これらを連立させて解くことで衝突後の運動が求められ、そこから最終的に「衝突の法則の一般公式」(Formule generale des loix du choc)が導かれることになる(第五四—五六節)[22]。

ス・グラーフェサンデやマクローリンと比較すると、マズィエールは弾性比という概念を導入することで、衝突理論の一般性を大幅に高めていると言える。実際、得られた「一般公式」で弾性比を一とすれば弾性が完全な場合の式となり(第五八節、系三)、零とすれば弾性をまったく持たない場合の式が得られること(第五九節、系四)を、マズィエールは示すことができた[23]。しかしそうであってもなお、この理論の拠って立つ概念基盤は、ス・グラーフェサンデやマクローリンと同じであったと言える。つまり、弾性比という強力な道具立ての導入にもかかわらず、マズィエールの理論もやはり「運動物体の力」の増減を計算することにかかっていたのである。

本節で見てきたパリ科学アカデミーの懸賞は、一つには、デカルト流の力尺度が支配的であったというフランスの状況を物語っている。だがそれよりも本質的なのは、物体の持つ「力」が衝突によってどれだけ増減するかを計算するという考え方が、マクローリンとマズィエールに共通して見られることである。この点に関する限り、質量と速度の積を採用するこの両名と、質量と速度の二乗の積に宗旨替えしたス・グラーフェサンデとのあいだに、見解の相違は存在しなかった。「運動物体の力」は彼らにとって、衝突の法則を導き出すための不可欠な道具立てであった。

四　ベルヌーイによる衝突過程のモデル化

パリ科学アカデミーの懸賞には、バーゼルからヨハン・ベルヌーイも応募していた。実のところは二度応募していたのだが、二度とも賞には届かなかった。しかしながらその論文『運動の伝達法則についての論議』はアカデミーからも一定の評価を受け、マクローリンやマズィエールのものと同様に、パリで出版されるに至った。[24] この論考では活力・死力の概念や「力」の尺度の問題について詳しい説明が与えられていたが（本書第3章第三節および第5章の各節）、懸賞の主題である物体の衝突についても当然ながら論じられていた。前節までに見てきた人々とは異なり、ベルヌーイはここで、衝突の問題に対する新しいアプローチを提示している。それを可能にしたのは、仮想的なばねの利用であった。

ベルヌーイは、あらゆる物体は弾性的である（完全に硬い物体は存在しない）と主張して、完全弾性衝突の法則のみを導出している。この導出を行うためにまず提示されるのが、二つの物体の（衝突前の）速度の比が質量に反比例している場合には、両物体は正面衝突した後、それぞれ来たときと同じ速さで逆向きに跳ね返るという「定理」である（第三章第一〇節、より正確には「定理」の第一項目）。先に見た通り、ス・グラーフェサンデは「新しい」理論の中で、完全非弾性衝突についてこのような場合（等しい運動の量を持つ二物体の正面衝突）を利用していた。それに対してベルヌーイの場合には、完全弾性衝突が、この特権的な場合に基づき論じられる。つまり、二物体の衝突として考えられるあらゆる場合が、この単一の事例に帰着させられることになる。

そのために使われるもう一つの道具立てが、運動の相対性である。これは具体的には論考の「仮説二」として、衝突が行われる平面が静止していても一様運動していても、衝突によって生じる運動は等しい、という形で述べられている（第三章第一二節）。いま、二物体の運動がある平面上でなされるとし、この平面が両者の共通重心の速度で一様に動いていると考えよ、とベルヌーイは言う（現代の物理学者ならば、重心座標系に移行せよ、と言うであろう）。そうすれば、この平面上では、衝突は右のような特権的な場合になっているだろう。そこで、この動く平面上で考えたときの衝突後の速度を先の「定理」によって求めたなら、あとは平面の運動をそこから再び差し引けばよい。これにより、衝突前と衝突後の速度の関係が得られたことになる（第四章第一―三節）。運動の相対性はマクローリンにおいて、「力」の尺度の議論に利用されていたが、ベルヌーイの場合はそれを衝突法則の導出に組み込み、分析のための数学的道具とした点が特徴的と言える[25]。

そうすると、残る問題は、その特権的な場合についての「定理」がどのようにして正当化されるかである。この点に関するベルヌーイの議論は必ずしも明確な論理構造をとっていないが、おそらくは以下で述べる二つの前提を組み合わせた結果として主張されていると思われる。つまりそれらが、運動の相対性と並んで、この理論の出発点を与える原理に相当している。

第一の前提は、次のように述べられた「仮説一」である（第三章第二節）。

二つの作用主体が釣りあう、あるいは等しいモメントを持つのは、それらの絶対的な力がそれらの仮想速度に逆比例するときである。ただし相互作用する力は運動していても静止していてもよい[26]。

これは、すでにライプニッツのところで見た仮想速度の原理にほかならない（本書第5章第一節。「モメント」と言われているものは現代の力学で言う仮想仕事に相当している）。それゆえ、この「仮説一」自体は目新しいものではなく、ベルヌーイがこれを「静力学と機械学の通常の原理」（principe ordinaire de Statique et Méchanique）と呼んでいるのは自然なことと言える[27]。

ベルヌーイの議論の新しさは、この仮想速度の原理を物体の釣りあいではなく加速に適用した点にある。いま、静止した二つの物体のあいだに、縮められたばねが置かれているとしよう。このばねが元に戻るとき、両側の物体は押されて加速するが、右の「原理」すなわち「仮説一」により、各瞬間に獲得される微小な速度（ベルヌーイによれば、これが「仮想速度」とされる）は物体の質量（これは「慣性の力」に比例する）に反比例する。それゆえ、そうした微小速度を積み重ねて最終的に得られる速度もまた物体の質量に反比例するであろう、とベルヌーイは主張するのである（第三章第三節[28]）。

もう一つの前提は、一端が固定されているばねのもう一方の端に物体が衝突するという例を通じて述べられている。ベルヌーイはこれについて、ばねを縮めるときに要する「力」と伸びるときに生み出される「力」は等しいと主張する（第二章第二節）。そこで言われているのは要するに、ばねが圧縮されるときと元に戻るときとではちょうど反対のプロセスを経るということである。そこで、これを先の「仮説一」に基づく主張と組み合わせれば、質量と速度が反比例するような関係を保って衝突した二つの物体は来たときと同じ速度で帰っていく、ということになると考えられる。

以上の複雑な議論をもう一度まとめておくと、ベルヌーイの衝突理論は結局、次のような論理構成になっている。まず、「仮説二」（仮想速度の原理）を物体の加速に適用した結果と、ばねが縮むときと伸びるときの「力」は相等しいということから、「定理」として、等しい運動の量を有する二物体の正面衝突という特殊な場合に関する規則が得られる。一般の衝突の場合は、運動法則の相対性に関わる「仮説二」を使って問題を右の特殊な場合に変換し、「定理」を適用した上で、再度元の場合に戻す操作を行う。こうすることで、直線的な衝突のあらゆる場合が分析できる。

注目しておきたいのは、ベルヌーイがばねを介した二物体の衝突を考え、このばねの働きに基づく議論を展開している点である。ベルヌーイはさらに、ばねを十分小さいものと見なすことで、完全に弾性的な物体の衝突効果を考察できるとも説明している（第三章第九節）。ここではこうした手続きを指して、ばねによる衝突過程のモデル化と呼んでおくことにしよう。この手法を用いることで、ベルヌーイは前節までに検討してきたものとは本質的に異なるタイプの理論を提案することができた。というのは、ベルヌーイの理論は衝突後の物体の速度を導き出すにあたり、両物体の「力」がどれだけ増減したかという考察をまったく必要としていないからである。ベルヌーイの一七二七年の論考が、活力説（物体の「力」は質量と速度の二乗に比例する）を支持する重要なテクストの一つであったのは間違いない。だが、衝突理論の内容に関する限り、ベルヌーイはむしろ「力」についての直接的議論を回避していると言えよう[29]。

この論考に序文として付されているパリ科学アカデミー宛の書簡の中で[30]、ベルヌーイは自身の衝突理論について次のように語っている。これまで、ホイヘンス、マリオット、レン、ウォリスといった人々によって運動の伝達の規則が与えられてきたけれども、「一種の帰納によって、極めて単純な場合から一般的な規則を引き出すことにはほとんど満足がいきませんでしたので、筆者は彼らと異なる、また同時にもっと自然であるような方法を自分に命じました」。さらに続けて、ベルヌーイはこう述べる。「筆者が一般的な規則を確立したのはまさに機械学の原理そのものの上なのであり、次いでその一般的な規則から、ことごとく系として、それぞれの場合における個別の規則を導き出したのです[31]」。ベルヌーイが目指したのは、衝突の問題に対する一般的な規則を「機械学の原理そのもの」——具体的には仮想速度の原理——に依拠して導き出すことであった。前節までに見てきた人々と比べ、ベルヌーイの場合には、個別の問題を通じた基本原理の探究、ひいては一般原理による理論の体系化という色合いが、いっそう濃く現れている。そしてこの方向性が、次に見るオイラーの場合には、新しい原理の採用とともに、さらに徹底されることになる。

五　オイラーによる「運動方程式」の利用

一七三一年の秋、オイラーはペテルブルク科学アカデミーの会合で、『物体の衝突における運動の伝達について』と題した発表を行った。同アカデミーの紀要に印刷されたこの論文は、衝突の問題を主題としたオイラーの著作としては最初のものに当たっている。本節ではこの論文の内容を検討し、そこにどのような新しさが認められるのか、ひいては衝突理論の歴史の中でどのような位置を占めるのかを考察する[32]。

結論を先に述べておけば、ここで展開されたオイラーの理論は、ベルヌーイの路線をさらに先へ進めるものであったと評価できる。そのように主張できるのは、オイラーによる衝突の取り扱いに、次の二つの特徴が認められるからである。

第一の特徴は、物体の衝突の問題が、二物体のあいだに置かれた仮想的な弾性体（ばね）によって考察されていることである（図1）。衝突の際には、このばねが少しずつ変形していき、やがて圧縮が限界に達する。次いで、物体が完全に弾性的である場合には、ばねが復元して両物体は新たに速度を獲得する。弾性を持たない物体の場合には、最大限圧縮されたところでばねが急に復元力を失うと考えればよい（第九節）。

このようにオイラーも、師であるベルヌーイと同じく、ばねによって衝突のプロセスをモデル化している。オイラーはベルヌーイの仕事には言及していないが、ベルヌーイは一七二八年一月のオイラー宛て書簡の中で、「私のフランス語の『運動論提要』」(*Specimen* meum Gallicum *de Motu*) をペテルブルク・アカデミーに送ったと書いている[33]。時期から判断して、ベルヌーイの送った『運動論提要』が『運動の伝達法則についての論議』以外のものを指すとは考えにくいことから、オイラーはこのベルヌーイの論考の内容を知っており、それを踏まえて『物体の衝突における運動の伝達について』が書かれたと見るのが自然である。そしてそうであるとすれば、ばねによるモデル化という考え方はベルヌーイからオイラーへと受け継がれたことになる。

第二の、いっそう際立った特徴は、このモデルから衝突の法則を導出するときの手続きにある（第一〇節以下）。オイラーの考えによると、まず、衝突の前半（ばねの圧縮）では、両物体が最初の接触後に少しずつ変形し、中心間の距離を縮めていく。この間、物体は仮想的なばねからの抵抗を受けるため、物体同士が接近するにつれて両物体の速度は遅くなり、最終的にはゼロになる。オイラーはこの一連の過程を、ばねの復元力を受けて速度が

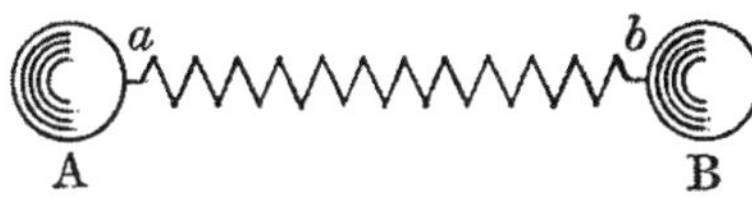

図1　ばねを用いた衝突の考察．Euler, “De communicatione motus in collisione corporum” (1730–1731), fig. 1 を転載．

徐々に変化（減速）するという形で、無限小解析の言葉を使って記述する。これは現代的な観点から言えば、相互作用による両物体の運動状態の変化について運動方程式を立てるということに相当している。

この「運動方程式」（今日のものと同一ではないため鍵括弧付きで表記する）を別の適当な関係式と組み合わせることで、オイラーは最終的に二つの方程式を得ている。これらはそれぞれ、（同じく今日の表現で言えば）運動エネルギーの変化が仕事に等しいという関係と、重心運動の保存（運動量の保存）とを表すものである。さらにこうして得られた二つの式を組み合わせ、完全弾性衝突と完全非弾性衝突の場合それぞれについて適当な条件を適用すれば、衝突後の速度が求められる（第一九―二〇節）。以上がオイラーの理論の概要である（数学的詳細や「運動方程式」の内容については、本書巻末の補遺1を参照）。

この解法の根幹をなす考え方は、衝突を有限の時間にわたって生じる連続的な変化の過程として捉え、仮想的なばねの作用に「運動方程式」を適用するというものである。オイラーは実際、速度が連続的に変化することについて、運動の変化は「跳躍によってではなく、段階的に」（*successive, non saltu*）起こると表現している（第四節）。これはおそらく、「自然は跳躍によっては事を為さない」（*Natura non operatur per saltum*）という、ベルヌーイの一七二七年の論考にあるフレーズを継承したものであろう。[34] 通常ライプニッツに帰されるこのような「連続律」（loi de continuité）の支持は、ばねによる衝突過程のモデル化と並んで、ベルヌーイからオイラーに受け継がれた重要な要素であったと考えられる。

さらに注意を促しておきたいのは、『物体の衝突における運動の伝達について』には物体の有する「力」への言及が一切ないという点である。オイラーが仮想的なばねの作用を記述する際に使う用語（ラテン語）は「力」（*vis*）ではなく「動力」（*potentia*）であり、これは次章で述べるように、押したり引いたりする作用を指す静力学の概念であった。それゆえ、オイラーがこの一七三一年の論文で行ったことは、静力学的な「動力」を基本概念とする「運動方程式」によって物体の衝突を分析することであったと要約できる。前節までに見てきた種々の理論と比較して、それは本質的に新しい試みであった。オイラー全集の編者ブランが評した通り、「それ以前は力の概念を衝突の概念に帰着させようということがなされていたのに、オイラーは道筋を逆にし、衝突の理論全体を、有限の力の効果の下における運動の理論の特殊な一例、あるいは少なくとも限られた一例に過ぎないものに還元することを試みようとし」たからである。[35] この事実は、本書全体の主題である「力学の誕生」という出来事にとって極めて大きな意味を持っている。衝突する物体と「運動物体の力」を基本とするデカルト以来の運動論の枠組みが、静力学的な力概念に基づく力学へと初めて回収されたからである。

オイラー自身、自らの理論は根本的に新しいものであると自負していた。この論文の始めのほうで、オイラーはレン、ウォリス、ホイヘンスが衝突の規則を発見したことに触れ、それらが実験によって十分に確かめられていることをまず認める。その上で、衝突法則に対するさまざまな証明が考案されてきたと述べるのであるが、「しかしそのうちのどれ一つとして、私の見る限りでは、真正なものでなく、むしろいずれも不適切な諸原理から導き出されている[36]」。これに続く一節は、全文をここに引用しておく価値があるだろう。

> これに加え、これまで誰も運動の変化の原因そのものを示してこなかったし、物体がどのように相互作用しうるのかを説明してもこなかった。このことゆえに私は、運動の伝達の諸規則が、極めて確実な力学の諸原理から導かれ、また同時に、衝突そのものにおいて物体がどのように相互作用して、運動を変化させるのかが明かされるような、そうした論考を提出するのはやりがいのあることだと判断した[37]。

オイラーが目指したのは、物体が衝突時にどのように相互作用するのかという観点に立ち、衝突の法則を「極めて確実な力学の諸原理から導」くことであった。論文の内容から見て、「極めて確実な力学の諸原理」とは、ある種の「運動方程式」と呼べるような関係式を指すと考えられる。そのことを踏まえた上で、右の文章を前節で引用したベルヌーイの主張と比較してみるのは興味深い。ベルヌーイは先行する人々を批判し、衝突の問題の一般規則を

「機械学の原理そのもの」から導くと宣言していた。オイラーがここで表明しているのは、ベルヌーイの目指す方向は正しいが、出発点に据えるべき具体的な原理の選定に問題があるという見解にほかならない。

本章では、まず前半において、一七二〇年代の活力論争に加わった人々が衝突の問題をどのように取り扱っていたかを検討した。そこで明らかになったのは、「運動物体の力」という概念が衝突の法則を導き出すための概念装置として現に使われていたということであった。これに対し、後半で検討したベルヌーイとオイラーの理論は、「運動物体の力」への言及を含まないような形で構成されていた。後から振り返って見れば、「運動物体の力」を使わなくても衝突の問題が扱えると分かったことは、活力論争の解消に向かう重要な一歩であったと言える。

とりわけオイラーの衝突理論は、ベルヌーイの理論の後継であると同時に、そこからの大きな飛躍でもあった。確かにオイラーは、ばねによるモデル化の考え方や連続律の前提をベルヌーイから継承したと考えられる。しかしながら、ベルヌーイが仮想速度の原理と運動の相対性とに理論の礎石を置いていたのに対し、オイラーは「動力」による「運動方程式」を自らの土台とした。衝突の問題に対するオイラーのこのアプローチは、十年以上後になって書かれた論文『衝撃力について』でも基本的に踏襲されることになる（この著作については本書第4章第三節で論じた）。この論文でオイラーは、物体の受ける作用の大きさとしての衝撃力について、独自の尺度を提案した。オイラーはそれを議論する際、ばねのモデルこそ用いていないものの、衝突する物体同士が連続的に相互作用すると考え、無限小解析を使ってこの過程を記述している。『物体の衝突における運動の伝達について』と『衝撃力について』では、厳密に言えば「運動方程式」の形式に違いがあるけれども[38]、基本的な手続きは変わっていないと考えてよい。

この二篇の論文の比較からは、さらに重要な洞察がもたらされる。両者における衝突の問題の取り扱いが本質的に同じである一方で、用語としては、『物体の衝突における運動の伝達について』では「動力」が、『衝撃力について』では「力」が使われているのである。オイラーは『衝撃力について』の中で、「運動物体の力」を否定し、「慣性」と「力」の明確な区別を主張した。その上で、運動状態を変化させる外的原因として「力」が再定義されたのであるが、この「力」とは、一七三一年の論文では「動力」と呼ばれていたものであった。この事実から、一七四〇年代半ば以降にオイラーが「力」としているものは、一七三〇年代初頭に「動力」と呼んでいたものにほかならない、という示唆が得られる。現に、オイラーは一七三六年の著書『力学』の中では、「力」ではなく、「動力」による物体の運動の変化を主題的に扱っていたのである。次章ではこの点にさらに着目し、「動力」に基づく運動の科学という枠組みをオイラーがどのような形で確立していったのか検討する。

第7章　オイラーにおける「力学」の確立

オイラーの力学については、すでに多くのことが書かれてきた。だがそれらはどれも、オイラーの力学構想の何が真に革新的であったのかを適切に把握できていないように思われる。その原因は主として、従来の力学史研究がライプニッツの伝統に十分な注意を払ってこなかったことにある。本書ではこれまでに、ヨハン・ベルヌーイを始めとする人々が活力・死力の枠組みに基づいて物体の運動を論じていたこと、それが十八世紀前半には学者たちの論争の的になっていたことを見てきた。本章の目的は、このような背景に照らしてオイラーの力学思想を再考することである。(1)

結論から言えば、ライプニッツの伝統に対するオイラーの関係は両義的である。本章での分析から明らかになる通り、オイラーは研究経歴の最初期においては、活力と死力の枠組みを現に受け入れていた。このことは生前出版されなかった論考などから明らかになるが、しかし、オイラーをライプニッツの後継者と呼ぶことはできない。オイラーは確かにライプニッツ流の「動力学」から出発したが、早い段階でそこから一歩抜け出し、独自の力学の構想を抱くようになった。そしてその立場から、最終的には活力・死力の積極的批判に転じていくのである。この一連の過程を詳しく分析することによって初めて、私たちは、オイラーの力学構想を歴史的に理解できるようになる。(2)

第一節では、オイラーが最初期に抱いていた力概念を考察するため、一七二〇年代のうちに書かれたと考えられる二篇のテクストを詳細に分析する。これらは先行研究でまったく取り上げられたことがないため、書かれている内容の検討と合わせ、成立年代の推定を行うことも重要な作業となる。次いで第二節では、もう一篇の草稿と主著『力学』（一七三六年）を題材として、オイラーにおける力学理解の特質を明らかにする。先取りして述べるなら、オイラーの言う「力学」とは、静力学的な「動力」による運動状態の変化を論じるものであり、したがって運動の科学としての力学は、静力学と密接に結びついていた。ここで導入された「動力」こそ、今日まで続く古典力学の枠組みの中で「力」と呼ばれているものにほかならない。事実、オイラーは後年になると、「動力」に替えて「力」という言葉を使うようになる。それは同時に、従来の「力」という語の用法を、あるいは物体が「力」を有するという発想を、根本的に否定することでもあった。第三節では、オイラーが一七四〇年代以降、ライプニッツ流の「力」理解に対して行った批判を検討する。

一　活力と死力の受容

十三歳の少年だったレオンハルト・オイラーがバーゼル大学に籍を登録して学び始め、そこで数学教授ヨハン・ベルヌーイの知遇を得たのは、一七二〇年のことであった（当時の大学には今日の中等教育に当たる役割も含まれており、十三歳という年齢での入学は決して特別なことではなかった）。熱心に数学と取り組んでいたオイラー少年は、やがて毎週土曜の午後にベルヌーイのもとを訪ねることを許可され、数学書を独習して分からなかった点を教えてもらうことができた。ベルヌーイはこの生徒に天賦の才を見出し、父親のパウル（三世）に対し、息子に数学の道を歩ませるよう勧めた。パウルはレオンハルトを自身と同じく牧師に育てるつもりであったが、この進路変更を受け入れた。

ちょうどその頃（一七二五年）、ロシアの新興都市ペテルブルクに科学アカデミーが設立された。ヨハンの息子でオイラーとも親しかったニコラウス（二世）とダニエルの兄弟がその会員として選ばれ、北方の地に向けて旅立っていった。オイラー自身も翌々年、アカデミーの助手として採用されることになり、ベルヌーイ兄弟の後を追った。バーゼルからペテルブルクに向かう途中ではマールブルクにヴォルフを表敬訪問し、到着したペテルブルクのアカデミーでは年配の数学者、ヘルマンと知り合った。ヘルマンはオイラーの遠縁に当たる人物でもあり、ダニエル・ベルヌーイとともに「それ以上考えられないほど私の面倒をみてくれた」という[3]。

概して、オイラーはその知的経歴の最初期に、ライプニッツの人脈に連なる人々と近しい関係にあった。それゆえ、若い頃のオイラーがライプニッツ流の微積分とともに活力・死力の考え方を支持していたとしても、決して不思議なことではない。仮にその種の影響がまったく見られないとすれば、むしろそのほうが奇妙であろう。なるほど、公刊された論文や著作のうちで、オイラーがそれを積極的かつ好意的に論じたものはおそらく存在しない。しかし、ペテルブルクに移住するよりも前、バーゼル大学に職を求めた際に提出された論文（一七二七年）には、オイラーが活力説を採っていたことを示す一節がある。すなわち、この論文末尾には、自然学に関わるいくつかの命題が「追記」として掲げられているのだが、そのうちの一つにおいて、運動物体の力は質量と速度の二乗の積に比例すると明記されているのである。もっともこれは、単に命題として、言わば科学的事実ないし法則として書かれているだけで、内容の説明はまったく与えられていない[4]。

これに対し、生前世に出ることのなかった草稿の中には、運動物体の力の尺度というテーマを詳しく議論しているものが、少なくとも二つ確認できる。『力を見積もるための真の論理』と『死力と活力について』という二篇である[5]。これらの論考の正確な執筆年代は明らかでないが、後述する理由により、前者はバーゼル時代の一七二五―二七年頃の作、後者はペテルブルクに移ってすぐの一七二八―三〇年頃の作と考えられる。本節では、この二つの論考を題材に、初期のオイラーが活力と死力をどのように論じていたかを検討する。管見の限り、この二篇のテクストはこれまで詳しく検討されたことがないのだが、[6] それはある意味では当然と言える。なぜなら、それらは前章までに述べてきたことを踏まえて初めて、的確に理解できるような内容だからである。

（1）『力を見積もるための真の論理』

最初に、『力を見積もるための真の論理』から検討しよう。この論文の初出は十九世紀に刊行されたオイラーの『遺作集』であるが、現行のオイラー全集には元の手稿と校合した校訂版が収められているため、本書では専らこの版を参照する。[7] 二〇のパラグラフから構成されたこの論文は、「力」の尺度に関するライプニッツの主張を全面的に支持する内容となっている。すなわち、運動する物体の有する「力」が質量と速度の二乗に比例することを証明するのがこの論考の目的である。

冒頭のパラグラフで、ライプニッツの主張を証明することにベルヌーイとス・グラーフェサンデが特に尽力してきたと述べたあと、オイラーは「マクローリンという名の、あるオランダ人教授」による批判に言及している（「オランダ人」は明らかに誤解である）。[8] マクローリンは、パリ科学アカデミーの賞を獲得した一七二四年の論文の中で、動いている船から投げた物体という例に訴えてライプニッツの尺度を批判していた。すなわち、8の速度で動いている物体に2の速度を加えて10にする場合、ライプニッツによれば物体の当初持っていた「力」が64であるのに対して加えられた「力」は4であるが、その合計は（10の二乗で）100になるはずであり、これは矛盾だというのであった（本書第6章第三節）。しかしオイラーに言わせれば、これは「幾何学の初心者すら恥じ入るような背理に拠った」主張である。[9] なぜなら、正しい計算は64＋4（$=8^2+2^2$）ではなく、64＋4＋2×2×8（$=(8+2)^2$）だからである（以上、第二─五パラグラフ）。

このようにマクローリンの批判を簡単に片づけた上で、オイラーは「力」に関する自身の見解を述べることに進んでいく。見通しをよくするために、ここでは結論の部分から先に見ておくことにしよう（第一八パラグラフ）。論考中盤の議論を踏まえて、オイラーは次のような三段論法を提示している。「物体の力はその効果によって見積もられるべきである」、「然るに運動物体の諸効果は質量の一重と速度の二重とからなる複比である［すなわち、運動物体の効果は質量と速度の二乗とに比例する］」、「ゆえに物体の力は質量の一重と速度の二重とからなる複比である」。[10] このうち大前提に置かれた命題は「公理のような」ものであって、「これを否定したような人は、力［という言葉］で私の知らぬ何かを理解していたのであろう」とオイラーは言う。[11] したがって問題は、小前提として述べられている命題、「運動物体の諸効果は質量の一重と速度の二重とからなる複比である」を正当化することに帰着する。

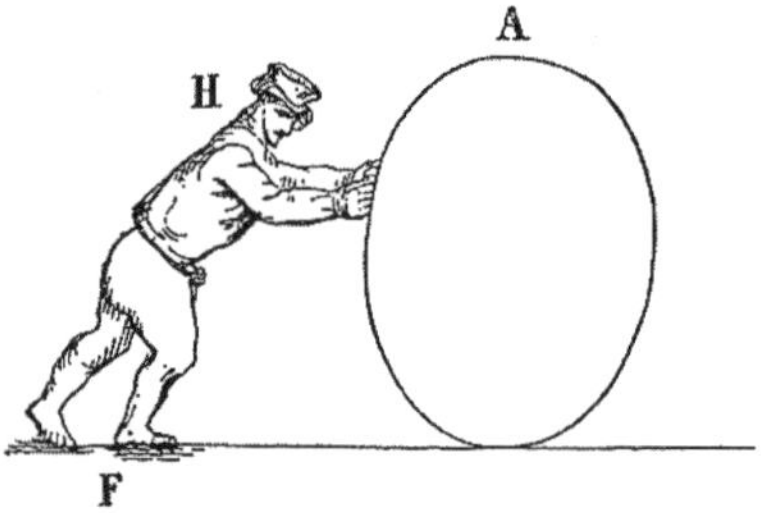

　この命題を論じるにあたって、オイラーはユニークな例を二つ挙げている。

図1　物体を押す人. Euler, "Vera vires existimandi ratio" (1957), fig. 4 より転載.

第一の例は、人間が物体を押すという素朴なイメージに基づくものである。いま、一人の男が「彼の全力でもって」、この物体が前に倒れるまで押すとしよう（図1）[12]。この場合、同じ物体を同様にして四人の人間が押せば一人で押した場合に比べて速度は二倍になり、九人で押せば速度は三倍になる……とオイラーは主張する（第一一パラグラフ）。

　続く第二の例では、板の上に多数並んだ「開き戸」（*valvula*）を物体が通過するという仮想実験が展開される。図2で、開き戸cdfeはcdの周りに回転することができ、物体Aがその下を、efの部分を持ち上げるようにして通過していく。いま、一つの戸を持ち上げるのにちょうど「そのすべての力を費やすような」物体の速度が与えられたとしよう。[13] そうすると、この二倍の速度を持つ場合には戸を四つ開けることができ、三倍の速度では九つ開けることができる、とオイラーは述べる（第一三パラグラフ）。

　この二つの例は、私たちにとってはあまり納得いく説明になっていないが、人間や運動物体の持つ「すべての

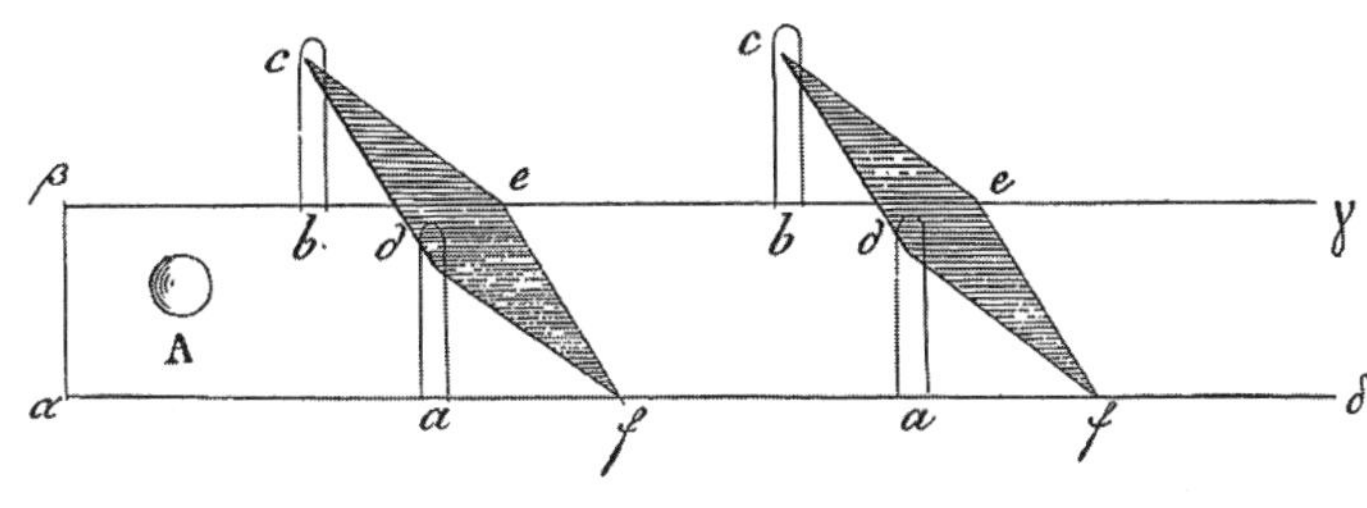

図2　「開き戸」を通過する物体．Euler, “Vera vires existimandi ratio” (1957), fig. 5 より転載．

力」と、それに結びついた速度の関係が問題になっていることは読み取れる。つまりここでのオイラーは、ス・グラーフェサンデの落体実験などと同様に、「力」が消費されて得られる「効果」によって「力」の大きさを見積もろうとしていたと考えられる。もっとも、これらの事例が実際に行われた実験であるとは考えにくいため、オイラーによる先の小前提の正当化は思考実験に依っていると判断してよいであろう。

　ところで、これらの議論を展開するのに先立ち、オイラーは重要な注意を与えている。「物体に対する任意の運動の刻印は、瞬間においてではなく、一歩ずつなされる」というのがそれである[14]。たとえば、物体Aが物体Bにぶつかって運動を与えるという場合、この運動の伝達は前者が後者にぶつかった際に一瞬でなされるのではない。そうではなく、「物体Bに対して行使され、それに運動を刻印する死力Aは、物体Bをいくらかの距離Baだけ伴って進む」（第六パラグラフ）[15]。つまり運動の伝達は、両者が一体となって前進しているあいだに行われる。オイラー自身は明確に述べていないが、これが意味するのは、死力の行使にはいくらかの距離が必要だということである。人間が物体を押すという先の例で、物体が「前に倒れるまで」とわざわざ言われているのも、一定の距離だけ押し進めることが想定されているからであろう。

　一般論として、活力を得るためには死力を距離で積分する必要がある。本書ではこのことを、ベルヌーイとヘルマンの議論を検討する中で確認したが（第5章第三節）、オイラーもそれを了解していた。事実、オイラーは、距離の代わりに時間を

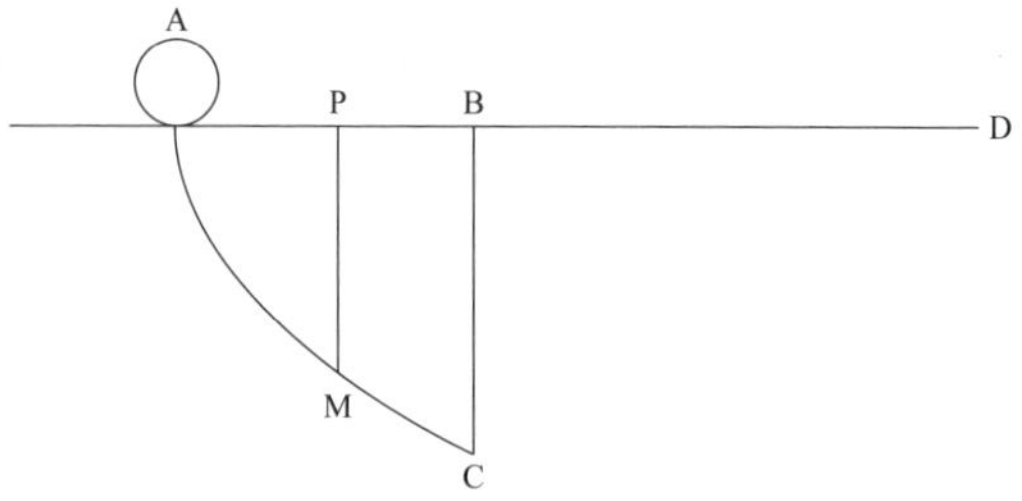

考えればデカルトの尺度に到達できたであろうとも述べている。すなわち、物体を押す人間の例であれば、前に倒れるまで押す代わりに一定の時間だけ押せばよい、というわけである（第一二パラグラフ）。だが、オイラーは二つの尺度を両方とも認めているのではない。そのことは、もう一つの開き戸の例から明らかになる（第一五パラグラフ）。なるほど、それぞれの戸を開けるのに要する時間が仮に物体の速度にかかわらず同じであったなら、デカルトの見解は正しいということになったであろう。だがそのような想定は「不可能であり、また無益である」[16]。このようにオイラーは、物体の有する「力」（活力）がそれを追いやる死力と距離に比例するならばライプニッツの見解が成り立ち（第一六パラグラフ）、死力と時間に比例するならばデカルトの見解が成り立つということを把握しながらも、しかし後者の尺度については「まったく基盤に欠け、かつあらゆる論理に合致しない」として退けるのである（第一七パラグラフ）[17]。

この論考ではほかにも、ベルヌーイやヘルマンと同種の議論が登場する。それは、死力による活力の生成に基づいた「力」尺度の証明である。いま、図3において、物体をA地点からB地点まで「手で」(*manu*) 動かし、そこで手を放すとしよう。この間、物体を動かす力（これは死力である）は一定であるとし、物体が途中のP地点に来たときの速度が垂直線PMで表されているとする。オイラーは、特に理由を示すことなく、曲線AMCがパラボラ（放物線）になると指摘し、さらにこのパラボラのパラメータと呼ばれる量が、物体を動かす力（死力）*V*に比例すると述べる（第七—八パラグラフ）。そうすると、パラボラの持つ幾何学的性質から、獲得される速度は死力と距離の積の平方根に比例すると言える[18]。また物体の質量は——これも論拠は示されていないが——この速度に反比例する（第九パラグラフ）。ところで、「駆り立てられた物体は駆り立てられただけ

図3　手で加速される物体．Euler, “Vera vires existimandi ratio” (1957), fig. 2 を基に作成．

の力を持つのであるから」、物体の獲得した「力」もやはりVに比例するであろう。[19] それゆえ、物体の「力」（すなわち活力）は質量と速度の二乗に比例する、とオイラーは結論づけている（第一〇パラグラフ）。

以上、『力を見積もるための真の論理』の内容を詳しく見てきたが、ここに認められる「力」の理解をまとめると次のようになる。まず、人間の「力」や運動している物体の有する「力」が同列に、何らかの効果をもたらす主体として扱われている。その効果によって「力」を見積もることができるということが、この論考の基本的前提である。一方で、この意味での「力」（活力）は、物体を動かす手の「力」（死力）が一定の距離にわたって働くことによっても獲得される。そして、効果に基づく議論でも生成に基づく議論でも、「力」の大きさは質量と速度の二乗に比例することが証明できる（とオイラーは考えている）。総じて、この論考の内容は、前章までに見てきた活力論争における議論の枠組みに完全に収まっていると言えよう。

なお、この論考では「死力」という言葉は出てくるが、「活力」という表現そのものは使われていない。むしろ、この二種類がどちらも「力」という言葉で指し示されている点が特徴的と言える（本節では混乱を避けるため、「(活力)」と「(死力)」を適宜補った）。後ほど検討するほかの著作と比べて、『力を見積もるための真の論理』における「力」の理解は全体的に未熟な印象を受ける。

なお、少なくとも現代の観点から見て、この時点でのオイラーの「力」理解には明らかな誤りを指摘できる。というのも、論文の最終パラグラフに、11の速度を持つ物体に1の速度を加えるには、静止している物体に1の速度を加えるよりも「はるかに大きな力が要求される」と書かれているからである。[20] オイラーはその理由について、11の速度を12にする場合はこの物体の「力」が 11×11＝121 から 12×12＝144 にならなくてはならず、したがって23の「力」が必要とされるからだと説明している（静止している物体に1の速度を加えるには、「力」は1でよい）。大きな速度を持っている物体にさらに速度を加えるには大きな「力」が必要である——そのことは、オイラーによれば、「経験によってよく教えられていること」であった。[21]

（2）『死力と活力について』

次に、『死力と活力について』の検討に移る。この論考は、二十世紀半ばに初めて活字化され、『オイラー草稿集』（一九六五年）に収められて公刊された。元の草稿に見出しはなく、『死力と活力について』という表題は草稿集の編者によるものである。[22] 活字化された版で四頁に満たないこの短い著作は、三つの部分からなっている。活力と死力の一般的説明を述べた導入部と、「死力の尺度について」(*De mensura virium mortuarum*) および「活力の尺度について」(*De mensura virium vivarum*) とそれぞれ題された本論部分である。オイラーはこの論考で、死力の尺度としては質量と速度の積を、活力の尺度としては質量と速度の二乗の積を擁護している。以下、その議論を順に検討していくことにしよう。

導入部では、物体が運動を獲得する上では二種類の様式があること、そしてそれに対応して活力と死力という二種類のものが区別されることが、まず説明される（第一―二パラグラフ）。一つは「動力」(*potentia*) すなわち「圧または引き」(*pressio vel tractio*) によるものであり、オイラーによれば、こうした「圧または引き」が「死力」と呼ばれるものにほかならない。具体的な例としては、弾性体（ばね）に取り付けられた物体、磁石の近くにある鉄、そして重みのある物体が挙げられている。これに対するもう一つの運動の獲得様式は「すでに運動している物体の衝突」(*corpus iam motum impingens*) によるものであり、この場合は活力によって運動が獲得されると言われる。活力は運動物体に固有のもので、衝突の例で見られるように、ほかの物体に運動を伝達することができる。さらにオイラーによれば、この二種類の「力」には重要な違いがある。死力による運動の生成には一定の時間が必要であるのに対し、活力はそれを「瞬時に」(*momento*) 行うのである。それゆえ、死力の尺度を考えるには時間を考慮する必要があるが、活力の場合にはむしろ時間を考慮してはならないとオイラーは述べる。[23]

明らかに、この論考を書いた時点でのオイラーは、活力と死力の区別に関するライプニッツやベルヌーイの考え方を受け容れている。ただし、同時に、そこから逸脱しかねない見解がわずかに見られることにも注意しておきたい。すなわち、活力と死力の区別を述べるのに先立ち、オイラーは、「さらに詳しく物事を吟味することで、すべての活力は死力に還元されうるのではあるのだが」という但し書きを付け加えているのである。[24] ヘルマンやベルヌーイが議論していたように、活力は死力から生成される。おそらくオイラーはそうした議論を通じて、活力についての考察が死力に、すなわち「動力」ないし「圧または引き」に、帰着することを学んだと考えられる。目下問題にしている『死力と活力について』ではこの方向に議論が進められることはなかったが、次節以降で見るような、後のオイラーにつながる考え方がここに現れていることは注目に値する。

『死力と活力について』の本文に戻ると、オイラーは続いて、活力の尺度と死力の尺度のどちらにも共通する異論の余地のない一般論として、「力の尺度が効果全体から、すなわち生み出される運動から、見積もられるべきこと」を挙げる。また、「二倍の物体において同じ速度を生成する動力は二倍であること」も一般に認められているとする（第三パラグラフ）。[25] オイラーは明確に述べていないが、後者の前提から「力」が（活力であれ死力であれ）物体の質量に比例することが保証されると考えられる。これら一連の主張は、先に見た『力を見積もる真の論理』と共通しているだけでなく、本書でこれまでに検討してきた人々の考え方とも基本的に合致する。

しかしオイラーはここから、独自の主張を展開していく。導入部に続く、「死力の尺度について」と題された節での課題は、右の前提を踏まえて死力の尺度を論じることにあった。ここでオイラーは議論の基礎として、「生成される速度は動力と時間に正比例し質量に反比例する」という命題を提示する（仮に数式で表せば、$v = Pt/m$ となるであろう）。オイラーはこれを「一般原則」（*canon generalis*）と呼んでいるが、[26] この命題がどこから来たのかは定かでない。ただしこの原則は、「動力」を「圧」または「死力」と読み替えれば、ベルヌーイが「加速の既知の法則」と呼んでいた関係（本書第5章第三節）に、「質量に反比例する」という部分を付け加えたものになっている。

この関係を使い、オイラーは次のようにして死力の尺度を導いている。まず、「一般原則」を書き換えて、動力は質量と生成速度に正比例し時間に反比例する（$P = mv/t$）という命題を得る。ここから、動力が一様な場合（変化

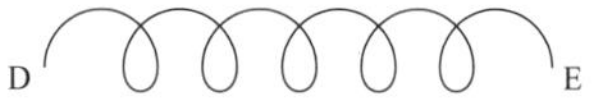

図4　「ねじれた螺旋状の糸」. Euler, “[De viribus mortuis et vivis]” (1965), fig. 1 を基に作成.

せず一定の場合）には、「同じ動力によって同じ時間に産出される効果は物体の質量と速度の積に比例する」と主張できる（Pが一定で、かつtを等しく取れば、Pはmvに比例）。また、時間は距離を速度で割ったものに等しいので、右の命題は、動力は質量と生成速度の二乗に正比例し通過距離に反比例する（$P=mv^2/s$）、とも表現でき、したがって、「同じ動力によって等しい距離にわたって産出された効果は質量と速度の平方の積に比例する」とも言える（Pが一定で、かつsを等しく取れば、Pはmv^2に比例）[27]。オイラーはここから得られる最終的な結論を書いていないが、先に見た一般論（力の尺度は効果によって見積もられる）に即してこの続きを補完しておけば、死力の尺度は時間と距離のどちらを一定とするかに応じて、質量と速度の積か、または質量と速度の二乗の積で与えられることになる。なお、動力が非一様な（つまり時間とともに変化する）場合も、無限小の時間を考えればその間は一様と見なせることをオイラーは注意している。

　これに続く四つのパラグラフでは、動力が非一様である場合にどれだけの運動（あるいは速度）が生み出されるかという問題が、「弾性体」（*elastrum*）に即して論じられる。「弾性体」としてオイラーが想定しているのは「ねじれた螺旋状の糸」（*filum spiratim contortum*）すなわちばねであり（図4）、これはさらに「伸び縮みする直線のようなもの」（*instar lineae rectae extensibilis*）とも見なすことができる[28]。

　そこで、図5において弾性体がＡＢで表されており、それが任意に縮められた状態がＡＰであるとしよう。そしてこの状態における「弾性力」（*vis elastica*）が、線分ＰＭで表されるとする。いま、弾性体がＡＣの状態まで縮められ、ここからＡＢへと復元することによって、その前方に置かれた物体を静止状態から加速すると考える。物体の質量をM、弾性体がＡＰになったときの物体の速度をvとすると、先の「一般原則」から、速度の増分dvについて次の関係が成り立つ（オイラーは明示していないが、ここでは「弾性力」ＰＭが動力であり、弾性体は微小時間dtのあいだに微小距離Ｐｐだけ復元するものと想定されていると見られる）。

$$dv = \frac{\mathrm{PM} \times \mathrm{tPp}}{M} = \frac{\mathrm{PM} \times \mathrm{Pp}}{Mv}.$$

$$\therefore\ Mvdv = \mathrm{PM} \times \mathrm{Pp}.$$

この式の両辺を積分すると、

$$\frac{Mvv}{2} = \int \mathrm{PM} \times \mathrm{Pp} = \mathrm{DCPM}.$$

したがって弾性体がＡＢまで戻ったときの物体の速度をcとすると、$Mcc = 2\mathrm{DCB}$となる（数式や記号はすべて、原文通り表記した）。面積ＤＣＢは一定であるから、同じ弾性体によってこの方法で加速された物体は、質量の平方根に反比例する速度を受け取ることになる。[29]

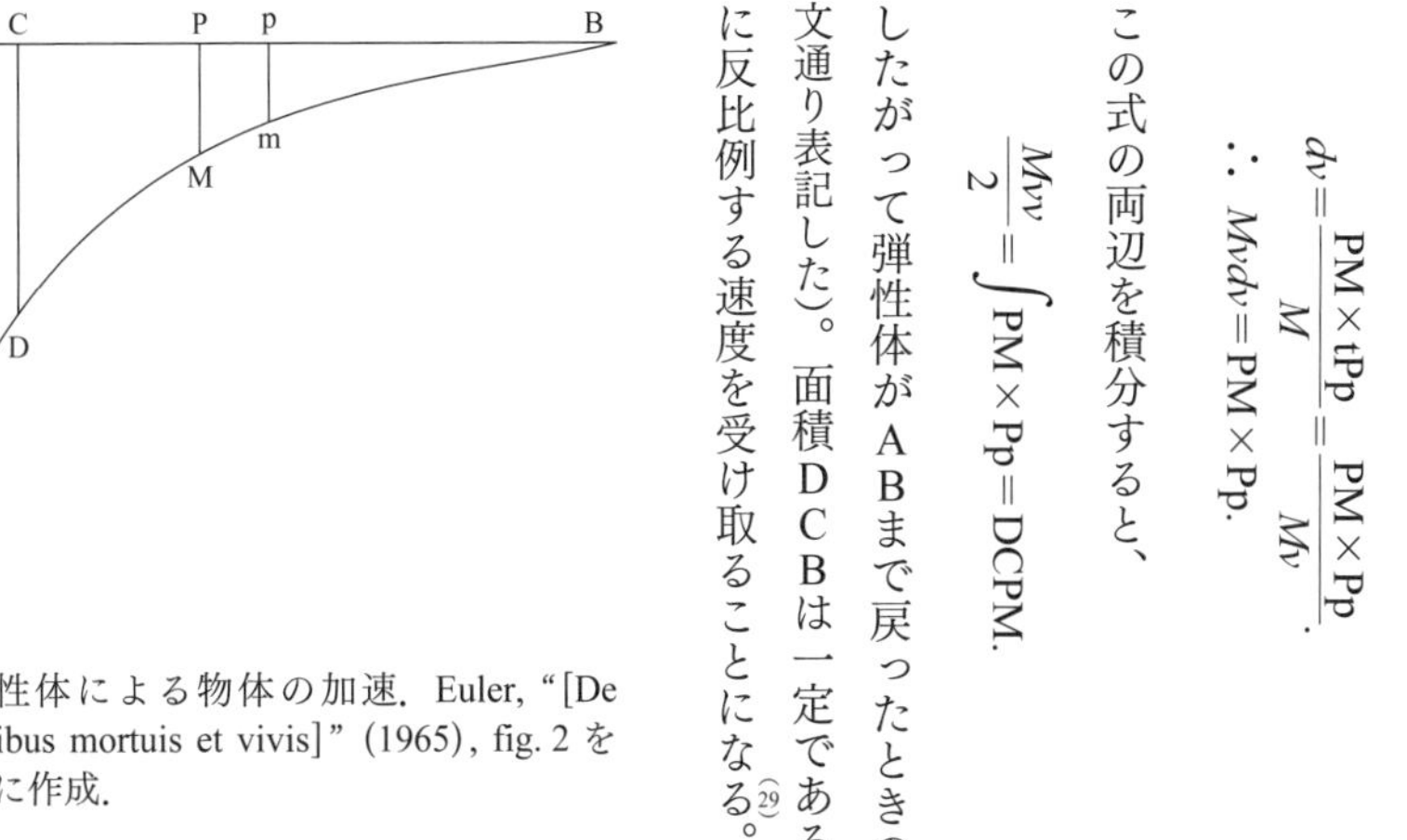

図５　弾性体による物体の加速．Euler, "[De viribus mortuis et vivis]" (1965), fig. 2 を基に作成．

このオイラーの議論には、ヨハン・ベルヌーイの『運動の伝達法則についての論議』（一七二七年）との際立った類似性が認められる。オイラーは復元するばねによる物体の加速を考え、これによって得られる速度を積分計算によって求めているが、これはベルヌーイが活力の尺度を証明する際に行っていた議論（本書第５章第三節）とまったく同じと言って差し支えない。『死力と活力について』にはベルヌーイの名前が出てこないが、オイラーがベルヌーイの論考を目にすることなくこれを書いたとは考えにくい。

同様の類似性は、「活力の尺度について」という節の内容にもやはり見られる。ここでのオイラーの議論は、ベルヌーイが採用していたのと同じ、弾性体に関する二つの前提に基づいている。第一の前提は、衝突することによって同じ弾性体を同じ程度にまで縮める（緊張させる）ことのできる二つの物体は等しい活力を持つ、ということであり、第二の前提は、弾性体が復元することによって物体に刻印される速度は、同じ物体がこの弾性体を当初の緊張の程度まで押し縮められるような速度に等しいということである（言い換えれば、一定の速度を持った物体が弾性体にぶつかってそれを押し縮めたとき、弾性体が復元することによって、物体は最初と同じ速度を獲得するということ）。この二つの前提と、先に見た弾性体についての議論とを合わせると、速度 x および y でそれぞれ運動している二つの物体（質量 M および N）は $Mxx = Nyy$ のときに等しい活力を持つ、と結論できる。なぜならこのとき、どちらの物体についても $Mxx = Nyy = 2\mathrm{DCB}$ となるからである。こうしてオイラーは、活力が質量と速度の二乗に比例するというライプニッツ‐ベルヌーイの主張を再び証明することができたのであった[30]。

以上のように、『死力と活力について』のオイラーは、ヨハン・ベルヌーイが行っていた議論、特に弾性体（ばね）のモデルによって死力と活力の関係を考察するというアプローチを踏襲している。この論考の中にオイラーの独創性を認めることができるとすれば、「一般原則」に基づいて死力の尺度をまず議論しておき、さらにそこから活力の尺度を論じるという手続きを踏んでいる点であろう。現にオイラーは、この論考の目標として、力の尺度を「可能な限り、第一原理から」（*ex primis, quantum licet, principiis*）導くことを掲げていた[31]。論考全体の構成に照らしてみれば、「第一原理」が「一般原則」を指していることは明らかである。

（3）二つの論考の執筆年代

ここまで、『力を見積もるための真の論理』と『死力と活力について』という二つの論考を詳細に検討してきた。その内容から、オイラーが生涯の一時期においてライプニッツ‐ベルヌーイ流の力概念を受け継ぎ、物体の持つ「力」の尺度を真剣に論じていたことは疑う余地がない。しかし、それが具体的にはいつのことかという重要な問題がまだ残っている。本節の最後に、『力を見積もるための真の論理』と『死力と活力について』の執筆年代について考察を加えておこう。
まず、『力を見積もるための真の論理』は、その中でマクローリンの論文が言及されていることから、後者が公刊された一七二四年以降の作であるのは明らかである。なお、この論考ではほかにも、ライプニッツの尺度を証明した人物としてス・グラーフェサンデとともにヨハン・ベルヌーイの名前が挙げられていたが、ベルヌーイの一七二七年出版の論考がここで参照されているとは限らない。なぜなら本書第3章で指摘した通り、ベルヌーイによる「証明」はヴォルフの『普遍数学原論』（初版一七一三年）を通じてすでに知られていたからである。

他方で、『力を見積もるための真の論理』が『死力と活力について』よりも先に書かれたのはほぼ確実と考えられる。前者にあって後者にないものは、物体を押す人間や手による物体の加速といった即物的な例、開き戸を通過する物体による仮想実験、パラボラの幾何学的性質に基づく議論（無限小解析が使われていないことに注意）、三段論法の形をとった議論であり、これらは総じて、『力を見積もるための真の論理』はオイラーがまだ学生だった時期に書かれたという推測（オイラー全集の編者フレッケンシュタインによるもの）を支持している。[32]

次に、『死力と活力について』の成立時期を検討する。『オイラー草稿集』の編者ミハイロフは『死力と活力について』の年代を一七二七—二八年と記しているが、何の根拠も述べられていないため、これを信頼してよいのかどうかはっきりしない。[33] 特に、もし一七二七年のうちにロシアで書かれたとするのであれば、その内容とベルヌーイの論考（一七二七年にパリで出版）との類似性をどのように説明するかが問題となる。オイラーのこの論考にはほかの著作や人名への言及が一切含まれないとはいえ、ベルヌーイの論考を踏まえて書かれたと考えるのが自然だからである。ところで、ベルヌーイは一七二八年一月のオイラー宛て書簡の中で、「私のフランス語の『運動論提要』」（*Specimen* meum Gallicum *de Motu*）をペテルブルク・アカデミーに送ったと書いている。[34] これが『運動の伝達法則についての論議』を指すとすれば、『死力と活力について』はその論考が届いた後、一七二八年以降の作と考えるのが妥当であろう。あるいは、オイラーがまだバーゼルにいた頃に問題の論考の草稿を見ていたという可能性も否定はできないが、それを示唆するような史料は今のところ知られていない。

残る問題は、『死力と活力について』の執筆年代の下限を定めることである。ここでは、この論考が一七三一年の論文『物体の衝突における運動の伝達について』よりも先に書かれたと主張したい。この論文については前章で検討したが、目下のところ重要なのは以下の点である。第一に、オイラーはその中で衝突の問題を論じているにもかかわらず、死力や活力の概念にまったく触れていない。第二に、オイラーのそこでの議論は、『死力と活力について』の基本的前提を否定している。というのは、『死力と活力について』では衝突による運動の伝達が「瞬時に」なされるとされていたのに対して、一七三一年の論文では衝突現象が有限の時間にわたって起こるプロセスとして扱われているからである。この後者の立場は、一七四〇年代に書かれた『衝撃力について』においても同様である。それゆえ、考えられる最も妥当な解釈は、オイラーは『死力と活力について』と『物体の衝突における運動の伝達について』のあいだに、衝突現象についての考え方を改めたというものである。最後に、第三の論拠として、『死力と活力について』では速度が距離を時間で割ったものとして直接表現されているのに対し、一七三一年の論文では対応する自由落下の高さ（本書の補遺1を参照）によって間接的に表されている。この習慣はオイラーの力学関連の著述において、一七三〇年頃から少なくとも五〇年頃まで一貫して続いている。[35] それゆえ、オイラーには一七三〇年以前に速度をそのまま（高さを使うことなく）書き表していた時期があったと想定し、その頃に『死力と活力について』が書かれたと考えるのが適切と思われる。

以上の考察から、二つの草稿のうち『力を見積もるための真の論理』はバーゼル時代の一七二五年から二七年頃に、『死力と活力について』はベルヌーイの論考が出た少し後の一七二八年から三〇年頃に書かれたと結論できる。この順序は、二つの論考の中で使われている用語とも整合的である。すなわち、『力を見積もるための真の論理』では「力」(*vis*) という語が多義的に用いられており、死力に当たるものも活力に当たるものもすべて「力」と呼ばれていた。これに対して『死力と活力について』では、死力に相当する用語として「動力」(*potentia*) が新たに導入されており、これは一七三一年の『物体の衝突における運動の伝達について』でも、ごく普通に使われている。次節で見るように、この「動力」こそは、オイラーの力学理論を特徴づける基本概念である。

二 「動力」、「静力学」、そして「力学」

『オイラー草稿集』（一九六五年）で初めて公になった初期の草稿に、編者によって『静力学講義』という題を付けられた未完の作品がある。[36] 編者ミハイロフはこれについて、オイラーが一七三〇年代末までに講義用に用意したものだと推測している。[37] ペテルブルクの科学アカデミーは研究機関であると同時に教育機関その他の役目も担っており、この点が同時代のほかの学協会やアカデミーと比べて特徴的であった。[38] オイラーの伝記を著したフェルマンによれば、「公式文書の示すところでは、オイラーは多年にわたって数学・物理学・論理学の講義を行」っていたという。[39]

問題の講義は本来、静力学というよりも力学に関するものであった。なぜなら、オイラーはその冒頭で、「以下の講義では、運動とそれが生み出すもの、およびそれに付随する事柄についての科学を説明しようと思う。この科学は『力学』という呼称のもとに理解されている」と宣言しているからである。[40] しかし残されている原稿の内容は導入部を除けば静力学の初歩のみであるため、本書でもこれを『静力学講義』と呼んでおこう。この草稿はこれまでの歴史研究でまったく取り上げられてこなかったが、オイラー自身の力学理解を考える上で極めて重要な内容が含まれている。すなわち、オイラーはこの中で、「力学」が「静力学」を土台とすることを明言しており、そして実際、オイラーの著書『力学』（一七三六年）は、その精神に基づいて執筆されているのである。二つのテクストの正確な前後関係こそ明らかにならないものの、両者が比較的近い時期に書かれたのはほぼ確かであると思われる。

本節では、『静力学講義』と『力学』の中で、両者に共通する基本概念である「動力」とその効果がどのように論じられているかを見ていきたい。

『静力学講義』における静力学の説明はまず、「静力学とは動力の科学であり、動力を互いに比較し、それを釣りあうように配するものである」という定義から始まる。[41] その上でオイラーは、第一に「動力の本性［……］」および その相互の比較について」、第二に「釣りあいについて」論じると予告する。[42] 主題とされている「動力」(*potentia*) については、「前に置かれた物体をある空間のほうへ押しやろうとするか引っ張ろうとする努力である」という定義が与えられ、[43]「ある空間のほうへ」というのを表すのに「向き」(*directio*) という用語が導入される。このように理解された動力こそは、今日の物理学で一般に「力」と呼ばれるものに相当する概念と言える。

次にオイラーは、物体を落下させようとする動力である「重み」(*pondus*) に触れた後、二つの動力が「等しい」(*aequales*) あるいは「合致している」(*conspirantes*) ということの意味を説明している。「等しい」と言われるのは同じ向きに作用したときに「等しい効果を生む」ときであり、「合致している」と言われるのは向きを表す線が重なっている場合である。[44] これらの用語が定義されると、たとえば二つの動力AとBが五対七であるということの意味が定まる（すなわち、合致した七つのAと合致した五つのBとが等しい）。こうして動力を比較することが可能になり、冒頭で宣言された第一の題材——動力の本性と比較——がひとまず論じられたことになる。

ここまでの説明からも窺えるように、オイラーの『静力学講義』は伝統的な数学書の体裁に則り、静力学を演繹的な理論体系として提示しようとする。この傾向は、釣りあいについての議論ではさらに顕著である。オイラーは講義のこの部分を「釣りあい一般の原理を次の公理から導こう」という文句で説き起こし、[45]「公理」(*axioma*) として、「反対向きに加えられた二つの等しい動力は点において釣りあいを生む」という命題を掲げている。[46] ただし、やや奇妙ではあるが、実際にはこの「公理」に基づいて議論が進められるのではない。オイラーはこの直後、もう一つ別の原理を導入し、以下ではこれを使って「あらゆる静力学的真理を導くことにする」と宣言する。[47] その原理とは、「等しい物体に加えられる諸動力は、物体を等しい微小時間に、動力自体に比例する距離だけ前進させるような効果をもたらす」というものである。[48] これは、質量の等しい物体に対する動力の効果は速度に比例する、という意味に解釈できる（速度は等しい微小時間で進む距離に比例するため）。前節で検討した『死力と活力について』の中では、「生成される速度が動力と時間に正比例し質量に反比例する」という関係が「一般原則」と呼ばれていた。『静力学講義』で導入されている右の「原理」は、「一般原則」の変形として考えられている可能性もある。なお、この「原理」と先に与えられていた「公理」がどのような関係にあるのかは何も述べられておらず、判然としない。『静力学講義』のこれ以降の内容には、本書にとって興味ある議論はあまり見られない。オイラーは右の原理を使って、二つ以上の動力が釣りあうための条件について解説し、その中で動力の「合成」（*compositio*）や「分解」（*resolutio*）を説明している。[49] さらに、物体が壁に接していたり、斜面上に置かれていたりする場合の釣りあいについて論じられたところで、草稿はやや唐突に終わっている。[50]

仮にこの講義に続きがあったとしたなら、何が論じられていたのだろうか。オイラーは草稿の冒頭で、この講義の主題は「力学」すなわち運動の科学であると述べていた。再びこの導入部に戻り、オイラーが講義の趣旨を述べている部分を引用しておこう。この箇所では、運動の科学が主題であるのになぜ静力学を取り上げるのかという理由も述べられており、本書全体の議論にとって注目すべき主張がなされている。

しかし力学の前にもう一つの学科が、すなわち「静力学」が、前提される必要がある。これは動力とその比較および釣りあいについて論じるものである。というのもこれが無くては、物体の運動の説明においてわずかしか前進できないのであるから。なぜなら運動の生成は動力の本性から導かれるべきだからである。したがって我々にとっては、二つの科学、静力学と力学が、詳細に考察されるべきである。このうち前者は、動力とその比較および釣りあいについて、言わば運動の原因について論じ、対して後者は動力による運動の生成と変化について論じる。後者はさらに運動物体に内在する力をも論じるが、これはほかの物体に運動を刻印することができ、また、力を要するほかの事柄をも生じさせる。運動の伝達や流体中での物体の運動がその中に入る。[51]

この文章からは、オイラーとそれ以前の世代との関係がはっきり見て取れる。一方では、オイラーは「運動物体に内在する力」を「力学」の正当な主題と認めており、また、「運動の伝達や流体中での物体の運動」といった、十八世紀初頭の代表的な問題も論じる対象に含めていた。しかしそれと同時に、運動の科学としての「力学」には「静力学」が先行すべきであるという新しい考え方をも、オイラーはここで提示している。オイラーの見解では、運動は静力学的な動力によって生み出されるのであり、動力は言わば「運動の原因」である。だからこそ、オイラーはこの講義においてまず、静力学を説明することから取りかかったのである。

このように、オイラーは「力学」（*Mechanica*）を第一義的には運動の科学であると規定し、それを「静力学」（*Statica*）と並列させた。右の引用に続くパラグラフでは、「今日では多くの人々がこれら二つの科学を混同し、『力学』という一つの名前で指示している」とあり、「それどころかヴァリニョンは氏の『新しい力学』で動力の学説しか論じていない」という批判が語られている。[52] ここで言及されているヴァリニョンの著作はおそらく、一七二五年に死後出版された『新しい力学あるいは静力学』であろう。ヴァリニョンはその本文冒頭で、「力学」（Mécanique）とは運動の科学であると述べつつも、したがってそれは機械についての科学でもあると書いていた（機械とは運動を手助けするものであるから）。[53] そして同書の大部分は、伝統的な機械学の主題を力の合成・分解の方法によって取り扱うことに向けられていた。これに対してオイラーは、「静力学」で論じられた動力の学説に基づいて運動を扱うことこそが、「力学」の課題であるとしたのである。

強調しておきたいのは、「力学」が運動そのものを論じるというよりむしろ、「動力による運動の生成と変化」を扱うとされている点である。このプログラムこそ、主著『力学』（一七三六年）で具体化されたものにほかならない。

事実、『力学』では、第一章で運動そのものについて議論したあと、第二章において「自由な点に作用する動力の効果について」論じられる。[54] そこに記されている内容は、先の『静力学講義』の主張と比較することによって、いっそうよく理解できる。

『力学』の中では、「動力とは、物体を静止から運動に導くか、またはその運動を変化させるかする力である」と規定されている（定義一〇）。[55] ここでの「動力」の定義は、すでに見てきたものと異なり、押したり引いたりする働きという直感的な規定から進んで、より抽象的かつ一般的なものとなっている。実際、これに続く「系」には次のようにある。

それ自体で放置されたあらゆる物体は、静止に留まるか、直線上を一様に［すなわち等速で］進むだろう。したがって、静止していた自由な物体が動き始めたり、動いていたものが非一様に進むか非直線的に進んだりするのならばその都度、原因が何らかの動力に帰されねばならない。実際、物体をその状態から追い出すことのできるものならば何であれ、我々はそれを動力と呼ぶのである。[56]

さらにオイラーは、この後に置かれた注解二において、「このような動力が物体自身にその起源を有しているのか、それともそれ自体としてそのようなものが世界において与えられているのかは、ここでは定めずにおく。実際ここでは、動力が世界の中に現に存在しているということで十分である」と述べる。そのような例として言及されるのは、重力や、惑星に対して働きかける力、さらには磁性体や帯電体に内在する力である。オイラーはこれらの力について、（デカルト流の）渦動説に基づき理解できることを仄めかしているものの、「しかし差し当たっては、任意の動力の物体に対する効果を決定することに努めよう」とした。[57] これによって、物体から切り離された一般的な作用としての力概念が、「力学」のために確保されることとなった。

こうして動力の規定を行ったあと、オイラーはそのさまざまな性質を議論している。その中には、動力の「向き」についての説明（定義一一）や動力の合成（命題一三）など、『静力学講義』に見られる事項の説明もあれば、「絶対動力」（*potentia absoluta*）と「相対動力」（*potentia relativa*）という区別についての議論もある（定義一二および定義一三）。前者は重力のように、物体の運動状態にかかわらず同じように作用する動力のことであり、後者は流体の抵抗のように、物体の速度によって変化するような動力を指している。

これに続く一連の論述の中では、物体の運動に対する動力の効果が一般的に論じられている。特に関連する命題を箇条書きで抜き出せば、次の通りである（なお、ここでは物体が「点」として考えられている）。

命題一四（問題）　静止した点に対する絶対動力の効果が与えられているとき、どのような仕方であれ運動している同じ点に対する、同じ動力の効果を見出せ。[58]

命題一五（問題）　ある動力が点Aにおいて微小時間dtに生み出す速度の増分が与えられているとき、同じ動力が同じ点において微小時間$d\tau$に生み出す速度の増分を見出せ。[59]

命題一八（問題）　任意の点に対する一つの動力の効果が与えられているとき、同じ点に対する任意の別の動力の効果を見出せ。[60]

命題一九（定理）　点がAMの向きに運動しており、また距離Mmを通過するあいだに、同じ向きに引っ張る動力pによって働きかけられるものとする。その間に点が獲得する速度の増分は、働きかけている動力に、要素Mmを通過する微小時間をかけたものに比例するであろう。[61]

命題二〇（定理）　点の運動の向きと動力の向きとが合致しているとき、速度の増分は、動力に微小時間をかけて物質あるいは点の量で割ったものに比例するであろう。[62]

命題二一（問題）　運動している点に対して斜めに作用する動力の効果を見出せ[63]。

この一連の命題のうち、とりわけ命題二〇は、『死力と活力について』で「一般原則」として、あるいは『静力学講義』で「原理」として述べられていたものに相当する。そしてまた、この命題だけを取り出して現代の目で解釈するならば、オイラーがここで与えている関係は一種の運動方程式、すなわち力と運動変化の関係であると読める（オイラー自身は、この命題の系一で、$dc=npdt/A$ という数式表現を与えている。c は速度、A は質量、n は比例係数を表す[64]）。だが、右のように命題を書き並べてみれば了解される通り、オイラー自身はこの関係式を「動力の効果」という枠組みの中で提示していた。先にも述べたように、『力学』第二章の表題は「自由な点に作用する動力の効果について」（傍点は引用者）であって、ここで「動力の効果」とはすなわち運動状態の変化にほかならない。私たちはこの点に、活力論争の問題設定との類似性を認めることができる。すなわち、活力論争では「運動物体の力」とその効果が議論されていたのに対し、オイラーは『力学』において、「動力」とその効果を問題にしたのである。

ここまでの議論を整理しておこう。ベルヌーイらの影響下に出発したオイラーは当初、活力と死力の概念を受け入れており、それらの尺度も擁護していた。しかしその過程で、活力は死力に帰着でき、死力は動力で置き換えてよいという認識を得るに至った。ここから、「動力による運動の生成と変化」が中心的な研究課題として浮上してくることになる。これこそがオイラーの理解した「力学」であり、それは動力の効果という枠組みで議論される限り、必然的に「静力学」を前提とする。さらに、このような形で打ち立てられたオイラーの「力学」は、従来は「運動物体の力」と密接に関連していた衝突の問題をも射程に収めるものであった（本書第6章第五節）。そうしたことは、ある重要な帰結をもたらすことになるだろう。本章の最後に、オイラーがその後、どのような形でライプニッツ流の「力」理解と決別したかを見ておくことにしたい。

三 ライプニッツ-ヴォルフ流の「力」理解に対する批判

『力学』の出版から十年近くが経過した、一七四〇年代半ばのことである。オイラーは移住先のベルリンで、古巣のペテルブルク帝室科学アカデミーから、ある論争の裁定を依頼された。事の発端は、ロンドンの王立協会の元書記であったジュリンという人物が、活力説を支持するアカデミーの会員たち、特にビュルフィンガーに対して、繰り返し論争を仕掛けていたことにあった。一七四四年、ジュリンは偽名で書いた活力説批判の著作草稿をペテルブルクに送り付け、これがアカデミー内部で、ジュリンの議論を支持するヴァイトブレヒトと反対するリヒマンとの激しい対立を生んだ。そのためアカデミーは、この件の裁定を、以前の会員で今はベルリンに移っていたオイラーに委ねたのである。オイラーはこれに答えた書簡で、ジュリンの著作に辛辣な批判を加え、ヴァイトブレヒトとリヒマンの主張に関しては、いずれも完全に正しいとは言えないという判定を下した(一七四五年)[65]。

この事件が起こるのと相前後して著されたのが、『衝撃力について、およびその真の尺度について』という論文である。オイラーはその中で、衝撃力(作用の大きさ)をどのように見積もるかという問題を定式化し直し、その上で、デカルトともライプニッツとも異なる新たな尺度を提案した(本書第4章第三節)。そのことは、オイラーの師であったベルヌーイにとっては、必ずしも喜ばしいことではなかっただろう。実際、オイラーは『衝撃力について』の出版直後、友人のクラーメルから寄せられた感想に対して、次のように返信している。

この題材についてあなたが同じ意見なのを私は極端に嬉しく思っているのですが、それには理由がたくさんあります。とはいえ、父のほうのベルヌーイ氏がそれについて私にきっと書いて寄こすに違いない考察には、今からほとんど怯えているのです。活力についての例の大問題に私がまだ関わっていないことや、特に、私がその極度の重要性を認めたがらないことに、ベルヌーイ氏は以前から少しご不満だったのです。[66]
もっとも、オイラーがベルヌーイの反応を恐れたのは、単にライプニッツ流の尺度を支持しなかったからというだけではないだろう。実を言えば、オイラーはこの論文で、活力と死力の考え方を根本から否定していたのである。これには二つの側面があった。一つは活力と死力の区別に関わるものであり、もう一つは物体に「力」を帰すことへの批判である。『衝撃力について』以降、オイラーはライプニッツ流の「力」理解に対する対決姿勢を鮮明にしていった。本節では、この過程について概観したい。

ライプニッツと、その考えを継承したベルヌーイやヘルマンは、活力と死力は異質なものであると繰り返し唱えていた（本書第5章第一節）。オイラーもまた、最初期の草稿『死力と活力について』の中では、動力と衝突を運動獲得の二つの様式として対比させていた。この両者が区別された理由としては、衝撃力が圧迫力に比べて無限に大きいということや、死力からの運動の生成には一定の時間を要するが活力すなわち衝突による運動の伝達は「瞬時に」なされるといったことが挙げられていた。だが、これらの前提は、一七三一年の論文『物体の衝突における運動の伝達について』において、すでに覆されていたと言える。その中では、オイラーは衝突という現象を、動力により引き起こされる有限時間の連続的変化として扱っていたからである（本書第6章第五節）。

したがって、活力と死力の区別はすでに十分曖昧にされていたのであるが、オイラーは『衝撃力について』に至ってついに、この点をはっきり批判した。「［論争状態にある］これら二つの見解がどちらも、衝撃力と圧のあいだにまったく比較を認めていないことは明白に見て取れる［……］ライプニッツ主義者は、活力と死力が同質であることや、これら二種類の力が何らかの比較にかけられることを強く否定するために、とりわけそれに依拠している」と、オイラーは指摘する。[67] そして、この誤った考え方こそは、活力論争の根本的要因であった。少し長くなるが、オイラーの主張を引用しておこう。

それゆえ、物体に対して及ぼされ、その状態を変えるあらゆる力は、衝撃か、または圧であろう［……］。この二重の力のうち二番目の種類のもの、すなわち圧は、ふつうは静力学において論じられており、その中ではその量が定義されたり、さまざまな圧が相互に比較されたりする。他方で力学は、各物体の状態が、それを圧する任意の力によってどれくらい変えられるはずであるかを教えており、したがって圧の理論はほぼ完成している。ところが衝撃、ないし衝突の理論についてはまったく異なっており、もう一つの種類の力がそこにはある［……］。ライプニッツ、ならびに彼に続いた人々は、これら二種類の力のあいだにあまりに大きな差異を置いているため、圧を死力と、衝撃を活力と呼んでいる。彼らはこの名前の対置によって、これらの力のあいだには非常に大きな差異があるというだけでなく、それらを同時に比較することはできないということすら示したがっている。このように、圧についての十分厳密な尺度があったにもかかわらず、彼らは、衝撃を測ってそれらを互いに比較するための新たな規則を発明したのであって、このことが数学者たちのあいだで、さらには哲学者たちのあいだで、非常に大きな論争を引き起こしたのであった。[68]

引用中、「圧についての十分厳密な尺度があったにもかかわらず」という文言に注目しておきたい。前節までに論じてきた内容に照らして、ここで「圧」と呼ばれているものは明らかに「動力」のことを言っている。つまりオイラーの見立てでは、衝撃力を動力とは別個のものと考えたところに問題の元凶があったのである。

この文章から了解されるように、『衝撃力について』におけるオイラーの目的の一つは、活力と死力の区別を批判することにあった。実際、一七四四年六月のベルリン・アカデミーの会合でこの論文が発表された際には、その表題が議事録に「衝突と圧、もしくは活力と死力の比較」（Comparaison entre le choc et la pression, ou entre les forces vives et mortes）と記載されているし、[69] また、この論文の内容を解説しているアカデミー紀要の記事も、「衝突と圧について」（Sur le Choc & la Pression）と題されている。[70] さらにオイラー自身も後年、『衝撃力について』を指して「衝突と圧の比較についての論文」(Pièce sur la comparaison entre le choc et la pression) と書いていることからすると、[71] 衝撃力と圧の区別、ひいては活力と死力の区別の批判こそが、この論文の眼目であったと判断してよいであろう。

これに加え、『衝撃力について』の中では、「慣性」と「力」を明確に区別すべきだという重要な主張もなされていた（本書第4章第三節）。この二つの概念を明確に切り離した功績がオイラーにあるということ自体はすでに幾人かの論者により指摘されているが、[72] ここで特に強調しておきたいことは、この切断がライプニッツ‐ヴォルフ流の自然哲学に対するアンチテーゼであったという点である。実際、以下で見るように、オイラーが「慣性」と「力」の違いを強調する際に直接念頭に置いていたのはライプニッツというより、むしろヴォルフであったと思われる。

管見の限りでは、「慣性」と「力」は別のものではないかというオイラーの問題意識が述べられた最も古い史料は、一七四一年に書かれたヴォルフ宛ての書簡である。この手紙の中で、オイラーはヴォルフの著書『世界論』（一七三二年）に同意しかねる部分があると述べ、[73] それと関連して次のように書いている。

> すなわちすべての現象は、あらゆる物体の中には慣性以外に何らの力も存在しえないという理解を吟味することに帰着します――仮に慣性が力と呼ばれうるとしてですが。というのは、もし力というのがその状態を変化させる努力にあるのならば、慣性は決して力ではありません。なぜなら慣性のために、あらゆる物体はその静止あるいは一様直線運動の状態に留まるのだからです。[74]

さらにこの少し後には、「したがってここから類推により、物体の要素にはその状態に変わることなく留まろうとする努力のほかには、何らの力も考えられないでしょう」という一文がある。[75] これらの文面からすると、オイラーを力概念の反省に向かわせた一つのきっかけはヴォルフの自然哲学であったという可能性が考えられる。

物体の「力」に対するオイラーの批判は、この手紙から五年後、ライプニッツ‐ヴォルフ流の自然哲学を特徴づけていたモナド論への批判という形で展開された。これが起こったのは、ベルリン・アカデミーが一七四六年に提示した、モナドをテーマとする懸賞課題をめぐる論争においてである。同年六月に課題が発表されると、オイラーは直ちにモナド論を批判する小冊子『物体の諸要素に関する考察』をドイツ語でまとめ、出版した。[76] これは匿名で書かれていたが、著者が誰なのかはかなり早い段階で明らかになっており、同年の秋にヴォルフがアカデミー総裁のモーペルテュイに宛てた抗議の書簡では、オイラーが著者であるとはっきり見なされている。[77] 賞は最終的に、モナドを批判した著述家ユスティの論考に対して授与され、[78] アカデミーの有力者であったオイラーが選考結果に影響を与えたのではないかと噂されることとなった。[79]

事実、オイラーは『物体の諸要素に関する考察』の中で、ヴォルフの思想のいくつかの点を明確に攻撃していた。その批判は、大きく二つの論点に集約できると思われる。一つは、物体はどこまでも分けていくことができる——したがって不可分な実体としての「原子」は存在しない——という無限分割可能性の主張であり（たとえば同論考の第二部第七四節）、もう一つが、状態を変化させる「力」を物体そのものに帰すことはできないという主張である（同、第二部第三三節）。言い換えれば、オイラーは、モナド論が物質を分割不可能な要素（原子）から構成されるとしている点と、その要素に対してある種の「運動力ないし活動力」（bewegende oder thätige Kräfte）を付与している点を問題視したことになる（これがライプニッツやヴォルフの本来の思想に対する的確な批判かどうかはまた別の問題であるが、本書ではこの点には立ち入らない[80]）。

この二つの論点は、『物体の諸要素に関する考察』が世に現れる前に、すでに提示されていたものである。オイラーはこれらを一七四四年の時点で口頭発表しており、[81] その概要はアカデミーの紀要（一七四六年出版）に、解説記事の形で掲載されていた。[82] 加えて、第二の論点は前述の通り『衝撃力について』という論文として紀要の同じ巻に掲載され、第一の論点のほうも、同年に出版されたオイラーの『小論集』に『物質の最小部分の本性についての自然学的探究』として印刷されている。[83] 一七四六年に相次いで出版されたこれらの著作からは、オイラーがヴォルフの敵対者であることがもはや明白であった。

オイラーのヴォルフ批判は、一般読者向けの科学啓蒙書として知られる後年の著作、『ドイツのある姫君への手紙』の中でも繰り返されている。その中の第七三信（一七六〇年一一月四日付）は、いわゆる慣性の法則について説明した内容であるが、オイラーはここで、「哲学者たちの二つの学派」を批判の対象としている。[84] 一つは、物体が静止に向かう傾向を有していると考える立場であって、オイラーは具体的な人名を挙げていないが、スコラ哲学に向けられたものと考えられる。これに対してもう一つの学派とは、「有名なヴォルフ派の哲学者たち」(les fameux Philosophes Wolfiens) であって、オイラーはこの人々について、「あらゆる物体が、その固有の本性により、その状態を変えようと継続的な努力をしていると主張している」と批判している。[85] 同じ趣旨の説明は第七六信（一一月一五日付）にもあり、その箇所では、「あらゆる物体にはその状態を継続的に変化させる力が備わっている」などとするヴォルフの思想が攻撃されている。[86] オイラーが「慣性の力」を批判するのは、まさにこの文脈においてであった。

以上見てきたような批判を通じて、オイラーは「慣性」と「力」を明確に区別するに至った。確立されたこの新しい用語法は、『衝撃力について』以降に書かれた論文、たとえば一七五〇年の『力学の新しい原理の発見』においては、ごく自然に使われている。[87] オイラーはこの中で、論文の主題である物体の回転運動を論じるに先立ち、「力学全体の基礎となる一般原理の説明」(Explication du principe général et fondamental de toute la mécanique) という節を設けた。そこでは、三次元空間における物体の運動が、三つの座標平面（私たちであればそのように呼ぶもの）を使って、次のように説明されている。[88]

そこで、xが物体からこれら［三つの］平面のうち一つまでの距離を表すのだから、yとzはほかの二つの平面までの距離であるとしよう。そして、物体に作用するすべての力をこれら三つの平面に対して垂直な方向に分解した上で、Pを第一の平面について生じた垂直な力、Q、Rを第二、第三のそれとする。これらすべての力は、物体をこれら三つの平面から遠ざけようとするものと想定しよう——というのは、近づけようとする場合には、力を負に取るだけでよいのだから。以上のように置くと、物体の運動は次の三つの式に包摂されるであろう。

I. $2Mddx = Pdt^2$,　II. $2Mddy = Qdt^2$,　III. $2Mddz = Rdt^2$.

オイラーがここで与えている式は、$2Md^2x/dt^2 = P$ などと書き直してみれば、本質的には今日「運動方程式」と呼ばれるものであると分かる。[89] ここで $P = Q = R = 0$ と置いてみると、力が働かない場合に物体は静止し続けるか等速直線運動をするという、「運動の第一法則」(la première loi du mouvement) が得られるだろう。しかしこれらの式には、任意の力の作用を支配する諸法則もまた含まれている。それゆえオイラーはこう述べる。「したがって、今しがた私の打ち立てた原理は、ただそれだけで、あらゆる物体——それがどのような性質のものであれ——の運動についての知識につながりうるような、あらゆる原理を内包している」と。[90]

このような形でオイラーが提示した「一般原理」には、「力」が本質的な構成要素として含まれている。オイラーは、あらゆる物体は「慣性」によって運動状態を維持するとした上で、「力」とは運動状態を変化させる原因のことであると定義していた。問題の「一般原理」は、そのような「力」がどのような効果ないし作用をもたらすかを記述するものであった。

『力学の新しい原理の発見』(一七五〇年) における右のような論理構成は、前節で見た『力学』(一七三六年) のものと、基本的には同じである。しかし、オイラーはもはや「動力」(puissance) という語を使っておらず、「力」(force) を用いている。私たちはこれを、些細な用語の変更と見て、過小評価すべきではない。運動を論じる文脈で、伝統的には物体に内在する能力として言われてきた「力」を、静力学的な作用である「動力」の意味で置き換えた点にこそ、オイラーの力学構想の核心があったからである。

小括　「力学」の誕生

本書で繰り返し述べてきたように、ラテン語の“mechanica”は十七世紀には「機械学」を指す言葉であった。それが運動の科学という意味で使われるようになったのは、書物の表題に限って言うなら、オイラーの『力学』(一七三六年)がおそらく最初と思われる。動力の科学としての静力学に基づいて運動の科学としての力学が論じられるという、今日まで続く力学の基本的枠組みが、ここで初めて明瞭に提示された。そしてそれは同時に、ライプニッツが企図した意味での「動力学」を根底から突き崩すことでもあった。一七四〇年代以降、オイラーは、自身の「力学」が活力・死力の枠組みと相容れないことを公然と主張するようになった。活力と死力の対置が却下され、慣性と力が区別されて、力は物体から切り離された。これがオイラーの到達地点であった。

最初からそうだったわけではない。オイラーは当初は、ライプニッツ流の活力・死力概念を受け入れていた。一七二〇年代後半に書かれたと見られるいくつかの草稿が、そのことを裏づけている。しかしオイラーはその頃からすでに、活力は死力に帰着させることができ、死力は動力で置き換えることができると気づいていた。そうであるならば、運動を論じるにあたって活力や死力という概念を持ち出す必要はなくなる。オイラーは、運動の変化を動力のもたらす効果として捉え、運動を論じるための土台を静力学に求めた。その過程で動力は、運動状態を変化させる抽象的な原因として、すなわち、重力や惑星間の引力のみならず磁力や電気力や流体抵抗なども包含する一般的な概念として提示された。一七三六年の『力学』が時代状況に照らして革新的であったのは、まさにこの点においてであった。

第6章で取り上げたオイラーの衝突理論は、この新しい「力学」構想の重要な一部であったと解釈できる。オイラーは一七三一年の論文で、衝突する物体同士の相互作用を動力の作用として捉え、「力学」の一般原理によってこれを論じた。別の言い方をすれば、衝突の問題は、オイラーによる力学理論の体系化の一翼を担うことになった。その当時、このアプローチがいかに新しいものであったかは、それに先立つ一七二〇年代に提出されていた種々の理論と比較してみれば明らかである。オイラーは、伝統的に「運動物体の力」と結びついていた衝突の問題を、新しい「力学」の枠組みに移し替えた。このことは、先に第I部第4章で見たような、オイラーによる活力論争の解消を準備するものであったと言える。

このような一連の革新が、何もないところから突然生まれてきたと考えることはできない。オイラーの「力学」構想はむしろ、ベルヌーイらの仕事を発展的に解消させたところに成立したと見るべきであろう。オイラーの衝突理論には、ばねのモデルや連続律など、ベルヌーイとの共通点を多く見出せる。加えて、第5章で検討したように、ライプニッツの提示した活力と死力の枠組みは、ベルヌーイらがこれを解析化する過程で少なからず変容を蒙っていた。活力‐動力学と死力‐機械学の境界は、オイラーがそれを受容した時点ですでに、かなり曖昧になっていたのである。とはいえ、ベルヌーイらがおそらくは意図せずして進めた運動の科学と釣りあいの科学の統合を、自覚的に実行し、新しい「力学」に仕立てた業績は、やはりオイラーのものであった。

かくして、「力学」とは釣りあいと運動をともに扱う科学であり、その中には「静力学」と「動力学」という二つの部門があるとする、新たな枠組みが立ち上がってくることになる。ここまでの本書の二つの部では、そのような「力学」のプログラムがオイラーによって意識的に開始されたことを見てきた。この後の第III部では、「静力学」と「動力学」を統一する「力学」というコンセプトが、次の世代を代表する数学者ラグランジュにより、『解析力学』という形で具体化した過程を考察する。

第III部　『解析力学』の起源

「静力学と動力学のあらゆる問題の言わば普遍の鍵」とは、若き日のラグランジュがオイラーに宛てた一七五六年の書簡に見える文言である。当時二十歳のラグランジュがこの時に「普遍の鍵」と呼んだものは、「最小作用量の原理」であった[1]。数年後の一七六二年に出版された論文では、この原理が再定式化され、「動力学のさまざまな問題」に適用されている。これら初期の研究成果は、やがて形を変えて、一七八八年出版の『解析力学』に取り込まれていった[2]。

本書でこれまで論じてきた事柄に照らすと、ここで二つの点が注目される。第一は、ラグランジュにおける「動力学」という語の用法である。ラグランジュが「動力学のさまざまな問題」と述べるとき、それはライプニッツが意図したような活力の学ではなく、剛体や流体をも含む種々の物体の運動理論を指していた。第二は、ラグランジュが「最小作用量の原理」なるものを、静力学と動力学を両方とも扱える原理と見なしていることである。そのような原理に対するラグランジュの関心は、やがて『解析力学』の「一般公式」という形で具体的に現れることになるだろう。本書第III部では、これらの点に着目して、ラグランジュの力学構想の起源と展開を辿っていく[3]。

まず、第8章と第9章では、ラグランジュの力学研究の背景として、パリとベルリンで行われた一連の議論に着目する。パリのアカデミーでは、ダランベールの『動力学論』（一七四三年）に象徴されるように、「動力学」が新しい意味を獲得し、活発な研究の対象となっていた。他方、ベルリンのアカデミーではオイラーが、静力学的な力概念と密接に関わるような最小原理を探究していた。この二つの取り組みが、ラグランジュの力学構想の骨格を形成することとなる。第10章では、それぞれの議論をラグランジュがどのように受容して発展させ、『解析力学』の「一般公式」として提示したかを論じる。活力論争が解消され、動力に基づく運動の科学という「力学」のコンセプトが登場した後で、静力学と動力学は、それまでに無い形で統一された。

第8章　再定義される「動力学」と、その体系化

アカデミー・フランセーズの編集する権威ある仏語辞書が「動力学」（dynamique）を見出し語に採用したのは、一七六二年刊行の第四版が最初であった。そこではこの言葉について、次のように説明されている。

> 本来は物体を動かす力ないし動力の科学を意味する。より具体的には、どのような仕方で押しあうのでも、また引きあうのでも、何であれ相互作用する物体の運動の科学について言われる。[1]

最初の一文は、「活力」の語こそ含まれないものの、力についての科学であるとしている点でライプニッツの理解に近い（「動力」の語も見えるが、ここでは“forces ou puissances”という形で出てくるため、「力」と「動力」に意味ある区別は与えられていないと考えられる）。これに対して二番目の文は、この言葉が「相互作用する物体の運動の科学」を指すとしており、第一の意味とは異なる理解を示しているように見える。とりわけ、この第二の意味のほうは、「力」への明示的言及を含んでいない点で注目される。フランス語の「動力学」に生じたこの意味の変化と、再定義された「動力学」が体系化されていく過程が、本章の主題である。

先取りして述べておけば、「動力学」のこの新たな意味合いは一七四〇年前後のパリ科学アカデミーで創出され、一個の研究テーマを形成した（それまでは「動力学」というフランス語自体がほとんど使われておらず、一七四〇年に編

まれたアカデミー・フランセーズ辞書の第三版にはこの用語が収録されていない)。この過程を具体的に検討すると、まず第一節で論じるように、「動力学」は一七三〇年代半ばにモーペルテュイとクレローにより、バーゼルからパリに持ち込まれたと考えられる。そしてその結果として、一七四〇年代初頭のパリ科学アカデミーでは「動力学」の指す内容に変化が生じていった(第二節)。ここで注目されるのは、再定義された「動力学」の諸問題を解く過程で、種々の「一般原理」が提唱されてきた点である。第三節では、とりわけダランベールを中心として、パリ科学アカデミーの人々が導入したこれらの原理を概観する。

一 パリ科学アカデミーにおける「動力学」の出現

「動力学」という言葉のパリ科学アカデミーにおける使用例は、少なくとも、ライプニッツを追悼する演説(一七一六年)の中で終身幹事のフォントネルが言及している事例まで遡ることができる(本書第3章第三節)。しかし紀要に印刷された論考に関する限りでは、「動力学」の語を表題に使った論文が初めて掲載されたのは、一七三六年度の巻においてであった。『動力学のいくつかの問題の解』と題されたこの論考の著者は、新進気鋭の数学者にして十八世紀の力学史ではその名を知られる、アレクシス・クレローである。[2] 本節では、この論文で議論された「動力学のいくつかの問題の解」に認められる特徴と、この論考が書かれた背景について考察する。

クレローの行った研究は、当該の論文の内容を紹介するアカデミー紀要の解説記事によると、もう一人の数学者フォンテーヌとのあいだで交わされた「牽引線」(Tractrice または Tractoire)をめぐる議論に端を発していたという。[3] この解説によると、彼らの取り上げた問題とは、一つの物体(たとえば人)が綱や紐で別の物体(たとえば川に浮かぶ舟)を引っ張ったとき、後者の描く曲線を求めよというものであった。だが、仮にこの問題が出発点であったとしても、クレローが論文の中で行っている分析は、そのかなり先まで進んでいる。クレローは問題の設定を一般化し、綱や紐——長さが一定で曲がらないとされているので、むしろ棒と呼んだほうがよいかもしれない——でつながれた二つの物体がどのような運動をするかについて、合計七つの問題を論じた。これら「動力学のいくつかの問題」は、今日の力学用語で言えば、拘束のある質点系の運動に関するものであったと言える。

　この内容は、それまでの「動力学」とどのような関係にあったのだろうか。本書で繰り返し述べてきたように、ライプニッツが提唱した「動力学」とは本来、活力の学のことであったから、クレローがここで論じている力学的問題とは何の関わりもないように見える。実のところクレロー自身、この論文の本文中では「動力学」という語を一度も使っていないのである。この点では、論文の内容を解説している先の記事もそれほど参考にならない。「紐で引かれた一つまたは複数の物体の運動は、『動力学』すなわち力の科学の主要な対象の一つである」と書かれているものの[4]、その種の問題がなぜ「動力学」の対象なのかという肝心の説明が無いからである。

　この謎を解く手掛かりの一つは、一連の問題よりもむしろ解法にあるように思われる。すなわちクレローは、いくつかの解法のうちの一つとして「活力の保存」(Conservation des Forces vives) を用いているのである[5]。この原理の内容は、クレローによれば、物体の質量と速度の二乗の積を足し合わせたもの（現代的に書けば $\sum mv^2$）は常に一定である、ということであった。現代の物理学用語を使って解釈するならば、これは外力が働かない場合の運動エネルギー保存則と言える[6]。このような関係を用いて力学の問題を解くことは、クレロー以前にもすでに、とりわけヨハン・ベルヌーイによって精力的に取り組まれていた。クレローは実際、この原理について、「有名なベルヌーイの父子氏によって大変エレガントに論じられてきた」と紹介している（「父」はヨハンを、「子」はダニエルを指すと考えられる）[7]。

　この「活力の保存」という手法を、クレローはいつ、どこで会得したのだろうか。これについては、ベルヌーイから直接学んだ可能性が高い。なぜなら、クレローは問題の論文が発表されるのに先立つ一七三四年秋に、科学アカデミーの先輩にあたるモーペルテュイとともに、ベルヌーイ親子のいるバーゼルに数ヶ月間滞在していたからである。[8] クレローの論文『動力学のいくつかの問題の解』がパリ科学アカデミーの会合で口頭発表されたのが一七三五年の春であり、これよりも前にクレローが発表した論文には力学に関するものが存在しないという事実から、前年のバーゼル滞在がクレローの論文執筆の契機になったと考えることができる。

このバーゼル訪問はおそらく、モーペルテュイの主導で行われたものであろう。モーペルテュイはこれよりも前、一七二九年から翌三〇年にかけてヨハン・ベルヌーイのもとで学んだことがあり、その頃には活力説を支持する立場にあった（本書第4章第二節）。そのような背景を考慮すると、この一七三四年の再度のバーゼル遊学において、モーペルテュイがクレローとともに「動力学」をパリに持ち帰ったというのはありそうなことである。

この推測は実際、パリ科学アカデミーの議事録に見られる以下の記載によって裏づけることができる。この史料には、一七三五年四月三〇日の会合の記録として、「クレロー氏が諸物体の一緒［ママ］に運動についての著作を読み始めた」という記述がある。[9] この日付は、印刷されたクレローの論文『動力学のいくつかの問題の解』に付記されているものと一致しているため、先に見た論文の口頭発表を指すと考えてよい。クレローの発表は引き続いて五月四日にも行われているが、そこには注目すべき記述がある。すなわち、「クレロー氏が［前回の］読み上げを続けた」という文の直後に、「それからモーペルテュイ氏が同じ主題に関連する次の問題を読んだ」と書かれているのである。[10] 議事録にはこの問題と解法が書き写されており、それには「ケーニヒ氏によって提示された、動力学的問題」という表題が付されている。[11] つまり、クレローと同時にモーペルテュイも、アカデミーでの研究発表で「動力学」を取り上げていたことが判明する。

ここで名前の登場する「ケーニヒ氏」とは、モーペルテュイと親交のあったスイス人の学者、ヨハン・ザムエル・ケーニヒを指している。両者ならびにクレローの三人は、バーゼルのヨハン・ベルヌーイのところで知り合っていた（ケーニヒもこの当時、ベルヌーイから数学を学んでいた）。[12] モーペルテュイらがパリに戻った後も、書簡による交流は続いており、モーペルテュイがアカデミーで「動力学的問題」を取り上げる三日前に書かれたケーニヒの書簡には、問題を送るので「お知り合いの若い数学者たちにこれらの問題を薦めて下さい」と記されている。[13] モーペルテュイが論じた「動力学的問題」は、これよりも前に同じく手紙で送られていたか、もしくはバーゼル滞在中に直接提示されていたと考えられる。[14]

ケーニヒからモーペルテュイに提示され、パリ科学アカデミーで報告された「動力学的問題」とは、水平面上で糸の両端に二つの物体が結び付けられているとき、一方の物体に任意の速度を与えると他方の物体はどのような曲線を描くかというものであった。これは確かに、クレローが解いていたのと「同じ主題に関連する」問題、すなわち、拘束のある質点系の運動であったと言える。加えて注目すべきことに、モーペルテュイは最初に活力保存の式を導出し、その関係式を用いることによってこの問題を解いている（答は、サイクロイドの一種になるというもの[15]）。問題だけでなく解法もクレローとよく似ていることから、両者は共通の背景のもと、同種の問題に取り組んでいたと考えてよいであろう。

このようにして、一七三五年春、新たな意味での「動力学」がパリ科学アカデミーに登場した。これは直接的には、モーペルテュイとクレローがその前年にベルヌーイのもとに遊学したことの結果であったと考えられる。ただし、両者が「活力の保存」を利用して問題を解いていたとはいえ、ここで取り上げられた「動力学的問題」に、ライプニッツが当初込めていたような意味合いはほとんど認めることができない。フランス語の「動力学」は、活力の学ではなくむしろ、拘束のある質点系の運動を数学的に決定するという問題を指して使われ始めたのである。

二 「力」の科学から運動の科学へ

ケーニヒは一七三〇年代の終わり頃、モーペルテュイの仲介で、エミリー・デュ・シャトレの家庭教師をしていたことがある。シャトレは後年、クレローの助力を得て『プリンキピア』を初めて仏訳することになるが、一七四〇年に出版した『自然学教程』ではニュートンでなく、ライプニッツ–ヴォルフ流の自然哲学を支持していた（本書第4章第一節）。この本が最初に匿名で世に出た際、ケーニヒがその著者であると噂された一因は――彼自身、自分こそが真の著者であると言っていたようだが――ケーニヒがヴォルフ派の学者として知られていたことにあった。[16] 実際、その本が出る前年にモーペルテュイに送られた手紙では、ケーニヒは「活力の尺度についての小論」を添付した上で、「古い仮説に依然として囚われている例の紳士方のどなたか」を論駁するのに使えるでしょう、と記している。[17]

このように、「力」の尺度に関する議論は一七四〇年頃になってもやはり続いていた。だがその一方で、パリ科学アカデミー内部では四〇年代初頭から、この問題に対する新たな態度が現れてくる。端的に言って、「力」の尺度というテーマはもはや、アカデミー会員たちの関心事でなくなってきたのである。前節で見た新しい意味での「動力学」の諸問題が、「力」をめぐる論争に立ち入ることなく論じられた様子を、本節では見ていくことにしたい。

前節で述べたように、パリ科学アカデミーの紀要に印刷された「動力学」の最初の論文は、一七三六年度の巻に掲載されたクレローの論文『動力学のいくつかの問題の解』であった。これに続く、「動力学」をテーマとした二番目の論文は、四一年度の巻に現れた『動力学の諸問題』である。[18] この論文の著者はモンティニという人物で、力学史では完全に無名と言ってよい（亡くなった際の追悼演説に「氏の出版した唯一の数学論文」とあることから、この論考が唯一の力学関連の研究と思われる）。[19] 次いで四二年度の巻には、クレローによる新たな論文『動力学の多数の問題の解を与えるいくつかの原理について』が現れた。[20] さらにその翌年、四三年度の紀要では、ダランベールの著書『動力学論』が短く紹介されるとともに、別のアカデミー会員ダルシーによる「動力学の問題」の研究発表について報じられた。[21] ダルシーはその後も研究を続けており、一連の成果をまとめたものが、『動力学の問題』という表題で四七年度の紀要に掲載された。[22] 一七四〇年代にはこのように、アカデミー内部で「動力学」が繰り返し研究テーマとして取り上げられるようになった。

特徴的なのは、これらの研究がことごとく、「動力学」の問題と題されている点である。前節で論じた通り、クレローの最初の論文や、公刊されなかったモーペルテュイの研究発表では、拘束のある質点系の運動が扱われていた。クレローの第二論文（一七四二年）でもこれは同様であり、糸や棒で結ばれている二つの物体の運動など、全部で十一個の「問題」が取り上げられた。同じことは、モンティニやダルシーの行った研究にもやはり当てはまる。たとえばモンティニの場合、彼の取り組んだ問題は次のようなものであった。水平面上に一つの環が立てて固定されており、その位置で自転できるものとしよう。この環に、複数の物体を取り付けた一本の棒が通され、この棒は環を通って自由にスライドできるとする。問題は、この状況で棒に対して何らかの運動を与えたとき、これに付属している各物体がどのような振る舞いをするか求めよというものである。他方のダルシーは、一七四三年の時点で、次のような問題に挑戦していた。平面上を滑らかに動くことのできる物体があり、この物体には斜面が取り付けられている。いま、この斜面の上に別の物体を置いて手を放し、重力の作用で斜面を降下していくようにするとき、二つの物体は相互作用の結果、どのような運動をするだろうか――実のところこれは、クレローやダランベールも論じていた問題である。[23]

このような一連の「問題」を解くに当たっては、前節で見た「活力の保存」がしばしば使われた。たとえばモンティニは、第一の問題として物体が二つの場合を論じ、その結果を第二の問題で一般的な場合（物体が無数にある）に拡張しているが、どちらにおいても「活力の保存」を出発点に置いている。[24]「活力の保存」はまた、クレローが一七四二年の論文で挙げた「いくつかの原理」のうち二番目のものであったし[25]、ダルシーの後年の論文でも、彼自身の提案した「一般原理」(次節参照)と「活力の保存」とを併用することによって問題が解かれている[26]。

しかし、「活力の保存」を用いているからと言って、そのことが直ちにライプニッツの思想の支持表明を意味したわけではなかった。なぜなら、クレローがすでに一七三六年の論文で注意していたように、この原理は「活力説の引き起こした論争にもかかわらず、すべての学者によって真と認められている」からである[27]。この見解を補強するかのように、一七四一年度のアカデミー紀要は次のように解説する。活力保存の原理というのは実は、活力の概念それ自体よりも古く、ライプニッツでなくホイヘンスに由来している。そうしてこの原理は、活力説の支持者だけでなく、「活力をきっぱりと拒否しているほかの名だたる数学者たちや、あるいは件の論争の議論にまったく参加する気のない数学者たちによっても、しばしば用いられてきた」。要するに、この原理は「力」の尺度をめぐる論争から「容易に分離できるのである[28]」。ダランベールが『動力学論』(一七四三年)で与えている説明も、この文脈で理解することができる。ダランベールによれば、活力保存の原理に最初に言及したのはホイヘンスであり、「多数の動力学の問題をエレガントに、かつ容易に解くために」使えることを最初に示したのがヨハン・ベルヌーイであった。ライプニッツの名前は、そこに現れない[29]。

このようにして「活力の保存」からライプニッツの思想が脱色されるのと並行して、アカデミー紀要での「動力学」という語の使われ方も変化していった。クレローの最初の論文が出版された一七三六年度の巻では、「紐で引かれた一つまたは複数の物体の運動は、『動力学』すなわち力の科学の主要な対象の一つである」というのが、この言葉に関する唯一の説明であった(強調は引用者)[30]。モンティニの論文が公刊された四一年度の巻では、この「力の科学」という点がさらに詳しく、次のように説明される。「少し前からフランスの数学者たちのあいだで使われるようになった『動力学』という名称は、ライプニッツ氏がそれを最初に用いたのであるが、物体の能動的駆動力を扱う思弁的かつ高級な力学を意味している」、「動力学の真の対象は[……]現実に作用している力の理論である」[31]——この記述は、ライプニッツの考えにかなり忠実である一方、クレローやモンティニが論文の中で実際に行っていたこととは乖離している。彼らは明らかに、「力の理論」ではなく、ある種の運動の問題に関心を寄せていたからである。「動力学」のこの新しい意味が紀要の解説記事で明確に述べられたのは、翌四二年度の巻においてであった。ここでは「動力学」に関する記述が次の通り、前年度から大きく変化している。

動力学の諸問題は通常、物体の「系」を対象としており、そのうちの一つまたは複数の物体に任意の運動が与えられて、それがほかのすべての物体に伝達されるという想定が行われる。その後で、これら各物体の速度や位置や振動、そしてまた、不動の絶対空間においてそれらが一つないし複数の固定平面上または運動平面上で描くさまざまな曲線を、決定しなくてはならない[32]。

ここで「系」(système)というのは、変形しない棒や鎖、曲がる糸、あるいは一般に任意の相互作用で結び付けられた、二つ以上の物体の集まりを指すとされる。この解説記事によれば、太陽系や惑星‐衛星系も「動力学」の対象であって、したがって「ニュートン氏はその著『プリンキピア』で動力学の問題を多数解いたとも言える」[33]。ここに至って、この言葉にライプニッツが与えていた本来の意味は完全に消失したと言ってよい。

それゆえ、一七四三年にダランベールの『動力学論』が出版された頃には、フランス語の「動力学」はもはや「力」ではなく、ある種の運動についての科学を指すようになっていたわけである。実際、ダランベールは自著の表題について、次のように正当化している。

[本書の]第二部では、物体相互の運動の法則を論じることにしたのだが、この部分が本書の中で最大の分量となっている。それこそが、本書に『動力学論』という名前を与えるよう私を促した理由である。この名称は、本来は動力ないし駆動因の科学を表すものであり、一見するとこの書物にふさわしくないと思えるかもしれな

い――この中で私は、力学を原因の科学ではなくむしろ効果の科学と見なしているのである。しかしそれにもかかわらず、「動力学」という言葉は今日、学者たちのあいだで、任意の仕方で相互作用している諸物体の運動の科学を表すのに非常によく使われている。本書で目指しているのは主として力学のこの部門を完全にし、かつ拡張することなのだということを、表題そのものを通じて数学者たちに告げるために、私はその言葉を保持すべきだと考えた。[34]

ここからも読み取れるように、新しい「動力学」を特徴づけていたのは何よりもまず、物体同士の相互作用であった。そうした相互作用について、ダランベールは『動力学論』第二部冒頭で、三種類のものを区別している。それらは、直接の衝撃によるもの、あいだに置かれた何らかの物体を介するもの、相互の引力によるものという三つであるが、このうち最後のものはすでに十分研究されているという理由により、同書で扱う対象からは除外された。[35] その結果、『動力学論』の扱う「問題」は大きく四つに分けられることになった（同書第二部第三章）。それらは順に、（一）「糸や棒で引っ張られている物体」、（二）「平面上で揺れ動く物体」、（三）「糸によって相互作用し、その糸に沿って自由に進むことのできる物体」、（四）「押しあったり衝突しあったりする物体」である。[36] 本書の問題関心からは、ここで（四）の中に衝突の問題が含まれている点が興味深い。衝突する物体を拘束のある系として扱うことは、現代の力学ではふつう行わないが、ダランベールは自らの考察の対象に含めていた。後になって書かれた『百科全書』の項目「動力学」でも、衝突の法則はこの科学の問題の一つとして明記されている。[37]

「動力学」の扱う範囲がここまで広げられてくると、「動力学」とは単に物体の運動の科学である、という規定まではあとわずかでしかないだろう。実際、『動力学論』を書評した氏名不詳の人物は、「動力学と力学の対象はほぼ同じであり、双方とも運動を論じるのだが、動力学は特に、任意の仕方で相互作用する物体の運動の法則を考察する」と書いている。[38] その数年後、一七四九年度のパリ科学アカデミー紀要には、「力学」（Méchanique）が二つの部門からなるという説明が見られ、「静力学」(Statique) と「動力学」(Dynamique) が対にされている。これは直接的には、その年度に出版されたクールチヴロンの論文（本書第9章第三節）の記述を受けて書かれているが、より大きな流れに即して言えば、本節で見てきた「動力学」の再定義の帰結として捉えられるであろう[39]。

以上から明らかになった通り、「動力学」という言葉は一七四〇年代半ばまでに、パリ科学アカデミー内部で専門用語として定着した。そしてその過程で、物体の有する「力」の科学というライプニッツ流の理解は廃れていった。十八世紀中葉にフランス語の「動力学」が意味したのは、広義には「静力学」と対置される運動の科学であり、狭義には物体間の相互作用を特徴とする運動の科学の一部門であった――あるいは、解かれるべき一群の問題であった、と述べるほうが適切かもしれない。そして、解かれるべき一群の問題があるところでは、それらを統一的に解こうとする試みもまた、生じてくることになる。

三　ダランベールの「一般原理」と、そのほかの「一般原理」

パリ科学アカデミーで一七四〇年に発表された『諸物体の静止の法則』と題するモーペルテュイの論文では、前節で見た活力保存の原理が、「非常に大きな有用性を持つ」原理の一例として挙げられている[40]。モーペルテュイはこれを、「一見して単純かつ明白な」原理と対比しており、そこでは、科学の出発点に置かれるべき明晰判明な原理と、説明されるべき複雑な現象とのあいだの懸隔が、強く意識されていた。「静力学と動力学ほどに、こうした原理の必要性が感じられている科学はない[41]」――このようなモーペルテュイの問題意識はやがて、「最小作用の原理」と呼ばれる「一般原理」の提唱へとつながっていった（本書第4章第二節）。

この例に限らず、一七四〇年代のパリ科学アカデミーで「動力学」の諸問題を論じた人々の著述には、「一般原理」への言及がしばしば見られる。「一般原理」の内容は論者によって異なっているが、共通しているのは、それを使うことによってさまざまな問題を解くことができるという特徴づけである。本節では、そうした種々の「一般原理」を概観するとともに、特にダランベールの提示した原理について詳しく述べる。なぜなら、後にラグランジュがこれを用いて、運動の問題を釣りあいの問題に——すなわち、動力学を静力学に——還元することを試みるからである。

「活力の保存」は、「一般原理」の代表的な例であった。もっとも、これを利用した人物、たとえばクレローにとって、「活力の保存」が唯一の原理であったわけではない。実際、一七四二年の論文では、クレローは「一般原理」(Principe général) を全部で四つ提示している。[42] 最初のものは、動く平面上における系の運動を求めるためのもので、現代的に解釈すると、慣性力に関係した原理である。続く第二のものが「活力の保存」で、これは相互に作用している物体系の運動を求めるために使われる。第三の原理は、大きさのある物体の運動という問題に関わる。これらに対して四番目の原理は、「直接的」(direct) という形容詞が付されている点で別格である。そのことは、この原理が「系であれ梃子であれ、ほかの任意の仕方であれ、相互作用している多数の物体の運動を求めることが問われているような、あらゆる問題を解くための」ものであるとされていることからも窺える。[43] 後述するように、この原理はダランベールが『動力学論』(一七四三年) で与えたものと、ほぼ同じである。

ダルシーもまた、「動力学の一般原理」を独自に提案した。この原理は「通過距離と時間の関係を与えるものであり、どのような物体の系を考えるのでもよく、またどのような相互作用であってもよい」とされているが、実際には、いわゆる面積速度に関するものである。[44] たとえば図1において、三つの物体A、B、Cが相互作用しつつ運動しているとし、同一の時間内にAa、Bb、Ccという軌道を描くとする。このとき、任意に選んだ点Oに関して、各物体の質量と扇形の面積(AOaなど)の積の総和は時間に比例する。これは現代的な観点からは、角運動量の保存と読むことができる。

これらの「一般原理」は、相互に関連づけて提示されたわけでは必ずしもない。むしろ、任意の相互作用をしている任意の物体系の運動を求めようとする問題意識のもとで、各人がそれぞれ自説を述べたと見るほうが適切であろう。オイラーが好んで採用した運動方程式や、モーペルテュイの提案した最小作用の原理も、そのような「一般原理」の例として理解できる。ダランベールの提示した「一般原理」もまた、そうした原理の一つである。

ダランベールの処女作にして主著である『動力学論』（一七四三年）には、大きく二つの目的があったと考えられる。一つは、明証性と確実性を備えた力学理論の体系を構築し、「形而上学的」な性格を有する「運動物体の力」を明示的に排除することである（本書第4章第一節）。「動力学」から「力」を取り除くというダランベールの試みは、前節で見たようなパリ科学アカデミーの動向を徹底するものであったとも言えるであろう。[45] しかし、ダランベールがこの著作で行ったのは、理論の基礎を固めることだけではなかった。「動力学」のさまざまな問題を単一の「一般原理」によって解くこと、あるいはそのようなことができる原理を提示することが、ダランベールのもう一つの目標であった。

『動力学論』で提示された「一般原理」（Principe général）は通常、「ダランベールの原理」と呼ばれている。だが、先行研究で繰り返し指摘されているように、今日この名前で呼ばれているものとダランベール自身が行った定式化とのあいだには、かなり大きな違いがある。[46] 混乱を避けるため、また後の議論の準備のために、ここで「ダランベールの原理」という用語について、現代的な観点からの注釈を加えておきたい。

一般に、「ダランベールの原理」として知られる命題は二つある。一つは、運動方程式 $F=ma$ を $F+(-ma)=0$ と書き直し、$-ma$ を見かけの力（「慣性力」と呼ぶ）と考えることで、この方程式が力の釣りあいとして解釈できると

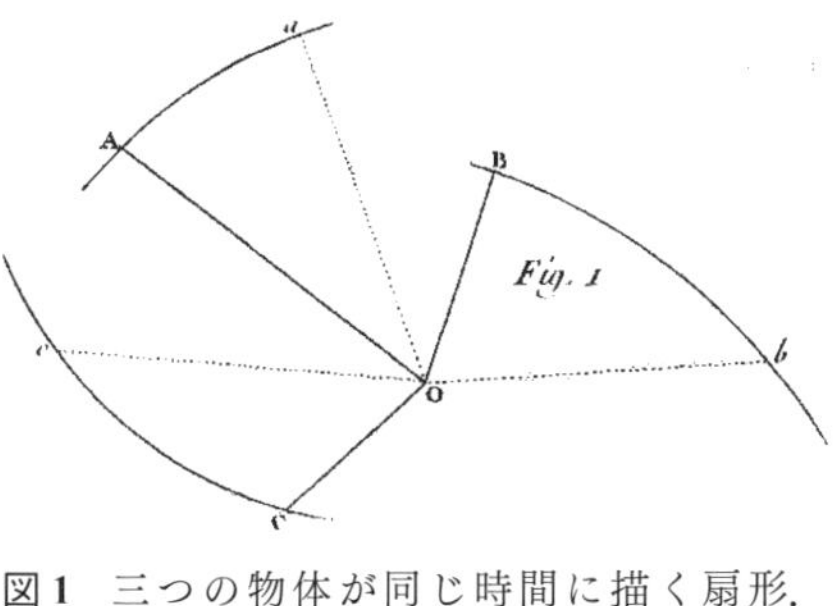

図1　三つの物体が同じ時間に描く扇形. d'Arcy, "Problème de Dynamique" (1747), fig. 1 より転載.

いう主張である。これによれば、動力学は一般に静力学に還元できることになり、この事実あるいは思想を示したことがダランベールの貢献とされることもある。もう一つの解釈は、いま述べた意味での原理をさらに仮想仕事の原理と組み合わせた形で提示するものであり、数式で書けば $\sum(F-ma)\cdot\delta r=0$ と表される。これは第10章で取り上げることになる、ラグランジュの「一般公式」である。

だが、ダランベール自身の考え方は、これらとは少し――あるいはかなり――異なるものであった。そのことを見るために、ここでは『百科全書』の項目「動力学」で与えられている説明を引いておく。分かりにくいことで有名な『動力学論』の記述よりも[47]、こちらのほうがこの原理の発想を理解しやすいと思われるからである。

> 複数の物体に運動を刻印すると想像しよう。ただし、諸物体はそれらの相互作用のために［刻印された］運動を保つことができず、その運動は変更されて、ほかの運動に変わることを強いられるとする。各物体が最初に有していた運動が、別の任意の二つの運動から合成されていると見なせること［……］、また、合成される運動のうちの片方として、各物体がほかの物体の作用のために［実際に］取ることになる運動を採用できることは確かである。さて、もしも各物体が、刻印された当初の運動の代わりにこの合成されるべき第一の運動を受け取っていたとしたなら、これらの各物体は確実に、この運動をまったく変えることなく保っていたであろう。というのも仮定により、それは各物体がそれ自体として取る運動であるのだから。それゆえ合成される運動のうち他方のものは、合成される第一の運動をまったく邪魔しないようなもののはずである。すなわちこの第二の運動は、各物体について、それ単独で、ほかの運動なしに刻印されたとしたときに、系が静止したままであるようなものに違いない[48]。

手短にまとめれば、ダランベールの考えは次のようなものであった。相互作用が起こる前の各物体の運動（A）を、相互作用が起こった後の各物体の実際の運動（B）と、もう一つ別の運動（C）とに分解しよう（記号的に書けば、

A＝B＋C）。そうすると、この後者の運動（C）は、系全体として平衡状態にある（すべてを合成するとゼロになる）。現代の理解と異なり、ここには慣性力は登場せず、仮想仕事の原理への言及もない。

本書では物体の衝突をしばしば扱ってきたので、ここでは衝突の問題に即して「一般原理」の使用法を見ておくことにしよう。これは『動力学論』では、第二部の「問題九」として論じられている。[49] いま、二つの物体の衝突前の速度を v_1 および v_2 とし、相互作用（すなわち衝突）を経た後の速度を v'_1 および v'_2 とする。ここで、衝突前の速度が衝突後の速度ともう一つ別の速度から合成されていると考えるなら、その（もう一つの）速度は単純に $v_1-v'_1$ および $v_2-v'_2$ と書くことができる。「一般原理」が主張するのはこの二つの速度について平衡が成り立つということであるが、そのための条件は、速度が質量に逆比例することである（『動力学論』の第三の基本原理、本書第4章第一節）。それゆえ、二つの物体の質量を m_1 および m_2 とすれば、$m_1(v_1-v'_1)+m_2(v_2-v'_2)=0$ という関係が成り立つ。[50] ダランベールはここで、特に理由を説明することなく $v'_1=v'_2$ としているが、この仮定が意味するのは、衝突後に二つの物体が一体となって（同じ速度で）運動するということである。ここから最終的な結果として $v'_1=v'_2=(m_1v_1+m_2v_2)/(m_1+m_2)$ が得られ、これは「硬い物体」（完全非弾性衝突）に対する正しい法則を与えている。[51]

この例は「硬い物体」の衝突という、速度の不連続的変化に対する適用であるが、ダランベールはほかのところで、連続的変化に対しても事実上この原理が適用できることを示している。これは具体的には、一七四九年に出版された天体力学の著書、『ニュートン体系における分点の歳差と地軸の章動についての研究』の中で、「補題四」として提示された。ここでは、一つの物体に対して複数の「加速力」（Ψなど）が作用している状況が設定され、ある瞬間において物体の速度が u から u' に変化すると置かれる。このとき、u が u' ともう一つ別の速度 u''（これは無限小の大きさである）から合成されていると考えれば、u'' と Ψdt など（すなわち考えている瞬間に加速力が刻印しようとする速度）とは打ち消しあう必要がある。[52] この適用例は、『動力学論』の対象から意識的に外されていた物体間の引力による運動に対するものであり、「硬い物体」の衝突とは対照的な事例である。ダランベールの「一般原理」

はこのように、不連続的変化も連続的変化も扱うことのできる射程の広い道具として提示されていた。

この二つの適用例は問題の種類こそ大きく異なるものの、基本的な論理構造は同じである。どちらにおいても、ダランベールは変化が起こる前の運動を二つに分解し、分解したうちの一方が系全体において平衡状態にあるという推論を行っているからである。ところで、運動の合成と平衡というのは、ダランベールが自身の理論体系の基礎とした三つの原理のうち、二番目と三番目のものであった（本書第4章第一節）。このことが意味するのは、ダランベールの「一般原理」はほかの人々の「一般原理」と異なり、単に種々の問題を解くための汎用的ツールとして提示されたのではないということである。言わばそれは、明証性や確実性といった基準をクリアしているという、品質保証つきの原理であった。加えて、ダランベールの「一般原理」は、彼にとって力学理論の中心的対象であった「硬い物体」の衝突を扱える形で述べられている。このように見てくると、ダランベールとクレローの違いに関する中田の論は正鵠を射ていると思われる。中田の考察によれば、ダランベールの与えた原理は実のところ、クレローが一七四二年の論文で与えていた四番目の原理と同等であったのだが、クレローがそれを種々の一般原理の一つとして——別格の扱いではあったが——提示したのに対し、ダランベールにとってはそれこそが正しい原理であった。[53] この議論を敷衍して述べるなら、ダランベールの「一般原理」は単に広範な種類の問題を解くための道具であったのではなく、力学を堅固な土台の上に体系化しようとする企ての一部でもあったと言えるであろう。

以上、本章では、十八世紀中葉のフランスにおいて「動力学」に生じた変容を論じてきた。ライプニッツが「力」の学として提案した「動力学」はパリ科学アカデミーの学者たちによって再解釈され、相互作用する物体系の運動という一群の問題を指して使われるようになった。この新しい「動力学」の対象範囲は総じて拡張される傾向にあり、一方ではニュートンの論じたような天体力学の問題が、他方ではダランベールの扱ったような衝突の問題が、その範疇に含まれるとされた。このように拡張された結果、「動力学」は広い意味では、「力学」のうち運動に関する部分として理解されるようになった。

この新しい「動力学」の研究は、問題ごとに解法の工夫を競うというのでなく、むしろ、あらゆる場合に適用可能な「一般原理」を各自が提案するという方向に展開していった。とりわけダランベールの場合には、そのような「一般原理」の提唱は、力学理論の基礎を固めるという問題意識とも無関係でなかったと考えられる。これと似た状況を、私たちは本書第6章で、衝突の理論を検討した際にも目にした。つまり、ベルヌーイやオイラーが衝突の問題を解く場面で「一般原理」を志向したのと同じようにして、クレロー、ダランベール、ダルシーといった人々は、再定義された「動力学」——相互作用する物体系の運動の科学——を扱うのに適した「一般原理」を打ち立てようとしたのである。私たちはこうした点に、十八世紀の「合理力学」を特徴づける体系化の思想を認めることができる（「合理力学」については本書第1章第一節を参照）。

このような、「動力学」を体系化する試みはやがて、パリから遠く離れたトリノでも取り組まれることになる。若き日のラグランジュがこの方面で行った貢献について、そしてそれが『解析力学』（一七八八年）にまでつながっていることについては、第10章で詳しく見ることになるだろう。しかし、この道筋だけが、『解析力学』へと至る唯一の経路だったわけではない。なぜなら、ラグランジュがその本で扱ったのは、「動力学」だけではなかったからである。同書の大きな特徴は、「静力学」と「動力学」が並列に扱われ、かつ、釣りあいの原理を運動に拡張することによって「動力学」が扱われている点にある。ところで、本書第II部で論じたように、このような釣りあいの理論と運動の理論との接続こそは、オイラーの力学構想の核心であった。そしてまた、この両者が「動力」という概念によって結びついたところに近代的な「力学」が生まれたというのが、本書の基本的な見立てであった。パリからトリノへと赴く前に、もう一度、ベルリンを経由することにしたい。

第9章　作用・効果・労力——最小原理による力学

ベルリンの科学・文学アカデミーで一七四八年に発表されたオイラーの論文の中に、『力の作用において認められる最大および最小についての探究』と題するものがある。この中でオイラーは、力学の問題を解く上では「二重の方法」が存在するに違いないとして、それを次のように説明している。

一つは直接的な方法であり、釣りあいの法則、もしくは運動の法則に基づいている。しかし他方はいま述べたようなものであって、最大または最小になっているはずの式を探し、最大および最小の方法によって解かれる。第一のものは作用因による効果を決定することで解を与えるが、対してもう一方は目的因に着目し、そこから効果を導く。双方は同じ解に通じるはずであり、そしてまた、各々の方法は疑い得ない諸原理に基づいているに違いないのではあるが、解の正しさを我々に確信させるのは、まさにこの調和である。(1)

本章では、ここで言及されている第二の方法、すなわち「最大および最小の方法」による力学を取り上げる。

現代では、このような力学の理論形式は「変分力学」とも呼ばれ、運動方程式を基礎に据える「ニュートン力学」と対比的に語られることが多い。実際、オイラーの説明の中で第一の「直接的な方法」と言われているものは、『力学』（一七三六年）や『力学の新しい原理の発見』（一七五〇年）で展開された力学のことと考えられる。

だが、本章で論じようとするオイラーの変分原理を「もう一つの力学」のように称することは、ここではあえて行わない。むしろ本章で主張したいのは、「直接的な方法」による力学と「最大および最小の方法」による力学は、オイラーにとって、同一の概念基盤に基づくものであったということである。結論をあらかじめ述べておけば、オイラーの変分原理は、運動方程式――オイラー自身は単に「力学の一般原理」などと呼ぶ――と同じく、一般的な作用としての力がもたらす効果に関する主張であった。それは言い換えれば、右に引用した文章中に登場する「効果」という語や、論文表題にある「力の作用」という言い回しは、文字通りに解釈される必要があるということである。

本書で提示するこの見解は、オイラーによる最小原理の探究が力概念を使わない力学の試みであったとするプルテの解釈に対し、再考を迫るものである。[2] 確かに、オイラーは「力」を物体の不可入性に帰着させており、究極的には物体同士の衝突によって、あらゆる自然現象が理解できると考えていた（本書第4章第三節）。その意味で、「力」はオイラーの自然哲学における基本要素としては含まれていない。だが、力学はそれと別の次元に置かれた科学であり、オイラーの理解では、「動力による運動の生成と変化」を主題とするものであった（本書第7章第二節）。本章で与えようとする解釈は、「最大および最小の方法」によるアプローチも、この意味での「力学」の一部にほかならないというものである。[3]

以下では、オイラーの論じた最小原理である最小労力の原理が見出された過程と、オイラーがそれに与えた解釈について、四つの節に分けて論じていく。「最小労力の原理」という表現は、同時期にモーペルテュイが提唱した「最小作用の原理」と峻別することを目的として、ここで独自に導入する用語である。同じベルリン・アカデミーに所属していたモーペルテュイとの対比は、オイラーの「力学」の特徴を鮮やかに浮かび上がらせる――オイラーの原理がモーペルテュイと異なり、静力学的な力概念と密接に関係していたことや、釣りあいの原理から加速運動の原理が導き出されると（誤って）主張されていたことなどである。後章で見ることになるように、次の世代のラグランジュがオイラーから受け継いだものは、このような特徴を有する「力学」のプログラムであった。

一　弾性薄板と軌道曲線における「力」

「最小作用の原理」と呼ばれる力学原理の歴史は、ラグランジュの『解析力学』（初版一七八八年）の中では次のように語られている。この名を冠した原理はもともとモーペルテュイによって与えられたが、それを用いた議論は「曖昧で恣意的なところ」があった。これに対して「より一般的でより厳密な」見方を与えたのがオイラーであり、それこそが「唯一、数学者の注目に値する」と。(4) ラグランジュが言及しているオイラーの著作は一七四四年刊行の『最大または最小の性質を有する曲線を見出す方法』（以下『方法』）であり、同書は変分法と呼ばれる数学分野の古典として知られている。(5) ラグランジュの説明を文字通りに受け取るなら、オイラーはモーペルテュイの提唱を受けて研究に着手し、後者の見出した原理を数学的に洗練させたということになるだろう。そうした記述は現に、力学史の古典的著作にも見られるものである。(6)

だが実際には、オイラーの研究はモーペルテュイの取り組みを知る前から行われていた。プルテはこの点について、「オイラーとモーペルテュイは互いに独立に、異なる問題から出発して、動力学的作用原理の異なる定式化に辿り着いた」と指摘している。(7) この主張自体は以下で見ていくように完全に同意できるが、「動力学的作用原理」に議論を限定する必要はないし、すべきでもない。なぜなら、オイラーは『方法』の中で、「静力学的作用原理」とでも呼べそうなものを同時に扱っており、その後の諸論文においても、むしろ静力学に属する問題を多く扱っているからである。本節ではまず、『方法』に印刷されたオイラーの初期の研究を取り上げ、オイラーがどのような問題から出発して、最小原理のどのような定式化を与えたかについて検討したい。

力学の最小原理に関するオイラーの探究は、実質的には一七四二年の秋頃に始まったと見られる。この年の夏、オイラーはプロイセン国王フリードリヒ二世に招かれ、設立が計画されていた新しいアカデミーの一員となるために、ペテルブルクからベルリンへと移り住んでいた。そこへ届いたバーゼル在住の友人、ダニエル・ベルヌーイからの書簡が、当該の研究の発端となったのである。この文通の内容はベルヌーイからの来信しか残されていないが、その文面から、オイラーが何に取り組み、何を発見したのかをほぼ再構成することができる。[8]

ベルヌーイは数年にわたり、弾性を有する薄板を曲げるとどのような形状（曲線）になるのかという問題を考えていた。特徴的だったのは、この問題に対してベルヌーイの採った独自のアプローチである。すでに一七三九年の時点で、ベルヌーイはオイラーに宛てて、自らのアイディアを次のように説明していた。

> 自然にはまっすぐで弾性を有している一様な薄板の一般的な方程式については、$d\xi$を一定として、$\int ds^2/r^2d\xi^2$を最大にする必要があると思います。実際、与えられた曲線状態に無理やり曲げられている任意の薄板には$\int ds^2/r^2d\xi^2$に等しい潜在的な活力が備わっていることが証明できますし、また、ある曲率をそれ自体で取っている弾性薄板は、活力が最小になるように縮められなければならないように思います。なぜならそうでなければ、薄板自体が動いてしまうでしょうから。[9]

ここでベルヌーイが書いていることの意味は必ずしもはっきりしない。後出の書簡等から見て、rは曲率半径、dsは曲線要素を表すと考えられるが、ξが何を表しているのかは明確でなく、また、最初の一文と次の一文（「実際」の前後）の論理的つながりも判然としない。しかし後半の文章からは、曲げられた弾性薄板が「潜在的な活力」を有しており、かつ曲がった薄板ではこの活力が最小になっている、とベルヌーイが考えていたことが分かる。

ベルヌーイはこの二年ほど後、一七四一年の書簡でもほとんど同じことを書き、気が向いたら考えを知らせてほしいと記しているが、[10]オイラーは特にコメントをしなかったと見える。というのも、それからさらに一年と九ヶ月が経った後で、ベルヌーイが再度この問題を取り上げているからである。以前にも伝えた通り、弾性曲線の形状という問題を「弾性薄板に内在する潜在的な活力が最小でなければならない」という仮定から導こうとしたが、満足のいく結論には至らなかった、とベルヌーイは言う。[11] その上で、「貴方以外には誰ひとりとして、等周問題の方法をあれほど完璧なものにはしていないのですから、［潜在的な活力を表す式である］$\int ds/R^2$ が最小になるようにせよというこの問題を、貴方ならまったく簡単に解いてしまうでしょう」と記して、ベルヌーイは書簡を結んだ。[12]

ベルヌーイが繰り返しオイラーの意見を求めたのには、十分な理由があった。両端の位置が定められている、与えられた性質を持つ曲線を決定せよという問題は、変分法と呼ばれる数学の対象である。この種の数学は十七世紀末から十八世紀初頭にかけて、最速降下線の問題をきっかけに発展した（最速降下線とは、物体が重力の作用を受けて曲線上を滑り降りる際、所要時間が最も短くなるような曲線のことを言い、具体的にはサイクロイドになることが知られていた）。[13] 右の書簡でベルヌーイが「等周問題の方法」と呼んでいるのは、このような問題を解くための手法のことであり、オイラーは一七三〇年代からその一般論を発展させていた。[14] ベルヌーイとオイラーの往復書簡の中でも、弾性薄板が取り上げられるより前に変分法の一般的な問題が話題に上ったことがあり、たとえば三八年のある書簡には、「等周的で同じ両端を持つすべての曲線のうちで、$\int R^m ds$ を最大にするようなものを見出すこと。ここで R は曲率半径を、ds は曲線の要素を表す」という問題が登場している。[15] 弾性曲線について「$\int ds/R^2$ が最小になるようにせよ」という四二年一〇月の問題は、数学的にはこの問題の特別な場合（$m=-2$）であった。

その二ヶ月後のベルヌーイの書簡から、オイラーがついにベルヌーイの期待に応えたことが知られる。すなわちオイラーは、薄板の全長が不変（つまり $\int ds$ が一定）という条件下で問題の量（$\int ds/R^2$）が最小になるような曲線を数学的に決定し、それが既知の弾性曲線の式と一致することを示したのである。[16] オイラーはこの頃ちょうど、等周問題を扱った著書を出版しようと準備中であったため、ベルヌーイはオイラーに、弾性曲線の問題などをこの本に付け加えてはどうかと提案した。[17] 弾性薄板の形状に関するオイラーの研究成果はこうして、一七四四年刊行の大著『最大または最小の性質を有する曲線を見出す方法』に、『付録一』として収録されることとなった。[18] 力学の最小原理に関するオイラーの研究は、このように、静力学的問題を解析的に解くことから始まったのである。

しかしながら、オイラーはこの時点ですでに、最小の性質は弾性曲線だけに限らず、自然現象一般に存在するはずだと考えていた。出版された『付録一』の中には、「実際、宇宙はこの上なく完璧に作り上げられており、かつこの上なく聡明な創造主によって仕上げられているのであるから、何らかの最大または最小の道理が輝いていないような世界では、何事もまったく起こらないのである」という一文がある。[19]

ただ、そうは言っても、そうした最小の性質が具体的にどのようなものであるかは大抵の場合、知られていない。弾性曲線に関するオイラーの分析を受け取ったベルヌーイが、「一つの、ないしは複数の力の中心の周りの軌道も、同様に等周問題の方法によって求められるはずです。とは言っても、自然の好む最大ないし最小は分かりませんが」と書いている通りである。[20] ところが、オイラーはその後しばらくして、中心力を受けて運動する一つの物体の軌道では、速度を距離で積分した量（$\int uds$）が最小になっていると伝えてきた。ベルヌーイはこれに対し、次のように反応している。

> 軌道についての、$\int uds$ が最大または最小でなければならないという観察は、私にはとても美しく、また大変重要に思われます。ですがこの原理の証明が分かりません。複数の力の中心の周りでの軌道に対しても［この原理が］及ぶのかどうか、どうぞお知らせください。ひょっとするとそれは単にアポステリオリな観察で、貴方はそれによって、軌道がこの性質を持っていることに気づかれたのかもしれませんね。そうしたことをアプリオリに、正しく証明することはできずに。[21]

この推測が間違っていなかったことは、数ヶ月後の書簡から見て取れる。[22] つまりオイラーは、軌道曲線の場合にも何らかの量が最小になっているであろうという予想から出発し、通常の力学原理から求められる曲線を事後的に

――「アポステリオリに」――分析して、最小量の具体的表式を発見したのである。出版された書籍ではこの点について、軌道曲線そのものは「直接的な方法によって」決定できるのだから、何が最小になっているのかをそこから逆に結論できるのではないかと考えた、と記されている[23]。

軌道曲線の性質に関するこの新しい知見は、『方法』の中に『付録二』として印刷された[24]。ここで提示された原理こそ、後にラグランジュの手で書き直され、最小作用の原理の解析的表現として知られるようになるものである（本書第10章第一節）。この原理は、オイラー自身の与えた元の形では、次のように述べられていた――何らかの力を受けて運動する投射体の描く軌道は、「同じ両端につながれたすべての線のうち、$\int Mds\sqrt{v_h}$ が最小であるようなもの、すなわち、Mは一定なので、$\int ds\sqrt{v_h}$ が最小であるような性質のもの」である、と[25]。ここで、Mは物体の重さ（質量ではない）を、dsは軌道の線要素を、v_hは速度を与える高さ（本書の補遺1を参照）を表しており、結果としてオイラーの与えた式は、現代的表現である$\int muds$（mは質量、uは速度）と比例係数を除いて同じになる。

ところで、オイラーのこの定式化においては問題の量が「最小」であるとだけ述べられており、「最大」となる可能性には言及されていない。これは書き落としではなく、具体的な理由づけを伴うものであった。すなわち、「最大」でなく「最小」である理由について、オイラーは次のように説明しているのである。

> 実際、物体は慣性のためにあらゆる状態変化に抵抗するので、本当に自由であるのなら、［その物体に］働きかけている力にはできる限り従わないであろう。ここから次のことが論証される。すなわち、［実際に］生み出された運動において力から生じた効果は、［仮に］ある別の仕方で一つまたは複数の物体が動かされたとするときよりも、少なくなければならない［強調は引用者］[26]。

ここで言われているのは、物体が描く実際の軌道はできる限り力の影響を受けないようなものであり、したがってその力の効果は最小のはずだ、ということである。オイラーの考えでは、投射体の軌道に見られる最小性は、物体に「働きかけている力」と関連していたことになる。

さらに右の一節は、オイラーが「力から生じた効果」について語っているという点で興味深い。なぜなら、「効果」に基づいて「力」の大きさを見積もることこそは、活力論争の中心的問題だったからである。右の引用からは、オイラーが$\int Mds\sqrt{v_h}$で表される量を「力から生じた効果」と見なしていることが分かる。ここで、重さMが質量に比例し、速度を与える高さv_hが速度の二乗に比例することに注意すれば、この式は質量と速度の積——運動の量——を距離で積分したものとして解釈できただろう。だがオイラーは同時に、この式が$\int Mv_h dt$と変形できることに注意を促し（$ds = dt\sqrt{v_h}$であるため）、したがって「各瞬間に物体に内在する活力の総和が最小」とも解釈できると指摘する。[27]「そうであるから、力を速度そのものによって見積もるべきと主張する人々も、速度の二乗によって見積もるべきと主張する人々も、ここではその結果として何も明らかにされていないことを認めるであろう[28]」——オイラーが『衝撃力について』を書いて活力論争の解消を企てるのはおよそ一年後のことであるが（本書第4章第三節および第7章第三節）、『付録二』の時点ですでに、オイラーは「力」の尺度の問題について第三の立場を採っていたことが窺える。なお付言すれば、『付録一』の主題であった弾性薄板について、ベルヌーイは書簡の中で「潜在的な活力」(*vis viva potentialis*) と書いていたが、オイラーの本では「潜在的な力」(*vis potentialis*) となっており[29]、微妙な違いが認められる。

以上述べてきたことから、一七四四年の二つの『付録』で述べられたオイラーの最小原理は、「力」をめぐる議論の文脈に位置づけることができる。オイラーはまず、ダニエル・ベルヌーイの問題提起を受けて、「潜在的な（活）力」が最小になるような弾性曲線を求めた（『付録一』）。次いで、おそらくはやはりベルヌーイの言に触発され、軌道曲線における最小量を「アポステリオリな観察」ないし「直接的な方法」を通じて発見した（『付録二』）。その上で、後者の最小原理については「力から生じた効果」が最小であるという解釈を与え、同時に「力」の尺度をめぐる論争からは距離を置いたのであった。

こうしてオイラーは一七四四年までに、釣りあい（弾性曲線）と運動（投射体の軌道）という異なる種類の問題について、それぞれ最小原理を見出していた。さらにオイラーは、一般的な最小原理が自然の中に存在するに違いないとも考えていたが、「とはいえその性質がいったい何であるかを形而上学の原理からアプリオリに定めることはそれほど簡単ではないように思われる」とも感じていた[30]。普遍的な原理は、まだ遠くにあるように思われた——しかし意外にも、壁を乗り越える手掛かりはその後すぐ、モーペルテュイによってもたらされることになる。

二 「労力」の発見

モーペルテュイがオイラーと同じくフリードリヒ二世の招聘を受諾し、新設されるベルリン科学・文学アカデミーの総裁候補としてパリからやって来たのは、オイラーの『方法』出版から半年ほど経った一七四五年の夏であった（新しいアカデミーはその翌年、正式に発足した）。この移住の前年、モーペルテュイはパリ科学アカデミーで「最小作用の原理」に関する最初の発表を行っており（本書第4章第二節）、両者は一見すると似たような研究を手掛けていた。だがこの二人は、同じ街に住み、同じアカデミーに所属しながらも——モーペルテュイが総裁、オイラーが数学部門長という関係であった——この主題について直接議論したことはほとんどなかったように見受けられる。結果として、力学の最小原理に関する両者の理解はまったくと言ってよいほど異なっていた。本節ではそのことを、モーペルテュイの使った「作用の量」という用語をオイラーがどのように理解——もしくは誤解——したかという点に即して見ていきたい。

一七四五年の末にオイラーがモーペルテュイに送った書簡には、二つの『付録』で自分が行った研究への簡単な言及が見られる。オイラーはその手紙で、「実を言えば、私は、至る所で自然は何らかの最大または最小の原理にかと尋ねている。[32]

従って作用すると確信しているのです」と語り、そうした原理から弾性曲線や物体の軌道を導いたことに触れた。[31]モーペルテュイはこのオイラーの書簡に接して初めて、同じような原理をオイラーが述べていたことを知ったようである。翌年三月頃の書簡では、モーペルテュイはオイラーに対し、貴殿の『方法』が出版されたのはいつのことかと尋ねている。[32]

モーペルテュイは、自分の発見した「最小作用の原理」の先取権を気にしていた。数ヶ月後にベルリン・アカデミーの会合で口頭発表し、一七四六年度の紀要に掲載された論文の冒頭には、次のような注意書きが付されている。この論文の基礎となっている原理は自分が一七四四年の四月にパリ科学アカデミーで発表したものであるが、オイラー教授は同年末に出版した著書の付録の中で、「物体が中心力によって描く軌道において、速度に距離の要素を掛けたものは常に最小をとる」ことを証明した。この指摘は「私の原理の惑星運動への美しい応用」になっている、と。[33]これが事実関係の正確な記述でないことは前節での検討から明らかだが、ここで注目したいのはむしろ、モーペルテュイがオイラーの『付録二』にしか言及していないことのほうである。この理由は、モーペルテュイにとって重要だったのが、自身の与えた「作用の量」の定義——質量と速度と距離の積——であったためと考えられる。『方法』でオイラーが扱ったうち、『付録二』の最小量はこの定義に即して解釈できるが、『付録一』についてはそうではない。そのためモーペルテュイは、『付録一』には特に関心を持たなかったと考えられる。事実、後年の著作においても、モーペルテュイはオイラーの『付録一』に一度も言及していない。

これに対してオイラーの側には、モーペルテュイの「作用の量」について一種の誤解が認められる。たとえば、一七四八年の春にモーペルテュイに宛てた書簡の中で、オイラーは自分が現在行っている研究について次のように記している。

目下のところ私は、数多くの力学曲線についての論文に取り組んでおります。私はそれらをまず力学の諸原理によって決定するのですが、次いでそれらの曲線において最小になる量の表式を探します。これは貴殿が作用の量と名づけておられるものを表す式をそれぞれの場合にアポステリオリに知るためであり、そうすればその式をアプリオリに発見することはますます容易になると思っております[34]。

オイラーはここで、モーペルテュイの「作用の量」に明示的に言及している。モーペルテュイが四六年に行った最小作用の原理の研究発表をオイラーは聴講しており[35]、したがって今では、モーペルテュイの研究について直接知るようになっていた。だが、モーペルテュイがその論文で「作用の量」を質量と速度と距離の積と定義していたにもかかわらず、オイラーは、「貴殿が作用の量と名づけておられるものを表す式をそれぞれの場合にアポステリオリに知る」ことが自身の研究課題だと書いている。これに対するモーペルテュイの返信は残っていないが、オイラーの言っていることをなかなか理解できなかったように見受けられる。何度か書簡をやり取りした後になって、オイラーは、「率直に認めますが、私は互いにまったく異なる多くの式に誤って作用の量という名前を与えていました」と詫びることになった[36]。

したがって、オイラーはモーペルテュイの原理を知るようになったものの、それをそのまま受け入れたわけではない。むしろオイラーの研究方針は、『付録二』の頃から変わっていなかったと言える。先に引用した書簡で述べられているように、オイラーは一般的な最小原理の存在を確信しつつ、自然の中に見られるさまざまな曲線の最小量を、問題ごとに見出そうとしていたのである。

一七四八年にオイラーが研究の対象としたのは、諸々の力を受けて静止している糸の形状と、同じく静止状態にある流体の形状という、二種類の釣りあいの問題であった。オイラーはこれらを「アポステリオリに」——その形状を表す曲線を力学の原理によって求め、次いでその曲線において最小となる量を探すという仕方で——探究し、一連の重要な成果を得た。

第一の問題では、簡単な場合から検討を始めていき、最後に一番複雑な事例として、A/R（Aは定数、Rは曲率半径）で表される「弾性の力」(force de l'élasticité) を備えた糸が、複数の中心力を受けて静止しているという問題が扱われた。考察の結果、この場合には、

$$\int ds\left(\int Vdv+\int V'dv'+\int V''dv''+\ldots+\frac{A}{2R^2}\right)$$

で表される量が最小になっていると判明した（V、V'、V''、…は中心力の大きさを、dv、dv'、dv''、…は物体の各要素から各中心へ向かう距離要素を、dsは糸の曲線要素を表す）[37]。同様に、第二の静止流体の問題では、釣りあいが成り立っている場合、

$$\int dS\left(\int Vdv+\int V'dv'+\int V''dv''+\ldots\right)$$

という式が最小になっていると結論された（dSは流体の体積要素）[38]。

この二つの問題では、それぞれの最小量が$\int Vdv$という同一の量から構成されているのが見て取れる。オイラーはまた、前者の式に含まれている$A/2R^2$も$\int Vdv$と本質的に等価な量であることを示しているが、それが意味したのは、以前の『付録一』で最小量とされた「潜在的な（活）力」$\int ds/R^2$が、この量の一例として解釈できるということであった（係数の違いは問題とされていない）[39]。さらにオイラーは、『付録二』における軌道曲線の最小量$\int muds$についても同様の解釈を与え、この表式が、

$$\int dt\left(\int Vdv+\int V'dv'+\int V''dv''+\ldots\right)$$

のように書き直せると主張している（dtは時間要素）[40]。これは後年、静止の法則と運動の法則の「調和」と呼ばれることになる事柄である（次節参照）。

これらの事例に共通して現れる一般的な量（$\int Vdv$）は、オイラーが一七四八年度のベルリン・アカデミー紀要に発表した論文では、「力の作用の量」（quantité d'action des forces）と呼ばれている。この呼び名がモーペルテュイの用語法に沿っていないことはすでに指摘した通りであるが、それと並んで注目されるのは、オイラーがこの量について「モーペルテュイ氏が幸運にも釣りあいの場合において見出した」としている点である（強調は引用者）[41]。この説明は、一七四四年と四六年の論文で主張された最小作用の原理ではなく、モーペルテュイがそれよりも前に提唱していた「静止の法則」（一七四〇年）を念頭に置いたものと考えることができる。

モーペルテュイが与えた「静止の法則」とは、中心からの距離zのn乗に比例する大きさを持った複数の中心力mfz^n（mは質量、fは比例定数）を受けている物体系が釣りあい状態にあるとき、$mfz^{n+1}+m'f'z'^{n+1}+m''f''z''^{n+1}+\dots$で表される量が最大または最小になるという命題である[42]。オイラーは一七四五年末のモーペルテュイ宛書簡（本節冒頭で引用したもの）で「静止の法則」論文を読んだことを伝え、さらに、この法則は一般化が可能だと指摘していた。すなわち、距離のn乗に比例する力の代わりに一般的な中心力（前出のV、V'、V''、…）を考えれば、物体系が釣りあっている時には$\int Vdv+\int V'dv'+\int V''dv''+\dots$が最大または最小になっている、というのであった[43]。なお現代的に解釈すれば、$\int Vdv$は中心力Vのポテンシャルエネルギーに相当するから、「静止の法則」とはつまり、釣りあい状態では系のポテンシャルエネルギーが最大または最小であるという主張にほかならない[44]。

このように、オイラーは一七四八年までに、自分が『付録一』と『付録二』で論じた最小原理がモーペルテュイの「静止の法則」に基づき解釈できるという見解に達していた。換言すれば、オイラーが一七四八年に発見した事柄は、一般化された「静止の法則」こそが種々の最小原理の基礎である、ということであった。その意味では、力学の一般的な最小原理の先取権はモーペルテュイにある、と言うことができたかもしれない。実際、おそらくはこのことが、数年後に始まる先取権論争においてオイラーがモーペルテュイを支持した理由を説明してくれる。

問題の論争は、一七五一年一〇月、モーペルテュイがベルリン・アカデミーの会合で、旧知の仲であったケーニヒの論文について申し立てを行ったことに端を発する。ケーニヒはその論文の中で、最小作用の原理に当たるものは過去にライプニッツが書簡の中で述べていたと指摘し、その文面の一部を引用していたのである。その後の経過を簡単に記しておくと、ベルリン・アカデミーはこの件についてケーニヒから事情聴取を行い、ライプニッツの書簡の探索を試みたが、原本は発見されなかった（ケーニヒが入手していたのは写しのみであった）。これら一連の調査結果を受けて、アカデミーは翌年、ケーニヒの主張は捏造であるという決議を行う。これが学識者や公衆のあいだで大いに物議を醸すこととなり、ケーニヒとモーペルテュイのそれぞれを支持する陣営のあいだで論戦が繰り広げられた。「ケーニヒ事件」と通称されるのがこれである。[45]

オイラーはこの一連の論争に際し、アカデミーの調査報告を取りまとめて決議案を作成したのみならず、ケーニヒを論駁する論考をいくつか執筆してさえもいる。[46] オイラーがこのようにモーペルテュイを積極的に擁護した理由については、当時からさまざまな説明が与えられているが、管見の限り、オイラーにとっての「静止の法則」の重要性が指摘されたことはない。だが、「モーペルテュイ氏によって生み出された原理は普遍的であって、およそその力というのはその普遍性にある」とオイラーが主張する際[47]、念頭にあったのはモーペルテュイが「最小作用の原理」と呼んだものではなく、「静止の法則」あるいは「力の作用の量」であったと考えるべきであろう。

「力の作用の量」は、一七五一年に口頭発表されたオイラーの論文『モーペルテュイ氏の静止と運動の一般原理のあいだの調和』（以下『調和』）において、「労力」（effort）という新しい名前を与えられた。同時に、「静止の法則」はこの用語を使い、「あらゆる釣りあいの事例において、物体の全要素が従っている労力の総和は可能な限り最小になる」と表現されることになった。[48] ただ、その一方で、オイラーはこの量を「作用」と呼んでも構わないとも述べており、「そうすると、モーペルテュイ氏の見解に従って、運動においても静止においても作用の量は常に可能な限り最小である、と言うことが許される」と結論している。[49] 繰り返しになるが、ここでの「作用の量」はモーペルテュイの定義に基づくものではなく、先に見た$\int Vdv$という量、もしくはそれから構成される量のことである。混乱を避けるため、以下ではこの量を指す用語としては原則として「労力」を使うこととし、静止においても運動においても労力は常に最小であるとするオイラーの命題を、「最小労力の原理」と呼んでおく。

オイラーが最小労力の原理に辿り着く上で、モーペルテュイが重要な役割を演じたのは間違いない。しかし、オイラーに影響を与えたのはモーペルテュイが「最小作用の原理」と呼んだ一般原理ではなく、それよりも前の仕事である「静止の法則」のほうであった。確かに、オイラーはモーペルテュイの「最小作用の原理」を知るようになってから、「作用の量」という表現を使うようになった。一七四四年の二つの『付録』では、この言葉は用いられていなかったのである。後から振り返って見れば、モーペルテュイがオイラーの『付録二』を自分の原理の「応用」と評したことに加え、オイラーがモーペルテュイの「作用の量」という語を使用——あるいは誤用、ないしは転用——したことが、事態を著しく複雑にしている。だが本節での検討から分かるように、オイラー自身の思考の展開は比較的単純であった。オイラーは、『付録二』と同様のアプローチで種々の力学的曲線において何が最小になっているかを探究し、それら諸事例の分析から、共通の量が関与していることを見出していった。その量は、モーペルテュイが「静止の法則」において述べていた内容を一般化して得られるものであり、オイラーはそれに「力の作用の量」もしくは「労力」という名前を与えたのである。

ここから了解される通り、オイラーにとって力学の最小原理の中核をなすものは、一般化された「静止の法則」と、そこに現れる「労力」という量であった。しかしオイラーは、それらが単に釣りあいの科学すなわち静力学の基本原理として有益だと考えたのではなかった。オイラーは最小労力の原理について、さらに独自の解釈を行い、それを自身の「力学」構想の一部としたのである。

三　最小労力の原理

ベルリン科学・文学アカデミー紀要の一七五一年度の巻は、前節で述べたケーニヒ事件の最中に編まれ、一七五三年に出版された。オイラーはこの巻に、最小作用の原理ないし最小労力の原理に関する論考を計四本発表している。一本目が『モーペルテュイ氏の静止と運動の一般原理のあいだの調和』であり、二本目と三本目ではケーニヒの主張が批判的に検討されている。最後の四本目の論考は、『釣りあいの一般原理の形而上学的証明の試み』（以下『証明』）という表題を持ち、前節で見た「静止の法則」に対してある種の「証明」を与えようとする内容である。[50]

本節ではこのうち、『調和』と『証明』という二本の論文に着目し、そこに見られるオイラーの考え方の特質を論じる。あらかじめ概要を述べれば、オイラーは『調和』において「静止の法則」から「運動の法則」を導き出せると主張し、他方で『証明』において、「静止の法則」が静力学的な力の有する性質として理解できることを論じた。これが意味するのは、オイラーの考えていた最小労力の原理においては、静力学的な力概念が基盤的地位にあったということである。このことを示すことにより、オイラーの変分原理と運動方程式との共通性を明らかにすることが、以下の議論の目的である。

まず、『モーペルテュイ氏の静止と運動の一般原理のあいだの調和』から見ていきたい。表題だけを読むと、オイラーが示そうとしたのはモーペルテュイの提示した「静止の法則」と「運動の法則」の関係であったように見えるが、それは正しくない。第一に、モーペルテュイは確かに「静止の法則」を提唱していたが、それは特別な場合（特殊な関数形を持つ中心力）を想定して述べられており、一般的な形で述べたのはオイラーであった（前節を参照）。『調和』の本論は、この一般化を説明するところから始まっており、以降の議論でもその一般的な形が用いられている。第二に、『調和』でオイラーが取り上げている「運動の法則」とは、自身が『付録二』の中で定式化したものであり、モーペルテュイが四六年の論文で論じていた事柄とは異なっている（この点については後述する）。要するに、オイラーがここで「調和」していると主張するのは、モーペルテュイの与えた命題を自らが一般化して得た「静止の法則」と、オイラー自身が独自に発見した「運動の法則」である。

次に、この二つの原理ないし法則が「調和」しているということの意味については、オイラーは明示的な説明を与えていない。しかし論文の内容に即して言えば、オイラーがここで示そうとするのは、一方から他方が導き出せるということである。具体的には、オイラーはこの二つを、次の式を使って結びつける（Cは定数）。

$$\frac{1}{2}mu^2 = C - \left(\int Vdv + \int V'dv' + \int V''dv'' + \ldots\right).$$

この式は、左辺が運動エネルギーに、右辺の括弧内が系全体のポテンシャルエネルギーに対応することに注意すれば、力学的エネルギー保存則にほかならない（ただし十八世紀においてはそのような発想はなく、オイラーがこの式に何らかの物理的解釈を与えているわけではない）。ここで、両辺を時間tで積分し、右辺の括弧内にある労力の総和をΦで表すことにすれば、次が得られる（ただし$udt = ds$の関係を用いる）。

$$\frac{1}{2}\int muds = Ct - \int \Phi dt.$$

この式について、オイラーは次のような主張を行っている。（一）釣りあいにおいては労力の総和（Φ）が最大または最小なのだから、（二）運動においてはそれを時間で積分したもの（$\int \Phi dt$）が最大または最小になるはずである。したがって、（三）左辺の積分（$\int muds$）もやはり最大または最小になる。このようにして、「静止の法則」から「運動の法則」が導かれる、と。[51]

この議論には、明らかに、多くの欠陥や飛躍がある。たとえば、（一）から（二）への推論では、静止の場合に最小（または最大）となる量がなぜ運動の場合にも最小（または最大）となるのか不明である。しかしここでは特に、

（二）から（三）への推論に注目したい。問題は、静止において労力の総和が最小であるならば、右の式からは必然的に、左辺の積分が最大でなくてはならない、ということにある。このことは、オイラーが『付録二』の中で、この量が最小であることを力の効果という観点から正当化していたこと（本章第一節）と矛盾する。仮に『付録二』の主張を維持するとすれば、今度は逆に、労力の総和は最大でなくてはならないだろう。確かにオイラーは、『調和』において初めて、労力が最大となるような釣りあいの事例があることを認めている。しかしそこで説明されているように、労力が最大の釣りあいというのは不安定な性質のものであって、安定した釣りあいは労力が最小の場合に対応している――オイラー自身の喩えで言えば、円錐を底面を下にして置くか、頂点を下にして置くかという違いである。[52] それゆえ、オイラーの唱える「調和」の主張は結局のところ、承認できない。

ただ、そうではあるものの、オイラーがここで静止と運動に関する二つの最小原理を積極的に結びつけようとしたことは確かである。オイラーは、『調和』と同じ巻に掲載された別の論考でも、「これら二つの原理はそれゆえ、互いにとても密接に結びついているので、これらはむしろ一つのものと見なすことができる」と述べている。[53] 最小労力の原理は、実際には問題含みの主張であったけれども、それが静止と運動の両方を包摂する「一般原理」として提出されたことは確かであり、かつそれは、「静止の法則」から「運動の法則」が導き出せるという形で主張されていた（オイラーは逆向きの導出もできると書いているが、実際には行っていない）。

この最後の点は、オイラーとほぼ同時期にほとんど同じ議論を行ったクールチヴロンには見られないものである。パリ科学アカデミー会員のクールチヴロンは、一七四九年度のパリの紀要（出版は一七五三年）に『静力学と動力学の探究』と題する論文を発表し、オイラーとまったく同じ式（力学的エネルギー保存則）を書き下した上で、オイラーとほとんど同じ解釈を与えている。だが、そこでクールチヴロンが主張した内容は、一方から他方が導き出せるということではなく、釣りあいの原理と運動の原理のあいだに従来知られていなかった興味深いつながりがある――一方の最大・最小と他方の最大・最小が対応する――ということであった。[54] 議論の健全さという点ではむ

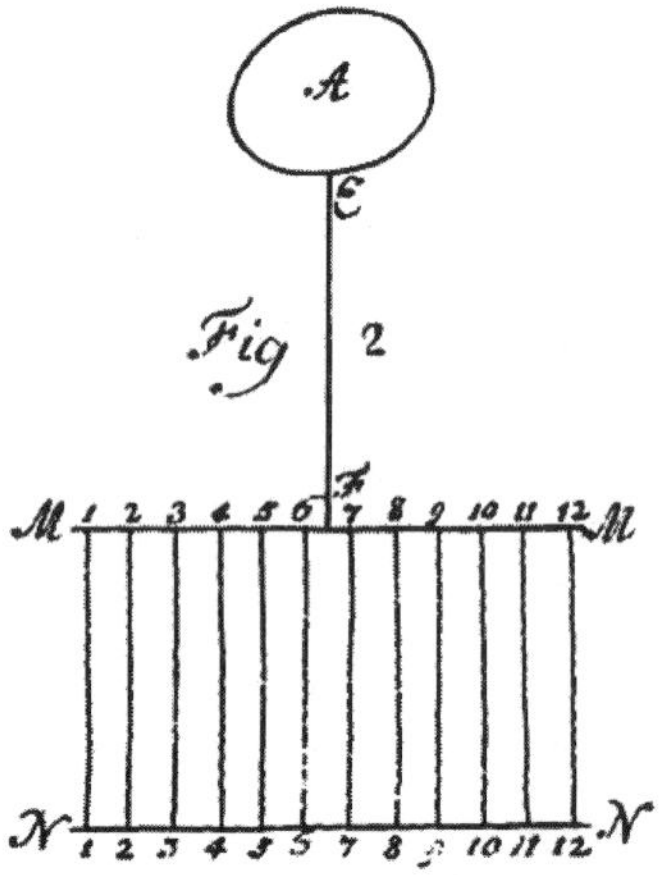

図1　「繊維」による力の表現. Euler, "Essay d'une démonstration métaphysique" (1751), fig. 2 より転載.

しろクールチヴロンのほうが勝ると言ってもよいが、オイラーのように最小原理によって静力学と動力学を統一しようとする姿勢は希薄である。

ここまで見てきたように、成功しているかどうかはともかく、オイラーは『調和』において、「静止の法則」から「運動の法則」が導出されると主張した。この議論が仮に妥当であったとするなら、あとは「静止の法則」の正しさが何らかの形で証明されれば、釣りあいと運動の理論――すなわち力学――の全体が、確実な体系として提示されたことになるだろう。『調和』と同時にベルリン・アカデミー紀要に発表された論文、『釣りあいの一般原理の形而上学的証明の試み』は、そのような役割を果たす一篇として読むことができる。

この論文の表題にある「形而上学的」という形容詞からは、何らかの哲学的考察が期待されるかもしれないが、ここでオイラーが展開するのはそうした性格の議論ではない。例によってオイラーは、自分の使っている言葉の意図するところを明確に語らないが、はっきりしているのは次に示す通り、力の作用のモデルに訴えた議論が行われているということである。

オイラーの解釈は、図1によって表されている。[55]二本の棒（MMおよびNN）のあいだに引かれた多数の平行線は「繊維」（filets）を表しており、これらの繊維はどれも同じように伸び縮みできる。繊維が縮むと、物体（A）は紐（EF）で引かれる――すなわち、力の作用を受ける。この力は、オイラーによれば、繊維の本数とそれらの縮んだ長さとによって定量化できる（図では繊維が一二本描かれているが、この数に特別な意味はない）。このようにモデルを設定した上で、オイラーは、この力が一般にNxという量を減らそうとするものであることを指摘する。ここでNは繊維の本数、xは二本の棒のあいだの距離である。さらに、もしも力が一定ではなく変化するのであれば、その場合は繊維の本数がその都度変化すると考え（この変数をPとする）、Nxに代えて$\int Pdx$とすればよいであろう――この量こそ、先に見た「労力」にほかならない[56]。

加えて、このような「労力」の解釈とともに、オイラーは「一般原理」として、「すべての力は可能な限り作用する」という命題も提示している[57]。論文における議論の筋道は必ずしも明瞭でないのだが、以上を総合すると、任意の力の作用の結果として「労力」は可能な限り最小となる、という結論が得られると考えてよいだろう。オイラーの最小労力の原理は、このようにして、力の作用についての仮想的なモデルにより正当化される。

先に本書第II部においては、オイラーが初期の論文・草稿の中で、静力学的な動力を仮想的なばねの作用として表現していたことを見た。一七五〇年代のオイラーが与えている最小労力の原理の「形而上学的証明」は、その議論を思い起こさせる。実のところ、釣りあいの最小原理をこのような形で解釈することはすでに一七四八年の論文で行われており、そこでは三つの力の下での釣りあいが「弾性的な糸」（fils élastiques）によって考察されている（図2）[58]。この事実は、これと相前後して書かれた衝突関連の論文――一七四五年の『衝撃力について』や、一七五〇年の『力の起源の探究』――にばねのモデルが登場しないことと照らし合わせると、特に興味深いものとなる。つまり、オイラーは衝突の議論においては物体の相互作用を仮想的なばねになぞらえることを明示的に行わなくなったが、「動力」の働きをばねとの類推で考えること自体を放棄したわけではなかったと考えられよう。

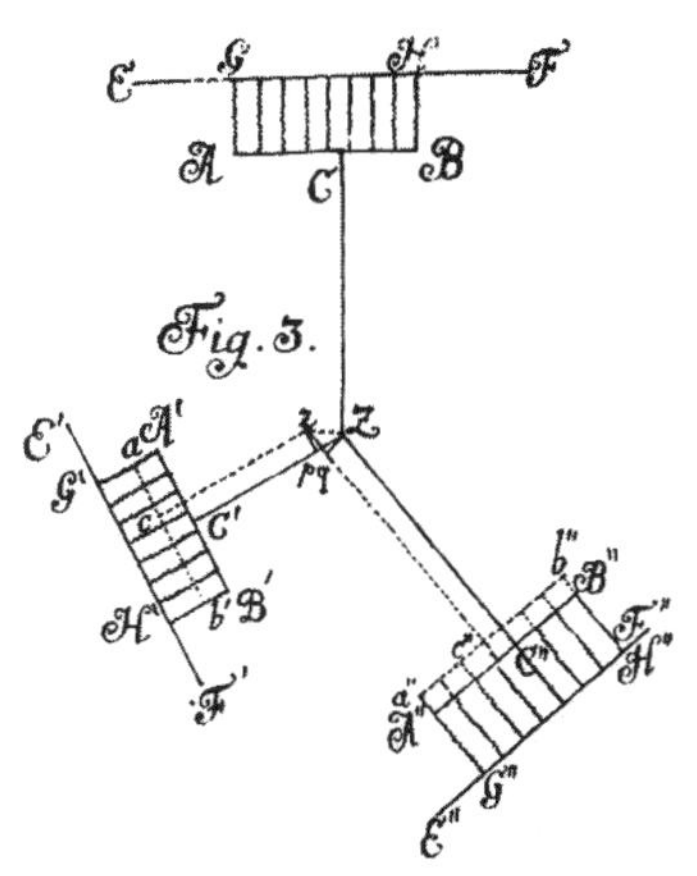

図2　「弾性的な糸」による最小原理の説明．Euler, “Réfléxions sur quelques loix générales de la nature” (1748), fig. 3 より転載．

そうであるとすれば、オイラーにとって最小労力の原理とは、ばねに比せられる力の作用が持つ性質として理解されるべき事柄であり、その意味で通常の静力学の一部として位置づけられることになるだろう。事実オイラーは、生前出版されなかった『静力学』という草稿の中で、いま言及した一七四八年の論文と極めてよく似た議論を行っており、「すべての動力は可能な限り作用する」という命題を「公理二」として宣言している（第一の公理は、逆向きで大きさの等しい二つの動力によって釣りあいが生じるという命題である）[59]。この草稿の成立年代は明らかでないが、オイラーが生涯のどこかの時点で、最小原理を静力学の基本的説明に含めようとしたことは疑う余地がない。

以上の検討から、オイラーの最小労力の原理は常に力の作用に関わるものであったと結論することができる。確かに、第一節で触れたように、オイラーは「宇宙はこの上なく完璧に作り上げられており、かつこの上なく聡明な創造主によって仕上げられているのであるから、何らかの最大または最小の道理が輝いていないような世界では、何事もまったく起こらないのである」と書いており、神学的な側面があったことも否定はできないだろう。しかし、このことばかりを強調するのはやはり一面的と言わざるを得ない。オイラーは同時に、最小労力の原理に対して力学的な解釈を与えており、この次元では静力学的な力概念が中心に置かれていた。さらに、『調和』の議論から了解されるように、オイラーはこの最小労力の原理が釣りあいだけでなく、運動の理論をも与えるはずだと考えていた。その議論には欠陥があったとしても、物体の運動の変化を力の作用の効果として捉えるオイラーが、力の作用に見られる最小性を運動においても見ようとしたことは十分理解できる。「形而上学的」という形容詞についても、狭義の哲学や神学を意味するのでなく、力の作用の様態あるいは本性を考察することを指して使われていたと考えるべきであろう。

いま述べたような論点は、オイラーとモーペルテュイの相違をさらに堅固なものとする。なぜなら、モーペルテュイもやはり最小作用の原理によって釣りあいと運動を扱ったが、そこにはオイラーのような力概念がまったく登場しないからである。本章の最後に、モーペルテュイの議論がどのようなものであったかを確認し、そのことを通じて、オイラーの力学の特質を浮き上がらせることを試みたい。

四　二つの最小原理、二つの到達点

本章ですでに幾度か触れたように、最小原理をめぐるオイラーとモーペルテュイの関係はかなり錯綜している。オイラーから見れば、もともとベルヌーイの問題提起を受けて始まった最小量の探究の過程で、たまたま出会ったのがモーペルテュイの「静止の法則」であった。オイラーはそれに大きな価値を見出し、一般化した上で、最小労力の原理の基礎として利用した。他方、モーペルテュイはもともと、数学的方法と形而上学的方法を結びつけ、それによって広範な種類の問題を扱うことを目指して、最小作用の原理を提案した（本書第4章第二節）。このように、最小原理に関する両者の探究はまったく独立に始まっていたが、二人の辿り着いた地点もまた異なっていた。以下では、モーペルテュイの原理の終着点をまず見定めた上で、オイラーの原理との違いを考察する。

前節では、オイラーが最小労力の原理によって静止と運動の理論を結びつけようとしたことを見た。しかし、両者を統一するという思想は必ずしもオイラーの専売特許ではなく、モーペルテュイにおいても認められる。すなわち、一七四六年にベルリン・アカデミーで発表した最小作用の原理の論文で、モーペルテュイは「静止の法則」と「運動の法則」の双方を、自身の原理の帰結として論じていたのである。この議論は、その論文でモーペルテュイが主目的として掲げていた、神の存在証明（本書第4章第二節）の一環をなすものであった。とはいえ、仔細に検討していくと、モーペルテュイの思考はオイラーと重要な点で異なっていることが判明する。

最初に注意しておくべきなのは、その論文で「静止の法則」と呼ばれているものが、オイラーの評価した一七四〇年の法則ではない、という点である。ここで取り上げられるのは、実質的には梃子の重心位置を決定する規則であり、（モーペルテュイの意味での）最小作用の原理から、次のように導出されている。[60] いま、長さ c の梃子の両端に二つの物体（質量 A および B）が置かれ、前者の物体から梃子の支点までの距離が z であるとしよう。ここで梃子がわずかに動くとすると（これは本書でたびたび言及している仮想速度の原理の発想である）、それによって両物体の描く小さな弧、すなわち通過距離は、支点からの距離に比例する。また、その時の両物体の速度もやはりこの距離に比例すると言える。したがって、この場合の「作用の量」――「質量と速度と距離の積」――は $Az^2+B(c-z)^2$ に比例するであろう。これが最小であるためには、その微分がゼロでなくてはならない。ここから正しい梃子の原理が導かれる――以上がモーペルテュイの議論である。[61]

もっとも、モーペルテュイは十年後に自身の『著作集』の改訂版を編んだ際、この記述を丸ごと削除し、それに替えて一七四〇年の『諸物体の静止の法則』論文を新規に採録している。これはオイラーの行った研究、とりわけ『調和』論文を受けて、そちらのほうが一般的な取り扱いになっていると認めたためである。[62] この事実は、モーペルテュイが一七四六年の時点では、以前に自分が提唱した「静止の法則」の重要性を認識していなかったことを如実に物語っている。そのことは結局、一七四〇年の「静止の法則」は、モーペルテュイの考えた「最小作用の原理」とは無関係であったということを意味する。

モーペルテュイが重視したのは「静止の法則」ではなく、最小作用の原理から「運動の法則」が導けることのほうであった。ただし、本書第4章で議論したように、この「運動の法則」とは、硬い物体と弾性的な物体に関する二種類の衝突規則を指している。いま、質量 A および B を持つ二つの物体が速度 a および b で衝突する場合を考えよう。[63] まず、硬い物体の場合には、両物体は衝突後に一体となり、等しい速度 x で運動すると前提されるから、衝突による速度の変化は $x-a$ および $x-b$ で表される。次にモーペルテュイは、物体 A と B が衝突前には単位時間で距離 a および b をそれぞれ進んでいたのに対し、衝突後にはこの距離が x になると考える。それゆえこの意味での距離の変化も同じ形の式 $x-a$ および $x-b$ で書ける。したがってモーペルテュイの原理から、この場合の「変化に必要な作用の量」が、質量と速度変化と距離変化の積の総和として、$A(x-a)^2+B(x-b)^2$で与えられる。[64] これが最小であるということから、xに関する微分をとってそれをゼロに等しいと置くと、最終的に衝突の法則（衝突前後の速度の関係式）が得られる。[65] 弾性的な物体の場合には、衝突後の速度をそれぞれαおよびβとすると「変化に必要な作用の量」は$A(\alpha-a)^2+B(\beta-b)^2$となり、これが最小という条件と、衝突前後で二物体の相対的な速さが等しい（$\beta-\alpha=a-b$）という関係から、最終的な結果が得られる。[66]

　これら「静止の法則」と「運動の法則」の導出について、オイラーとの比較で大書すべきなのは、力概念の不在である。「静止の法則」に関しては梃子がわずかに動いたときの距離と速度が用いられ、「運動の法則」の導出では「変化に必要な作用の量」の計算が鍵となっている。このうち後者の議論についてさらに補足すれば、モーペルテュイは「変化に必要な作用の量」を計算するに当たって、衝突前の運動状態と衝突後の運動状態のみを考えて両者の差を取るという手順を踏んでおり、二つの物体が衝突する過程については捨象している。そのため、両物体の相互作用、すなわち互いに及ぼしあう力が登場してこない。これを衝突の理論として見ると、モーペルテュイの議論は一七二〇年代の諸理論（本書第6章）と異なり、「運動物体の力」の概念を（意図的に）用いていないという特色がある（本書第4章第二節）。しかしそれと同時に、静力学的な力概念もまた、モーペルテュイの最小作用の原理とは無縁であった。この意味で、モーペルテュイによる衝突の問題の取り扱いは、ダランベールが『動力学論』で行ったのと同じ性格のものであったと言える（本書第8章第三節）。

　そのダランベールは、モーペルテュイの仕事について、「これまで別々の法則を有していた弾性的な物体の衝突と硬い物体の衝突とを同じ法則に帰属させ」ることに成功し、これら二種類の物体の衝突法則を「初めてただ一つの同じ原理によって決定した」と評している。[67] このような形で二つの衝突法則が導出できるということは、モーペルテュイ自身が特に重視したところでもあった。遺作となった一七五六年の論文の中で、モーペルテュイは「運動の諸法則」として六つの命題を挙げている。それらはまず、（一）硬い物体では衝突後の速度が等しくなること、

（二）弾性的な物体では衝突前後で相対的な速さが変わらないこと、（三）二つの物体の重心の運動は衝突前後で変わらないことであり、次いで、（四）デカルトの主張した運動の量の保存と、（五）ライプニッツの提唱した活力の保存が、特定の場合にのみ成り立つ法則として紹介される。そして最後に、硬い物体と弾性的な物体のいずれにも適用できるとして提示されるのが、（六）最小作用の原理であった[68]。この「運動の諸法則」の一覧は、モーペルテュイにとって自分の提唱した原理がどのような意義を持っていたかをよく示している。

しかしながら、そうした意義をオイラーも同じように認めたとは到底考えることができない。オイラーは一七三一年以来、一貫して、連続的な力の作用がもたらす現象として物体の衝突を分析していた。その際、オイラーにとってはライプニッツ－ベルヌーイの連続律こそが根本的な前提となっており、衝突時に速度が不連続に変化するとされる硬い物体の存在はむしろ否定された（本書第4章第三節、第6章第五節、および第7章）。さらに、オイラー自身が一七四四年の『付録二』で与えた運動に関する最小原理も、中心力によって運動が連続的に変化する事例を扱うものであった。オイラーの言う「運動の法則」はモーペルテュイと異なり、不連続的な衝突ではなく連続的な力の作用に、あるいは加速運動に、専ら関係していたのである。

このような背景を考慮すると、オイラーがモーペルテュイの議論をどのように見ていたのかというのは興味深い問題である。実のところ、一七五〇年度のベルリン・アカデミー紀要に発表された『力の起源の探究』の中には、モーペルテュイの原理について語っていると読める箇所がある。この論文は第一義的には、力学的な「力」――物体の状態を変化させる原因――が物体の不可入性に由来することを論証しようとするものであったが（本書第4章第三節）、オイラーはその議論の途中で次のように記している。

> このように物体の衝突においては、その不可入性は常に、［別の物体の］侵入から物体を守れるだけの最小の力しか提供しないのである。そしておそらく、世界のあらゆる変化はその効果をもたらしうる最小の費用で、す

なわち最小の力で生み出されるという非常に一般的な原理は、まさにこの事情に基づいている。(69)
オイラーはこのように書くことで、事実上、モーペルテュイの主張を自身の力学の枠組みに回収していると言える。モーペルテュイの「作用の量」がここでは「力」に置き換えられ、「不可入性は侵入から物体を守れるだけの最小の力しか提供しない」ということが、衝突における最小原理の基礎とされたからである。

さらに、右の引用は、前節で取り上げた『釣りあいの一般原理の形而上学的証明の試み』(一七五一年)とも整合するように思われる。オイラーはその中では、静力学的な力の作用そのものに最小の性質が備わっているという趣旨の論を展開していた。そのことと、衝突による運動の変化を連続的な力の効果と見る捉え方とを合わせると、衝突においても何らかの最小の性質が認められるはずだと考えるのは理に適っている。つまり、オイラーの枠組みにおいては、変化の原因である力自体が最小の性質を有しているのであって、衝突における最小性はそれに由来するという論理構成になっていると考えられる。これがオイラーの辿り着いた地点であるなら、それは間違いなく、モーペルテュイの到達点とは異なる別のどこかであった。

以上、本章での一連の検討から、オイラーの最小原理がモーペルテュイのものとまったく異なっていたことは明らかである。モーペルテュイにとっての「運動の法則」が不連続的な物体の衝突に関するものであったのに対して、オイラーの「運動の法則」は連続的な中心力の作用に関わるものであった。モーペルテュイが釣りあいの問題にそれほど関心を持っておらず、自身の提示した「静止の法則」の重要性を意識していなかったのに対して、オイラーにとっては一般化された「静止の法則」とそこに現れる「労力」こそが最小原理の要であった。さらに、モーペルテュイによる「形而上学」の主張の眼目が目的因の活用や神の存在証明という点にあったのに対して、オイラーの説く「形而上学」はむしろ、力の起源としての不可入性や力の作用のモデル化といった議論に関わっていた。

この最後の点は、オイラーによる最小労力の原理の提唱が、静力学的な力概念の考察と関連していたこと、あるいはむしろ、その一部であったことを示している。現代的な力学理論の形式という観点からは、運動方程式による定式化と変分原理による定式化とが互いに区別されるが、オイラーにとっては、この二つはいずれも「力の作用」や「力の効果」という問題系に属していた（一七三六年の『力学』が「力（動力）の効果」を問題にしていたことについては、本書第7章第二節で論じた）。このことを踏まえると、オイラーが『調和』において「静止の法則」から「運動の法則」が導き出せるはずだと考えたのも理解できないことではない——運動の変化が「力の効果」であり、そのような効果を生み出す力の作用それ自体に最小性が備わっているのであれば、運動の変化にも何らかの最小性があると考えるのはむしろ自然に思われるからである。実際には、オイラーの主張する「調和」の議論には多くの欠陥があった。しかし次章で見るように、釣りあいと運動を一体として扱おうとする一連の議論こそが、若きラグランジュの力学研究に重要な方向性を与えたのである。

第10章　ラグランジュの力学構想の展開

『一八〇〇年時点までの力学の種類』と題する総説論文の中で、数理科学史家のグラッタン＝ギネスは、十八世紀末には力学に三つの伝統があったと書いている。一番目がオイラーによる運動方程式の確立に代表される「ニュートン力学の伝統」であるのに対し、二番目に挙げられているのが、ラグランジュの『解析力学』（初版一七八八年）を頂点とする「変分力学の伝統」である。三番目は「エネルギー力学の伝統」と名づけられており、八〇年代以降のカルノーの著作と専ら関連づけられている。[1]

このうちの「変分力学の伝統」について、グラッタン＝ギネスはその出発点をオイラーによる最小作用の原理の定式化に求め、オイラーとダランベールからラグランジュへ至る過程として、この「伝統」を記述している。もっとも、この議論で参照されているフレイザーの先行研究は、ラグランジュが最初はオイラーの影響下に最小作用の原理を採用していたが、後にダランベールの影響を受けて基本原理を変更したという内容であった。[2] つまり、フレイザーがラグランジュの研究経歴の中に一種の不連続性を指摘したのに対し、グラッタン＝ギネスはそれを「変分力学」という見出しの下に、連続的な過程として提示したことになる。これはおそらく、ラグランジュが基本原理の変更前も変更後も、それを「変分」（本章で見るδ記号）を使って記述しているためであろう。

だが、ラグランジュの『解析力学』に関するこの見方には、二つの短所があるように思われる。第一に、『解析力学』を「変分力学の伝統」に属するものとして「ニュートン力学の伝統」と区別することは、十八世紀全体を貫く大きな流れを見えにくくする。本書の主題である力概念の革新と「力学」の成立という観点からは、両者が一体として提示されることが望ましい。つまり、そこには何かしら共通の変化が通底しているという立場から、歴史の叙述を試みる必要があるだろう。本書では先に、オイラーの最小労力の原理を取り上げ、この二つの「伝統」なるものが実際は同じ概念基盤の上にあったことを論じた（第9章）。ラグランジュの力学についても、これと同様の注意を払うべきである。

第二に、フレイザーやグラッタン＝ギネスの主張は、力学といっても運動の科学、すなわち動力学のみに着目した議論であり、静力学にほとんど目を向けていない。このことが問題である理由は、そもそも『解析力学』という書物自体に、静力学と動力学を一体として扱っているという際立った特色があるからである。山本はラグランジュの『解析力学』について、「それまでは概して別個に論じられてきた静力学（statique）と動力学（dynamique）を完全にパラレルに扱い、その意味ではじめて単一の力学（mecanique）を作り上げた」と評した[3]。この見方には確かに同意できるが、本書で論じてきた通り、「静力学」と「動力学」が最初から存在していたわけではなかったし、また、両者を結びつけることはオイラーを始めとする人々により、すでに試みられていた。『解析力学』において成し遂げられたことは、単にラグランジュ一人の業績としてではなく、先行する議論との関連において位置づけられ、評価されなくてはならないだろう。

以上のような問題意識の下、本章では、ラグランジュはどのようにして「静力学」と「動力学」を統一するに至ったかという観点から、ラグランジュの力学研究を跡づけることを目指す。まず第一節では、ラグランジュの初期の到達点と言うべき一七六二年出版の論文を取り上げ、そこで行われた動力学の体系化について述べる。ラグランジュ自身が再定式化した「最小作用の原理」を使って行われたこの作業は、第8章で見たパリ科学アカデミーでの議論に連なるものであり、『解析力学』の重要な部分を構成することになる。しかし、先ほども注意したように、ラグランジュは物体の運動だけでなく、釣りあいをも一体的に扱っていた。この構想は、第9章で見たオイラーの最小労力の原理を受け継ぐものであったと考えることができる。このことを示すために、第二節では、青年期のラグランジュが最小原理をめぐってオイラーと交わした書簡の分析を行い、ラグランジュが早い段階で静力学と動力学を統一する構想を持っていたことを示す。これにより、ラグランジュの力学研究が、先の二つの章で見た二つの流れの合流地点として把握される。

残る課題は、『解析力学』における静力学と動力学の統一が、具体的にはどのような手立てにより、どのような形式で実現したのかを検討することである。[4] 第三節では、『解析力学』の基本原理に当たる「一般公式」に着目し、その由来について分析を行う。そのことは結果として、この「一般公式」の基礎にある力概念を考察することにもつながるであろう。こうして『解析力学』は、単に「変分力学の伝統」の頂点としてではなく、十八世紀における力概念の革新がもたらした帰結として捉え直されることになる。

一 「動力学」のさらなる体系化

アルプスの南、サルディーニャ王国の首都トリノで生まれ育ったラグランジュが本格的に数学を学び始めたのは、十八世紀も半ばを過ぎた一七五二年のことであった。自身が晩年に語ったところによれば、ラグランジュはそれからの二年間に、さまざまな数学書を読んで勉強したという。[5] 一七三六年生まれのこの青年は、急速にその才能を開花させ、早くも五四年には、自分が発見した数学上の事柄を、ベルリンに住む高名な数学者のオイラーに書き送るまでになった。[6] 本書でこれまでに見てきたような変化——解析化、体系化、そして力概念の革新——が相当な程度まで進行した時点で、新たな世代が力学の歴史に登場してきた。

「動力学」に関する限りでは、ラグランジュの最初の貢献が目に見える形で現れたのは一七六二年のことである。この年に出版されたトリノ科学協会の紀要に、ラグランジュは二篇の長大な論文を発表した。『不定の積分式の最大および最小を決定するための新しい方法についての試論』（以下『試論』）、ならびに、『先の論文で提示された方法の、動力学のさまざまな問題の解に対する適用』（以下『適用』）である。[7] 以下、本節の前半では、これらの論文（特に後者）における「動力学」の取り扱いを検討する。後半ではそれを受けて、『解析力学』（一七八八年）において「動力学」がどのように体系化されたかを考察する。

『適用』はその表題が示す通り、『試論』で提示された数学の方法を「動力学」に適用するという内容である。この方法は今日では変分法と呼ばれ、ある積分量が最大・最小になる（正確には極値をとる）ような条件を求める手法として広く利用されている。[8] この種の数学は、オイラーが一七四四年の著書（第9章で取り上げた『方法』）で主題的に論じていたが、これを現在使われているような形に定式化し直したのがラグランジュであった。すなわち、一七五五年にオイラーに送った書簡の中で、ラグランジュはδという新しい演算記号を導入し、それによって変分問題の取り扱いを劇的に変えたのである（この文通については次節で扱う）。

ここでは、変分法の技術的詳細には立ち入らず、ラグランジュの新しさがどこにあったのかを簡単に確認するだけにとどめたい。実際、『試論』で提示された方法の基本的なアイディアは、次の三点にまとめられるだろう。第一に、ラグランジュは新しい演算記号δを、通常の微分記号dと同じ規則に従うが、dとは別個のものとして導入する。第二に、この二つの記号を交換可能とする（すなわち$\delta dx = d\delta x$）。そして第三に、部分積分計算$\int Z\, d\delta x = Z\delta x - \int dZ\, \delta x$を活用する。[9]

重要なことは、以上の手続きが完全に代数的に、すなわち数式の操作だけによって進められるという点である（本書の補遺2でその実例を示す）。ラグランジュはオイラーにこの方法を知らせた最初の書簡ですでに、「貴方の公式をどのような作図もなしに証明する」手立てを見つけたと記していた。[10] このような代数志向はラグランジュという人物に際立って特徴的なものであり、後に『解析力学』の「緒言」においては、「この著作には図がまったく見出されないであろう」という印象的な一節として現れてくることになる。(11)

この新しい数学を使い、ラグランジュはもう一篇の論文『適用』において、「動力学のさまざまな問題」を議論していく。その冒頭に置かれるのが、次の「一般原理」(Principe générale)である。

何らかの仕方で互いに作用している好きなだけ多くの物体 M、M'、M''、…があるとし、それらはさらに、お望みであれば、距離の任意の関数に比例する中心力によって動かされているとする。s、s'、s''、…はこれらの物体の時間 t での通過距離を指し示すものとし、また u、u'、u''、…はこの時間の終わりにおけるそれらの速度であるとすると、式 $M\int u\,ds+M'\int u'\,ds'+M''\int u''\,ds''+\ldots$ は常に最大、または最小となる。(12)

この命題は、ラグランジュの新しい記号を使って表現すれば、次のようになるだろう。

$$\delta\left(M\int u\,ds+M'\int u'\,ds'+M''\int u''\,ds''+\ldots\right)=0.$$

この「一般原理」は、後年の『解析力学』では、モーペルテュイの提唱した原理との類比から「最小作用の原理」(Principe de la moindre action)という名前で呼ばれることになる。(13) ラグランジュはこれを、オイラーが一七四四年の『付録二』で提示した原理(本書第9章第一節)の拡張版と見なしているが、ここではむしろ、パリ科学アカデミーで行われていた議論(本書第8章)との連続性に注意を向けておきたい。まず、ラグランジュはここで、「何らかの仕方で互いに作用している好きなだけ多くの物体」を考えており、それらがどのような運動をするかという問題設定を行っている。明らかにこれは、相互作用する物体系の運動という「動力学」の規定に則った述べ方であり、それらを「一般原理」によって議論するという行き方も、クレロー、ダランベール、ダルシーといった先行者たちをなぞっている。この意味において、ラグランジュの『適用』は世紀中葉におけるパリ科学アカデミーでの議論の延長線上に位置づけることができる。

しかし、ラグランジュの『適用』は新しい代数的な手法の利用で際立っていたと同時に、それが扱う問題の範囲においても、先行者たちを凌駕していた。この論文の中でラグランジュは大きく十個の問題を扱っているが、それらは現代的に述べるなら、(一)単一の質点の運動、(二)自由な質点系の運動、(三)三体問題、(四)つながれた三つの物体の運動、(五)多重振子、(六)非伸縮性の弦の振動、(七)伸縮性の弦の振動、(八)剛体の運動、(九)「非弾性流体」の運動、(十)「弾性流体」の運動、となっている。このリストは、現代の力学の教科書で扱われる範囲をほぼ網羅していると言ってよい。とりわけ、パリ科学アカデミーを舞台に行われた一連の研究と比較して注目されるのは、(六)以降で議論される連続体や剛体の運動であり、これらは本書で先に見た諸文献には登場していなかった。

これほど多彩な種類の物体、特に弦や流体といった対象を「動力学」の問題として扱うことができたのは、それらが無限に多くの微小物体の集合として捉えられているためである。つまり、クレローやダランベールが数個の物体を紐や棒で結びつけた系を議論していたのに対し、ラグランジュはこれを拡張する形で、有限の長さや大きさを持つ物体も相互作用する粒子の系と見なす。具体的には、論文の中ほど、糸の運動を論じている箇所で、ラグランジュは質量要素の積分を表す記号Sを導入し、「一般原理」を次のような形に書き換えている。[14]

$$\delta S\ dm \int u\ ds = 0.$$

この拡張は「糸を動く点の無数の集まりと見なすことによって」なされており、[15] 右のような形の公式が、その後に出てくる剛体や流体の問題にも用いられた。

このようなラグランジュの考え方、あるいは物体観は、『適用』に先立って書かれた別の論文の中ですでに示唆されていたものである。[16] ラグランジュはその論文で音の伝播について論じているのだが、その際、一列に並んだ空気の粒子が弾性的に相互作用するというモデルを（ニュートンに倣って）考え、まずは各粒子について運動方程式を立てる——あるいは、ラグランジュの言葉遣いで言えば、「駆動力」（forces motrices）の表式を求め、「力学の諸原理」（les principes Mécaniques）を適用する（同論文第一章第六節以下）[17]。そして次に、これらの式を連立させて解き（第三章）、出てきた解において粒子の数が無限大になるとどうなるかを後から考察している（第五章）。現代的に述べるなら、ラグランジュの発想は、質点系の粒子数が無限大の極限として連続体を捉えるということであり、むしろ自然な考え方とも言えるが、このような手法はその当時としては目新しく、独創的なものであったと思われる。

　このようにして拡張された「一般原理」ないし（ラグランジュの意味での）「最小作用の原理」は、連続体が微小粒子の集合として捉えられる限りにおいて、原理的にはあらゆる種類の物体の運動に適用できる。この意味で、ラグランジュの『適用』論文は、「動力学」の対象範囲を明瞭な形で拡張したという評価が可能である。その一方、ラグランジュの「一般原理」の適用例は中心力による相互作用に限定されており、ダランベールが扱っていたような衝突の問題は対象となっていない。ラグランジュ自身はこの点について何の説明も与えていないが、端的に言って、ラグランジュは物体の衝突に関心がなかったように見える。後に書かれた主著『解析力学』（一七八八年）においても、衝突の問題はまったく扱われていないからである。ラグランジュにとっての「動力学」とは、結局のところ、「加速力または減速力と、それらの生み出しうる多彩な運動の科学」のことであった[18]。

　総じて、『解析力学』における「動力学」の議論の仕方には、『適用』と共通する点を多く見出せる。ラグランジュは『適用』において、質点や質点系（拘束のある系を含む）だけでなく剛体や流体をも含む形で「動力学」を扱い、それらすべてを単一の「一般原理」によって論じていたが、この基本方針は『解析力学』でも貫かれた。実際、「動力学」を扱っている同書の第二部には、「固体」（corps solides）と「流体」（fluides）双方の内容が含まれており、剛体や流体などの連続体を論じる際には、『適用』で導入したS記号が使われている[19]。そしてこれら全体が、次に見る単一の「一般公式」に基づいて論じられるのである。この意味では、ラグランジュの目標は初期の頃から不変であった。

『解析力学』が『適用』と異なっていたのは、一つには、「動力学」の一般原理として何を選択するかという点であった。ラグランジュは『解析力学』では、「最小作用の原理」を出発点とするのではなく、次のような式――「物体の任意の系に関する運動の一般公式」(la formule générale du mouvement d'un système quelconque de corps)――を、動力学全体の基礎として用いている。[20]

$$S\left(\frac{d^2x}{dt^2}\delta x+\frac{d^2y}{dt^2}\delta y+\frac{d^2z}{dt^2}\delta z+P\delta p+Q\delta q+R\delta r+\ldots\right)m=0.$$

ここでP、Q、R、…はある点に向かう中心力(ラグランジュの用語では「加速力」)を、p、q、r、…は物体からその中心へ向かう線分の長さ(距離)を表す。[21] また記号Sは、系を構成する粒子すべてについて和を取るという意味であり、場合によって有限和にも無限和にも解釈される。後者の場合には、弦や流体といった連続体をも含むことになるだろう。なお、この「一般公式」は「ダランベールの原理」と呼ばれることもあるが、この点については本章第三節で詳しく述べる。

目下、指摘しておきたいのは、『適用』で「一般原理」とされていた「最小作用の原理」が、『解析力学』では右の「一般公式」から導かれる帰結の一つとなっている点である。それに限らず、「一般公式」からはさらに、ほかの諸原理も導き出されている。それらは扱われている順に、重心運動の保存、「面積の原理」(ダルシーが提出したもの)、そして「活力の保存」である。[22] かつて「一般原理」として提案された諸原理が、ここではさらに一般的な原理の帰結として提示された。このようにして諸々の「一般原理」をさらに束ねるということは、ラグランジュ自身の『適用』も含め、それまでに無かった試みであった。『解析力学』の「緒言」でラグランジュは、自著の持つ「有用性」の一つとして、「同一の視点の下に、力学の問題を容易に解くためにこれまで見出されてきたさまざまな原理を統一して提示し、それらの結びつきと相互依存関係を示し、それらの正確さと広がりについての判断に手が届くようにすること」を挙げている。[23]「動力学」の種々の問題の解法を探究し、そのための「一般原理」を提案することと自体は世紀半ばに多くの人々が試みていたが、ラグランジュが行ったのはそうした「さまざまな原理を統一して提示」することにより、一段と高い次元での体系化を行うことであった。

あるいは、「一段」でなく「二段」と言うべきかもしれない。『解析力学』は「動力学」を体系化しただけでなく、それを「静力学」とも統合したからである。次節では、ラグランジュの力学を特徴づけているこの構想が、『適用』論文が世に出るよりも前から温められていたことを確認する。

二 「普遍の鍵」としての最小原理

一七六二年出版の論文『先の論文で提示された方法の、動力学のさまざまな問題の解に対する適用』は、オイラーが『方法』(一七四四年)の『付録二』で述べていた原理を新しい変分法によって定式化し直し、「動力学」の広範な問題を体系的に論じるものであった。先行研究ではこのことをもって、初期のラグランジュがオイラーの最小作用の原理を発展させたと語られている。だが、先に第9章で論じたように、オイラー自身が本当に考えていたものは、「静止の法則」を基礎として運動へも及ぶ(と思われた)最小労力の原理であった。したがって、ラグランジュがオイラーの最小原理を継承したと言えるとすれば、それは少なくとも、ラグランジュがそれによって静止と運動の両方を扱えると考えていた場合に限られるであろう。

本節では、この意味での最小原理の継承が実際に行われていたことを、一七五〇年代に書かれたラグランジュの書簡を通じて立証する。[24] それらの書簡は、ラグランジュが求めていたのが単に「動力学」を包摂する原理だったのではなく、釣りあいと運動の科学すべてを包摂するような一般公式であったことを示している。『解析力学』で体現される力学の構想は、その意味で、ラグランジュの知的経歴の最初期から存在していたのである。

一七五四年六月に書かれたオイラー宛ての最初の書簡の中で、ラグランジュは早くも、オイラーの『方法』を読んだと伝えている。ラグランジュはまた同じ書簡で、「自然の作用の中にある最大と最小についてのいくつかの観察も［……］行いました」と記し、最小原理への関心を示している。[25] その一年後、ラグランジュはオイラー宛ての二通目の書簡で変分法のδ記号のアイディアを伝えた。オイラーはこれを称賛し、引き続く二人の文通の中で、今日に直接つながる変分法の基本的手法が整えられることになった。[26] ただし、一七五五年のあいだに書かれたそれら一連の書簡の中には、この数学の手法やそれを用いた最速降下線の議論などは登場するものの、力学に属するそれ以外の問題は取り上げられていない。

ラグランジュが新しい変分法によって力学の問題を扱ったことを示す最初の証拠は、ベルリン・アカデミー議事録の一七五六年五月六日の記載である。そこには、「最小作用の原理」（le Principe de la moindre action）に関するラグランジュの論文について、オイラーが報告した旨が記されている。[27] ラグランジュが後日受け取ったモーペルテュイからの書簡には、この論文がアカデミーの紀要に収録される見通しであると書かれていたものの、[28] 実際に出版されることはなかったため、その内容は明らかでない。ただ、後に書かれたオイラー宛ての書簡の中で、「最大および最小についてと、最小作用の原理の動力学全体への適用についての私の些細な考察が、貴方と偉大なる総裁殿［モーペルテュイ］に気に入っていただけたことを、大変喜んでおります」（強調は引用者）と綴られていることから、[29] ラグランジュがこの時点で、単一の原理によって「動力学全体」を論じようとしていたことが窺える。

ここに見える「動力学全体への適用」という文言から考えると、後年出版された『適用』の原型がこの失われた論文であったと推測したくなる。だが、両者が同一の内容であったということは考えられない。なぜならこの数ヶ月後に書かれたラグランジュの書簡に、「必要な方程式すべてが得られるためには、両方の座標が変化すると置かれねばならない」と気づいた、とあるからである。[30] 事実、ラグランジュはそれまでの書簡では一つの変数だけを変分の対象としており、この書簡で初めて二つの変数（xとy）を変分の対象とした。[31] そしてさらに数年後の書簡で、これを三変数以上に拡張したと述べている。[32] 出版された『適用』では、実際に三つの変数（x、y、z）が変分の対象となっているため、ベルリン・アカデミーに送られた論文での数学的取り扱いは後から見れば不十分であったことになる。

一七五六年の時点に話を戻せば、ラグランジュは「両方の座標が変化する」という改良された手法を用いて、もう一度ベルリンに論考を送るつもりでいた。先に引用したオイラー宛て書簡には、「私は目下、［貴方の］アカデミーに送るために、最大および最小の性質を備えた曲線一般についてと、モーペルテュイ氏の原理の動力学と流体動力学への適用について、考察したことをまとめているところです」とある。[33] この第二の論考は、翌年の春までにほぼ完成していたと見られる。その年の五月に書かれたと見られる別の人物宛の書簡で、ラグランジュは「ほとんど完全にまとめた二つの論考」に言及しており、その内容はそれぞれ「曲線に適用された最大および最小の方法」と「モーペルテュイ氏の原理の、動力学と流体動力学の極めて複雑なあらゆる場合への適用」だと書いているからである。[34] この二通の書簡では、「動力学」に加えて「流体動力学」が対象として明示されているのが注目される。[35] このような連続体への拡張が『適用』の特徴であったことは前節で述べたが、モーペルテュイもオイラーも最小原理によって流体の運動を論じることは行っていなかったため、「流体動力学」を扱うというのはラグランジュの新機軸であったと言える。しかしながら、この新しい論考がベルリン・アカデミーに実際に送られた形跡はなく、草稿の存在についても知られていない。

ラグランジュがこの次にオイラーに宛てて最小作用の原理のことを書くのは、一七五九年の夏になってからである（それまでの二年間は、戦争の影響により通信が途絶えていた）。この時期のラグランジュは、二篇の論考というよりはむしろ、一冊の本の計画について述べているように見える。七月の書簡には、「最小作用量の原理の全力学への適用について書き進めていた著作は、ほとんど完成しています」とあり、数学的方法論と最小作用の原理の二部構成であることを説明している。[36] さらに翌月の書簡では、この著作を出版する前に草稿の写しをベルリンへ送ろうと思っていること、というよりむしろ、ベルリンで出版したいと考えていることをオイラーに伝えている。[37] だが、これに対するオイラーの返事は、諸々の状況を考慮し、ベルリンでなくジュネーヴかローザンヌでの出版を勧めるものであった。[38] 多くの研究者が推測するように、ラグランジュはこの回答に落胆したと思われる。[39] 返信の中で、ラグランジュは出版の件にまったく触れず、「等周問題や最小作用量の原理の応用に関して新たに見出したことを、またの機会に貴方にお話しできれば嬉しく思います」とだけ記した。[40] そしてこれ以降、両者の往復書簡からこの話題は消え、最小原理に関する著作は今回も出版されずに終わった。

ラグランジュが執筆していた本の具体的内容はやはり不明であるが、一七五九年に出版された『最大および最小の方法についての探究』と題するラグランジュの論文の中に、その計画に触れた一節がある。この論文自体は通常の多変数関数の最大・最小を論じたものであるが、ラグランジュはこのような方法が積分の最大・最小（つまりは変分問題）にも拡張されるであろうとした上で、次のように記した。

> 私はこの主題が実にまったく新しいものだと思うが、それを論じることは、この題材のために準備している特別の著作に取っておく。その中では、この種の最大または最小に関わるあらゆる問題を解くための一般的かつ解析的な方法を説明した後、そこから最小作用量の原理によって、固体であれ流体であれ、その力学全体を導こうと思う。[41]

この記述から、ラグランジュが以前の計画と同様、固体と流体の両方を対象としていたことが分かるが、「動力学」(dynamique) ではなく「力学全体」(toute la mécanique) と言われていることに注意しておきたい。同様に、先に引用した同年七月の書簡でも、「最小作用量の原理の、全力学 (*mechanicam universam*) への適用」という表現が見られる。このことが示唆するのは、ラグランジュが著作で扱う対象をさらに広げ、動力学だけでなく静力学も含めようとしていた可能性である。これは実際、同じ年のうちに書かれたダニエル・ベルヌーイ宛ての書簡によって裏づけることができる。ラグランジュはその中で、次のように記しているのである。

私は目下のところ一篇の著作に取り組んでおりまして、その目標は、固体および流体の、釣りあいにせよ運動にせよ極めて複雑な諸問題の解を、最小作用量のただ一つの式から、単純かつ一般的な仕方で導くことです。そのため私は、貴方が弾性曲線に関して、オイラー氏がこの場合の最小作用の式だと証明した $\int ds/r^2$ という式を通じて見出されたあらゆることを知りたいと、強く思っているのです(42)。

ここから、一七五九年の時点でラグランジュが考えていた著作とは、「最小作用量の原理」(ラグランジュは多くの書簡でこのように呼んでいる)によって固体と流体それぞれの釣りあいと運動を扱うものだったことが分かる。先に引用した別の書簡や論文に現れる「力学全体」や「全力学」という言い回しは、この意味で使われていると考えてよいであろう。

さらに、右の引用では、オイラーの『付録一』における弾性曲線の最小量 $\int ds/r^2$ ――ベルヌーイが「潜在的な活力」と呼んだもの――について、「オイラー氏がこの場合の最小作用の式だと証明した」と形容されている。ここから、ラグランジュの言う「作用の量」が、モーペルテュイの定義した「質量と速度と距離の積」を指すのでないことが了解される。このことから判断すると、ラグランジュは「最小作用量の原理」を釣りあいと運動の両方に関わる原理として捉えており、「最小作用量」についての理解はオイラーの行った一連の研究に負っていたと考えるのが自然であろう。事実、ラグランジュはそのような考え方を、これに数年先立つ一七五六年の書簡ですでに示していたのである。

最小作用量の原理については、私はこう思います。それが極めて優れているということは、貴方がその力学への適用についてすでにさまざまな箇所で与えられたわけですが、そこに例のほんのわずかなこと［変分計算を指す］――その一部はすでに貴方にお伝えしましたが、一部は今なお私の手中にあります――を結びつければ、互いに任意の仕方で結合した任意の数の物体の運動や、さらには任意の流体の釣りあいと運動に関係する、静力学と動力学のあらゆる問題の言わば普遍の鍵が得られる、と。その鍵とは、ほかの仕方では発見が極めて難しい、必要とされる方程式を直ちに与えるようなものです[43]。

それゆえ、ラグランジュは力学研究を始めてからわずか数年のうちに、「最小作用量の原理」によって力学全体を論じるという着想をオイラーの仕事を通じて得ていたのであり、さらにはそれを、著書として出版しようと計画していたと結論できる。このことを踏まえて述べるなら、時系列としては後に出版された『適用』論文は、「動力学」の系譜に照らして画期的な内容であったのは確かであるが、「動力学」しか扱っていないという意味において、ラグランジュの初期の力学構想の全体像を示すものではなかった。

むしろ、ラグランジュが一七五九年に計画していた著書のほうが、後年の『解析力学』（一七八八年）に直接つながるものであったと言える。『解析力学』の「緒言」でラグランジュは、「この学問［力学］の理論と、これに関わる問題の解法とを、一般的な公式に帰着させ、それを単に展開することで各々の問題を解くのに必要な方程式すべてが与えられるようにしようと考えた」と述べ、「私がここで提示する方法は作図も、幾何学的または力学的な推論も要求せず、ただ規則的で一様な歩みに則った代数的操作のみを要求するのである」と宣言する。これに加えて、「私はこれを二つの部に分割している。静力学すなわち釣りあいの理論と、動力学すなわち運動の理論である。そしてこれらの部それぞれが別々に固体と流体を扱うことになる」という同書の構成を見るならば、この「緒言」が一七五九年の本のものであったとしても、まったく違和感はなかったであろう[44]。

『解析力学』が若い頃に計画した本と異なる最大の点は、力学全体の一般原理あるいは一般公式として何を採用するかという選択にあった。『解析力学』のラグランジュは、まず静力学を扱った第一部で、仮想速度の原理から導き出した「釣りあいの一般公式」を提示する。次いで動力学を扱う第二部において、物体系の運動が一種の釣りあいに帰着できると述べた上で、先の「釣りあいの一般公式」を適用する。こうして得られるのが「運動の一般公式」である。これらの「一般公式」がどこから、どのようにして得られたかという問題については、節を改めて議論することにしたい。

だが、基本原理の選択に変化があったにせよ、ラグランジュの力学の根本思想は最初期から変わっていなかった、と結論することは許されるだろう。本節で引用した数々の書簡は、ラグランジュの関心が当初から、力学全体を統一する一般的な数式に向けられていたことを証言しているからである。それゆえ、ラグランジュが「動力学」の基本原理を、『適用』論文での最小作用の原理から『解析力学』での仮想速度の原理に「シフト」(移行)させたという先行研究の主張は[45]、それ自体としては間違っていないが、より本質的な側面を見落としていると言わざるを得ない。むしろ、ラグランジュが目指したものは終始一貫していたのであり、基本原理の変更は理想の実現のための方策であったと捉えるべきであろう。

三 「一般公式」の由来と『解析力学』の力概念

『解析力学』で提示されたラグランジュの力学理論体系は、釣りあいと運動に関する「一般公式」を出発点として構成されていた。この公式は根本的には、二つの原理に基づいている。一つは釣りあいに関する仮想速度の一般原理であり、もう一つは時にダランベールの原理とも呼ばれる、運動を釣りあいに還元する原理である[46]。しかし、これらの呼称については慎重になったほうがよい。なぜなら、ラグランジュはそれ以前に提案されていた種々の原理を再解釈し、それらを組み合わせる形で自身の原理を提示していると考えられ、その再解釈の部分にこそ、ラグランジュの独創性が認められるからである。

ところで、釣りあいと運動の「一般公式」は、『解析力学』で初めて提示されたものではないことが知られている。この公式が最初に登場したのは、一七六三年に書かれた論文『月の秤動についての研究』(以下『研究』)であった[47]。この論文は、トリノ時代のラグランジュが、パリ科学アカデミーの提示した一七六四年度の懸賞課題への応募作として執筆したものである。また、ラグランジュは後年、同じ主題を発展させた別の論文『月の秤動の理論』(一七八〇年、以下『理論』)でもこの公式を利用しており、その基礎となっている原理について述べている[48]。こちらは、ラグランジュがオイラーの後任としてベルリン・アカデミーの数学部門長を務めていた時代に執筆された。この二篇の論文と、その後にパリ科学アカデミーに移籍してから仕上げられた『解析力学』の三つの著作が、問題の「一般公式」について検討する材料となる。とりわけ、ラグランジュの着想の由来を考察する上では、最初に書かれた『研究』での記述が重要となるだろう。

本節では以上の点に留意しつつ、ラグランジュが最終的に、どのような形で静力学と動力学を結合したのかを検討する。以下ではまずダランベールの原理を、次に仮想速度の原理を取り上げ、最後にそれらを踏まえて、『解析力学』の力概念を考察する。

(1) ダランベールの原理

最初に、『研究』で問題の一般公式がどのように導入されたかを見ておきたい。この論文での研究対象は、月が地球と太陽の双方から引かれるときの運動であった。いま、月を構成する各部分が、地球と太陽からそれぞれ力を受けて運動するとしよう。ラグランジュによれば、「動力学の一般原理により」、月の部分要素の「加速力」を反対向きにしたものと地球および太陽からの引力とは、全体として釣りあいをもたらす[49]。この主張が、以降の探究の出発点となる（「加速力」については後述するが、ラグランジュは「加速度」という用語を使っておらず、文脈によっては加速度と読み替えてよい）。

ここで引き合いに出された「動力学の一般原理」は、後に出てくる注解の中で、もう少し一般的な形で述べられている。それを要約すると、質量と加速度の積に負号を付けたものと、物体に働く力とが、系全体として釣りあうという内容になる。[50] さらに同じ論文の別の箇所で、「ダランベール氏によって与えられた動力学の原理」という表現が使われていることから、[51] 右の「動力学の一般原理」はダランベールに由来すると判断できる。ラグランジュの力学理論が通常、ダランベールの後継と見なされるのは、このように、ラグランジュがダランベールの提唱した原理を活用したためである。

だが仔細に検討してみると、ラグランジュの提示の仕方と、ダランベール自身が与えていた説明とには、無視することのできない違いがある。ダランベールの主張の要諦は、相互作用が起こる前の各物体の運動を、相互作用が起こった後の各物体の実際の運動と、もう一つ別の運動とに分解した際、後者の運動が系全体として打ち消しあうということにあった（本書第8章第三節）。これに対して『研究』でのラグランジュの説明は、運動を二つに分解するという手続きを欠いており、逆向きの「加速力」と力が釣りあうということに力点が置かれている。これが無視できない違いである理由は、ダランベール自身の与えていた「一般原理」は、動力学理論の基礎とされた三つの原理の組み合わせにより実現されていたからである。ラグランジュが提示しているような形では、ダランベールが力学理論に要求していたような確実性や明証性（本書第4章第一節）は担保されなくなってしまうだろう。

両者のこの不一致について考えられる一つの解釈は、『研究』では単に、運動を分解する部分の議論が省略されているというものである。実際、後に書かれた『理論』および『解析力学』の中では、ラグランジュは運動の分解を含めた説明を与えている。その議論を手短にまとめると、次のようになるだろう。いま、複数の物体から構成された系が運動するとき、（一）物体間の相互作用がなかったならば、時刻 t から dt だけ後の時刻における速度は

dx/dt 等（相互作用する前の速度）と Pdt 等（外的な作用による運動の変化）の合成であったはずだが、実際には相互作用があるためにそうならない。ところで、（二）時刻 $t+dt$ における実際の速度は形式上、$dx/dt+d(dx/dt)$ 等と書くことができる。したがって（三）両者を比較すると、相互作用の結果として、Pdt 等が失われて $d(dx/dt)$ 等が得られた、あるいは別の見方では、Pdt 等と逆向きの $d(dx/dt)$ 等とが失われた、と解釈できる。ここから、（四）外的な力（Pdt 等）と「加速力」に負号を付けたもの（$-d(dx/dt)$ 等）とが釣りあうことが帰結する[52]――このような説明の仕方であれば、ダランベールの考え方にかなり忠実と言える。とりわけ、ここでは「加速力」による系の運動の変化が問題となっているため、『動力学論』（一七四三年）よりもむしろ『ニュートン体系における分点の歳差と地軸の章動についての研究』（一七四九年）で与えられていた定式化に沿ったものと見なせる[53]。

しかしそうであったとしても、『研究』におけるラグランジュの述べ方がダランベールの説明そのままではないという事実に変わりはない。ダランベールは、逆向きの「加速力」と力が釣りあうという書き方をしていないからである。ラグランジュのこの論文がパリ科学アカデミー懸賞への応募作であり、審査員としてダランベールが加わるのはほとんど自明であったことを考えると、運動を分解する議論に触れていないという事実は、ダランベールの思想をラグランジュが正確に理解していなかったか、関心がそこになかったかのいずれかだと考えてよいであろう。実際、運動の分解を議論に取り入れた後年の『理論』の中でも、ラグランジュは一連の説明を次のような文面で締め括っている。

> したがって、これらの諸力［加速力を指す］と物体に働きかけるほかの力とのあいだには釣りあいが存在しなければならず、またこのようにして、系の運動の法則はその釣りあいの法則に還元されるということが帰結する。まさにこれこそが、ダランベール氏の美しい動力学の原理である[54]。

『解析力学』でも同様に、「この方法は物体のあらゆる運動法則をその釣りあい法則に還元し、かくしてまた動力学を静力学に帰着させる」と出てくるが[55]、これはラグランジュの思想であって、必ずしもダランベールの思想ではないと言うべきであろう。確かに、『動力学論』の続編としてダランベールが出版した一七四四年の著書には、「固体相互の運動法則がすべてこの原理によってこの物体［固体］の釣りあい法則に還元されたのと同様に、流体の運動法則もまた、この方法で流体の釣りあい法則に還元されうる」という一文を見つけることができる[56]。だが、このような見解が登場するのはこの箇所だけであるように見受けられるし、総じてダランベールの著述において、動力学を静力学に還元するという問題意識は希薄である。これに対してラグランジュは、前節で見た通り、オイラーの研究に触発されて、一七五〇年代から両者の関連づけを積極的に追求していた。これらのことから判断すると、ラグランジュは以前から運動と釣りあいを統一的に扱うことを考えていたために、ダランベールの「一般原理」をそのための有用な道具として、ダランベールの意図とは違った形に解釈した可能性がある。少なくともそこに、ダランベールが固執していたような力学理論の基礎づけという問題意識は認められない。

　加えて、ラグランジュが『研究』で行ったのは、単にダランベールの「一般原理」を採用して別の問題に適用することではなかった。むしろラグランジュが強調したのは、それを仮想速度の一般原理と結びつけることにより、物体の運動に関わるあらゆる問題を解くための一般公式が得られるということである[57]。『理論』ではこのことが、次のように述べられている。

> ［先に『研究』で用いた方法］は、ダランベール氏の動力学の原理を、ふつう「仮想速度の法則」と呼ばれる釣りあいの原理を使って数式に帰着させたものにほかならない。しかし、これら二つの原理を結びつけるというのはなされたことのない一歩であり、そしておそらくは、ダランベール氏の発見以降、動力学の理論に依然として唯一欠けていた、完成へのステップである[58]。

あるいは『解析力学』の表現で言えば、ダランベールの原理は、単独では「動力学のさまざまな問題を解くのに必要な方程式を直ちに与えるわけではないが、釣りあいの条件からそれらを導くやり方を教える」[59]。それゆえラグランジュの独創性は、ダランベールの原理を単に用いただけでなく、それと仮想速度の原理を組み合わせて一般的な数式表現を与えたところに求められねばならない。この後者の原理について、次に見ることにしよう。

（2）仮想速度の一般原理

ラグランジュの静力学理論の基本原理となっているのが、現代では「仮想変位の原理」ないし「仮想仕事の原理」と呼ばれる原理である。本書で幾度か触れたように、これの前身と言うべき「仮想速度の原理」には、古代の擬アリストテレスまで遡る長い歴史がある。だが、ラグランジュが『解析力学』の中で利用しているのは、この伝統的な原理そのものではない。現に、ラグランジュは『研究』で最初にその原理を使用した際、これは「ふつう『仮想速度の原理』と名づけられているものの一般化」であると記している（強調は引用者）[60]。従来の歴史研究が見過ごしてきたこの点を明確にするために、ここでは「仮想速度の一般原理」という表現を導入して、以下の議論を進めることにしよう。

伝統的な仮想速度の原理と、仮想速度の一般原理との違いは、『解析力学』において釣りあいの「一般公式」が導入される部分の記述から見て取れる。この議論が行われている同書の第一部第二章は、次の一文から始まる——「機械における釣りあいの一般法則とは、力ないし動力は、それが加えられる点の速度を、その動力の方向において測ったもの［すなわち、速度の力方向成分］に、互いに反比例するというものである」[61]。これがふつう「仮想速度の原理」と呼ばれるものである、とラグランジュは述べ、以下、この命題に対して一般的な数式表現を与えていく。

まず、二つの動力PとQがあり、それぞれの動力方向の「変分」（variations）をδpおよびδqとすると、仮想速度の原理は$P\delta p+Q\delta q=0$と書かれる[62]。ここで動力の変分と言われているものは、実際には動力が加えられる点の微小な位置変化、すなわち現代の用語で「仮想変位」と呼ばれるものであって、速度ではない。このことは「機械における釣りあいの一般法則」と齟齬をきたすように見えるが、そもそも「仮想速度の原理」の伝統的な議論においては、加えられる速度とそれによる変位とが区別されずに使われていたという背景があった（本書第9章第四節の、モーペルテュイによる梃子の原理の導出はその一例である）。したがって $P\delta p$ などと書かれた量（動力と仮想変位の積）は、今日の力学用語で言えば仮想仕事ということになるが、ラグランジュ自身は「モメント」（moment）と呼んでいる。(63) 続いてラグランジュは、この関係式を三つ以上の動力が関わる場合に拡張し、任意の数の動力に対して $P\delta p+Q\delta q+R\delta r+\ldots=0$ が成り立つことを証明する。(64) これが「釣りあいの一般公式」であり、言葉で述べれば「力のモメントの総和はゼロである」となる。

それゆえ、ラグランジュはここで、伝統的な仮想速度の原理に対して二つの変更を加えていると言える。この原理を代数的な関係式として表現すること（解析化）と、三つ以上の動力にこの関係を拡張すること（一般化）である。目下問題にしている仮想速度の一般原理は、このうち後者の拡張に関わっている。

仮想速度の原理をこのように一般的な形で提示したのは、ラグランジュによれば、ヨハン・ベルヌーイが最初であったという。(65) 本書では先に、ベルヌーイが『運動の伝達法則についての論議』（一七二七年）で「仮想速度」という用語を導入し、これを数学的には速度の微分として、物理的には死力と結びつく運動への傾向として解釈していたことを見た（第5章第二節）。しかし、ここでラグランジュが言及しているのはこの有名な論考ではなく、ヴァリニョンの『新しい力学あるいは静力学』（一七二五年）の中で、ベルヌーイからの書簡を引用する形で紹介されていた別の議論である。(66)

ベルヌーイはその書簡で、系にわずかな「仮想速度」を加えたときの、「仮想速度」の力方向成分と力との積を「精力」（energie）と名づけ、(67) これを使って釣りあいに関する定理を述べている。非常に紛らわしいが、この「仮想速度」は死力に関わる微小速度のことではなく、系に対して与えられたと想定される本来の意味での仮想速度であって、かつ、それは仮想的な変位と同一視されている。したがって「精力」は、今日的な「エネルギー」の意味ではなく、ラグランジュの言う「モメント」、すなわち仮想仕事にほかならない。さて、ベルヌーイの与えた定理ないし「一般命題」とは、「正の精力の和は、正に取られた負の精力の和に等しい」というものであり、精力の正負は、「仮想速度」と力のなす角度が鈍角か鋭角かによって定義される。[68] 仮に、この「一般命題」を等式で書き表し、各項を左辺にまとめてしまえば、ラグランジュの提示するように「力のモメント［すなわち精力］の総和はゼロである」という内容になったであろう。また、ヴァリニョンはこのベルヌーイの主張が種々の事例で成り立つことを例証しており、その一連の記述から、この命題が三つ以上の力についても適用できることは直ちに見て取れる。[69] それゆえ、仮想速度の一般原理は確かに、ベルヌーイによって与えられていたと言える。

しかしながら、ベルヌーイ-ヴァリニョンの取扱いは作図と比例に基づいており、ラグランジュが与えたような数式の形で命題が書かれていたわけではなかった。この点に関連して注目されるのは、ラグランジュの「釣りあいの一般公式」に近い代数的な取り扱いが、オイラーによる最小労力の原理の適用例に見られるという事実である。これは牽強付会ではない――ラグランジュ自身が著述の中で、問題の原理がモーペルテュイの「静止の法則」とオイラーによるその一般化の基礎になっている、と指摘しているからである。[70]

オイラーは、一七五一年度のベルリン・アカデミー紀要に発表した論文『モーペルテュイ氏の静止と運動の一般原理のあいだの調和』の中で、「静止の法則」を一般的な形で提示していた（本書第9章第三節）。そこで与えられた定式化は、釣りあいにおいては物体系における「労力」（$\int Vdv$）の総和が最小（もしくは最大）であるというものであり、これだけを見る限りでは、仮想速度の一般原理とは関連していないように思える。この疑問はしかし、『調和』論文の後半を見れば氷解する。オイラーはそこでは、一般化された「静止の法則」から静力学の多彩な規則が導き出されることを示しており、その議論は事実上、仮想速度の一般原理に基づくものになっているのである。すなわちオイラーは、$\int Vdv+\int V'dv'+\int V''dv''+\dots$ が最小であるということから、$Vdv+V'dv'+V''dv''+\dots=0$ という形の式を与え、この後者の式を使って釣りあいを議論している。[71] これは内容的にも形式的にも、ラグランジュが後に「釣りあいの一般公式」として提示するものと同一である。

さらに、オイラーは『調和』の中で、$P \cdot Pp = Q \cdot Qq$ という形の式を「あらゆる機械の一般原理」として紹介し、それが「静止の普遍原理から直ちに出てくる」ことを強調している（P と Q は機械に加えられる力とそれに対する抵抗力を、Pp と Qq は仮想変位を表す）。[72] オイラーによれば、「あらゆる機械の一般原理」が二つの力のあいだの釣りあいにしか適用できず、柔軟性のある物体や弾性体、流体を扱えないのに対して、「モーペルテュイ氏の静止の普遍原理」を使えばそれらの釣りあいの形状を見出すことができるのであり、「したがって、この原理を力学における最も重要な発見と見なすだけの、考えつく限りのあらゆる理由が揃っている」。[73] ここで言われている「機械の一般原理」と「静止の普遍原理」の関係は、ラグランジュの言う「機械における釣りあいの一般法則」と「釣りあいの一般公式」の関係にそのまま対応している。オイラーの最小労力の原理についてラグランジュが知悉していたことを踏まえると、この『調和』の議論が「釣りあいの一般公式」の源泉であったという可能性は十分にありうる。

なお、ラグランジュは『研究』で仮想速度の一般原理について述べた際、先行する仕事として、ダランベールにも言及している。すなわち、活力の保存もまたこの原理に基づいているのだが、このことは『動力学論』の終わりのところでダランベールが初めて指摘した、というのである。[74] だが、そのような指摘は確かに同書に見られるものの、ダランベールはそこでは、旧来の原理に簡単に言及しているに過ぎない。[75] しかも、後年の『理論』や『解析力学』になると、これに相当する記述は無くなっている。他方で、『解析力学』では仮想速度の一般原理に関連する先行研究としてクールチヴロンの論文も参照されているのだが、[76] これは『研究』の時点では挙げられていなかった。したがって、ダランベールやクールチヴロンの仕事がラグランジュにおける仮想速度の一般原理の起源であったとは考えにくいであろう。

（3）『解析力学』の力概念

ここまでの議論から、ラグランジュがすでに存在していた原理をそのまま組み合わせて「一般公式」を構築したわけではないことが了解される。まず静力学については、ラグランジュは古くからある仮想速度の原理をそのまま用いたのではなく、それを解析化・一般化した形に変えて利用した。この意味で、ラグランジュの「釣りあいの一般公式」は、解析化された仮想速度の一般原理と呼ぶのが適切であろう。これをラグランジュがいつ、どのようにして着想したかは完全には明らかにならないが、ラグランジュ自身が言及している先行研究に限って言えば、それに最も近い定式化はオイラーが『調和』の中で行っていた議論であった。次に、動力学については、ラグランジュはダランベールの与えた原理を使い、運動を釣りあいに帰着させた。ただしラグランジュは、ダランベールの本来の定式化と異なり、逆向きの加速力と物体に働きかける力とが全体として釣りあう、という形でこれを解釈した。こうしてラグランジュは、既存の原理を再解釈して新たに組み合わせることにより、多種多様な物体における釣りあいと運動を、同一の原理に基づく同一の形式にまとめ上げたのであった。

以上、本章で行ってきた一連の検討から、ラグランジュの力学研究の問題意識が徹頭徹尾、「この学問の理論と、これに関わる問題の解法とを、一般的な公式に帰着させ」ること（『解析力学』緒言）にあったのは明らかであろう。先行研究においても繰り返し指摘されていることだが、ラグランジュという人物の著作には、哲学的な色合いをほとんど認めることができない。ダランベールのような認識論的関心もオイラーのような存在論的関心も語られなければ、モーペルテュイのような「形而上学」に対するこだわりとも無縁である（本書第4章）。このような人物の出現が、時代の変化の反映であるのか、それとも歴史における特異点と見なすべきであるのかは、同時代の他の人々との比較研究に俟たねばならないだろう。

ただし、是非とも注意しておきたいのだが、著作が哲学的性格を持たないということは、そこに書かれている科学理論が形而上学と無関係であることを意味するものではない。十八世紀の力学における力概念について論じたブドリは、ラグランジュの言う「力」が事実上、物体間の相互作用のことであって、物体に内在する実体ではないと指摘した上で、「これが意味するのは、ラグランジュの解析力学が実は一個の形而上学に、実体ではなく構造が中心概念であるような形而上学に基づいているということである」と書いている。つまり、ラグランジュの著作は力学の諸概念についてまったくと言ってよいほど反省を加えていないにもかかわらず、そこには一つの形而上学が潜在化しているというのである。「ラグランジュ自身はこの形而上学的基礎における変化を認識していなかった。彼は解析的な土台に基づく原理の探究に取り組んでいたのだが、その原理を強調することが実在の構造的側面への移行を伴うことに気づいていなかったのである」、という見解には議論の余地があるかもしれないが、ブドリの研究書全体の議論を敷衍して、原因ではなく結果ないし効果としての「力」について語るということ自体が一つの形而上学的立場であると主張することはおそらく可能であろう。そしてこの議論は、本書にとって優れて重要な観点を提示している。[77]

実際、『解析力学』において、「一般公式」によって統一された力学――静力学と動力学――は、その土台となる力の概念に関して、ある重要な前提を置いていると言える。すなわち、ラグランジュがダランベールの原理を適用する際、これを「加速力」と物体に働きかける力との釣りあいとして捉えているということは、この二種類の「力」が同質のものであることを暗に前提しているのである。これはブドリの研究では見過ごされているが、本書の議論にとっては極めて重要な意味を持つ。

「加速力」（あるいは「減速力」）について、ラグランジュは、「その作用は連続的で、重みのそれのようなものであり、等しい無限小の速度を各瞬間に、すべての物質粒子に込めようとする」と説明している。[78] このことからすると、物体に働きかける力についても同様に、「その作用は連続的で、重みのそれのようなもの」だということになるだろう。さらに、ラグランジュは次のようにも述べている。

質量と速度の積が運動物体の有限な力を表すのと同様に、質量と加速力（速度の要素を時間の要素で割ったもので表現されることを我々は見た）の積は要素的な力あるいは生まれつつある力を表すであろう。そしてこの量は、物体がその取っていたかまたは取ろうとしている要素的な速度のおかげで行使しうる、労力の尺度と見なすのであれば、「圧」と呼ばれるものを構成する。しかし、その同じ速度を刻印するのに必要な、力ないし動力の尺度と見るのであれば、その時にはそれは「駆動力」と呼ばれるものである。[79]

この重要な一節において、ラグランジュは、質量と加速力の積を「圧」でもあり「駆動力」でもあると説明している。「圧」という用語は、ス・グラーフェサンデやベルヌーイやオイラーによって、静力学的な作用、「動力」の意味で用いられていた。そのような、釣りあいに関わる「圧」が、同時に物体の運動状態を変える「駆動力」でもある、というのが右の引用の主旨である。

このように、ラグランジュにおける「加速力」は、静力学的な作用と動力学的な作用の両方を意味していた。さらに、「加速力」と物体に働きかける力との釣りあいに仮想速度の一般原理が適用できるということは、それらの「力」が機械学ないし静力学において論じられてきた「動力」と同じものである——少なくともそう見なせる——ということを含意する。先にも言及したように、『解析力学』第一部（静力学）の「釣りあいの一般公式」に関する議論は「機械における釣りあいの一般法則」から始まっており、この公式に関連する部分では概して「動力」(puissance) という用語が使われている。これに対して第二部（動力学）では「力」(force) という言葉のほうが支配的となっているが、[80]「動力」と「力」が同じものであるというのでなければ、この議論は成り立たない。ラグランジュによる静力学と動力学の統一は、「動力」と「力」を同一視するという前提のもとに達成されている。そしてこの前提は、とりわけオイラーの「力学」構想という形で、十八世紀中葉に確立されていたのである。

小括　静力学と動力学の統一、あるいは衝突の問題の後退

『解析力学』は歴史上初めて、静力学と動力学を同一の物理的原理に基づき、同一の数学的形式で提示した著作であった。それがどのようにして実現したのかを、その源泉にまで遡って探ることが、この第III部の課題であった。一つには、「動力学」の意味内容が変更されていたことが重要である。「動力学」は十八世紀中頃、おおよそ一七四〇年代のあいだに、新たな意味を獲得した。ダランベールの『動力学論』に代表されるように、もはや活力――物体の有する「力」――の学ではなく、相互作用する物体系の運動の科学として、さらには単に運動の科学として理解されたのである。このような変化がフランス語圏の外側でも認められるのかどうかは今後の研究に俟たねばならないが、パリ科学アカデミーを中心とするフランスでの議論がラグランジュの「動力学」を理解するための文脈を提供するということは主張できる。[1] ラグランジュは一七六二年出版の論文において、変分法を用いて再定式化した最小作用の原理を使い、単一の質点から連続体までを含む広範な「動力学」の問題を論じた。そして『解析力学』では、「運動の一般公式」を用い、それまでに提唱された「動力学」の諸原理を体系的に提示したのであった。

しかし、ラグランジュはそれに止まらず、さらに「動力学」を「静力学」に還元することで、「力学」全体の統一をも企てた。そのためにラグランジュが行ったのは、仮想速度の原理を解析化・一般化し、ダランベールの提示した原理に新たな解釈を与えることであった。一七六三年に書かれた論文で導入され、後に『解析力学』の基礎となった「一般公式」は、このような創造的再解釈を通じて打ち立てられたと言える。他方で、釣りあいの科学と運動の科学を結びつけようとする構想自体はこれよりも早く、まずは「最小作用量の原理」に即して展開されていた。

これは一七四〇年代から五〇年代にかけてオイラーが論じた最小労力の原理を継承するものであった。
ところで、オイラーが最小労力の原理を発展させた過程は、静力学的な力概念の考察をさらに深めていった過程でもあり、この意味において、「ニュートン力学の伝統」と「変分力学の伝統」とは同じ問題系の中で展開されたと言いうる。いずれの「伝統」においても問題となっていたのは、物体の運動状態の変化を、連続的に作用する動力の効果として捉え、これを論じることであった。この遺産を継承したラグランジュは、『解析力学』の「加速力」を説明した箇所で、次のように記している。

こうした力が自由にかつ一様に作用するときには、時間に比例して増大する速度を必然的に生み出す。そして、与えられた時間内にこのようにして生成された速度を、この種の力の最も単純な効果であると、したがってその尺度として役立つ最も適切なものであると見なすことができる。力学においては、力の単純な効果は既知のものとして受け取らねばならない。そしてこの学問の技法はただ、まさにそのような力が結合して変容した作用から生じるはずの複合的効果を、そこから導き出すことにある[2]。

このように規定される「力学」の内容は、モーペルテュイが最小作用の原理によって企図したものとはずいぶん異なっていた。モーペルテュイが「形而上学」を志向し、神の存在証明を試みたことを別としても、モーペルテュイの原理とラグランジュが提示した「最小作用の原理」とでは、適用対象が大きく異なる。モーペルテュイにとって本質的であった衝突の問題――「硬い物体」を念頭に置く限り、そこでの変化は必然的に瞬間的かつ不連続的となる――を、ラグランジュはまったく論じていない。衝突における瞬間的な変化が明示的に否定されるわけではないとはいえ、『解析力学』は専ら「加速力」による連続的変化を扱っている。ラグランジュの高く評価するダランベールが「動力学」の対象の一つとして衝突の問題を掲げ、「硬い物体」の衝突を「一般原理」によって論じていたにもかかわらず、ラグランジュは「力学」を、衝突の問題を含まない形で統一したのである。

結論　自然哲学から「力学」へ

十八世紀ヨーロッパ啓蒙主義の金字塔とされる『百科全書』には、本文の前に、「人間知識の体系詳述」と題された文章が置かれている[1]。種々の知識や学問の分類体系を説明するこの記事は、『百科全書』編集の中心人物であったディドロにより執筆された。「力学」の対象や分類は、ここでは次のように述べられている。

> 動くか、または動こうとするものとしての物体において考察される量が、力学（Méchanique）の対象である。力学には二つの部門、静力学（Statique）と動力学（Dynamique）がある。静力学は、釣りあい状態にあって単に動こうとしているだけの物体において考察される量を対象とする。動力学は、現実に運動している物体において考察される量を対象とする。静力学と動力学にはそれぞれ二つの部分がある。静力学は、厳密な意味での静力学（Statique proprement dite）、すなわち釣りあい状態にあって単に動こうとしているだけの固体（corps solide）において考察される量を対象とするものと、流体静力学（Hydrostatique）、すなわち釣りあい状態にあって単に動こうとしているだけの流体（corps fluides）において考察される量を対象とするものとに分けられる。動力学は、厳密な意味での動力学（Dynamique proprement dite）、すなわち現実に運動している固体において考察される量を対象とするものと、流体動力学（Hydrodynamique）、すなわち現実に運動している流体において考察

される量を対象とするものとに分けられる。ただし現実に運動している水における量を考察するのであれば、そのときには流体動力学は水力学（Hydraulique）という名前になる。航海術（Navigation）は流体動力学に、弾道学すなわち砲弾の投射は力学に関連づけられるであろう。(2)

この文章は、二つの点で注目に値する。第一に、ここでは「力学」が「静力学」と「動力学」からなるとされ、そのそれぞれが「固体」と「流体」を扱うとされている。これは、ラグランジュが後年の『解析力学』で採用する構成に、そのまま対応するものである。第二に、ここに見られる「静力学」と「動力学」の説明には、「力」への言及こそ含んでいないものの、ライプニッツの考え方の残響が認められる。「釣りあい状態にあって単に動こうとしているだけの物体」と、「現実に運動している物体」とは、ライプニッツの考えではそれぞれ、死力と活力に結びつくものであった。このような古い考え方と新しい考え方の共存は、偶然であるかもしれないが、右の文章が掲載された『百科全書』第一巻の出版が世紀のほぼ中央、一七五一年であったことと符合している。

実際、本書で論じてきた内容はある意味では、ライプニッツからラグランジュへ、と要約できるだろう。そしてその過程は、「運動物体の力」から「動力」へ、とも表現することができる。この変化こそ、力学は十八世紀に形成されたとする本書の中心的主張を、実質的に構成するものである。

第I部で論じたように、デカルト、ニュートン、ライプニッツという十七世紀を代表する自然哲学者の著作には、物体の有する「力」という考え方が共通して認められた。とりわけライプニッツの活力・死力概念は、「運動物体の力」の数量的な尺度という新しい問題を提起するものであった。この主題をめぐって十八世紀前半、とりわけ一七二〇年代に活性化した活力論争は、物体が何らかの意味で「力」を持っているという捉え方が、その時代の共通見解であったことの証左と言える。しかし一七四〇年代になると、このような考え方そのものを否定する主張が登場してくることになった。その先鋒が、たとえばダランベールであり、モーペルテュイであり、オイラーであった。

第II部では、オイラーの言うところの「力学」に照準を定め、その起源と展開を考察した。オイラーは、師であったベルヌーイらの議論をさらに発展させることで、ライプニッツの提示した活力と死力の区別を結果として無効化し、これら物体の「力」に替えて、「動力」を運動の分析の基礎に据えた。これによって初めて、静力学を土台とする運動の科学という、今日まで続く力学の枠組みが提示された。重要なことに、オイラーはこのプログラムの一環として、衝突の問題をも連続的な「動力」の作用によって論じた。一七四〇年代以降、オイラーが物体の「力」という概念を表立って批判し、外的な原因としての「力」と物体の「慣性」とを区別したことは、こうした一連の革新の最終段階と捉えることができる。

第III部では、ここまで見てきた力概念の革新の帰結として、ラグランジュの力学を位置づけた。オイラーの『力学』が世に出た一七三六年に生を受け、五〇年代になってから研究を始めたラグランジュにとって、世紀半ばまでに生じた変化は所与であった。そうした前提条件の中には、「力」が「動力」で置き換えられていたことに加えて、フランス語の「動力学」が新たな意味を獲得していたことや、オイラーが最小原理によって静止と運動を統一的に扱おうとしたことなども含まれていた。ラグランジュは、まずは最小作用の原理によって、後にはダランベールの原理と仮想速度の原理によって、「静力学」と「動力学」を積極的に結びつけることに着手した。先行する議論を再解釈して組み合わせることにより、ラグランジュは「一般公式」を発明し、『解析力学』の基本原理としたのであった。

十八世紀における、以上のような力概念の革新、ひいては力学の誕生という出来事は、これまでほとんど語られてこなかった。そのことは、ラグランジュ自身が『解析力学』の中で与えている力学の歴史の説明についても当てはまる。(3) 本書の議論にとって極めて重要なことに、ラグランジュはこの叙述の中で、「運動物体の力」とその尺度という主題にまったく触れていない。このことはおそらく、同書における力学理論の論述に物体の衝突の問題が含まれていないことと、無関係ではないであろう。「運動物体の力」やその尺度について、言及すらしていないという意味で、『解析力学』は活力論争が解消された後の著作であったと言える。

だが、本書全体を通じて示そうとしてきたように、活力論争は力学史における一つの余談としてではなく、正史の一章として扱われるべきものである。とりわけ、一七四〇年代にオイラーが行った議論に見られるように、長い伝統を持つ「運動物体の力」が歴史上初めて明示的に拒否された、ということの意味を重視しなくてはならない。その結果、「力」の所在は物体の内部でなく外部に求められるようになり、近代的な力学の語彙としての「力」が、「慣性」から切り離された形で登場してきた。さらに、この意味での「力」が「動力」と同一視されたことによって、ラグランジュの『解析力学』に見られる通り、「静力学」と「動力学」を単一の力概念に基づき論じることも可能になった。今日の力学教科書では、釣りあいをもたらす力が運動状態の変化をもたらす主体でもあるということは、何の留保もなく前提されている。しかしこのことは、十八世紀における力概念の革新によって初めて可能となったのである。

加えて、この一連の過程では、「力」そのものからそれが生み出す効果のほうに関心の重点が移動していった。あるいは、変化を生み出す原因から原因の生み出す変化へ、と言ってもよい[4]。原因としての「力」の大きさはそれが生み出す「効果」によって測られるという発想は、ライプニッツが新たな力尺度を唱えた際に「アポステリオリな」アプローチとして述べたものであり、ス・グラーフェサンデの実験もこの考え方に基づいていた。ところがダランベールはこれを逆転させて、「『力』という言葉で［……］生み出される効果のみを了解すべきである」と主張し、モーペルテュイも同調して、「我々はそれを見かけの効果のみによって測ることにしよう」と提案する。あるいはオイラーの場合には、物体の運動状態の変化を動力の「効果」であると見なし、さらにはこの延長線上で、釣りあいにおいて労力が最小となる理由を解釈しようとした。

このような態度は、後のラグランジュにも引き継がれる。『力』ないし『動力』というのは一般に、何であるにせよ、それが加えられると想定された物体に対して運動を刻印するか、もしくは刻印しようとする原因として、了解されている。そしてまた、刻印されたか、もしくは刻印されることになる運動の量によってこそ、力ないし動力は測られるべきである」[5]。ここでは「力」が「原因」として一応規定されているが、ラグランジュにとって、この原因そのものを考察すること、あるいは、そこから効果がどのようにして生み出されるかを問うことは、「力学」の埒外にあった。「力学においては、力の単純な効果は既知のものとして受け取らねばならない。そしてこの科学の技法はただ、まさにそのような力が結合して変容した作用から生じるに違いない複合的な効果を、そこから導き出すことにある」[6]。解析化され、体系化された力学理論の中では、原因としての「力」は所与のものとされ、それについて論じることはもはや行われない。むしろ、系に対して「力」なるものが作用したとき、そこにどのような変化が生じるかという問いこそが、力学の中心的な問題群を構成するようになっていく。

物体の持つ「力」という考え方が、完全に姿を消したわけではない。ベルリンのアカデミーは一七七九年の時点でもなお、懸賞論文のテーマとして「力の基底」(*Fundamentum virium*)を問うていた[7]。さらに時代が下って、十九世紀中葉にエネルギー保存則が成立してきた際、さまざまな形態に転換しつつ全体としては保存されるそれが往々にして「力」と呼ばれたという事実は[8]、物体に内在する能力としての「力」という発想が脈々と受け継がれていたことを強く示唆している。それゆえ、ここで主張したいのは、「力」についての考え方が十八世紀半ばに一斉に変化した、ということではない。そうではなく、変化をもたらす一般的な作用という意味で「力」という言葉を使う特定の人々が現れてきたということである。この人々を特徴づけていたのは、見慣れない記号が並ぶ難解な微積分の数式だけではなかった。専門用語としての「力」もまた、この新しい集団に特徴的な語彙であった。

十八世紀末のパリで設立された理工科学校、エコール・ポリテクニクが、高度な数学と力学を技術者教育の基礎に据えたことはよく知られている[9]。山本が主張する通り、その頃までに力学の理論は「マニュアル化」されつつあった[10]。つまり、一度その計算手順を身に着けさえすれば、誰でも同じようにして、多彩な問題に取り組むことができた。ニュートンの『プリンキピア』には欠けていたこの種の汎用性は、近現代における科学技術の基本的性格を考える上で極めて重要な意味を持つ。実際、力学が科学史上、特に注目に値する学問分野である理由は、解析化され体系化された結果、大きな汎用性を獲得するに至った最初の学知だからであると考えられよう[11]。しかし、理論が汎用的であるかどうかは単に数学的形式の問題ではなく、構成要素となっている概念が広範な現象に適用できるかどうかにも深く依存している――手で押したり引いたりする日常的感覚も、惑星間に働いているとされる知覚不能な引力も、機械装置の部品間に生じる相互作用も、近代的な力学理論はすべて「力」として処理し、同じ原理や法則を適用してきたのである。力学はこうして、世間日常の語彙を離れた地点で、理学と工学の双方に基盤を提供するようになった[12]。本書は、このような一般性を備えた力学理論が十八世紀のヨーロッパでどのようにして作り上げられたのかを、力概念の革新という主題に即して叙述するものであった。

オイラーを始めとするヨーロッパ大陸の数学者・哲学者たちは、前世紀から相続した「運動物体の力」という概念をあるいは発展させ、あるいは批判する中で、新しい力の概念と、それに基づく釣りあいと運動の理論を打ち立てていった。世紀初頭の時点では、物体の運動が概して自然哲学の論題であったことは記憶されてよい。デカルトにせよニュートンにせよライプニッツにせよ、彼らが目指したのは個々の問題の計算というより、世界についての説明であった。そしてそれが哲学である限り、変化の原因として想定される「運動物体の力」を論じるのは有意義なことであった。一七二〇年代に活力論争に関与した人々はまだ、そうした価値観を共有していたようにも思われる。ところが概ね四〇年代以降、時代を代表する学者たちの関心は原因としての「力」そのものから、それがもたらす効果のほうに向かっていった。一般的な作用としての力がもたらす釣りあいや運動を対象とする、一つの科学が生まれつつあった。力概念の革新とは、したがって、現代から見て力学に属すると判断される問題群が自然哲学の一部分であることを止め、固有の対象と方法を持った一個の科学として生起してくる過程でもある[13]。十八世紀の初めには、壮大な自然哲学の諸体系が、互いに覇を競い合っていた。同じ世紀の終わりには、力の作用が生み出す効果を計算する、優れた技法が存在した。それは「力学」と名づけられていた。

あとがき——本書に辿り着くまで

校正作業を一通り終えてみて、「ようやく義務を果たした」と感じるとともに、「結局これだけしかできなかった」という思いが胸のうちを行き来している。

本書は、二〇一七年に京都大学に提出して博士（文学）の学位を受けた論文を改訂し、書籍として編集したものである。刊行に当たっては、日本学術振興会から研究成果公開促進費（学術図書）の支援を受けた。書籍化に際し、なるべく読みやすくなるように補足を加えたり、文章表現を手直ししたりは行っているものの、章・節レベルでの構成は基本的に変わっていない（例外として、博士論文の第9章第三節を、本書では第三節と第四節に分けた）。一部は過去に発表した論文をもとにしているが、学位論文としてまとめる段階で新規に執筆した部分も少なくない。それは、私自身の問題意識や興味関心が、これまで何度か移り変わってきたことの反映でもあると思う。既報との関係を示すため、またお世話になった方々への謝辞を兼ねて、本書成立までの経緯をここに記しておきたい。

＊

十八世紀の力学との関わりは、二〇〇三年まで遡る。当時、私は京都大学総合人間学部の学生で、物理学を一応専攻していたが、同じ京都大学の文学研究科・文学部に「科学哲学科学史専修」なるものがあることを知り、進学を希望するようになっていた。そこで、いくつか授業に出席させてもらったのだが、その一つが、伊藤和行先生の特殊講義「古典力学の成立」だった。この授業は、オイラーの力学テクストを原文で読むというもので、取り上げられたのは『力学の新しい原理の発見』と『力の起源の探究』の二篇だった。毎週、何時間もかけてフランス語を予習するのは大変だったが、わずかでも辞書を引かずに読めるようになっていくのが嬉しかったのを覚えている。この授業は一年間だけだったが、オイラーの講読はその後も引き続き、先生の私的な読書会で続けられた。これらの指導のお陰で、私は十八世紀の力学の原典を「読む」ことができるようになった。

ところで、大学院を受験するに当たっては、卒業論文に相当するものを書いて願書とともに提出する必要があった。私はそこで、オイラーの力学論文の一つ、『モーペルテュイ氏の静止と運動の一般原理のあいだの調和』の読解に取り組み、その内容を論じた。当時の私は物理学専攻の学生として、変分原理（最小作用の原理）の発想が面白いと思っていた。そこで大学院修士課程（二〇〇五―六年度）では、引き続き変分力学の歴史に取り組んだ。修士論文は、オイラーからラグランジュへと至る最小作用の原理の形成過程を検討する内容で、本書の第9章と第10章の約半分はこれに基づいている（その要点は、『オイラーとラグランジュ』（二〇〇七年）として発表した）。ただし、このテーマには先行研究が少なくなかった。とりわけ、ドイツ語で書かれたプルテ氏の研究書『最小作用の原理と合理力学の力概念』(Pulte, *Das Prinzip der kleinsten Wirkung und die Kraftkonzeptionen der rationalen Mechanik*, 1989) は極めて詳細かつ包括的で、苦心して読み進めれば読み進めるほど、どうすれば差異化できるのか分からなくなった。修士論文は完成できたが、このテーマでこれ以上続けることは難しいと感じていた。

博士後期課程（二〇〇七―九年度）では、まずモーペルテュイを読んだ。当初の動機はとても消極的で、オイラーの最小労力の原理を投稿論文としてまとめるに当たり、きちんと触れないわけにいかなかったから、ということに尽きる。しかし読み進めていく中で、私は、この人物が現代とは大きく違った発想で物事を考えていたことに気づかされ、そのことを適切に評価して表現したいと思うようになった。結果として出来上がった『モーペルテュイの「作用」、オイラーの「労力」』（二〇〇九年）は、両者を対照的＝対称的な仕方で扱い、二人がいかにすれ違っていたかを描き出そうとして書いたものである。また、『黎明期の変分力学』（二〇一一年）は、物理学者の方々の研究会に招待していただいた際に報告した内容に基づいているが、ここではモーペルテュイ、オイラー、ラグランジュという三者の問題関心がどのように異なっていたかを論じた。これらに含まれる内容は、本書では第4章・第9章・第10章に分散している。

本書で論じたように、モーペルテュイの最小作用の原理は、衝突の法則や活力論争と関わっていた。以前から力の概念には興味があったので、私は活力論争について調べることにし、まずは先行研究をサーベイして、『活力論争とは何だったのか』(二〇〇九年)にまとめた。この内容は、本書では第1章に再利用されているほか、全編にわたって散在していると言える。このサーベイを通じて感じたのは、活力論争に対するオイラーの関わりを述べた研究が意外なほど少ないということだった。そこで私は、プルテ氏の本でも短く触れられていた『衝撃力について』を読んでみた。一読して非常に気になったのは、オイラーがこの中で「力」をやたらと批判し、ライプニッツ派を名指しで攻撃していたことだった。一体、どのような背景があって、オイラーはこれほど辛辣な批判をしているのか——私はそれを分かりたいと思った。別の言い方をするなら、オイラーの「力」批判を同時代的な文脈に即して描き出すことが、それ以降の目標となった。

概して、修士課程までの私は力学理論の概念的基礎に興味があり、歴史というよりは哲学寄りの研究をしていた。それは研究室全体の雰囲気でもあったと思うが、博士後期課程の途中から心境が変わってきた。その要因は、テラル氏によるモーペルテュイの伝記的研究、『地球を平たくした男』(Terrall, *The man who flattened the Earth*, 2002)を読んだことにある。同書はモーペルテュイの生涯を、十八世紀ヨーロッパ、特にフランスの社会的・文化的背景の中で活き活きと描き出していた。私はそれ以来、力学とは関係なく、「十八世紀ヨーロッパにおける科学」に深く興味を持つようになった。またそのことと並行して、英米の科学史研究では、特定の時代・地域における科学の実践(practice)を社会的・文化的な文脈(context)に位置づけて論じるのがスタンダードになっていることを理解するようになった。これに関しては、研究室OBに当たる瀬戸口明久氏が主宰していた読書会を通じて、さまざまな研究文献に接するようになったことが大きい。要するに私の興味関心は、科学哲学から文化史へと大きく転回したのだった。

そういうわけで、博士後期課程半ばの時点で私が構想した博士論文は、オイラーの「力」批判を、それを取り巻く社会的・文化的文脈に即して叙述するものだった。この「文脈」とは具体的には、ベルリンの科学・文学アカデミーであり、ベルリンという都市である。面白いことに、ベルリンはドイツの都市であるにもかかわらず、アカデミーとその周辺ではフランスの影響が強かった——そこはまさに、二つの学問文化が接する場所だった。私はそこで、「フランス的なもの」と「ドイツ的なもの」という両者に対するオイラーの立ち位置を考えたいと思い、アカデミーの実態を詳しく調べ始めた。日本十八世紀学会で発表した『言語から見たベルリン科学・文学アカデミー』（二〇一〇年）は、その作業の一環として行った研究である。その先には、ヴォルフ派の哲学者やフランス流の自由思想家たち、さらには、いわゆるスピノザ主義の問題などが登場してくるはずだった。本書の内容からはまるで想像できないと思うが、私は本気で、そういうテーマに取り組みたいと思っていた。

だが当時の私にとっては不幸なことに、この方向に研究を発展させる余裕はなかった。その一つの理由は、科学論争としての活力論争について、先行研究に満足できなかったことである。私は先のサーベイを通じて、論争の全体像を記した文献がなく、しかも大部分の研究は論争を適切に理解できていないと感じていた。そのため、オイラーの「力」批判の文化的位置づけを論じる前に、その科学的背景を自前で描き出さなくてはならなかった。

だが、さらにもう一つの理由があった。博士後期課程の三年次となった二〇〇九年の春、私は日本学術振興会の特別研究員（DC2）に採用されたが、その研究課題はラグランジュの力学形成に関するものだった。実のところ、申請した時点ではそれに取り組むつもりがあったのだが、私自身の興味関心はその後、いわゆる「理系」から「文系」へと完全に移ってしまっていた。だがそれでも、採用されたからには取り組まざるを得ず、ラグランジュの最初期の力学研究である音の理論と、そこに登場する弦の振動の問題を調べることにした。実はこのテーマは数学史とも関わるため、私は十八世紀の微積分、すなわち無限小解析についても、掘り下げて勉強せざるを得なくなった。ここから生まれたのが『若きラグランジュと数学の「形而上学」』（二〇一〇年）だが、この内容は本書では、ごく一部を第5章での無限小解析の説明に使ったに過ぎない。同様に、音の理論や弦の振動についても本書では扱っていないが、第10章でラグランジュにおける連続体の捉え方に触れているのは、この研究課題の成果である。

かくして二〇一〇年の私は、かなり矛盾した状況にあった。本当は「十八世紀ヨーロッパにおける力学」についての文化史的研究がしたいと思っているのに、実際にやっていることの大部分は活力論争の原典を当たることであり、ラグランジュの数学・力学を考察することだったからである。もっとも、文化史的な取り組みをしていなかったわけではなかった。中でも斉藤渉氏には、無理をお願いして、ヴォルフのドイツ語テクストを読む練習に付き合っていただいた。また、順番が前後するが、隠岐さや香氏には調査先のパリで、科学アカデミーのアーカイブに連れて行っていただき、狭義の一次史料（手書き文書）の調査の初歩を教わった。このような指導を博士後期課程の一年次頃までに受けていたら、あるいは、違う結果になっていたのかもしれない。

とはいえ、すでに大学院を研究指導認定退学し、学振特別研究員（PDに資格変更していた）の身分も年度末で終わりという状況を考えると、学位論文は現実的な内容でまとめざるを得なかった。そこで、資料調査のためドイツに滞在した折に、博士論文の構想を持ってプルテ氏を訪ねた。先生は、長時間ディスカッションに付き合ってくださり、ぜひ完成させるようにと激励してくださった。その直後、同年一〇月末に作成した「博士論文プラン」というファイルを開いてみると、「第一部　活力論争」と「第二部　力学的力概念の確立」の二部構成であり、全部で六章の計画となっている。本意ではなかったにせよ、「十八世紀ヨーロッパにおける力学」の研究をこのような形でまとめて博士論文にすることは、それほど大変ではなさそうに思われた——二〇一〇年の時点では。

＊

二〇一一年の春、奇しくも東日本大震災の直後から、私は東京という新しい土地で、大学の非常勤講師などをしながら研究を続けることになった。特に一年目には、生活費を稼ぐため、ある調査会社で非常勤の仕事をする幸運に恵まれた。出勤日の昼間は会社で再生可能エネルギーや医療機器などについて調べ、早朝に——通勤ラッシュは是が非でも避けたかったので——職場近くのカフェで博士論文の原稿を書くという生活だった。震災、特に原子力発電所の事故と、会社での調査の経験は、私がそれまで取り組んできた科学史を根底から揺さぶった。端的に言って、「十八世紀ヨーロッパにおける科学」を研究することが、いまここで現実に起こっている事態にとって何の意義があるのか、まったく分からなくなった。あるいは、こう言ってもよいのかもしれない。それまでの私は、十八世紀ヨーロッパに深く身を置いていた。だが、震災はそこから私を引き離し、二十一世紀初頭の日本で科学史を研究するよう強制したのだと。

このような状況で研究を続けられたのは、間違いなく、周りの方々のお陰である。とりわけ、中根美知代氏と佐藤賢一氏が、若手の博士論文執筆のための研究会を定期的に開いてくださったのは大きかった。これがなければ、『活力論争を解消する十八世紀の試み』(二〇一二年)と『合理力学の一例としての衝突理論 一七二〇—一七三〇年』(二〇一二年)という二篇の論文は書けなかっただろう——本書の第4章と第6章は、それらを増補改訂したものである。他方、逸見龍生氏からは、『百科全書』に関する日仏研究集会で報告する機会をいただいた。そこで発表した「パリ科学アカデミーにおける『動力学』の出現」(英文、二〇一三年)をさらに発展させたものが、本書の第8章である。ほかにも、東京大学(駒場)での研究会や、東京工業大学の「火ゼミ」などに呼んでいただいたことで、嫌でも研究を続けざるを得なかったのは本当に有り難かった。本書の第2章、第3章、第5章も、対応する既発表論文はないものの、概ねこの時期に書かれている。

今から振り返ってみると、震災直後のこの二年間は、とにかく博士論文を完成させなくてはならないという強迫観念にずっと追い立てられていた。お世話になった方々に申し訳が立たないと思っていたのは確かだが、自分のこれまでが無になってしまうと感じていたのかもしれなかった。執筆を進めるのと並行して、私は、十八世紀の力学が現代の科学技術にとって何の意味があるのか考え続けた。本書の序論と結論は、その思索の産物である。まったくもって逆説的なのだが、私はここで初めて、「なぜ十八世紀の力学を研究するのか」という問いに自信を持って答えられるようになった。思うに、私が「十八世紀ヨーロッパにおける力学」に憧れつつも挫折した本当の原因は——それに必要な訓練を早期に受けていなかったこともあるが——なぜそれが研究に値するのか、自分の言葉で語れなかったからではないのか。

その後、幸運にも二〇一三年春に、私は国立科学博物館の研究員として採用された。私はそこで自ら望んで、近現代の日本における科学史・技術史の勉強と研究を始めた。事実、本書で扱っている原典史料のうち、二〇一三年以降に新たに取り組んだものはほとんどない。その後に行ったのは、過去の自分の仕事をどのように再編して一つの主題の下にまとめるかという試行錯誤の繰り返しである。そうこうしているうちに、私は博物館に特有の仕事、つまりは資料の収集・保存や展示といった活動に、かなりの労力を割くようにもなっていった。そうした中で博士論文の仕上げをするに当たっては、職場の上司に当たる方々の理解と配慮が不可欠だった。

概して、科学博物館に就職したことで、私の関心は「歴史」から「科学」のほうに再び寄っていった。そして、原点回帰と言うべきか、オイラーの最小労力の原理に再び取り組むことになった。きっかけは、初期に書いた『モーペルテュイの「作用」、オイラーの「労力」』(二〇〇九年)が、二〇一二年になって日本科学史学会の論文賞に選ばれたことだったかもしれない。次いで、二〇一三年の国際科学史技術史会議は、初めて海外で研究発表する場となり、私はオイラーの最小労力の原理について報告した。会場には、ドイツからプルテ氏も来られていたが、私の発表は先生の主張を部分的に修正し、オイラーの原理が力学的な力概念と密接に関連していることを指摘するものだった。修士課程以来の宿題がようやく片付き、本書の第9章が形になった。

意外に思われるかもしれないが、本書の中で最後に出来上がったのは、第7章でオイラーの主著『力学』(一七三六年）を論じた部分である。「十八世紀ヨーロッパにおける力学」を強く志向していた頃の私は、力学の主要テクストよりもむしろその周辺に光を当てることに注力していたため、有名な著作を敬遠する傾向があった。その結果として、本書では、伝統的な力学史であれば扱っていて然るべき内容が手薄になっているという自覚がある。「運動方程式」に関する記述が少ないことや、ダニエル・ベルヌーイの『流体動力学』(*Hydrodynamica*, 一七三八年）に触れていないことなど、読者によっては不満の残る部分もあるだろう。また、書籍化に際しては、担当編集者の神舘健司氏が理系読者の目線でコメントしてくださり、多くの補足や訂正をすることができたが、元の学位論文が理系の一般読者を対象としていない以上、限界があることは否めない。そうした点についてはいずれ、何らかの形で補えたらと思っている。

ともあれ、博士論文は書き上がった。提出の最終段階では、稲葉肇氏が細部にわたる校正をしてくださり、訳出の誤りなども指摘していただいた。審査では、伊藤先生に加えて伊勢田哲治先生と福谷茂先生から、厳しくも温かい講評の言葉をいただいた。そのほか、一々お名前を挙げることはできないが、折りに触れて学位論文の進捗を私に尋ね、出来上がるのを楽しみにしていると言ってくださった方々に、心から御礼を申し上げたい。特に、名古屋大学出版会の橘宗吾氏は、論文が出来上がる何年も前から私に声をかけ、書籍化の話をしてくださっていた。この申し出をいただいていなければ、いつまで経っても完成しなかったかもしれない。

最後に、家族への感謝を述べたい。妻であり研究生活上のパートナーでもある有賀雅奈は、博士論文の完成に向けて誰よりも私を叱咤激励し、また時には、どのように構成すれば分かりやすくかつ面白くなるかについて有意義な助言をしてくれた。彼女に喜んでもらうことが最大のモチベーションだったと言っても、たぶん嘘にはならないだろう。加えて、私の両親は、仮に私の研究の学術的価値は分からなくても、それが意義のあるものだということは一度も疑わなかったと思う。義理の両親もまた、私の学位論文の完成を、我が子のことのように楽しみにしてくれた。最終稿の作業をしている最中の二〇一六年春に義父が他界したことは、本当に残念でならなかった。

十八世紀の力学と出会ってから今日までの十五年間に、研究者であれ親族であれ、本書が出版されたならきっと喜んでくれたであろう何人もの人たちがこの世を去った。それでも私は、前に進まなくてはならない——期待してくれる人たちがいる限り。おそらく、私自身はこれ以上、十八世紀の力学に関して新しい研究をすることはないだろう。願わくは、後に来る人たちが本書を一つの手掛かりとして、この重要かつ魅力的なテーマと取り組み、そして楽しんでくれたらと思う。義務は果たした。結局これだけしかできなかった。それでも、後悔はしていない。

二〇一八年夏

著　者

《著者略歴》

有賀 暢迪（ありが のぶみち）

1982年　岐阜県に生まれる
2005年　京都大学総合人間学部卒業
2010年　京都大学大学院文学研究科博士後期課程研究指導認定退学
2013年　国立科学博物館理工学研究部研究員（現在に至る）
2017年　京都大学博士（文学）

力学の誘生

2018年10月15日　初版第1刷発行

定価はカバーに
表示しています

著　者　有　賀　暢　迪

発行者　金　山　弥　平

発行所　一般財団法人　名古屋大学出版会
〒464-0814　名古屋市千種区不老町1名古屋大学構内
電話(052)781-5027/FAX(052)781-0697

印刷・製本 ㈱太洋社　ISBN978-4-8158-0920-1

乱丁・落丁はお取替えいたします.

索　引

18 世紀の用語については，主たる原語（ラテン語（斜体）または
フランス語（直立体）のいずれか）とその英訳を付した.

ア　行

カ　行

サ　行

タ　行

ナ・ハ行

マ・ラ行

参考文献

原典史料の入手先に関する注意

本書で参照・引用した原典史料のうち，18 世紀に刊行された書籍・雑誌の類は，デジタル化されインターネット上で公開されているものが多くを占める．近年，この種のデジタルライブラリーは世界中で急速に拡大しており，同じ書籍や雑誌が複数のサイトで閲覧できる例も増加している．このため以下では，特に明示する必要がある場合を除き，個々の文献についてデータの入手先を示すことをしなかった．ただし参考のために，利用する機会の多かった主なウェブサイトを次に挙げておく［最終閲覧はいずれも 2018 年 7 月 25 日］.

・インターネット・アーカイブの電子書籍コレクション
http://archive.org/details/texts/
・ベルリン＝ブランデンブルク科学アカデミーの電子図書館
http://bibliothek.bbaw.de/bibliothek-digital/
・グーグル社の運営する電子図書館サービス “Google Books”
http://books.google.com/
・スイスの合同電子図書館プラットフォーム “e-rara.ch”
http://www.e-rara.ch/
・シカゴ大学 “The ARTFL Project”による電子版『百科全書』“The ARTFL Encyclopédie”
http://encyclopedie.uchicago.edu/
・オイラーの著作等の情報を集めたウェブサイト “The Euler Archive”
http://eulerarchive.maa.org/
・フランス国立図書館の電子図書館 “Gallica”
http://gallica.bnf.fr/

原典史料

[Anon.] “Traité de Dynamique par M. d’Alemberg [sic].” *Journal des Sçavans*, Sept. 1743, pp. 522–528.

Académie française. *Le dictionnaire des arts et des sciences*, 2 toms. Paris : Jean Baptiste Coignard, 1694.

———. *Les dictionnaires de l’Academie Française : 1687–1798* [CD-ROM]. Paris : Champion Électronique, 2000.

Académie impériale des sciences [de Petersburg]. *Procès-Verbaux des séances de l’Académie impériale des sciences depuis sa fondation jusqu’à 1803*, 2 toms. [Petersburg : Académie impériale des sciences], 1897–1899.

Académie royale des sciences [de Paris]. *Proces-verbaux*. 未公刊史料．Archive de l’Académie des sciences 所蔵．［Gallica にて画像閲覧．］

———. “Sur les forces centrifuges.” *Histoire de l’Academie Royale des Sciences [de Paris]. Anné 1700* (pub. 1761 ; seconde éd.), Histoire, pp. 78–101.

———. “Eloge de M. Leibniz.” *Histoire de l’Academie Royale des Sciences [de Paris]. Anné 1716*

(pub. 1718), Histoire, pp. 94–128.
———. “Sur la force des corps en mouvement.” *Histoire de l’Academie Royale des Sciences [de Paris]. Anné 1721* (pub. 1723), Histoire, pp. 81-85.
———. “Sur le choc des corps à ressort.” *Histoire de l’Academie Royale des Sciences [de Paris]. Anné 1721* (pub. 1723), Histoire, pp. 86–97.
———. “Sur le choc des corps à ressort.” *Histoire de l’Academie Royale des Sciences [de Paris]. Anné 1723* (pub. 1753), Histoire, pp. 101–107.
———. “Sur le choc des corps à ressort.” *Histoire de l’Academie Royale des Sciences [de Paris]. Anné 1726* (pub. 1753), Histoire, pp. 53–57.
———. “Sur la force des corps en mouvement.” *Histoire de l’Academie Royale des Sciences [de Paris]. Anné 1728* (pub. 1753), Histoire, pp. 73-97.
———. “Sur quelques Problèmes de Dynamique par rapport aux Tractions.” *Histoire de l’Academie Royale des Sciences [de Paris]. Anné 1736* (pub. 1739), Histoire, pp. 105–110.
———. “Sur un Problème de Dynamique.” *Histoire de l’Academie Royale des Sciences [de Paris]. Anné 1741* (pub. 1744), Histoire, pp. 143–145.
———. “Divers Problèmes de Dynamique.” *Histoire de l’Academie Royale des Sciences [de Paris]. Anné 1742* (pub. 1745), Histoire, pp. 125–131.
———. “Problème de Dynamique.” *Histoire de l’Academie Royale des Sciences [de Paris]. Anné 1743* (pub. 1746), Histoire, pp. 165–167.
———. “Sur un nouveau principe général de Méchanique.” *Histoire de l’Academie Royale des Sciences [de Paris]. Anné 1749* (pub. 1753), Histoire, pp. 177–179.
———. “Eloge de M. de Montigni.” *Histoire de l’Academie Royale des Sciences [de Paris]. Anné 1782* (pub. 1785), Histoire, pp. 108–121.
Academie royale des sciences et des belles-lettres [de Berlin]. *Protocolla Concilii, vol. 5* (1743–1745). 未公刊史料. Archiv der Berlin-Brandenburgischen Akademie der Wissenschaften 所蔵, Abschn. I–IV–10.
———. “Sur le Choc & la Pression.” *Histoire de l’Academie Royale des Sciences et des Belles-Lettres de Berlin pour l’anné 1745* (pub. 1746), Histoire, pp. 25–28. [この記事はオイラー全集に採録されている. *Leonhardi Euleri Opera omnia*, ser. 2, vol. 8, ed. Charles Blanc, pp. 27–29. Turici : O. Füssli, 1964.]
———. “Sur la nature des moindres parties de la matiere.” *Histoire de l’Academie Royale des Sciences et des Belles-Lettres de Berlin pour l’anné 1745* (pub. 1746), Histoire, pp. 28–32.
———. *Die Registres der Berliner Akademie der Wissenchaften 1746–1766 : Dokumente für das Wirken Leonhard Eulers in Berlin, zum 250.Geburtstag*, hrsg. Eduard Winter in Verbindung mit Maria Winter. Berlin : Akademie-Verlag, 1957.
d’Alembert, Jean Le Rond. *Traité de dynamique, dans lequel les Loix de d’Equilibre & du Mouvement des Corps sont réduites au plus petit nombre possible, & démontrées d’une maniére[sic] nouvelle, & où l’on donne un Principe général pour trouver le Mouvement de plusieurs Corps qui agissent les uns sur les autres, d’une maniére[sic] quelconque.* Paris : David, 1743 ; facs., Bruxelles : Culture et civilisation, 1967.
———. *Traité de l’équilibre et du mouvement des fluides : pour servir de suite au* Traite de dynamique. Paris : David, 1744 ; facs., Bruxelles : Culture et civilisation, 1966.

———. *Recherches sur la précession des équinoxes, et sur la nutation de l'axe de la terre, dans le systême newtonien.* Paris : David, 1749 ; facs., Bruxelles : Culture et civilisation, 1967.

———. "Discours préliminaire des éditeurs," dans *Encyclopédie [...]*, éd. Denis Diderot et Jean le Rond d'Alembert, t. 1 (pub. 1751), pp. i–xlv. / 邦訳 1：「百科全書序論」佐々木康之訳．串田孫一責任編集『ヴォルテール ルソー ダランベール』（世界の名著），415–528 頁．東京：中央公論社，1970 年．/ 邦訳 2：「百科全書序論」橋本峰雄訳．桑原武夫訳編『百科全書：序論および代表項目』（岩波文庫），15–166 頁．東京：岩波書店，1971 年．

———. "Action." Article dans *Encyclopédie [...]*, éd. Denis Diderot et Jean le Rond d'Alembert, t. 1 (pub. 1751), pp. 119–120.

———. "Cosmologie." Article dans *Encyclopédie [...]*, éd. Denis Diderot et Jean le Rond d'Alembert, t. 4 (pub. 1754), pp. 294–297.

———. "DYNAMIQUE." Article dans *Encyclopédie [...]*, éd. Denis Diderot et Jean le Rond d'Alembert, t. 5 (pub. 1755), pp. 174–176. / 邦訳：「力学」竹尾治一郎訳．桑原武夫訳編『百科全書：序論および代表項目』（岩波文庫），288–294 頁．東京：岩波書店，1971 年．

———. "Force vive, ou Force des Corps en mouvement." Article dans *Encyclopédie [...]*, éd. Denis Diderot et Jean le Rond d'Alembert, t. 7 (pub. 1757), pp. 112–114.

———. "MÉCHANIQUE." Article dans *Encyclopédie [...]*, éd. Denis Diderot et Jean le Rond d'Alembert, t. 10 (pub. 1765), p. 222.

———. "NEWTONIANISME." Article dans *Encyclopédie [...]*, éd. Denis Diderot et Jean le Rond d'Alembert, t. 11 (pub. 1765), pp. 122–125.

———. "PERCUSSION." Article dans *Encyclopédie [...]*, éd. Denis Diderot et Jean le Rond d'Alembert, t. 12 (pub. 1765), pp. 330–335.

Allamand, Jean Nic. Seb. "Histoire de la Vie et des Ouvrages de M^r. 'sGravesande." Dans 'sGravesande, *Oeuvres philosophiques et mathematiques*, 1re Partie, pp. ix–lix. Amsterdam : Marc Michel Rey, 1774.

d'Arcy, Patrick. "Problème de Dynamique." *Histoire de l'Academie Royale des Sciences [de Paris]. Anné 1747* (pub. 1752), Mémoires, pp. 344–361.

———. "Réflexions sur le principe de la moindre action de M. de Maupertuis." *Histoire de l'Academie Royale des Sciences [de Paris]. Anné 1749* (pub. 1753), Mémoires, pp. 531–538.

Beguelin, Nikolaus von. "Recherches sur l'existence des corps durs." *Histoire de l'Academie Royale des Sciences et des Belles-Lettres de Berlin pour l' anné 1751* (pub. 1753), Mémoires, pp. 331–355.

Bernoulli, Daniel. "Remarques sur le principe de la conservation des forces vives pris dans un sens général." *Histoire de l'Academie Royale des Sciences et des Belles-Lettres de Berlin pour l'anné 1748* (pub. 1750), Mémoires, pp. 356–364. / 著作集版：*Die Werke von Daniel Bernoulli*, Bd. 3, S. 197–206. Basel : Birkhäuser, 1987.

Bernoulli, Johann. *Discours sur les loix de la communication du mouvement : Qui a merité les Eloges de l'Academie Royale des Sciences aux années 1724 & 1726 & qui a concouru à l'occasion des Prix distribuez dans lesdites années.* Paris : Claude Jombert, 1727 ; rep. dans *Recueil des pieces qui ont remporté les prix de l'Academie royale des sciences [...]*, t. 1. Paris : Gabriel Martin [et al.], 1752. / 全集版：*Opera omnia, tam antea sparsim edita, quam hactenus inedita*, t. 3, pp. 1–107. Lausannae & Genevae : Sumptibus Marci-Michaelis Bousquet & Sociorum, 1742 ;

facs., Hildesheim : Georg Olms, 1968.
———. "De vera notione virium vivarum earumque usu in Dynamicis, ostenso per exemplum, propositum in *Comment. Petropolit.* Tomi II pag. 200, Dissertatio." *Nova Acta Eruditorum* (Mai. 1735), pp. 210-230. / 全集版：*Opera omnia, tam antea sparsim edita, quam hactenus inedita*, t. 3, pp. 239-260. Lausannae & Genevae : Sumptibus Marci-Michaelis Bousquet & Sociorum, 1742 ; facs., Hildesheim : Georg Olms, 1968.
Bülffinger, Georg Bernhard. "De Viribus corpori moto insitis, et illarum Mensura." *Commentarii Academiae Scientiarum Imperialis Petropolitanae*, t. 1 ad annum 1726 (pub. 1728), pp. 43-120.
Chambers, Ephraim. *Cyclopædia, or, An universal dictionary of arts and sciences [...]*. London : Printed for J. and J. Knapton [et al.], 1728. / rep., University of Wisconsin Digital Collections, http://digital.library.wisc.edu/1711.dl/HistSciTech.Cyclopaedia
Châtelet, Emilie du. *Institutions de physique*. Paris: Prault fils, 1740.
Clairaut, Alexis-Claude. "Solution de quelques Problemes de Dynamique." *Histoire de l'Academie Royale des Sciences [de Paris]. Anné 1736* (pub. 1739), Mémoires, pp. 1-22.
———. "Sur Quelques Principes qui donnent la Solution d'un grand nombre de Problèmes de Dynamique." *Histoire de l'Academie Royale des Sciences [de Paris]. Anné 1742* (pub. 1745), Mémoires, pp. 1-52.
Courtivron, Marquis de. "Recherches de Statique et de Dynamique, où l'on donne un nouveau principe général pour la consideration des corps animés par des forces variables, suivant une loi quelconque." *Histoire de l'Academie Royale des Sciences [de Paris]. Anné 1749* (pub. 1753), Mémoires, pp. 15-27.
Descartes, René. *Principia philosophiae*. In *Oeuvres de Descartes*, publiées par Charles Adam et Paul Tannery, t. 8-1. Paris : J. Vrin, 1973 [originally pub. in 1644]. / 邦訳：『哲学の原理』井上庄七・小林道夫編（科学の名著 第2期）．東京：朝日出版社，1988年．
Diderot, Denis. "Explication détaillée du système des connaissances humaines." Dans *Encyclopédie [...]*, éd. Denis Diderot et Jean le Rond d'Alembert, t. 1 (pub. 1751), p. xlix.
Euler, Leonhard. *Dissertatio physica de sono [...]*. Basileae, 1727. / 全集版：*Leonhardi Euleri Opera omnia*, ser. 3, vol. 1, ed. Ferdinand Rudio, Adolf Krazer et Paul Stäckel, pp. 183-196. Lipsiae : B. G. Teubneri, 1926.
———. "De communicatione motus in collisione corporum." *Commentarii Academiae Scientiarum Imperialis Petropolitanae*, t. 5 ad annum 1730-1731 (pub. 1738), pp. 159-168. / 全集版：*Leonhardi Euleri Opera omnia*, ser. 2, vol. 8, ed. Charles Blanc, pp. 1-6. Turici : O. Füssli, 1964.
———. *Mechanica sive motus scientia analytice exposita*, 2 tomi. Petropoli : Ex typographia academiae scientiarum, 1736. / 全集版：*Leonhardi Euleri Opera omnia*, ser. 2, vol. 1 & 2, ed. Paul Stäckel. Lipsiae : B. G. Teubneri, 1912.
———. *Methodus inveniendi lineas curvas maximi minimive proprietate gaudentes, sive solutio problematis isoperimetrici lattissimo sensu accepti*. Lausannae et Genevae : Apud Marcum Michaelem Bousquet et Socios, 1744. / 全集版：*Leonhardi Euleri Opera omnia*, ser. 1, vol. 24, ed. Constantin Carathéodory. Turici : O. Füssli, 1952.
———. "De la force de percussion et de sa veritable mesure." *Histoire de l'Academie Royale des Sciences et des Belles-Lettres de Berlin pour l'anné 1745* (pub. 1746), Mémoires, pp. 21-53. / 全集版：*Leonhardi Euleri Opera omnia*, ser. 2, vol. 8, ed. Charles Blanc, pp. 29-53. Turici : O.

Füssli, 1964.
———. "Recherches physiques sur la nature des moindres parties de la Matiere." In *Opuscula Varii Argumenti*, pp. 287-300. Berolini : Ambr. Haude & Jo. Carol. Speneri, 1746. / 全集版：*Leonhardi Euleri Opera omnia*, ser. 3, vol. 1, ed. Ferdinand Rudio, Adolf Krazer et Paul Stäckel, pp. 3-15. Lipsiae : B. G. Teubneri, 1926.
———. *Gedanken von den Elementen der Cörper, in welchen das Lehr=Gebäude von den einfachen Dingen und Monaden geprüfet, und das wahre Wesen der Cörper entdecket wird.* Berlin : A. Haude und Joh. C. Spener, 1746. / 全集版：*Leonhardi Euleri Opera omnia*, ser. 3, vol. 2, ed. Edmund Hoppe, Karl Matter, et Johann Jakob Burckhardt, pp. 347-366. Lipsiae, B. G. Teubner ; Turici : O. Füssli, 1942. / 邦訳：「物体の諸要素に関する考察」松山壽一・平尾昌宏訳. 松山壽一『ニュートンからカントへ：力と物質の概念史』154-180 頁. 東京：晃洋書房, 2004 年.
———. "Recherches sur les plus grands et plus petits qui se trouvent dans les actions des forces." *Histoire de l'Academie Royale des Sciences et des Belles-Lettres de Berlin pour l'anné 1748* (pub. 1750), Mémoires, pp. 149-188. / 全集版：*Leonhardi Euleri Opera omnia*, ser. 2, vol. 5, ed. Joachim Otto Fleckenstein, pp. 1-37. Turici : O. Füssli, 1957.
———. "Réfléxions sur quelques loix générales de la nature qui s'observent dans les effets des forces quelconques." *Histoire de l'Academie Royale des Sciences et des Belles-Lettres de Berlin pour l'anné 1748* (pub. 1750), Mémoires, pp. 189-218. / 全集版：*Leonhardi Euleri Opera omnia*, ser. 2, vol. 5, ed. Joachim Otto Fleckenstein, pp. 38-63. Turici : O. Füssli, 1957.
———. "Exposé concernant l'examen de la lettre de M. de Leibnitz, alléguée par M. le Professeur Koenig, dans le mois de mars 1751 des Actes de Leipzig, à l'occasion du principe de la moindre action." *Histoire de l'Academie Royale des Sciences et des Belles-Lettres de Berlin pour l'anné 1750* (pub. 1752), Histoire, pp. 52-62. / 全集版：*Leonhardi Euleri Opera omnia*, ser. 2, vol. 5, ed. Joachim Otto Fleckenstein, pp. 64-73. Turici : O. Füssli, 1957.
———. "Découverte d'un nouveau principe de Mecanique." *Histoire de l'Academie Royale des Sciences et des Belles-Lettres de Berlin pour l'anné 1750* (pub. 1752), Mémoires, pp. 185-217. / 全集版：*Leonhardi Euleri Opera omnia*, ser. 2, vol. 5, ed. Joachim Otto Fleckenstein, pp. 81-108. Turici : O. Füssli, 1957.
———. "Recherches sur l'origine des forces." *Histoire de l'Academie Royale des Sciences et des Belles-Lettres de Berlin pour l'anné 1750* (pub. 1752), Mémoires, pp. 419-447. / 全集版：*Leonhardi Euleri Opera omnia*, ser. 2, vol. 5, ed. Joachim Otto Fleckenstein, pp. 109-131. Turici : O. Füssli, 1957.
———. "Lettre de M. Euler à M. Merian." *Histoire de l'Academie Royale des Sciences et des Belles-Lettres de Berlin pour l'anné 1750* (pub. 1752), Mémoires, pp. 520-532. / 全集版：*Leonhardi Euleri Opera omnia*, ser. 2, vol. 5, ed. Joachim Otto Fleckenstein, pp. 132-141. Turici : O. Füssli, 1957.
———. "Harmonie entre les principes généraux de repos et de mouvement de M. de Maupertuis." *Histoire de l'Academie Royale des Sciences et des Belles-Lettres de Berlin pour l'anné 1751* (pub. 1753), Mémoires, pp. 169-198. / 全集版：*Leonhardi Euleri Opera omnia*, ser. 2, vol. 5, ed. Joachim Otto Fleckenstein, pp. 152-176. Turici : O. Füssli, 1957.
———. "Sur le principe de la moindre action." *Histoire de l'Academie Royale des Sciences et des*

Belles-Lettres de Berlin pour l'anné 1751 (pub. 1753), Mémoires, pp. 199–218. / 全集版：*Leonhardi Euleri Opera omnia*, ser. 2, vol. 5, ed. Joachim Otto Fleckenstein, pp. 179–193. Turici : O. Füssli, 1957.

———. "Examen de la dissertation de M. le Professeur Koenig, insérée dans les actes de Leipzig, pour le mois de mars 1751." *Histoire de l'Academie Royale des Sciences et des Belles-Lettres de Berlin pour l'anné 1751* (pub. 1753), Mémoires, pp. 219–245. / 全集版：*Leonhardi Euleri Opera omnia*, ser. 2, vol. 5, ed. Joachim Otto Fleckenstein, pp. 194–213. Turici : O. Füssli, 1957.

———. "Essay d'une démonstration métaphysique du principe général de l'équilibre." *Histoire de l'Academie Royale des Sciences et des Belles-Lettres de Berlin pour l'anné 1751* (pub. 1753), Mémoires, pp. 246–254. / 全集版：*Leonhardi Euleri Opera omnia*, ser. 2, vol. 5, ed. Joachim Otto Fleckenstein, pp. 250–256. Turici : O. Füssli, 1957.

———. *Dissertation sur le principe de la moindre action avec l'examen des objections de M.le Prof. Koenig faites contre ce principe*. Berlin : Imprime chez Michaelis, 1753. [Euler, "Sur le principe de la moindre action" (1751) と "Examen de la dissertation de M. le Professeur Koenig" (1751) に序文を付し，フランス語とラテン語の対訳版にした書籍．オイラー全集には序文のフランス語版のみ収録：*Leonhardi Euleri Opera omnia*, ser. 2, vol. 5, ed. Joachim Otto Fleckenstein, pp. 177–178. Turici : O. Füssli, 1957.]

———. *Lettres à une princesse d'Allemagne sur divers sujets de physique et de philosophie*, 3 tomes. Saint Petersbourg : Imprimerie de l'academie imperiale des sciences, 1768–1772. / 全集版：*Leonhardi Euleri Opera omnia*, ser. 3, vol. 11 & 12, ed. Andreas Speiser. Turici : O. Füssli, 1960.

———. "Statica." In *Leonhardi Euleri Opera omnia*, ser. 2, vol. 4, ed. Charles Blanc, pp. 297–358. Turici : O. Füssli, 1950. [First published in *Opera posthuma* (1862), t. 2, pp. 3–38.]

———. "Vera vires existimandi ratio." In *Leonhardi Euleri Opera omnia*, ser. 2, vol. 5, ed. Joachim Otto Fleckenstein, pp. 257–262. Turici : O. Füssli, 1957. [First published in *Opera posthuma* (1862), t. 2, pp. 39–42.]

———. "[De viribus mortuis et vivis]." In *Manuscripta Euleriana*, ed. G. K. Mikhailov, t. 2, vol. 1, pp. 19–22. Mosquae : Sumptibus academiae scientiarum URSS, 1965.

———. "[Lectiones de Statica]." In *Manuscripta Euleriana*, ed. G. K. Mikhailov, t. 2, vol. 1, pp. 23–34. Mosquae : Sumptibus academiae scientiarum URSS, 1965.

———. *Wissenschaftliche und wissenschaftsorganisatorische Korrespondenzen, 1726–1774*, hrsg. A. P. Juškevič und E. Winter. *Die Berliner und die Petersburger Akademie der Wissenschaften im Briefwechsel Leonhard Eulers*, t. 3. Berlin : Akademie-Verlag, 1976.

———. *Leonhardi Euleri Commercium epistolicum : Commercium cum A. C. Clairaut, J. d'Alembert et J. L. Lagrange*. *Leonhardi Euleri Opera omnia*, ser. 4A, vol. 5, ed. Adolf P. Juškevič et René Taton ; auxilio Charles Blanc [et al.]. Basileae : Birkhäuser, 1980.

———. *Leonhardi Euleri Commercium epistolicum : Commercium cum P.-L. M.de Maupertuis et Frédéric II*. *Leonhardi Euleri Opera omnia*, ser. 4A, vol. 6, ed. Pierre Costabel [et al.]; auxilio Emil A. Fellmann. Basileae : Birkhäuser, 1986.

———. *Leonhardi Euleri Commercium epistolicum : Commercium cum Johanne (I) Bernoulli et Nicolao (I) Bernoulli*. *Leonhardi Euleri Opera omnia*, ser. 4A, vol. 2, ed. Emil A. Fellmann et Gelb K. Mikhajlov ; auxilio Beatrice Bosshart, Adolf P. Juškevič et Judith Kh. Kopelevič. Basileae : Birkhäuser, 1998.

Fontenelle, Bernard le Bouyer de. *Elémens de la Géométrie de l'infini*. Paris : L'imprimerie royale, 1727.

Fuss, P[aul] H[einrich] éd., *Correspondance mathématique et physique de quelques célèbres géomètres du XVIIIeme siècle [...]*, 2 tomes. St. Pétersbourg : Impr. de l'Académie impériale des sciences, 1843 ; facs., New York : Johnson Reprint, 1968.

Galilei, Galileo. *Les mechaniques de Galilée*, traduites par [Marin Mersenne]. Paris : Henry Guenon, 1634. / 邦訳：「レ・メカニケ」豊田利幸訳．同責任編集『ガリレオ』(世界の名著)，211-270 頁．東京：中央公論社，1973 年.

———. *Discorsi e dimostrazioni matematiche intorno a due nuove scienze*. *Le opere di Galileo Galilei*, vol. 8. Firenze : G. Barbèra, 1898 [originally pub. in 1638]. / 英訳：*Two new sciences : Including centers of gravity & force of percussion*, tr. with introduction and notes by Stillman Drake. Wisconsin : Wisconsin University Press, 1974. / 邦訳：「新科学論議 [(抄)]」伊藤和行・斉藤憲訳．伊東俊太郎『ガリレオ』(人類の知的遺産)，215-301 頁．東京：講談社，1985 年.

'sGravesande, Willem Jacob. *Physices elementa mathematica, experimentis confirmata. Sive Introductio ad Philosophiam Newtonianam*. [Vol. 1.] Lugduni Batavorum : Apud Petrum Van der Aa & Balduinum Janssonium Van der Aa, 1720. / 英訳 1：*Mathematical elements of natural philosophy, confirmed by experiments [...]*. Translated into English by J. T. Desaguliers. London : printed for J. Senex, and W. Taylor, 1720. [同訳書の第 5 版 (London : Printed for J. Senex, 1737) までは同一内容の再版と見られる.] / 英訳 2：*Mathematical elements of physicks, prov'd by experiments [...]*. Revis'd and corrected, by Dr. John Keill. London : printed for G. Strahan [et al.], 1720.

———. "Essai d'une Nouvelle Théorie sur le Choc des Corps." *Journal Literaire, De l'annee 1722* (pub. 1723), pp. 1-54 ; facs., Genève : Slatkine, 1968. / 著作集版："Essai d'une nouvelle théorie du Choc des Corps." Dans *Oeuvres philosophiques et mathematiques*, 1re Partie, pp. 217-247. Amsterdam : Marc Michel Rey, 1774.

———. "Suplement à la Nouvelle Théorie du Choc, inserée dans ce Journal pag. 1 & suiv." *Journal Literaire, De l'annee 1722* (pub. 1723), pp. 190-197 ; facs., Genève : Slatkine, 1968. / 著作集版："Supplêment à l'Essai sur le Choc des Corps." Dans *Oeuvres philosophiques et mathematiques*, 1re Partie, pp. 247-251. Amsterdam : Marc Michel Rey, 1774.

———. "Remarques sur la Force des Corps en mouvement, et sur le Choc ; précédées de quelques Réflexions sur la Manière d'écrire de Monsieur le Docteur Samuel Clarcke." *Journal Literaire, De l'annee 1729* (pub. 1729), pp. 189-197 et 407-432 ; facs., Genève : Slatkine, 1968. / 著作集版：*Oeuvres philosophiques et mathematiques*, 1re Partie, pp. 251-268. Amsterdam : Marc Michel Rey, 1774.

Hébrail, Jacques & Joseph de la Porte. *La France littéraire*, t. 2. Paris : Veuve Duchesne, 1769.

Hermann, Jacob. *Phoronomia, sive de Viribus et Motibus Corporum solidorum et fluidorum libri duo*. Amstelaedami : Apud R. & G. Wetstenios, 1716.

———. "De Mensura virium Corporum." *Commentarii Academiae Scientiarum Imperialis Petropolitanae*, t. 1 ad annum 1726 (pub. 1728), pp. 1-42.

Koenig, Samuel. "Epistla ad geometras." *Nova Acta Eruditorum*, Aug. 1735, pp. 369-373.

Lagrange, Joseph Louis. "Recherches sur la méthode de *maximis et minimis*." *Miscellanea*

Philosophico-Mathematica Societatis Privatae Taurinensis, Tomus Primus (pub. 1759), Dissertationes, pp. 18–32. / 著作集版：*Œuvres de Lagrange*, t. 1 (1867), pp. 1–20. Paris : Gauthier-Villars ; facs., Hildesheim : Georg Olms, 1973.

———. "Recherches sur la nature et la propagation du son." *Miscellanea Philosophico-Mathematica Societatis Privatae Taurinensis, Tomus Primus* (pub. 1759), Dissertationes, pp. I–X & 1–146. / 著作集版：*Œuvres de Lagrange*, t. 1 (1867), pp. 37–148. Paris : Gauthier-Villars ; facs., Hildesheim : Georg Olms, 1973.

———. "Essai d'une nouvelle méthode pour déterminer les maxima et les minima des formules intégrales indéfinies." *Mélanges de philosophie et de mathématique de la Société Royale de Turin, 1760–1761* (pub. 1762), pp. 173–195. / 著作集版：*Œuvres de Lagrange*, t. 1 (1867), pp. 333–362. Paris : Gauthier-Villars ; facs., Hildesheim : Georg Olms, 1973.

———. "Application de la méthode exposée dans le mémoire précédent à la solution de difféerents problèmes de dynamique." *Mélanges de philosophie et de mathématique de la Société Royale de Turin, 1760–1761* (pub. 1762), pp. 196–298. / 著作集版：*Œuvres de Lagrange*, t. 1 (1867), pp. 363–468. Paris : Gauthier-Villars ; facs., Hildesheim : Georg Olms, 1973.

———. "Recherches sur la libration de la Lune, dans lesquelles on tâche de résoudre la Question proposée par l'Académie Royale des Sciences, pour le Prix de l'Année 1764." *Recueil des pieces qui ont remporté les prix de l'Academie royale des sciences [...]*, t. 9, pp. 1–34. Paris : Panckoucke, 1777. / 著作集版：*Œuvres de Lagrange*, t. 6 (1873), pp. 3–61. Paris : Gauthier-Villars ; facs., Hildesheim : Georg Olms, 1973.

———. "Théorie de la libration de la Lune, et des autres phénomènes qui dépendent de la figure non sphérique de cette planète." *Nouveaux Mémoires de l'Académie Royale des Sciences et Belles-Lettres. Année 1780* (pub. 1782), pp. 203–309. / 著作集版：*Œuvres de Lagrange*, t. 5 (1870), pp. 3–61. Paris : Gauthier-Villars ; facs., Hildesheim : Georg Olms, 1973.

———. *Méchanique analitique*. Paris : Veuve Desaint, 1788 ; facs., Paris : Jacques Gabay, 1989. / 抄訳：「解析力学（抄）：釣りあいと運動の一般公式」有賀暢迪訳.『科学哲学科学史研究』第 5 号（2011 年），127–148 頁.

Leibniz, Gottfried Wilhelm. "Brevis Demonstratio Erroris memorabilis Cartesii et aliorum circa Legem naturalem, secundum quam volunt a Deo eandem semper quantitatem motus conservari, qua et in re mechanica abutuntur." In *Mathematische Schriften*, hrsg. C. I. Gerhardt, Bd. VI, S. 117–123. Halle : H. W. Schmidt, 1860 ; facs., Hildesheim : Georg Olms, 1971 [originally pub. in *Acta Eruditorum*, 1686]. / 邦訳：「自然法則に関するデカルトおよび他の学者たちの顕著な誤謬についての簡潔な証明：この自然法則に基づいて彼らは同一の運動量が常に神によって保存されると主張するとともに，この法則を機械学的な事柄において乱用している」横山雅彦訳.『ライプニッツ著作集』下村寅太郎ほか監修，第 3 巻，386–395 頁. 東京：工作舎，1999 年.

———. "Specimen Dynamicum pro admirandis Naturae Legibus circa corporum vires et mutuas actiones detegendis et ad suas causas revocandis : Pars I". In *Mathematische Schriften*, hrsg. C. I. Gerhardt, Bd. VI, S. 234–246. Halle : H. W. Schmidt, 1860 ; facs., Hildesheim : Georg Olms, 1971 [originally pub. in *Acta Eruditorum*, 1695]. / 邦訳：「物体の力と相互作用に関する驚嘆すべき自然法則を発見し，かつその原因に遡るための力学提要」横山雅彦・長島秀男訳.『ライプニッツ著作集』下村寅太郎ほか監修，第 3 巻，491–513 頁. 東京：工作舎，

1999年.
———. *Briefwechsel zwischen Leibniz, Jacob Bernoulli, Johann Bernoulli und Nicolaus Bernoulli. Mathematische Schriften*, hrsg. C. I. Gerhardt, Bd. III. Halle : H. W. Schmidt, 1855–1856 ; facs., Hildesheim : Georg Olms, 1971.
———. *Briefwechsel zwischen Leibniz und Christian Wolf*, hrsg. C. I. Gerhardt. Halle : H. W. Schmidt, 1860 ; facs., Hildesheim : Georg Olms, 1971.
Maclaurin, Colin. "Démonstration des loix du choc des corps." *Piece qui ont remporté le prix de l'Academie royale des sciences ; Proposé pour l'année mil sept cens vingt-quatre [...]*. Paris : Claude Jombert, 1724 ; rep. dans *Recueil des pieces qui ont remporté les prix de l'Academie royale des sciences [...]*, t. 1. Paris : Gabriel Martin [et al.], 1752.
Maupertuis, Pierre-Louis. "Loi du repos des corps." *Histoire de l'Academie Royale des Sciences [de Paris]. Anné 1740* (pub. 1742), Mémoires, pp. 170–176. / 著作集版：*Oeuvres de Maupertuis* ([1756] 1768), t. 4, pp. 43–64.
———. "Accord de différentes loix de la Nature : qui avoient jusqu'ici paru incompatibles." *Histoire de l'Academie Royale des Sciences [de Paris]. Anné 1744* (pub. 1748), Mémoires, pp. 417–426. / 著作集版：*Oeuvres de Maupertuis* ([1756] 1768), t. 4, pp. 1–28.
———. "Les Loix du Mouvement et du Repos déduites d'un principe metaphysique." *Histoire de l'Academie Royale des Sciences et des Belles-Lettres de Berlin pour l'anné 1746* (pub. 1748), Mémoires, pp. 267–294.
———. *Essai de Cosmologie*. [Leide : Elie Luzac], 1751. / 著作集版：*Oeuvres de Maupertuis* ([1756] 1768), t. 1, pp. ix–78.
———. "Réponse à un Mémoire de M. d'Arcy inseré dans le Volume de l'Académie Royale des Sciences de Paris pour l'Année 1749." *Histoire de l'Academie Royale des Sciences et des Belles-Lettres de Berlin pour l'anné 1752* (pub. 1754), Mémoires, pp. 293–298.
———. "Examen philosophique de la preuve de l'existence de Dieu employée dans l'*Essai de Cosmologie*." *Histoire de l'Academie Royale des Sciences et des Belles-Lettres de Berlin pour l'anné 1756* (pub. 1758), Mémoires, pp. 389–424.
———. *Œuvres de Maupertuis*. Nouv. éd, corr. & augm., 4 tomes. Lyon : Jean-Marie Bruyset, 1768 ; facs.: *Oeuvres : avec l'Examen philosophique [...]* ; avec une introduction par Giorgio Tonelli. Hildesheim : Olms, 1965–1974. ［1756年に出た版と誤植の訂正等を除き同一であるとされる.］
———. *Maupertuis et ses correspondants : lettres inédites [...]*, éd. Achille Le Sueur. Genève : Slatkine reprints, 1971. [Réimpression de l'édition de Montreuil-sur-Mer, 1896.]
Maurice, Jean Frédéric Théodore. "Lettre à M. le Redacteur du *Moniteur Universel*, sur l'Eloge de Lagrange, par M. Delambre, publié dans les N^{os} de ce journal des 17, 18 et 19 janvier 1814 ; suivie de quelques remarques, et d'un supplément à cet Eloge." *Moniteur Universel*, 26 février 1814, pp. 226–228.
Mazieres, Jean-Simon. "Les loix du choc des corps à ressort parfait ou imparfait [...]." *Piece qui ont remporté le prix de l'Academie royale des sciences ; Proposé pour l'année mil sept cens vingt-six [...]*. Paris : Claude Jombert, 1727 ; rep. dans *Recueil des pieces qui ont remporté les prix de l'Academie royale des sciences [...]*, t. 1. Paris : Gabriel Martin [et al.], 1752.
Montigni [or Montiny], Etienne Mignot de. "Problèmes de Dynamique, où l'on détermine les

Trajectoires & les vîtesses d'une infinité de Corps mis en mouvement autour d'un centre immobile." *Histoire de l'Academie Royale des Sciences [de Paris]. Anné 1741* (pub. 1744), Mémoires, pp. 280-291.

Newton, Isaac. *Philosophiae naturalis principia mathematica*, 3rd edition (1726) with variant readings, assembled and edited by Alexandre Koyré and I. Bernard Cohen, with the assistance of Anne Whitman. Cambridge : Harvard University Press, 1972. / 英訳：*The Principia : Mathematical principles of natural philosophy*, tr. I. Bernard Cohen and Anne Whitman assisted by Julia Budenz. Berkeley : University of California Press, 1999. / 邦訳：「自然哲学の数学的諸原理」河辺六男訳．同責任編集『ニュートン』(世界の名著)，47-568 頁．東京：中央公論社，1971 年．

———. *Opticks : or, A treatise of the reflections, refractions, inflections and colours of light*. New York : Dover Publications, 1952 [based on 4th ed. (1730)]. / 邦訳：『光学』島尾永康訳（岩波文庫)．東京：岩波書店，1983 年［原書第 3 版（1721 年）の翻訳］．

Varignon, Pierre. "Manière générale de déterminer les Forces, les Vîtesses, les Espaces, et les Tems, une seule de ces quatre choses étant donnée dans toutes sortes de mouvemens rectilignes variés à discrétion." *Histoire de l'Academie Royale des Sciences [de Paris]. Anné 1700* (pub. 1761 ; seconde éd.), Mémoires, pp. 22-27.

———. *Nouvelle méchanique ou statique. Dont le projet fut donné en M. DC. LXXXVII*, 2 tomes. Paris : Claude Jombert, 1725.

Wolff, Christian. *Elementa matheseos universae, t. I. Qui commentationem de methodo mathematica, arithmeticam, geometricam, trigonometriam, analysin tam finitorum, quam infinitorum, staticam et mechanicam, hydrostaticam, aerometriam, hydraulicam complectitur*. Halae Magdeburgicae : Prostat in officina libraria Rengeriana, 1717. [Staatsbibliothek zu Berlin 所蔵．初版（1713 年）と同一内容の再版本と見られる．]

———. *Mathematisches Lexicon, Darinnen die in allen Theilen der Mathematick üblichen Kunst=Wörter erkläret, und Zur Historie der Mathematischen Wissenschafften dienliche Nachrichten ertheilet : Auch die Schrifften, wo iede Materie ausgeführet zu finden, angeführet werden*. Leipzig, Bey Joh. Friedrich Gleditschens seel. Sohn, 1716 ; rep, in *Gesammelte Werke*, Abt. I, Bd. 11. Hildesheim : G. Olms, 1965.

———. "Principia Dynamica." *Commentarii Academiae Scientiarum Imperialis Petropolitanae*, t. 1 ad annum 1726 (pub. 1728), pp. 217-238. / 邦訳：「力学原理」松山壽一・平尾昌宏訳．松山壽一『若きカントの力学観』137-159 頁（本文)，173-174 頁（注)．東京：北樹出版，2004 年．

———. *Elementa matheseos universae, t. II. Qui mechanicam cum statica, hydrostaticam, aerometriam atque hydraulicam complectitur. Editio nova : priori multo auctior et correctior.* Halae Magdeburgicae : Prostat in officina libraria Rengeriana, 1733 ; rep, in *Gesammelte Werke*, Abt. II, Bd. 30. Hildesheim : Georg Olms, 2003.

研究書・論文

Aarsleff, Hans. "The Berlin academy under Frederick the Great." *History of the Human Sciences*, vol. 2 (1989), pp. 193-206.

Barroso Filho, Wilton. *La mécanique de Lagrange : Principes et méthodes*. Paris : Karthala, 1994.

——— and Claude Comte. "La formalisation de la dynamique par Lagrange (1736–1813)." In *Sciences à l' époque de la Révolution française : recherches historiques*, ed. R. Rashed, pp. 329–348. Paris : A. Blanchard, 1988.

Benvenuto, Edoardo. *An introduction to the history of structural mechanics*, 2 vols. New York : Springer-Verlag, 1991.

Berkel, Klaas van.『オランダ科学史』塚原東吾訳．東京：朝倉書店，2000 年［原書 1985 年］.

Bertoloni Meli, Domenico. "Inherent and centrifugal forces in Newton." *Archive for History of Exact Sciences*, vol. 60 (2006), pp. 319–335.

———. "Mechanics." In *The Cambridge history of science, vol. 3. Early modern science*, ed. Katharine Park and Lorraine Daston, pp. 632–672. Cambridge : Cambridge University Press, 2006.

———. *Thinking with objects : The transformation of mechanics in the seventeenth century*. Baltimore : Johns Hopkins University Press, 2006.

Blanc, Charles. "Préface des volumes II 8 et II 9." In *Leonhardi Euleri Opera omnia*, ser. 2, vol. 9, ed. Charles Blanc, pp. VII–XXXIX. Turici : O. Füssli, 1968.

Blay, Michel. "Du fondement du calcul différentiel au fondement de la science du mouvement dans les 'Elemens de la géométrie de l'infini' de Fontenelle." In *Der Ausbau des Calculus durch Leibniz und die Brüder Bernoulli*, hrsg. von H.-J. Hess und F. Nagel, S. 99–122. Stuttgart : Steiner-Verl Wiesbaden, 1989.

———. *La naissance de la mécanique analytique : La science du mouvement au tournant des XVIIe et XVIIIe siècles*. Paris : Presses Universitaires de France, 1992.

———. *Reasoning with the infinite : From closed world to the mathematical universe*, tr. M. B. DeBevoise [from French]. Chicago : University of Chicago Press, 1998 [originally pub. in 1993].

Borgato, Maria Teresa and Luigi Pepe. "Lagrange a Torino (1750–1759) e le sue lezioni inedite nelle R. Scuole di Artiglieria." *Bollettino di Storia delle Scienze Matematiche*, vol. 7 (1987), pp. 3–43. [ラグランジュの草稿 *Principj di Analisi sublime* の翻刻を付録（pp. 44–200）として収める.]

Bos, H. J. M. "Differentials, higher-order differentials and the derivative in the Leibnizian calculus." *Archive for the History of Exact Sciences*, vol. 14 (1974), pp. 1–90.

———. "Mathematics and rational mechanics." In *The ferment of knowledge : Studies in the historiography of eighteenth-century science*, ed. G. S. Rousseau and Roy Porter, pp. 327–355. Cambridge : Cambridge University Press, 1980.

———. "Newton, Leibniz and the Leibnizian tradition." Chap. 2 of *From the calculus to set theory, 1630–1910 : An introductory history*, ed. I. Grattan-Guinness. London : Duckworth, 1980 ; rep., Princeton : Princeton University Press, 2000.

Boss, Valentin. *Newton and Russia : The early influence, 1698–1796*. Cambridge : Harvard University Press, 1972.

Boudri, J. Christiaan. *What was mechanical about mechanics : The concept of force between metaphysics and mechanics from Newton to Lagrange*, tr. Sen McGlinn [from Dutch]. Dordrecht : Kluwer Academic Publishers, 2002.

Broman, Thomas. "Metaphysics for an enlightened public : The controversy over monads in Germany,

1746–1748." *Isis*, vol. 103 (2012), pp. 1–23.

Brown, Gary I. "The evolution of the term "mixed mathematics." " *Journal of the History of Ideas*, vol. 52 (1991), pp. 81–102.

Buchwald, Jed Z. and Sungook Hong. "Physics." In *From natural philosophy to the sciences : Writing the history of nineteenth-century science*, ed. David Cahan, pp. 163–195. Chicago : University of Chicago Press, 2003.

Calinger, Ronald S. "The Newtonian-Wolffian confrontation in the St. Petersburg academy of sciences (1725–1746)." *Cahiers d'histoire mondiale*, vol. 11 (1968), pp. 417–435.

———. "The Newtonian-Wolffian controversy." *Journal of the History of Ideas*, vol. 30 (1969), pp. 319–330.

———. *Leonhard Euler : Mathematical genius in the Enlightenment*. Princeton : Princeton University Press, 2016.

Cannon, John T. and Sigalia Dostrovsky. *The evolution of dynamics : Vibration theory from 1687 to 1742*. New York : Springer-Verlag, 1981.

Caparrini, Sandro and Craig Fraser. "Mechanics in the eighteenth century." In *The Oxford handbook of the history of physics*, ed. Jed Z. Buchwald and Robert Fox, pp. 358–405. Oxford : Oxford University Press, 2013.

Capecchi, Danilo. *Storia del principio dei lavori virtuali : La meccanica alternativa*. Benevento : Hevelius Edizioni, 2002.

——— and Antonino Drago. "On Lagrange's history of mechanics." *Meccanica*, vol. 40 (2005), pp. 19–33.

Cassirer, Ernst.『認識問題：近代の哲学と科学における 2-2』須田朗・宮武昭・村岡晋一訳. 東京：みすず書房, 2003 年［原書 1907 年］.

Clark, William. "The death of metaphysics in enlightened Prussia." In *The sciences in enlightened Europe*, ed. W. Clark, J. Golinski and S. Schaffer, pp. 423–473. Chicago : The University of Chicago Press, 1999.

Cohen, I. Bernard [with contributions by Michael Nauenberg and George E. Smith]. "A guide to Newton's *Principia*." In Isaac Newton, *The Principia : Mathematical principles of natural philosophy*, tr. I. Bernard Cohen and Anne Whitman assisted by Julia Budenz, pp. 1–370. Berkeley : University of California Press, 1999.

Costabel, Pierre. "L'affaire Maupertuis-Koenig et les questions de fait." In *Arithmos-Arrythmos : Skizzen aus d. Wissenschaftsgeschichte : Festschr. für Joachim Otto Fleckenstein zum 65. Geburtstag*, hrsg. von Karin Figala und Ernst H. Berninger, S. 29–48. München : Minerva-Publikation, 1979.

Daston, Lorraine. "The ideal and reality of the Republic of Letters in the Enlightenment." *Science in Context*, vol. 4 (1991), pp. 367–386.

——— and Peter Galison. *Objectivity*. New York : Zone Books, 2007.

Dear, Peter. *Discipline & experience : The mathematical way in the Scientific Revolution*. Chicago : University of Chicago Press, 1995.

———. *The intelligibility of nature : How science makes sense of the world*. Chicago : University of Chicago Press, 2006.

———. *Revolutionizing the sciences : European knowledge and its ambitions, 1500–1700*, 2nd ed.

New York : Palgrave Macmillan, 2009. / 邦訳：『知識と経験の革命：科学革命の現場で何が起こったか』高橋憲一訳．東京：みすず書房，2012 年．

Delsedime, Piero. "La disputa delle corde vibranti ed una lettera inedita di Lagrange a Daniel Bernoulli." *Physis*, vol. 13 (1971), pp. 117-146.

Duchesneau, François. "Leibniz's theoretical shift in the *Phoranomus* and *Dynamica de Potentia*." *Perspectives on Science*, vol. 6 (1998), pp. 77-109.

———. "Rule of continuity and infinitesimals in Leibniz's physics." In *Infinitesimal differences : Controversies between Leibniz and his contemporaries*, ed. Ursula Goldenbaum and Douglas Jesseph, pp. 235-253. Berlin : Walter de Gruyter, 2008.

Dugas, René. *A history of mechanics*, tr. J. R. Maddox [from French]. New York : Dover Publications, 1988 [originally pub. in 1950].

Erlichson, Herman. "Motive force and centripetal force in Newton's mechanics." *American Journal of Physics*, vol. 59 (1991), pp. 842-849.

Fara, Patricia. "Newtonianism." In *Encyclopedia of the Enlightenment*, A. C. Kors editor in chief, vol. 3, pp. 177-183. New York : Oxford University Press, 2003.

Fellmann, Emil Alfred. "Hermann, Jakob." In *Dictionary of Scientific Biography*, Charles Coulston Gillispie editor in chief, vol. 6, pp. 304-305. New York : Charles Scribner's sons, 1981.

———. "Koenig (König), Johann Samuel." In *Dictionary of Scientific Biography*, Charles Coulston Gillispie editor in chief, vol. 7, pp. 442-444. New York : Charles Scribner's sons, 1981.

———.『オイラー：その生涯と業績』山本敦之訳．東京：シュプリンガー・フェアラーク東京，2002 年［原書 1995 年］．

——— and Joachim Otto Fleckenstein. "Bernoulli, Johann (Jean) I." In *Dictionary of Scientific Biography*, Charles Coulston Gillispie editor in chief, vol. 2, pp. 51-55. New York : Charles Scribner's sons, 1981.

——— and Gleb Mikhajlov. "Einleitung zum Briefwechsel Eulers mit Johann I Bernoulli." In *Leonhardi Euleri Opera omnia*, ser. 4A, vol. 2, ed. Emil A. Fellmann et Gelb K. Mikhajlov, S. 29-72. Basileae : Birkhäuser, 1998.

Ferraro, Giovanni. "Functions, functional relations, and the laws of continuity in Euler." *Historia Mathematica*, vol. 27 (2000), pp. 107-132.

———. "Analytical symbols and geometrical figures in eighteenth-century calculus." *Studies in History and Philosophy of Science*, vol. 32 (2001), pp. 535-555.

Firode, Alain. *La dynamique de d'Alembert*. Montréal : Bellarmin ; Paris : Vrin, 2001.

Fleckenstein, Joachim Otto. "Vorwort des Herausgebers." In *Leonhardi Euleri Opera omnia*, ser. 2, vol. 5, ed. Joachim Otto Fleckenstein, pp. VII-XLVI. Turici : O. Füssli, 1957.

———. "Bernoulli, Nikolaus II." In *Dictionary of Scientific Biography*, Charles Coulston Gillispie editor in chief, vol. 2, pp. 57-58. New York : Charles Scribner's sons, 1981.

Fraser, Craig. "J. L. Lagrange's early contributions to the principles and methods of mechanics." *Archive for History of Exact Sciences*, vol. 28 (1983), pp. 197-241.

———. "J. L. Lagrange's changing approach to the foundations of the calculus of variations." *Archive for History of Exact Sciences*, vol. 32 (1985), pp. 151-191.

———. "D'Alembert's principle : The original formulation and application in Jean d'Alembert's *Traité de dynamique* (1743)." *Centaurus*, vol. 28 (1985), pp. 31-61 & 145-159.

———. “Classical mechanics.” In *Companion encyclopedia of the history and philosophy of the mathematical sciences*, ed. I. Grattan-Guinness, pp. 971–986. Baltimore : Johns Hopkins University Press, 1994.
———. “The calculus of variations : A historical survey.” In *History of analysis*, ed. Hans Niels Jahnke, pp. 355–383. Providence : American Mathematical Society, 2003.
———. “Leonhard Euler, book on the calculus of variations (1744).” In *Landmark writings in western mathematics, 1640–1940*, ed. I. Grattan-Guinness, pp. 168–180. Amsterdam : Elsevier, 2005.
Gabbey, Alain. “Force and inertia in the seventeenth century : Descartes and Newton.” In *Descartes : Philosophy, mathematics and physics*, ed. Stephen Gaukroger, pp. 230–320. New Jersey : The Harvester Press, 1980.
———. “Newton’s *Mathematical principles of natural philosophy*: A treatise on “mechanics” ?” In *The investigation of difficult things : Essays on Newton and the history of the exact sciences in honour of D. T. Whiteside*, ed. P. M. Harman and Alan E. Shapiro, pp. 305–322. Cambridge : Cambridge University Press, 1992.
———. “Between *ars* and *philosophia naturalis*: Reflections on the historiography of early modern mechanics.” In *Renaissance and revolution : Humanists, scholars, craftsmen and natural philosophers in early modern Europe*, ed. J. V. Field and Frank A. J. L. James, pp. 133–145. Cambridge : Cambridge University Press, 1993.
Galletto, Dionigi. “Lagrange e le origini della *Mécanique Analytique*.” *Giornale di Fisica*, vol. 32 (1991), pp. 83–126.
Garber, Daniel. *Descartes’ metaphysical physics*. Chicago : University of Chicago Press, 1992.
———. “Leibniz : Physics and philosophy.” In *The Cambridge companion to Leibniz*, ed. N. Jolley, pp. 270–352. Cambridge : Cambridge University Press, 1995.
———. “Dead force, infinitesimals, and the mathematicization of nature.” In *Infinitesimal differences : Controversies between Leibniz and his contemporaries*, ed. Ursula Goldenbaum and Douglas Jesseph, pp. 281–306. Berlin : Walter de Gruyter, 2008.
———. *Leibniz : Body, substance, monad*. Oxford : Oxford University Press, 2009.
Gascoigne, John. “Ideas of nature : Natural philosophy.” In *The Cambridge history of science, vol. 4. Eighteenth-century science*, ed. Roy Porter, pp. 285–304. Cambridge : Cambridge University Press, 2003.
Gaukroger, Stephan. “The metaphysics of impenetrability : Euler’s conception of force.” *British Journal for the History of Science*, vol. 15 (1982), pp. 132–154.
Goldstine, Herman H. *A history of the calculus of variations from the 17th through the 19th century*. New York : Springer-Verlag, 1980.
Grabiner, Judith V. *The origins of Cauchy’s rigorous calculus*. Cambridge : The MIT Press, 1981.
———. “Was Newton’s calculus a dead end? The Continental influence of Maclaurin’s *Treatise of Fluxions*.” *The American Mathematical Monthly*, vol. 104 (1997), pp. 393–410.
Grant, Edward.『中世の自然学』横山雅彦訳．東京：みすず書房，1982 年［原書 1971 年］.
Grattan-Guinness, Ivor. “A Paris curiosity, 1814 : Delambre’s obituary of Lagrange, and its ‘supplement’.” In *Scienza e filosophia : saggi in onore de Ludovico Geymonat*, a cura di Corrado Mangione, pp. 664–677. Milano : Garzanti, 1985.

———. *Convolutions in French mathematics, 1800–1840 : From the calculus and mechanics to mathematical analysis and mathematical physics*, 3 vols. Basel : Birkhäuser, 1990.
———. "The varieties of mechanics by 1800." *Historia Mathematica*, vol. 17 (1990), pp. 313–338.
Greenberg, John L. "Mathematical physics in eighteenth-century France." *Isis*, vol. 77 (1986), pp. 59–78.
Grigorian, A. T.『力学はいかに創られたか』小林茂樹・今井博訳（科学技術選書）. 東京：東京図書, 1970 年［原書 1965 年］.
——— and V. S. Kirsanov. "The spread of Leibniz's conceptions and the "vis viva" controversy in the St. Petersburg academy of sciences." In *Leibniz à Paris (1672–1676)*, Studia Leibnitiana, Suppl., vol. 17, pp. 233–241. Wiesbaden : Steiner, 1978.
Guicciardini, Niccolò. *Reading the* Principia *: The debate on Newton's mathematical methods for natural philosophy from 1687 to 1736*. Cambridge : Cambridge University Press, 1999.
———. "Dot-age : Newton's mathematical legacy in the eighteenth-century." *Early Science and Medicine*, vol. 9 (2004), pp. 218–256.
Guilbaud, Alexandre.「ダランベールの項目「河川」：項目の制作工程と河川の運動への数学の応用」小関武史訳. 逸見龍生・小関武史編『百科全書の時空：典拠・生成・転位』195–225 頁. 東京：法政大学出版局, 2018 年.
Hahn, Roger. *The anatomy of a scientific institution : The Paris Academy of Sciences, 1666–1803*. Berkeley : University of California Press, 1971.
Hankins, Thomas L. "Eighteenth-century attempts to resolve the *vis viva* controversy." *Isis*, vol. 56 (1965), pp. 281–297.
———. "The influence of Malebranche on the science of mechanics during the eighteenth century." *Journal of History of Ideas*, vol. 28 (1967), pp. 193–210.
———. "The reception of Newton's second law of motion in the eighteenth-century." *Archives internationals d'histoire des sciences*, vol. 78–79 (1968), pp. 43–65.
———. *Jean d'Alembert : Science and the Enlightenment*. Oxford : Clarendon Press, 1970.
———. *Science and the Enlightenment*. Cambridge : Cambridge University Press, 1985.
Harman [né Heimann], Peter Michael. " 'Geometry and nature': Leibniz and Johann Bernoulli's theory of motion." *Centaurus*, vol. 21 (1977), pp. 1–26.
———. "Concepts of inertia." In *Religion, science and worldview*, ed. M. J. Osler and P. L. Farber, pp. 119–133. Cambridge : Cambridge University Press, 1985.
———.『物理学の誕生：エネルギー・力・物質の概念の発達史』杉山滋郎訳. 東京：朝倉書店, 1991 年［原書 1982 年］.
——— and J. E. McGuire. 1971. "Cavendish and the *vis viva* controversy : A Leibnizian postscript." *Isis*, vol. 62 (1971), pp. 225–227.
Harnack, Adolf. *Geschichte der Königlich Preussischen Akademie der Wissenschaften zu Berlin*, 3 Bände. Berlin : Reichsdruckerei, 1900.
Heilbron, J. L. *Physics : A short history from quintessence to quarks*. Oxford : Oxford University Press, 2015.
Henry, John. *The Scientific Revolution and the origins of modern science*, 3rd ed. New York : Palgrave Macmillan, 2008. / 原書第 2 版の邦訳：『一七世紀科学革命』東慎一郎訳. 東京：岩波書店, 2005 年.

Hepburn, Brian. "Euler, *vis viva*, and equilibrium." *Studies in History and Philosophy of Science*, vol. 41 (2010), pp. 120–127.

Hiebert, Erwin N. *Historical roots of the principle of conservation of energy*. New York : Arno Press, 1981, c1962.

Home, R. W. "Mechanics and experimental physics." In *The Cambridge history of science, vol. 4. Eighteenth-century science*, ed. Roy Porter, pp. 354–374. Cambridge : Cambridge University Press, 2003.

Iltis [or Merchant], Carolyn. "D'Alembert and the *vis viva* controversy." *Studies in History and Philosophy of Science*, vol. 1 (1970), pp. 135–144.

———. "Leibniz and the *vis viva* controversy." *Isis*, vol. 62 (1971), pp. 21–35.

———. "The decline of Cartesianism in mechanics : The Leibnizian-Cartesian Debates." *Isis*, vol. 64 (1973), pp. 356–373.

———. "The Leibnizian-Newtonian debates : Natural philosophy and social psychology." *British Journal for the History of Science*, vol. 6 (1973), pp. 343–377.

———. "Madame du Châtelet's metaphysics and mechanics." *Studies in History and Philosophy of Science*, vol. 8 (1977), pp. 29–48.

Indorato, Luigi and Pietro Nastasi. "Riccati's proof of the parallelogram of forces in the context of the *vis viva* controversy." *Physis*, vol. 28 (1991), pp. 751–767.

Itard, Jean. "Clairaut, Alexis-Claude." In *Dictionary of Scientific Biography*, Charles Coulston Gillispie editor in chief, vol. 3, pp. 281–286. New York : Charles Scribner's sons, 1981.

Jammer, Max.『力の概念』高橋毅・大槻義彦訳．東京：講談社，1979 年［原書 1957 年］.

Juškevič, Adolf P. and René Taton. "Introduction." In *Leonhardi Euleri Opera omnia*, ser. 4A, vol. 5, ed. Adolf P. Juškevič et René Taton ; auxilio Charles Blanc [et al.], pp. 1–63. Basileae : Birkhäuser, 1980.

Koyré, Alexandre.『ガリレオ研究』菅谷暁訳（叢書・ウニベルシタス）．東京：法政大学出版局，1988 年［原書 1939 年］.

Kuhn, Thomas.「物理科学の発達における数学的伝統と実験的伝統」．安孫子誠也・佐野正博訳『科学革命における本質的緊張：トーマス・クーン論文集』第 3 章．東京：みすず書房，1998 年［原書 1977 年］.

———.「同時発見の一例としてのエネルギー保存」．安孫子誠也・佐野正博訳『科学革命における本質的緊張：トーマス・クーン論文集』第 4 章．東京：みすず書房，1998 年［原書 1977 年］.

Laeven, A. H. and L. J. M. Laeven-Aretz. *The authors and reviewers of the* Acta Eruditorum *1682–1735.* Molenhoek, The Netherlands : Electronic Publication, 2014. http://nbn-resolving.de/urn:nbn:de:bsz:15-qucosa-138484.

Laird, Walter Roy and Sophie Roux. "Introduction." In *Mechanics and natural philosophy before the Scientific Revolution*, ed. Walter Roy Laird and Sophie Roux, pp. 1–11. Dordrecht : Springer, 2008.

Laudan, L. L. "The *vis viva* controversy, a post-mortem." *Isis*, vol. 59 (1968), pp. 131–143.

Mach, Ernst.『マッハ力学史 上・下』岩野秀明訳（ちくま学芸文庫）．東京：筑摩書房，2006 年［原書 1933 年（第 9 版）］.

Maffioli, Cesare S. "Italian hydaulics and experimental physics in eighteenth-century Holland. From

Poleni to Volta." In *Italian scientists in the low countries in the XVIIth and XVIII centuries*, ed. C. S. Maffioli and L. C. Palm, pp. 243–275. Amsterdam : Rodopi, 1989.

Maltese, Giulio. "Toward the rise of modern science of motion : The transition from synthetical to analytical mechanics." *1st EPS Conference on History of Physics in Europe in the 19th and 20th Centuries, Como, 2–3 September 1992*, ed. F. Bevilacqua, pp. 51–67. Bologna : Società italiana di fisica, 1993.

———. "On the relativity of motion in Leonhard Euler's science." *Archive for History of Exact Sciences*, vol. 54 (2000), pp. 319–348.

Mazzone, Silvia and Clara Silvia Roero. *Jacob Hermann and the diffusion of the Leibnizian calculus in Italy*. Firenze : L. S. Olschki, 1977.

McClellan, James E. III. *Science reorganized : Scientific societies in the eighteenth century*. New York : Columbia University Press, 1985.

Mikhailov, G. K. "Prooemium." In *Manuscripta Euleriana*, ed. G. K. Mikhailov, t. 2, vol. 1, pp. 11–15. Mosquae : Sumptibus academiae scientiarum URSS, 1965. ［同書 pp. 7–11 にロシア語版があるが，本書では専らラテン語版を参照した.］

Nagel, Fritz. "A catalog of the works of Jacob Hermann (1678–1733)." *Historia Mathematica*, vol. 18 (1991), pp. 36–54.

Panza, Marco. "De la nature épargnante aux forces généreuses : Le principe de moindre action entre mathématique et métaphysique : Maupertuis et Euler, 1740–1751." *Revue d' Histoire des Sciences*, vol. 48 (1995), pp. 435–520.

———. "Concept of function, between quantity and form, in the 18th century." In *History of mathematics and education*, ed. Hans Niels Jahnke [et al.], pp. 241–274. Göttingen : Vandenhoeck & Ruprecht, 1996.

———. "The origins of analytic mechanics in the 18th century." In *History of analysis*, ed. Hans Niels Jahnke, pp. 137–153. Providence : American Mathematical Society, 2003.

Papineau, David. "The *vis viva* controversy : Do meanings matter?" *Studies in History and Philosophy of Science*, vol. 8 (1977), pp. 111–142.

Park, Katharine and Lorraine Daston. "Introduction : The Age of the New." In *The Cambridge history of science, vol. 3. Early modern science*, ed. Katharine Park and Lorraine Daston, pp. 1–17. Cambridge : Cambridge University Press, 2006.

Passeron, Irène.「アブラカダバクス：項目「アバクス」,「地球の形状」における翻訳，再構成，革新」井田尚訳．逸見龍生・小関武史編『百科全書の時空：典拠・生成・転位』169–193 頁．東京：法政大学出版局，2018 年.

Patiniotis, Manolis. "Newtonianism." In *New dictionary of the history of ideas*, Maryanne Cline Horowitz editor in chief, vol. 4, pp. 1632–1638. Detroit : Charles Scribner's Sons, a part of Gale, Cengage Learning, 2005.

Pinault, Madeleine.『百科全書』小嶋竜寿訳（文庫クセジュ）．東京：白水社，2017 年［原書 1993 年].

Pourciau, Bruce. "Newton's interpretation of Newton's second law." *Archive for History of Exact Sciences*, vol. 60 (2006), pp. 157–207.

———. "Is Newton's second law really Newton's?" *American Journal of Physics*, vol. 79 (2011), pp. 1015–1022.

———. “Instantaneous impulse and continuous force : The foundations of Newton’s *Principia.*” In *The Cambridge companion to Newton*, 2nd ed., ed. Rob Iliffe and George E. Smith, pp. 93–186. Cambridge : Cambridge University Press, 2016.

Principe, Lawrence M. *The Scientific Revolution : A very short introduction*. Oxford : Oxford University Press, 2011. / 邦訳：『科学革命』菅谷暁・山田俊弘訳（サイエンス・パレット）．東京：丸善出版，2014 年．

Proust, Jacques.『百科全書』平岡昇・市川慎一訳．東京：岩波書店，1979 年［原書 1965 年］．

Pulte, Helmut. *Das Prinzip der kleinsten Wirkung und die Kraftkonzeptionen der rationalen Mechanik : eine Untersuchung zur Grundlegungsproblematik bei Leonhard Euler, Pierre Louis Moreau de Maupertuis und Joseph Louis Lagrange*. Stuttgart : Steiner, 1989.

———. “Order of nature and orders of science : On the mathematical philosophy and its changing concepts from Newton and Euler to Lagrange and Kant.” *Between Leibniz, Newton, and Kant : Philosophy and science in the eighteenth century*, ed. Wolfgang Lefèvre, pp. 61–92. Dordrecht : Kluwer Academic Publishers, 2001.

———. “Joseph Louis Lagrange, *Méchanique analitique*, first edition（1788）.” In *Landmark writings in western mathematics, 1640–1940*, ed. I. Grattan-Guinness, pp. 208–224. Amsterdam : Elsevier, 2005.

Quintili, Paolo. “D’Alembert ‘traduit’ Chambers : Les articles de mécanique, de la *Cyclopædia* à l’*Encyclopédie*.” *Recherches sur Diderot et sur l’Encyclopédie*, vol. 21（1996）, pp. 75–90.

Reill, Peter Hanns. “The legacy of the “Scientific Revolution”: Science and the Enlightenment.” In *The Cambridge history of science, vol. 4. Eighteenth-century science*, ed. Roy Porter, pp. 23–43. Cambridge : Cambridge University Press, 2003.

Romero, Angel E. “Physics and analysis. Euler and the search for foundational principles of mechanics.” In *Euler reconsidered : Tercentenary essays*, ed. Roger Baker, pp. 232–280. Heber City : Kendrick Press, 2007.

Rutherford, Donald. “Leibniz on infinitesimals and the reality of force.” In *Infinitesimal differences : Controversies between Leibniz and his contemporaries*, ed. Ursula Goldenbaum and Douglas Jesseph, pp. 255–280. Berlin : Walter de Gruyter, 2008.

Sarnowsky, Jürgen. “Concepts of impetus and the history of mechanics.” In *Mechanics and natural philosophy before the Scientific Revolution*, ed. W. R. Laird and S. Roux, pp. 121–145. Dordrecht : Springer, 2008.

Schaffer, Simon. “Machine philosophy : Demonstration devices in Georgian mechanics.” *Osiris*, vol. 9（1994）, pp. 157–182.

Schliesser, Eric and Chris Smeenk. “Newton’s *Principia.*” In *The Oxford handbook of the history of physics*, ed. Jed Z. Buchwald and Robert Fox, pp. 109–165. Oxford : Oxford University Press, 2013.

Schmit, Christophe. “Sur l’origine du ‘Principe Général’ de Jean Le Rond D’Alembert.” *Annals of Science*, vol. 70（2013）, pp. 493–530.

Schofield, Robert E. “An evolutionary taxonomy of eighteenth-century Newtonianisms.” *Studies in Eighteenth-Century Culture*, vol. 7（1978）, pp. 175–192.

Scott, Wilson L. *The conflict between atomism and conservation theory, 1644–1860*. London : Macdonald & Co.; New York : Elsevier, 1970.

Shank, J. B. " "There was no such thing as the 'Newtonian Revolution,' and the French initiated it.": Eighteenth-century mechanics in France before Maupertuis." *Early Science and Medicine*, vol. 9 (2004), pp. 257-292.

———. *The Newton wars and the beginning of the French Enlightenment*. Chicago : University of Chicago Press, 2008.

Shapin, Steven.『「科学革命」とは何だったのか：新しい歴史観の試み』川田勝訳．東京：白水社，1998年［原書1996年］．

Smagina, Galina I.「18世紀におけるペテルブルク科学アカデミーの歴史から」市川浩訳．市川浩編『科学の参謀本部：ロシア／ソ連邦科学アカデミーに関する国際共同研究』39-53頁．札幌：北海道大学出版会，2016年．

Stan, Marius. "Kant's third law of mechanics : The long shadow of Leibniz." *Studies in History and Philosophy of Science*, vol. 44 (2013), pp. 493-504.

Szabó, István. *Geschichte der mechanischen Prinzipien und ihrer wichtigsten Anwendungen*, hrsg. von Peter Zimmermann und Emil A. Fellmann. Korrigierter Nachdr. der 3. Aufl. Basel : Birkhäuser, 1996.

Taton, René. "Sur quelques pièces de la correspondance de Lagrange pour les années 1756-1758." *Bollettino di Storia delle Scienze Matematiche*, vol. 8 (1988), pp. 3-19.

Terrall, Marry. "Metaphysics, mathematics, and the gendering of science in 18th-century France." In *The sciences in enlightened Europe*, ed. W. Clark, J. Golinski and S. Schaffer, pp. 246-271. Chicago : The University of Chicago Press, 1999.

———. *The man who flattened the Earth : Maupertuis and the sciences in the Enlightenment*. Chicago : University of Chicago Press, 2002.

———. "*Vis viva* revisited." *History of Science*, vol. 42 (2004), pp. 189-209.

Thiele, Rüdiger. "Euler and the calculus of variations." In *Leonhard Euler : Life, work and legacy*, ed. Robert E. Bradley and C. Edward Sandifier, pp. 235-254. Amsterdam : Elsevier, 2007.

Truesdell, Clifford Ambrose. "Rational fluid mechanics, 1687-1765." In *Leonhardi Euleri Opera omnia*, ser. 2, vol. 12, ed. Clifford Ambrose Truesdell, pp. IX-CXXV. Turici : O. Füssli, 1954.

———. "I. The first three sections of Euler's treatise of fluid mechanics (1766); II. The theory of aerial sound (1687-1788); III. Rational fluid mechanics (1765-1788)." In *Leonhardi Euleri Opera omnia*, ser. 2, vol. 13, ed. Clifford Ambrose Truesdell, pp. VII-CXVIII. Turici : O. Füssli, 1955.

———. "The rational mechanics of flexible or elastic bodies, 1638-1788." In *Leonhardi Euleri Opera omnia*, ser. 2, vol. 11-2, ed. Clifford Ambrose Truesdell. Turici : O. Füssli, 1960.

———. "A program toward rediscovering the Rational Mechanics of the Age of Reason." In *Essays in the history of mechanics*, pp. 85-137. Berlin : Springer-Verlag, 1968. [Originally pub. in *Archive for History of Exact Sciences*, vol. 1 (1960).]

———. "Recent advances in rational mechanics (1956)." In *Essays in the history of mechanics*, pp. 334-366. Berlin : Springer-Verlag, 1968.

———. "History of classical mechanics : Part I, to 1800" & "Part II, the 19th and 20th centuries." *Naturwissenschaften*, Bd. 63 (1976), S. 53-62 & 119-130.

Watkins, Eric. "The laws of motion from Newton to Kant." *Perspectives on Science*, vol. 5 (1997), pp. 311-348.

Wengenroth, Ulrich. “Science, technology, and industry.” In *From natural philosophy to the sciences : Writing the history of nineteenth-century science*, ed. David Cahan, pp. 221–253. Chicago : University of Chicago Press, 2003.

Westfall, Richard S. *Force in Newton's physics : The science of dynamics in the seventeenth-century*. London : Macdonald ; New York : American Elsevier, 1971.

———.『近代科学の形成』渡辺正雄・小川真理子訳．東京：みすず書房，1980 年（第 2 刷，1987 年）[原書 1971 年]．

赤沢元務「J・H・G・フォン・ユスティとベルリンの啓蒙主義者たち」『芸文研究』（慶應義塾大学芸文学会）第 60 号（1992 年），60–74 頁．

阿部重雄『タチーシチェフ研究：18 世紀ロシア一官僚＝知識人の生涯と業績』東京：刀水書房，1996 年．

有賀暢迪「オイラーとラグランジュ：最小作用の原理から『解析力学』へ」『科学史研究』第 46 巻（2007 年），185–187 頁．

———「活力論争とは何だったのか」『科学哲学科学史研究』（京都大学文学部科学哲学科学史研究室）第 3 号（2009 年），39–57 頁．

———「モーペルテュイの「作用」，オイラーの「労力」：十八世紀中葉における二つの最小作用の原理」『科学史研究』第 48 巻（2009 年），77–86 頁．

———「若きラグランジュと数学の「形而上学」：フランスにおける無限小論争を背景として」『科学哲学科学史研究』（京都大学文学部科学哲学科学史研究室）第 4 号（2010 年），21–43 頁．

———「言語から見たベルリン科学・文学アカデミー：十八世紀ヨーロッパにおける共通語と地域語についての一考察」『日本 18 世紀学会年報』第 25 号（2010 年），18–30 頁．

———「黎明期の変分力学：モーペルテュイ，オイラー，ラグランジュと最小作用の原理」『数理解析研究所講究録』（京都大学数理解析研究所）第 1749 集（2011 年），16–29 頁．

———「合理力学の一例としての衝突理論 1720–1730 年」『科学哲学科学史研究』（京都大学文学部科学哲学科学史研究室）第 6 号（2012 年），17–27 頁．

———「活力論争を解消する 18 世紀の試み」『科学史研究』第 51 巻（2012 年），160–169 頁．

——— “The emergence of the *dynamique* in the Paris academy of sciences : From a science of force to a science of motion.”『『百科全書』・啓蒙研究論集』（『百科全書』研究会）第 2 号（2013 年），243–257 頁．

———「18 世紀ヨーロッパの力学研究：学者たちの交流と論争」『科学史研究』第 53 巻（2015 年），473–479 頁．

———「力学史と科学革命論（上・下）」『窮理』第 8 号（2017 年），27–33 頁，および第 9 号（2018 年），32–37 頁．

伊勢田哲治「ウィッグ史観は許容不可能か」*Nagoya Journal of Philosophy*（名古屋大学人間情報学研究科情報創造論講座），vol. 10（2013），pp. 4–24.

井田尚「『百科全書』の制作工程：ダランベールと引用の系譜学」．逸見龍生・小関武史編『百科全書の時空：典拠・生成・転位』137–167 頁．東京：法政大学出版局，2018 年．

板倉聖宣・中村邦光「力学に関する基本的な術語の形成過程」『科学史研究』第 18 巻（1980 年），193–205 頁．

伊藤和行「運動物体の衝撃力をめぐって：ガリレオ・トリチェッリ・ボレッリ」『京都大学文学部研究紀要』第 35 号（1996 年），109–132 頁．

――― 「科学の近代史：『プリンキピア』から「ニュートン力学」へ」『叢書　転換期のフィロソフィー：第 3 巻　科学技術のゆくえ』加藤尚武・松山壽一編，26-42 頁．京都：ミネルヴァ書房，1999 年．

――― 「オイラーの運動方程式」『科学哲学科学史研究』（京都大学文学部科学哲学科学史研究室）第 1 号（2006 年），153-169 頁．

――― 「18 世紀前半の力学における「座標」概念」『科学哲学科学史研究』（京都大学文学部科学哲学科学史研究室）第 6 号（2012 年），91-102 頁．

――― 「Truesdell と 18 世紀力学史」『科学哲学科学史研究』（京都大学文学部科学哲学科学史研究室）第 7 号（2013 年），49-65 頁．

伊東俊太郎『近代科学の源流』（中公文庫）東京：中央公論新社，2007 年［初版 1978 年］．

犬竹正幸「ライプニッツの自然哲学：『動力学試論』に見られる力と運動」．酒井潔・佐々木能章・長綱啓典編『ライプニッツ読本』92-102 頁．東京：法政大学出版局，2012 年．

隠岐さや香「数学と社会改革のユートピア：ビュフォンの道徳算術からコンドルセの社会数学まで」．金森修編『科学思想史』127-186 頁．東京：勁草書房，2010 年．

――― 『科学アカデミーと「有用な科学」：フォントネルの夢からコンドルセのユートピアへ』名古屋：名古屋大学出版会，2011 年．

――― "The establishment of 'mixed mathematics' and its decline 1600-1800." *Historia Scientiarum*, vol. 23 (2013), pp. 82-91.

――― 「科学アカデミーとは何か：『アカデミーと学協会の時代』の起源とその終焉について」．市川浩編『科学の参謀本部：ロシア／ソ連邦科学アカデミーに関する国際共同研究』13-37 頁．札幌：北海道大学出版会，2016 年．

―――・有賀暢迪「18 世紀の科学アカデミー紀要：パリとベルリンの事例から」『科学史研究』第 54 巻（2015 年），240-247 頁．

小田部胤久「ヴォルフとドイツ啓蒙主義の暁」．加藤尚武責任編集『哲学の歴史 第 7 巻 理性の劇場』41-74 頁．東京：中央公論新社，2007 年．

金森修「〈科学思想史〉の哲学」．金森修編『科学思想史』1-66 頁．東京：勁草書房，2010 年．

川島慶子『エミリー・デュ・シャトレとマリー・ラヴワジエ：18 世紀フランスのジェンダーと科学』東京：東京大学出版会，2005 年．

川村文重「物質と精神のあいだ：十八世紀化学における活力概念の両義性」．逸見龍生・小関武史編『百科全書の時空：典拠・生成・転位』299-324 頁．東京：法政大学出版局，2018 年．

小林道夫「自然観の変容：近代自然科学の成立とその本性」『岩波講座　転換期における人間 2：自然とは』189-224 頁．東京：岩波書店，1989 年．

――― 『デカルトの自然哲学』東京：岩波書店，1996 年．

――― 「ライプニッツにおける数理と自然の概念と形而上学」『哲学研究』（京都哲学会）第 581 号（2006 年），1-28 頁，および第 582 号（同年），1-24 頁．

斎藤憲「『原論』解説（I-VI 巻）」．斎藤憲・三浦伸夫訳・解説『エウクレイデス全集 第 1 巻：『原論』I-VI』49-173 頁．東京：東京大学出版会，2008 年．

下村寅太郎「科学史の哲学（全）」．野家啓一編『下村寅太郎「精神史としての科学史」』5-245 頁．京都：燈影舎，2003 年［原書 1941 年］．

鷲見洋一『「百科全書」と世界図絵』東京：岩波書店，2009 年．

高瀬正仁『無限解析のはじまり：わたしのオイラー』（ちくま学芸文庫）．東京：筑摩書房，2009 年．

高橋憲一『ガリレオの迷宮：自然は数学の言語で書かれているか？』東京：共立出版，2006 年．

高橋秀裕「ニュートン：最後のギリシャ幾何学者」『現代思想』第 28 巻第 12 号（2000 年 10 月），161-175 頁．

――― 『ニュートン：流率法の変容』東京：東京大学出版会，2003 年．

武田裕紀『デカルトの運動論：数学・自然学・形而上学』京都：昭和堂，2009 年．

塚本浩司「1800 年代英国物理教科書における“運動の 3 法則”の形成」博士論文．神戸大学，2009 年．

寺田元一『「編集知」の世紀：一八世紀フランスにおける「市民的公共圏」と『百科全書』』東京：日本評論社，2003 年．

長尾伸一『ニュートン主義とスコットランド啓蒙：不完全な機械の喩』名古屋：名古屋大学出版会，2001 年．

中澤聡「流出現象の解析に見る理論と実験の相互作用：トリチェッリからダニエル・ベルヌーイまで」『哲学・科学史論叢』（東京大学教養学部哲学・科学史部会）第 13 号（2011 年），19-44 頁．

中田良一（Nakata, Ryoichi）. “Joseph Privat de Molières : Reconciler between Cartesianism and Newtonianism in collision theory.” *Historia Scientiarum*, vol. 3（1994）, pp. 201-213.

―――. “D’Alembert’s second resolution in *Recherches sur la Précession des Equinoxes*: Comparison with Euler.” *Historia Scientiarum*, vol. 10（2000）, pp. 58-76.

―――. “The general principles for resolving mechanical problems in d’ Alembert, Clairaut and Euler.” *Historia Scientiarum*, vol. 12（2002）, pp. 7-30.

―――. “The concept of force in Jean le Rond d’Alembert.”『千里金蘭大学紀要 短期大学部』第 35 号（2004 年），53-75 頁．

中根美知代「解析力学：ハミルトン・ヤコビ理論の起源をたずねて」『数理科学』第 50 巻第 2 号（2012 年 2 月），15-20 頁．

中村幸四郎『近世数学の歴史：微積分の形成をめぐって』東京：日本評論社，1980 年．

中村征樹「近代フランスにおける技術教育の展開：技師集団と職人層の技術知の創造と共有をめぐって」博士論文．東京大学，2005 年．

野澤聡「ヨハン・ベルヌーイの力学：衝突法則からの再評価」『科学史研究』第 45 巻（2006 年），1-10 頁．

――― 「ヨハン・ベルヌーイの力学研究：18 世紀力学史における位置付けと再評価」博士論文．東京工業大学，2009 年．

橋本伸也『帝国・身分・学校：帝制期ロシアにおける教育の社会文化史』名古屋：名古屋大学出版会，2010 年．

橋本毅彦『「科学の発想」をたずねて：自然哲学から現代科学まで』東京：左右社，2010 年．

橋本秀和「W. トムソン＆テイト『自然哲学論』:「ラグランジュの解析力学」から「現代的な解析力学」へ」『科学哲学科学史研究』（京都大学文学部科学哲学科学史研究室）第 5 号（2011 年），97-110 頁．

林知宏「無限小量をめぐる論争と基礎づけの問題，ライプニッツ，ヴァリニョン，ヘルマン」『数理解析研究所講究録』（京都大学数理解析研究所）第 1195 集（2001 年），14-37

頁.
平松希伊子「デカルトにおける『衝突則』再考」『思想』第 869 号（1996 年 11 月），242–260 頁.
広重徹『物理学史 I』東京：培風館，1968 年.
逸見龍生「『百科全書』を読む：本文研究の概観と展望」『欧米の言語・社会・文化』（新潟大学大学院現代社会文化研究科）第 11 巻（2005 年），39–92 頁.
———・小関武史編『百科全書の時空：典拠・生成・転位』東京：法政大学出版局，2018 年.
堀内達夫『フランス技術教育成立史の研究：エコール・ポリテクニクと技術者養成』東京：多賀出版，1997 年.
松山壽一『若きカントの力学観：『活力測定考』を理解するために』東京：北樹出版，2004 年.
———『ニュートンからカントへ：力と物質の概念史』京都：晃洋書房，2004 年.
持田辰郎「デカルトにおける衝突の規則について」『名古屋学院大学論集：人文・自然科学篇』第 20 巻第 1 号（1983 年），208–189 頁.
山本道雄『カントとその時代：ドイツ啓蒙思想の一潮流』改訂増補版．京都：晃洋書房，2010 年.
山本義隆『重力と力学的世界：古典としての古典力学』京都：現代数学社，1981 年.
———『古典力学の形成：ニュートンからラグランジュへ』東京：日本評論社，1997 年.
横山雅彦「近代力学成立史」『科学史研究』第 11 巻（1973 年），193–201 頁.
吉仲正和『ニュートン力学の誕生：現代科学の原点をさぐる』（ライブラリ科学史）東京：サイエンス社，1982 年.
———「活力論争」．伊東俊太郎ほか編『科学史技術史事典』205 頁．東京：弘文堂，1983 年.

注

序論

(1) Euler, “Découverte d’un nouveau principe de Mecanique” (1750), 全集版 p. 90. “[...] le principe que je viens d’établir contient tout seul tous les principes qui peuvent conduire à la connoissance du mouvement de tous les corps, de quelque nature qu’ils soient.”

(2) 18 世紀における力学および関連分野の展開を概観した文献としては，たとえば以下が挙げられる．Dugas, *A history of mechanics* (1988), part 3 ; Grigorian『力学はいかに創られたか』(1970)，第 5 章および第 6 章；Truesdell, “A program toward rediscovering the Rational Mechanics of the Age of Reason” (1968) ; 広重『物理学史 I』(1968)，111–116 頁；Bos, “Mathematics and rational mechanics” (1980) ; 山本（義）『重力と力学的世界』(1981)，主に第 7 章から第 13 章；Hankins, *Science and the Enlightenment* (1985), chap. 2 ; Grattan-Guinness, “The varieties of mechanics by 1800” (1990) ; Maltese, “Toward the rise of modern science of motion” (1993) ; Fraser, “Classical mechanics” (1994) ; 山本（義）『古典力学の形成』(1997)；伊藤「科学の近代史」(1999)；Pulte, “Order of nature and orders of science” (2001) ; Home, “Mechanics and experimental physics” (2003), pp. 360–363 ; Caparrini and Fraser, “Mechanics in the eighteenth century” (2013).

(3) この表現は，横山「近代力学形成史」(1973) による．典型的な例としては，Westfall『近代科学の形成』(1980) を参照．

(4) *The Oxford English Dictionary* (1989), vol. 6, p. 34. “force [11. –a.] (= Newton’s *vis impresssa* [...]). An influence (measurable with regard to its intensity and determinable with regard to its direction) operating on a body so as to produce an alteration or tendency to alteration of its state of rest or of uniform motion in a straight line ; the intensity of such an influence as a measurable quantity.”

(5) Westfall, *Force in Newton’s physics* (1971) および『近代科学の形成』(1980).

(6) たとえば以下を参照．Shapin『「科学革命」とは何だったのか』(1998)；Park and Daston, “Introduction : The Age of the New” (2006) ; Henry, *The Scientific Revolution and the origins of modern science* (2008) ; Dear, *Revolutionizing the sciences* (2009) ; Principe, *The Scientific Revolution* (2011).

(7) Euler, “Recherches sur l’origine des forces” (1750).

(8) Mach『マッハ力学史』(2006)，下巻 35 頁（強調は原文）および Jammer『力の概念』(1979)，164 頁．

(9) 力の理解と力の利用可能性が同一視されているという見方は，科学史家のディアによる “intelligibility” と “instrumentality” の議論から着想を得ている．ディアの主張は，「理解する」ということには本来さまざまなあり方が存在するにもかかわらず，それが「何かを生じさせることができる」ということと暗黙裡に結合している点に西洋近代科学の本質的特徴がある，と要約できる．Dear, *The intelligibility of nature* (2006) および *Revolutionizing the sciences* (2009), Introduction を参照．

第1章

(1) 伊藤「科学の近代史」(1999).

(2) ニュートンの数学思想に関する詳細は，高橋(秀)『ニュートン』(2003) および「ニュートン」(2000) を参照.

(3) Lagrange, *Méchanique analitique* (1788), p. v / 邦訳 130 頁. "[...] de réduire la théorie de cette Science [i. e. Méchanique], et l'art de résoudre les problêmes qui s'y rapportent, à des formules générales, dont le simple développement donne toutes les équations nécessaires pour la solution de chaque problême."

(4) Ibid., p. vi / 邦訳 131 頁. "On ne trouvera point de Figures dans cet Ouvrage."

(5) 山本(義)『古典力学の形成』(1997)，335 頁以下. 19 世紀初頭のフランスにおける力学から数理物理学や工学への展開については，Grattan-Guinness, *Convolutions in French mathematics, 1800–1840* (1990) に詳しい.

(6) これと関連して強調されるべきこととして，いわゆる座標系の利用がこの時代に確立したという論点がある. これについては，伊藤「18 世紀前半の力学における「座標」概念」(2012) を参照.

(7) ライプニッツの微積分法とその普及については，ボスの研究がまず参照されるべきである. Bos, "Differentials, higher-order differentials and the derivative in the Leibnizian calculus" (1974) および "Newton, Leibniz and the Leibnizian tradition" (1980).

(8) 微積分を力学に適用する初期の試みについては，以下の文献に詳しい. Blay, *La naissance de la mécanique analytique* (1992) ; 山本(義)『古典力学の形成』(1997)，第 1 部 ; Guicciardini, *Reading the* Principia (1999).

(9) Shank, " "There was no such thing as the 'Newtonian Revolution' " " (2004).

(10) 18 世紀の科学アカデミー全般については，隠岐「科学アカデミーとは何か」(2016) が優れた概観を与えている. より詳しくは，McClellan, *Science reorganized* (1985) を参照. また，科学アカデミーの代表とも言うべきパリのアカデミーについては，Hahn, *The anatomy of a scientific institution* (1971) と，隠岐『科学アカデミーと「有用な科学」』(2011) に詳しい.

(11) アカデミー紀要という出版物の特徴等については，隠岐・有賀「18 世紀の科学アカデミー紀要」(2015) に解説がある.

(12) 隠岐『科学アカデミーと「有用な科学」』(2011)，32–33 頁. 隠岐は「数理系」と「自然学系」という訳を充てている.

(13)「物理＝数理科学」は元々，自然学的な主題を数学的に論じる学問のジャンルとして 17 世紀に登場したものである. Dear, *Discipline & experience* (1995), 特に pp. 168–179 を参照.「混合数学」という用語を歴史的に検討した研究としては，Brown, "The evolution of the term "mixed mathematics" " (1991) および隠岐, "The establishment of 'mixed mathematics' and its decline 1600–1800" (2013) がある.

(14) この分類表の日本語訳は，鷲見『「百科全書」と世界図絵』(2009)，50–51 頁で与えられている. ただし,「人間知識の体系詳述」において，ひいては当時の学識者たちのあいだで,「物理＝数理科学」と「混合数学」が異なる意味で用いられていたのかどうかは判然とせず，今後の研究に俟ちたい.

(15) Heilbron, *Physics* (2015), pp. 112–116. この箇所には「物理学の発明」(The invention of physics) という節タイトルが与えられ，それより前の「自然学」(*physica*) と明示的に

区別されている．ほかに，川島『エミリー・デュ・シャトレとマリー・ラヴワジエ』(2005)，61 頁でも，同種の区別が提案されている．

(16) たとえば，Kuhn「物理科学の発達における数学的伝統と実験的伝統」(1998)，82 頁以下（「近代物理学の誕生」）；橋本（毅）『「科学の発想」をたずねて』(2010)，第 10 章（「数学的実験物理学の誕生」）；Buchwald and Hong, “Physics” (2003), pp. 169-174 (“Mathematization and Laplacian Physics”).

(17) バーゼルの人々の相互関係については，たとえば，Fellmann『オイラー』(2002) を参照．

(18) フランスでの展開を概観した文献としては，Greenberg, “Mathematical physics in eighteenth-century France” (1986) が有益である．このほか，Terrall, *The man who flattened the Earth* (2002) や Shank, *The Newton wars* (2008) にも関連する記述が散見される．

(19) Lagrange, *Méchanique analitique* (1788), p. v / 邦訳 130 頁. “[...] une autre utilité ; il réunira et présentera sous un même point de vue, les différens Principes trouvés jusqu'ici pour faciliter la solution des questions de Méchanique, en montra la liaison et la dépendance mutuelle, et mettra à portée de juger de leur justesse et de leur étendue.”

(20) Bertoloni Meli, *Thinking with objects* (2006), Conclusion.

(21) 山本（義）『古典力学の形成』(1997).

(22) Euler, *Mechanica* (1736), 全集版 pp. 38-39 ; 山本（義）『古典力学の形成』(1997)，172 頁．

(23) Cannon and Dostrovsky, *The evolution of dynamics* (1981).

(24) Truesdell, “Rational fluid mechanics, 1687-1765” (1954) ; “I. The first three sections of Euler's treatise of fluid mechanics (1766) ; II. The theory of aerial sound (1687-1788) ; III. Rational fluid mechanics (1765-1788)” (1955) ; “The rational mechanics of flexible or elastic bodies, 1638-1788” (1960).

(25) Truesdell, “A program toward rediscovering the Rational Mechanics of the Age of Reason” (1968). 本書では，後に論文集に収められた改訂版を利用している．この論文の研究史上の評価としては，伊藤「Truesdell と 18 世紀力学史」(2013) も参照．

(26) Ibid., p. 96. 関連する古典的な議論として，Kuhn「物理科学の発達における数学的伝統と実験的伝統」(1998) も参照．

(27)「合理力学」を支持する見解の一例としては，Hankins, *Jean d'Alembert* (1970), pp. 6-9 を参照．反対に，力学の理論的発展に実験が貢献したとする主張の例としては，中澤「流出現象の解析に見る理論と実験の相互作用」(2011) がある．

(28) Fraser, “Classical mechanics” (1994), pp. 984-985.

(29) Truesdell, “History of classical mechanics” (1976).

(30) Truesdell, “A program toward rediscovering the Rational Mechanics of the Age of Reason” (1968), p. 96.

(31) Mach『マッハ力学史』(2006)，上巻 39 頁．

(32) 金森「〈科学思想史〉の哲学」(2010)，28 頁．「嚮導科学史」とは，「仮象的な歴史性を身にまとい，現在の光によって過去を論理的に再構築し，結果的に〈現在の現在性〉を最大の覇者だとして自己理解するような（疑似）科学史」とされている．

(33) たとえば，Truesdell, “Recent advances in rational mechanics (1956)” (1968) を参照．彼は実際，1952 年に *Journal of Rational Mechanics and Analysis* 誌を共同で創刊し，これは

Archive for Rational Mechanics and Analysis 誌に継承されて現在まで続いている．

(34) この問題は，伊勢田「ウィッグ史観は許容不可能か」(2013) で論じられている．

(35) Harman『物理学の誕生』(1991)，44–47 頁．「同時発見」については，Kuhn「同時発見の一例としてのエネルギー保存」(1998) を参照．

(36) 厳密に言えば，質量という概念は必ずしも確立しておらず，「嵩」「重さ」といった表現もよく使われた．だがこのことは論争に影響を与えていないため，本書では一貫して「質量」と記す．また，この時代には向きを持つ量（ベクトル）という考え方がまだ一般的でないため，「速度」と呼ばれているものはスカラー量としての速さである．

(37) この時代の論争一般については，Daston, "The ideal and reality of the Republic of Letters in the Enlightenment" (1991) に優れた考察がある．

(38) Jammer『力の概念』(1979)，164 頁．

(39) d'Alembert, *Traité de dynamique* (1743), p. xxi. このような説明を与えている一例としては，『科学史技術史事典』における項目（吉仲「活力論争」(1983)）がある．

(40) Hankins, "Eighteenth-century attempts to resolve the *vis viva* controversy" (1965).

(41) Laudan, "The *vis viva* controversy" (1968). 活力論争に対するダランベールの関わりを論じたものとしてはほかに，Iltis, "D'Alembert and the *vis viva* controversy" (1970) などがある．

(42) Scott, *The conflict between atomism and conservation theory* (1970), p. 25.

(43) Hankins, *Jean d'Alembert* (1970), p. 205. 同様の主張は，Hankins, "Eighteenth-century attempts to resolve the *vis viva* controversy" (1965), p. 282 にも見られる．

(44) Iltis, "The decline of Cartesianism in mechanics" (1973) ; "The Leibnizian-Newtonian debates" (1973) ; "Madame du Châtelet's metaphysics and mechanics" (1977).

(45) Terrall, "*Vis viva* revisited" (2004).

(46) Papineau, "The *vis viva* controversy" (1977).

(47) 厳密に言えば，「力」が保存されると考えるかどうかは論者により違いがあった．この点は本書の第 3 章第二節で触れる．

(48) Hankins, *Jean d'Alembert* (1970) および Firode, *La dynamique de d'Alembert* (2001). また，中田，"The concept of force in Jean le Rond d'Alembert" (2004) も参照．

(49) Jammer『力の概念』(1979)．関連する記述は第 7 章から第 11 章にかけて登場する．

(50) Cassirer『認識問題 2–2』(2003)，27–32 頁．

(51) Pulte, *Das Prinzip der kleinsten Wirkung und die Kraftkonzeptionen der rationalen Mechanik* (1989).

(52) Boudri, *What was mechanical about mechanics* (2002).

(53) たとえば，最新の概論である Caparrini and Fraser, "Mechanics in the eighteenth century" (2013) を見よ．

(54) なお「力学」という日本語の歴史については，板倉と中村が「力学に関する基本的な術語の形成過程」(1980) で考察を行っている．それによると，「力学」は明治期には dynamics の訳語として用いられており，mechanics の訳としては「重学」が使われていた．mechanics の訳語として「力学」が当てられるようになった時期は不明とされている．

(55) ドイツ語圏での展開に関する重要な研究としては，Watkins, "The laws of motion from Newton to Kant" (1997) ; Stan, "Kant's third law of mechanics" (2013) ; 松山『若きカントの力学観』(2004)；同『ニュートンからカントへ』(2004)，特に第 1 章「力と運動」が挙げられる．英語圏での力学の展開を主題にした研究は管見の限り存在しないと思われる

が，関連する数学（解析学）の領域ではニュートン後のイギリスの状況を見直す動きがある．Grabiner, “Was Newton’s calculus a dead end?” (1997) および Guicciardini, “Dot-age” (2004) を参照．後者による *Reading the* Principia (1999) では，『プリンキピア』に対する英語圏での反応についても記述されている．

(56) Bertoloni Meli, “Mechanics” (2006) および *Thinking with objects* (2006)．関連する議論として，Gabbey, “Between *ars* and *philosophia naturalis*” (1993) および Laird and Roux, “Introduction” (2008) も参照．

(57) Newton, *Philosophiae naturalis principia mathematica* ([1726] 1972), pp. 15–16 / 英訳 p. 382 / 邦訳 56 頁．“Cum autem artes manuales in corporibus movendis praecipue versentur, fit ut *geometria* ad magnitudinem, *mechanica* ad motum vulgo referatur. Quo sensu *mechanica rationalis* erit scientia motuum, qui ex viribus quibuscunque resultant, et virium quae ad motus quoscunque requiruntur, accurate proposita ac demonstrata.” 原文は地の文が斜体だが，読みやすさを優先して斜体と直立体を逆にした．

(58) Ibid. この点に関しては次の議論も参照．Gabbey, “Newton’s *Mathematical principles of natural philosophy*” (1992)；Dear, *Discipline & experience* (1995), pp. 210–216.

(59) 初版 “Cette partie des Mathematiques qui a pour objet les machines”；第 2 版・第 3 版 “La partie des Mathématiques qui a pour objet les forces mouvantes”；第 4 版 “La partie des Mathématiques, qui a pour objet les lois du mouvement, celles de l’équilibre, les forces mouvantes, &c.” 比較検討には各版の内容を収録した CD-ROM 版を利用した．Académie française, *Les dictionnaires de l’Academie Française* (2000).

(60) Varignon, *Nouvelle méchanique ou statique* (1725), t. 1, p. 1. “La Mécanique en general est la Science du Mouvement, de sa cause, de ses effets ; en un mot de tout ce qui y a rapport. Par consequent elle est aussi la Science des proprietez & des usages des Machines ou Instrumens propres à faciliter le Mouvement.”

(61) Wolff, *Mathematisches Lexicon* (1716), col. 871. “Mechanica, die Mechanick oder Bewegungs-Kunst, // Ist eine Wissenschaft der Wegung.”

(62) Euler, *Mechanica sive motus scientia analytice exposita* (1736)；*Lettres à une princesse d’Allemagne*, Lettre XVIII (15 sept. 1760), 全集版 p. 127. “Or la science qui traite du mouvement en général, est nommée Méchanique ou Dynamique.”

(63) d’Alembert, *Traité de dynamique* (1743), p. v. “Le Mouvement & ses propriété générales, sont le premier & le principal objet de la Méchanique [.]”

(64) 下村「科学史の哲学」([1941] 2003)，226 頁．

(65) Lagrange, *Méchanique analitique* (1788), pp. v–vi / 邦訳 130–131 頁．“Je le divise en deux Parties ; la Statique ou la Théorie de l’équilibre, et la Dynamique ou la Théorie du Mouvement ; et chacune de ces Parties traitera séparément des Corps solides et des fluides.”

(66) Académie française, *Le dictionnaire des arts et des sciences* (1694), t. 2, p. 430b. “Science par laquelle on acquiert la connoissance des poids, des centres de gravité, & de l’équilibre des corps naturels.”

(67) Académie française, *Les dictionnaires de l’Academie Française* (2000)．第 3 版 “Science qui a pour objet, le mouvement, ou l’équilibre des corps solides.”；第 4 版 “Science qui a pour objet l’équilibre des corps solides.”

(68) Wolff, *Elementa matheseos universae*, t. I (1717), p. 541a. “[Statica] de motu corporum a

gravitate pendente tractat" ; *Elementa matheseos universae*, t. II [...] Editio nova, (1733), p. 5a. "[Statica] de aequilibrio solidorum agit."

(69) Chambers, *Cyclopædia* (1728), vol. 2, p. 124. "STATICKS, STATICE, a Branch of Mathematicks, which considers *Weight* or *Gravity*, and the Motion of Bodies arising therefrom."

(70) d'Alembert, "MÉCHANIQUE" (1765), p. 222. "La partie des *méchaniques* qui considere le mouvement des corps, en tant qu'il vient de leur pesanteur, s'appelle quelquefois *statique* [...] par opposition à la partie qui considere les forces mouvantes & leur application, laquelle est nommé par ces mêmes auteurs *Méchanique*. Mais on appelle plus proprement *statique*, la partie de la *Méchanique* qui considere les corps & les puissances dans un état d'équilibre, & *Méchanique* la partie qui les considere en mouvement."

(71) Lagrange, *Méchanique analitique* (1788), p. 12 / 邦訳 131 頁.

(72) Académie française, *Les dictionnaires de l'Academie Française* (2000). "Signifie proprement la science des forces ou puissances qui meuvent les corps. Il se dit plus particulièrement de la science du mouvement des corps qui agissent les uns sur les autres, soit en se poussant, soit en se tirant d'une manière quelconque."

(73) さらに言えば，「動力学」の変化は 19 世紀にも引き続き起こっていた．たとえば，影響力のあったトムソンとテイトの『自然哲学論』(*Treatise on natutal philosophy*, 1867) は，運動のみを扱う部門を Kinematics として独立に設定し，これと対置される Dynamics を力の作用を扱う科学と規定した上で，後者を Statics と Kinetics に分けている（したがって，Dynamics の中に Statics が含まれる）．このことは，Harman『物理学の誕生』(1991)，76-77 頁に短く書かれているが，その背景まで含めたさらに詳しい記述は，塚本「1800 年代英国物理教科書における"運動の 3 法則"の形成」(2009) に見出せる．19 世紀における Kinematics（運動学）の導入は「力学」の定義にも関わる重要な変化と考えられるが，本書で扱う時代範囲を超え出るため取り上げない．ただ，18 世紀末の時点でもなお，いわゆる古典力学の要素すべてが出揃っていたわけでないことは，どれだけ注意してもし過ぎることはないだろう．

第 I 部

(1) Hermann, "De Mensura virium Corporum" (1726), p. 2. "Omnis autem scientia Mechanica versatur in eo, ut mensuras idoneas inveniamus juxta quas tum vires mortuas corporum, tum vires vivas recte aestimare liceat."

(2) d'Alembert, *Traité de dynamique* (1743), p. xvi. "[...] que j'aie entièrement prosrit les forces inhérentes au Corps en Mouvement, êtres obscurs & Métaphysiques [...]."

(3) Euler, "De la force de percussion" (1745), 全集版 p. 35. "[...] qu'on ne sauroit absolument attribuer aucune force au corps mû [...]."

第 2 章

(1) もっとも，この両者の関係はふつう思われているより遥かに複雑である．たとえば，Reill, "The legacy of the 'Scientific Revolution' " (2003) を参照．

(2) この多義性は 18 世紀前半の時点ですでに認識されていた．Chambers, *Cyclopædia* (1728), vol. 2, pp. 628-630, "Newtonianism" および d'Alembert, "NEWTONIANISME" (1765) を見よ．後者は前者を基にして書かれた『百科全書』の記事項目である．

(3) 18世紀における「ニュートン主義」の多様性に関する説明としては，たとえば以下を参照．Schofield, "An evolutionary taxonomy of eighteenth-century Newtonianisms" (1978) ; Fara, "Newtonianism" (2003) ; Gascoigne, "Ideas of nature" (2003) ; Patiniotis, "Newtonianism" (2005). 科学史における「ニュートン主義」の敬遠の例としては，Hankins, *Science and the Enlightenment* (1985), p. 9.

(4) Truesdell, "A program toward rediscovering the Rational Mechanics of the Age of Reason" (1968), §3.

(5) 野澤「ヨハン・ベルヌーイの力学研究」(2009).

(6) Pulte, *Das Prinzip der kleinsten Wirkung und die Kraftkonzeptionen der rationalen Mechanik* (1989), S. 22–28.

(7) インペトゥス概念の歴史的展開については次を参照．Grant『中世の自然学』(1982), 84–94頁；伊東『近代科学の源流』(2007), 313–327頁；Sarnowsky, "Concepts of impetus and the history of mechanics" (2008).

(8) 伊東『近代科学の源流』(2007), 331–344頁．引用箇所は順に，343, 332, 335頁．

(9) デカルトの衝突理論は多くの研究で取り上げられているが，特に詳しいものとして以下を挙げておく．Gabbey, "Force and inertia in the seventeenth century" (1980), pp. 243–272 ; Garber, *Descartes' metaphysical physics* (1992), chap. 8 ; 持田「デカルトにおける衝突の規則について」(1983)；平松「デカルトにおける『衝突則』再考」(1996)；武田『デカルトの運動論』(2009), 第5章.

(10) Descartes, *Principia philosophiae* ([1644] 1973), pp. 67–70 / 邦訳86–92頁，引用箇所は p. 67 / 89頁．訳文は邦訳に依ったが，原文は次の通りである．"[...] oportet tantum calculo subducere, quandum in unoquoque sit virium, sive ad movendum, sive ad motui resistendum ; ac pro certo statuere, illud semper, quod valentius est, sortiri suum effectum."

(11) 異同の詳細は，Garber, *Descartes' metaphysical physics* (1992), pp. 256–260 に一覧表としてまとめられている．

(12) Descartes, *Principia philosophiae* ([1644] 1973), pp. 62, 63 / 邦訳84, 85頁（訳文は邦訳に依る）. "[Q]uod semel movetur, semper moveri pergat." ; "[Q]uod omnis motus ex se ipso sit rectum [...]." 本書ではこれ以上追究しないが，デカルトは物体の中に自ら運動（または静止）を続ける「力」を認めていた節がある．Koyré『ガリレオ研究』(1988), 309–310頁，およびその注4を参照．

(13) 以上の議論は，Papineau, "The *vis viva* controversy" (1977) に負うところが大きい．

(14) 武田『デカルトの運動論』(2009), 第3章以下．ただし，デカルトにおける「力」の語法については，Westfall, *Force in Newton's physics* (1970), appendix B (pp. 529–534) も併せて参照のこと．

(15) Westfall, *Force in Newton's physics* (1970), 特に chap. 5. 同じ著者による『近代科学の形成』(1980), 第7章にも関連する記述がある．

(16) 衝撃力の問題はガリレオも論じており，これがその後の議論に引き継がれていった．伊藤「運動物体の衝撃力をめぐって」(1996) を参照．ガリレオ自身の衝撃力論については，高橋（憲）『ガリレオの迷宮』(2006), 377–383頁でも議論されている．

(17) 詳細はたとえば次を参照．Westfall, *Force in Newton's physics* (1970), chap. 7 および 8 ; Gabbey, "Force and inertia in the seventeenth century" (1980), pp. 272–286 ; 吉仲『ニュートン力学の誕生』(1982), 第2章.

(18) Newton, *Philosophiae naturalis principia mathematica* ([1726] 1972), p. 54 / 英訳 p. 416 / 邦訳 72 頁. “Corpus omne perseverare in statu suo quiescendi vel movendi uniformiter in directum, nisi quatenus illud a viribus impressis cogitur statum suum mutare.”

(19) Ibid., p. 40 / p. 404 / 60 頁. “Materiae vis insita est potentia resistendi, qua corpus unumquodque, quantum in se est, perseverat in statu suo vel quiescendi vel movendi uniformiter in directum.”

(20) Ibid., pp. 40–41 / p. 404 / 60–61 頁. “sub diverso respectu et resistentia et impetus”

(21) Ibid., p. 41 / p. 405 / 61 頁.

(22) Ibid. “Vis impressa est actio in corpus exercita, ad mutandum ejus statum vel quiescendi vel movendi uniformiter in directum.”

(23) Ibid. “Consistit haec vis in actione sola, neque post actionem permanet in corpore. [...] Est autem vis impressa diversarum originum, ut ex ictu, ex pressione, ex vi centripeta.”

(24) Newton, *Opticks* ([1730] 1952), p. 397 / 邦訳 349 頁. “The *Vis inertiae* is a passive Principle by which Bodies persist in their Motion or Rest, [...].”

(25) Newton, *Philosophiae naturalis principia mathematica* ([1726] 1972), p. 54 / 英訳 p. 416 / 邦訳 72 頁. “Mutationem motum proportionalem esse vi motrici impressae, et fieri secundum lineam rectam qua vis illa imprimitur.”

(26) たとえば，Cohen, “A guide to Newton’s *Principia*” (1999), pp. 111–113.

(27) Pourciau, “Newton’s interpretation of Newton’s second law” (2006)；“Is Newton’s second law really Newton’s?” (2011)；“Instantaneous impulse and continuous force” (2016). また，Schliesser and Smeenk, “Newton’s *Principia*” (2013) も両方の種類の変化を含むと説明している.

(28) 古典的な議論としては，Hankins, “The reception of Newton’s second law of motion” (1968) などがある. 近年の重要な研究として，野澤「ヨハン・ベルヌーイの力学研究」(2009)，第 3.2 節も参照.

(29) 塚本「1800 年代英国物理教科書における“運動の 3 法則”の形成」(2009).

(30) ’sGravesande, *Physices elementa mathematica* (1720), p. 36. “Quando corpori moto alia superadditur vis, ad illud movendum in eadem directione, motus celerior fit, & quidem pro ratione novae impressionis.”

(31) Boudri, *What was mechanical about mechanics* (2002), p. 69.

(32) Leibniz, “Brevis Demonstratio Erroris memorabilis Cartesii et aliorum circa Legem naturalem” ([1686] 1860). 本書ではゲルハルト版の著作集に収められた版を利用した（後出の著作についても同様).

(33) ライプニッツの力概念については極めて多くの研究があるが，本研究で特に参考にしたのは次の通り. Garber, “Leibniz” (1995), pp. 284–301 および *Leibniz* (2009), chap. 4；Boudri, *What was mechanical about mechanics* (2002), chap. 3. 邦語文献では，小林「ライプニッツにおける数理と自然の概念と形而上学」(2006) と，犬竹「ライプニッツの自然哲学」(2012) も参照.

(34) Leibniz, “Brevis Demonstratio” ([1686] 1860), S. 118 / 邦訳 388 頁. “Ex his apparet, quomodo vis aestimanda sit a quantitate effectus, quem producere potest [...].”

(35) 現代的に書けば，重力加速度を g として $v^2=2gh$ である.

(36) Leibniz, “Specimen Dynamicum” ([1695] 1860).

(37) Ibid., S. 236–237 / 邦訳 494–496 頁.

(38) Ibid., S. 237 / 496 頁. "Sed nostrum est, [...] nunc quidem pergere ulterius, et in hac doctrina de virtutibus et resistentiis derivativis tractare, quaetenus variis nisibus pollent corpora aut rursus varie renituntur [...]." ; "Vim ergo derivativam, qua scilicet corpora actu in se invicem agunt aut a se invicem patiuntur, hoc loco non aliam intelligimus, quam quae motui (locali scilicet) cohaeret, et vicissim ad motum localem porro producendum tendit."

(39) Ibid., S. 238 / 498–499 頁.

(40) Ibid. "[A]lia vero vis ordinaria est, cum motu actuali conjuncta, quam voco vivam."

(41) Ibid. "Sed in percussione, [...] vis est viva, [...]." 既存の邦訳では「しかし衝突においては［……］活力が存在し」となっているが，「力は活力であり」と読むほうがよいと思われる.

(42) Ibid. "[...] ipsa vis centrifuga, itemque vis gravitatis seu centripeta, vis etiam qua Elastrum tensum se restituere incipit."

(43) Ibid. "[...] in ea [i. e. Vi mortua] nondum existit motus, sed tantum solicitatio ad motum [...]."

(44) Westfall『近代科学の形成』(1980)，192–194 頁.

(45) Bertloni Meli, "Inherent and centrifugal forces in Newton" (2006).

(46) Varignon, "Manière générale de déterminer les Forces, les Vîtesses, les Espaces, et les Tems" (1700), p. 22. "[C]e qu'il [= corps] a de force vers *C*, à chaque point *H*, indépendamment de sa vîtesse (j'applellerai dorénavant *Force Centrale* à cause de sa tendance au point *C* comme centre) [...]."

(47) Académie royale des sciences, "Sur les forces centrifuges" (1700), p. 91. この記事では中心力についてのヴァリニョンの研究に加え，ロピタルによる遠心力の研究も紹介されている．その箇所（p. 79）では遠心力について，曲線を描いて運動する物体が「重みとは異なる別の力をも持つ」(a encore une autre force différente de sa pesanteur) と言われている.

(48) Westfall, *Force in Newton's physics* (1971). ライプニッツについては第 6 章で，ニュートンについては第 7 章と第 8 章で論じられている.

第 3 章

(1) Leibniz, "Brevis Demonstratio [...]" ([1686] 1860). カトランやパパンとの論争については，Iltis, "Leibniz and the *vis viva* controversy" (1971) を参照.

(2) 本節の議論とは観点が少し異なるが，同じくヴォルフやヘルマンによるライプニッツの受容を論じているものとして，Stan, "Kant's third law of mechanics" (2013), part 2 がある.

(3) ヴォルフの思想一般とその地位については，小田部「ヴォルフとドイツ啓蒙主義の暁」(2007) と，山本（道）『カントとその時代』(2010) 所収の関連論文を参照．後者には力学に関する論考も含まれている．ドイツ語圏における科学史，特に力学史上におけるヴォルフの影響については，以下で議論されている．Watkins, "The laws of motion from Newton to Kant" (1997) ; Clark, "The death of metaphysics in enlightened Prussia" (1999) ; Boudri, *What was mechanical about mechanics* (2002), chap. 6.

(4) 松山『若きカントの力学観』(2004) の議論を参照.

(5) Wolff, *Elementa matheseos universae*, t. I (1717), p. 541b. "*Vis Motrix* seu *vis* simpliciter est, quod motum producit. Dicitur *viva*, si motum actu producit, seu cum motu actuali conjungitur, qualis est in globo cadente ; *Mortua* vero vocatur, si ad motum producendum tendit quidem, verum motum actu nondum producit, qualis est in globo ex filo suspenso."

(6) Wolff, *Elementa matheseos universae*, Editio nova, t. II (1733), p. 5b. "*Vis Motrix* seu *vis* simpliciter est principium motus, seu id, unde motus in corpore pendet. Dicitur *viva*, si cum motu actuali conjungitur, qualis est in globo cadente. *Mortua* vero vocatur, si ad motum producendum tendit quidem, verum motum actu nondum producit, seu quae in solo nisu seu conatu ad motu consistit, qualis est in globo ex filo suspenso & in elatere tenso, quod se restituere nititur."

(7) Wolff, *Mathematisches Lexicon* (1716), col. 1461, "Vis mortua, Sollicitatio, eine todte Krafft" および col. 1462, "Vis viva, eine lebendige Krafft."

(8) この点については，Erlichson, "Motive force and centripetal force in Newton's mechanics" (1991) の議論も参照．

(9) Newton, *Philosophiae naturalis principia mathematica* ([1726] 1972), pp. 44-46 / 英訳 pp. 407-408 / 邦訳 63-64 頁（定義 7 および 8）．引用関連箇所の原文は次の通り．"Porro attractiones & impulsus eodem sensu acceleratrices & motrices nomino. Voces autem attractionis, impulsus, vel propensionis cujuscunque in centrum, indifferenter & pro se mutuo promiscue usurpo ; has vires non physice sed mathematice tantum considerando [...]."

(10) Wolff, *Elementa matheseos universae*, t. I (1717), pp. 584b, 594a および Editio nova, t. II (1733), pp. 67a, 76b.

(11) Ibid., p. 594b（初版）および p. 77a（増補改訂版）.

(12) ヘルマンの経歴と業績については Fellmann, "Hermann, Jakob" (1981) および Nagel, "A catalog of the works of Jacob Hermann" (1991) を参照．パドヴァでの活動の詳細は Mazzone and Roero, *Jacob Hermann and the diffusion of the Leibnizian calculus in Italy* (1977), pp. 46-54 で，若い頃の微積分の擁護については，林「無限小量をめぐる論争と基礎づけの問題」(2001) で取り上げられている．

(13) ライプニッツの『ホラノムス』については，Duchesneau, "Leibniz's theoretical shift in the *Phoranomus* and *Dynamica de Potentia*" (1998) を参照．

(14) Guicciardini, *Reading the* Principia (1999), pp. 205-216. ヘルマンによる中心力の議論については，山本（義）『古典力学の形成』(1997)，128-135 頁でも扱われているが，『ホロノミア』とは別の著作を扱っている．

(15) Hermann, *Phoronomia* (1716), p. 2. "Id, quod corpus ad motum concitat, seu ex quo motus corporis resultat, id est quo posito ponitur motus corporis, vocatur *Vis motrix*, quae dividi potest, in Vivam & Mortuam."

(16) Ibid. "*Vis viva* est, quae cum motu actuali conjuncta est." ; "*Vis Mortua* verò est, ex qua nullus motus actualis resultat, nisi aliquamdiu in corpore continuata vel replicata fuerit." ; "Majoris distinctionis gratia Vim Vivam simpliciter Vim, Mortuam verò cujuscunque demum generis fuerit, *Solicitationem* posthac vocabimus."

(17) Ibid., p. 3. "Sed inest etiam corporibus *Vis* quaedam *passiva*, [...] consistit in *Renixu* illo, quo cuilibet vi externae mutationem status, id est motus vel quietis, corporibus inducere conanti reluctatur."

(18) Ibid. "Quae resistentiae vis significantissimo vocabulo à summo Astronomo Joh. Keplero *Vis inertiae* dicta est."

(19) Ibid. "In hac Vi inertiae materiae fundata est Naturae lex, qua *Cuilibet actioni aequalis & contraria est reactio*."

(20) Hermann, "De Mensura virium Corporum" (1726), p. 1. "Vis corporis cujusque, consentienti-

bus Mechanices scriptoribus omnibus, denotat *potentiam motum efficiendi*, vel in hoc ipso corpore cui haec potentia inesse intelligitur, vel in aliis corporibus ab ipso diversis."

(21) Ibid., p. 2. "Omnis autem scientia Mechanica versatur in eo, ut mensuras idoneas inveniamus juxta quas tum vires mortuas corporum, tum vires vivas recte aestimare liceat."

(22) 初期のペテルブルク・アカデミーについては以下の文献を参照．Boss, *Newton and Russia* (1972), part 2 ; McClellan, *Science reorganized* (1985), pp. 74-83 ; Fellmann『オイラー』(2002)，36-60 頁；阿部『タチーシチェフ研究』(1996)，第 7 章；橋本（伸）『帝国・身分・学校』(2010)，第 3 章および第 4 章；隠岐「科学アカデミーとは何か」(2016)，25-26 頁；Smagina「18 世紀におけるペテルブルク科学アカデミーの歴史から」(2016)．これらに加え，Calinger, *Leonhard Euler* (2016) には，同アカデミーについての記述が豊富にある．

(23) Hermann, "De Mensura virium Corporum" (1726). 反論への言及は p. 23. 発表年月は紀要掲載のいずれの論文でも，最初のページの本文冒頭に傍注として印字されている．

(24) Bülffinger, "De Viribus corpori moto insitis, et illarum Mensura" (1726).

(25) ビュルフィンガーに関する記述は，Boss, *Newton and Russia* (1972) に散見される．なお，同書では「ビルフィンガー」(Bilfinger) と表記されている．

(26) Académie impériale des sciences, *Procès-Verbaux des séances* (1897), t. 1, p. 3 ("de quantitate virium et communicatione motuum") および p. 4 ("dissertatio de mensura virium"). 出版された論考の長さを考えると，刊行された論文にはこれらの発表内容も含まれている可能性がある．

(27) Ibid., p. 3. "Nicol. Bernoullius theorema Leibnitianum de mensura virium demonstravit."

(28)『科学者人名辞典』(*DSB*) の項目，Fleckenstein, "Bernoulli, Nikolaus II" (1981) で挙げられている著作は 8 編のみである．なお，ベルヌーイ兄弟が招聘された経緯については，阿部『タチーシチェフ研究』(1996)，439-441 頁に記述がある．

(29) Wolff, "Principia Dynamica" (1726). 議事録の記録は Académie impériale des sciences, *Procès-Verbaux des séances* (1897), t. 1, p. 8.

(30) Leibniz, "Specimen Dynamicum" ([1695] 1860), p. 243 / 邦訳 508 頁．"Porro ad veram virium aestimationem, et quidem prorsus eandem, diversissimis itineribus perveni : uno quidem a priori, ex simplicissima consideratione spatii, temporis et actionis [...] altero a posteriori, vim scilicet aestimando ab effectu quem producit se consumendo."

(31) ライプニッツ自身が未公刊の著作で試みた「アプリオリ」な考察については，Duchesneau, "Leibniz's theoretical shift in the *Phoranomus* and *Dynamica de Potentia*" (1998) で議論されている．

(32) Wolff, "Principia Dynamica" (1726), p. 232 / 邦訳 155 頁（ただしこの訳には誤りが多い）．"Atque haec est illa demonstratio, quam in hypothesi mobilium aequalium & rationis duplae celeritatum A. 1710. cum Illustrissimo Comite ab *Herberstein*, illustri *Leibnitio*, atque aliis communicavi, aestimans actionem motricem per impetus ad spatia applicatos, quamque *Leibnitius* in suam cum viris celeberrimis *Iohanne Bernoulli* atque *Jacobo Hermanno* aliisque communicatam, recidere scripsit d. 12. Ian. A. 1711. datis litteris dicto fidem his verbis faciens [...]."

(33) Leibniz, *Briefwechsel zwischen Leibniz und Christian Wolf* (1860), S. 132-133.

(34) ス・グラーフェサンデの活力論争に対する関わりを論じた先行研究としては次のものがある．Hankins, "Eighteenth-century attempts to resolve the *vis viva* controversy" (1965),

pp. 286–291 ; Iltis, “The Leibnizian-Newtonian debates” (1973), pp. 358–362 ; Maffioli, “Italian hydaulics and experimental physics in eighteenth-century Holland” (1989), pp. 263–266.

(35) ス・グラーフェサンデの伝記に関する基本的な情報源は，没後刊行の著作集に収められた次の詳細な編者解説である．Allamand, “Histoire de la Vie et des Ouvrages de Mr 'sGravesande” (1774). 当時のオランダにおけるス・グラーフェサンデの位置については，Berkel『オランダ科学史』(2000)，第3章に記述がある．

(36) Allamand, “Histoire de la Vie et des Ouvrages de Mr 'sGravesande” (1774), pp. xiv–xv, 引用は p. xv. “Ah! c'est moi qui me suis trompé.”

(37) 'sGravesande, “Essai d'une Nouvelle Théorie sur le Choc des Corps” (1722), pp. 21–23 / 著作集版 pp. 228–229.

(38) 'sGravesande, “Suplement à la Nouvelle Théorie du Choc” (1722), p. 191 / 著作集版 p. 247. ポレーニの研究については，Iltis, “The Leibnizian-Newtonian debates” (1973), pp. 355–358 と，Maffioli, “Italian hydaulics and experimental physics in eighteenth-century Holland” (1989), pp. 244–253, 263 で論じられている．これらによると，ポレーニの本来の関心は流水の「力」を調べることにあったようである．

(39) 'sGravesande, “Essai d'une Nouvelle Théorie sur le Choc des Corps” (1722), p. 4 / 著作集版 p. 219. “On apelle *inertie* cette proprieté de la matiere, par laquelle un corps resiste au mouvement, & au changement de son mouvement.”

(40) Ibid. “Je nomme *force* ce qui dans un corps en mouvement le transporte d'un lieu dans un autre.”

(41) Ibid., p. 5 / p. 219. “Nous appellons du nom general d'effort toute cause étrangere qui agit sur un corps pour le faire sortir du lieu qu'il occupe, ou pour changer sa force.”

(42) Ibid., p. 6 / p. 219. “On nomme *pression* tout effort continué pendant un temps, & qui peut agir sans mouvement local, ou sans changer le mouvement d'un corps sur lequel elle agit [.]” 原文中の “pendant” は初出時には “dant” となっていたが，著作集版に従って直した．

(43) 'sGravesande, “Remarques sur la Force des Corps en mouvement, et sur le Choc” (1729), p. 411 / 著作集版 p. 257.

(44) 'sGravesande, “Essai d'une Nouvelle Théorie sur le Choc des Corps” (1722), pp. 6–9 / 著作集版 pp. 220–221.

(45) Ibid., p. 20 / p. 227. “L'action de la force étant égale à la force que le corps perd par cette action ; il est clair que *les forces sont égales, dont les actions totales ne different pas*, & en géneral que *les forces sont en raison des actions par lesquelles elles se consument entièrement*.”

(46) 'sGravesande, “Remarques sur la Force des Corps en mouvement, et sur le Choc” (1729), p. 196 / 著作集版 p. 255.

(47) この時期の思想状況については，Shank, *The Newton wars and the beginning of the French Enlightenment* (2008), chap. 3 に詳しい．

(48) ス・グラーフェサンデとロンドンの人々とのあいだでなされた論争については，Iltis, “The Leibnizian-Newtonian debates” (1973), pp. 362–376 を参照．松山『若きカントの力学観』(2004)，83–97 頁にも関連する記述がある．

(49) Académie royale des sciences, “Eloge de M. Leibniz” (1716), pp. 107–108, 引用は p. 108. “Sur ce principe il prétendoit établir une nouvelle *Dynamique*, ou Science des force [...].” ; “Il répondit avec vigueur, cependant il ne paroît pas que son sentiment ait prévalu [...].”

(50) Académie royale des sciences, “Sur la force des corps en mouvement” (1721), p. 81. “Tous les

Mathematiciens modernes, & plus particulierement les Mechaniciens, conviennent que la force des Corps est le produit de leur masse par leur vitesses."

(51) Ibid., p. 82. "Dés l'an 1686 M. Leibnitz avoit avancé sa proposition paradoxe dans les Journaux de Leibsick. Comme elle n'avoit été reçûë d'aucun Mathematicien, & que tous, sans y avoir égard, avoient continué d'aller leur chemin ordinaire, on n'en faisoit guere de mention, peut-être par respect pour un aussi grand homme que son Auteur, mais M. Volfius, séduit apparement malgré ses lumieres par une grande autorité, ayant adopté depuis quelque temps ce principe dans son Cours de Mathematique, M. le chevalier de Louville a cru devoir s'opposer à un mal qui commençoit à gagner, & qui pouvoit acquerir des forces par une nouvelle autorité considerable."

(52) Ibid., p. 81. "Les plus grands genies ne son pas incapable de grandes erreurs."

(53) 無限小解析の基礎に関するフォントネルの主張については，以下で議論されている．Blay, "Du fondement du calcul différentiel au fondement de la science du mouvement" (1989)；*La naissance de la mécanique analytique* (1992), pp. 223–248；*Reasoning with the infinite* (1998), "Epilogue"；有賀「若きラグランジュと数学の「形而上学」」(2010)，第3節.

(54) Fontenelle, *Elémens de la Géométrie de l'infini* (1727), p. 516. "Un corps n'a de force que par le mouvement [...]"; "La quantité de mouvement d'un corps, qu'on appelle aussi sa force, est le produit de sa masse par sa vitesse."

(55) Ibid., p. 518. "Ou la force ne s'applique au corps qui doit être mû, qu'autant de temps précisément qu'il en faut pour le choc, après quoi le corps se sépare de la force motrice ; ou cette force s'applique continuellement au corps, le poursuit dans son mouvement, & renouvelle toujours son impression sur lui."

(56) Ibid., p. 527. "La force simplement motrice est donc dans le même cas que l'accélératrice agissant dans un *dt*, & cessant ensuite de s'appliquer au corps."

(57) Bernoulli, *Discours sur les loix de la communication du mouvement* (1727). テクストとしては，パリ科学アカデミーの懸賞論文集に収められた版と，後年の全集に収められた版とがある．両者は基本的に同一だが，わずかに異同もある．以下，参照のページは後者を採用し，必要な場合には前者にも言及する．

(58) Ibid., p. 23. "La *force vive* est celle qui réside dans un corps, lorsqu'il est dans un mouvement uniforme ; & la *force morte*, celle que reçoit un corps sans mouvement, lorsqu'il est sollicité & pressé de se mouvoir, ou à se mouvoir plus ou moins vite, lorsque ce corps est déja en mouvement."

(59) 活力・死力概念を手掛かりにライプニッツとヨハン・ベルヌーイの関係を論じた古典的な研究としては，Harmann, " 'Geometry and nature' " (1977) がある．

(60) Ibid., pp. 53–55.

(61) 抜粋が次に収録されている．Leibniz, *Briefwechsel zwischen Leibniz [und] Johann Bernoulli [et al.]*, S. 629–630. ベルヌーイがライプニッツに宛てた1700年4月6日付の書簡 (S. 626–629) も併せて参照.

(62) Wolff, *Elementa matheseos universae*, t. I (1717), §275, pp. 594b–596a および Editio nova, t. II (1733), §327, pp. 77a–78a. この部分は初版と改訂版で同一である．

(63) Wolff, *Mathematisches Lexicon* (1716), col. 1462, "Vis viva, eine lebendige Krafft" および "Principia Dynamica" (1726), p. 217 / 邦訳 141 頁．邦訳ではこの箇所への訳注で，後年の著作である Bernoulli, "De vera notione virium vivarum" (1735) を参照しているが，これは

適切でない.

(64) Hermann, "De Mensura virium Corporum" (1726), p. 13.

(65) ポレーニがライプニッツ流の尺度を実験的に確証したとされる著作,『城砦について』(*De castellis*, 1718) を指すと思われるが, 未見である.

(66) この長い書簡 (1722年10月31日付) は, Allamand, "Histoire de la Vie et des Ouvrages de Mr 'sGravesande" (1774), pp. xxxvi–xlv に全文が転載されている. 引用箇所は pp. xl–xli. "Je ne sçai si vous avez jamais vu celle [i. e. demonstration] que j'ai trouvée il y a près de 30. ans, & dont Mr. Poleni fait mention ; je l'ai communiquée à Mr. Wolfius, qui l'a depuis publiée dans le premier Tome de ses Elémens de Mathématique, pag. 594. Il semble que vous n'avez pas vu cette démonstration ; car, si vous l'aviez vue vous vous y seriez rapporté, sans en chercher une autre ; car, elle est entièrement géometrique & convaincante, fondée sur la seule composition du Mouvement [...] je veux bien vous la communiquer, j'espère qu'elle vous fera plaisir, d'autant plus que c'est par cette même démonstration que j'eus le bonheur il y a environ 23. ans, de convertir feu Mr. de Volder votre Prédecesseur, rigide Cartésien s'il en fut jamais, après que Mr. Leibnitz eut employé inutilement tous ses argumens (dans un long commerce de Lettres qu'il y avoit entre eux deux, & qui passoit toujours par mes mains) pour le convaincre de la vérité."

(67) Académie royale des sciences, "Sur la force des corps en mouvement" (1728), pp. 73–75.

(68) Bernoulli, *Discours sur les loix de la communication du mouvement* (1727), p. 51.

(69) Académie royale des sciences, "Sur la force des corps en mouvement" (1728), p. 76 以下. これらの論文の内容は Iltis, "The decline of Cartesianism in mechanics" (1973) の中で議論されている.

(70) このことは, Terrall, "*Vis viva* revisited" (2004) で明らかにされた.

(71) Académie royale des sciences, "Sur la force des corps en mouvement" (1728), p. 73.

(72) d'Alembert, "Force vive" (1757), p. 113. "Cet ouvrage a été l'époque d'une espece de schisme entre les savans sur la mesure des *forces*."

第4章

(1) Mach『マッハ力学史』(2006), 下巻27頁および35頁 (強調は原文) ; Dugas, *A history of mechanics* (1988), p. 238 ; Jammer『力の概念』(1979), 164頁. ラウダンによれば, こうした歴史叙述は少なくとも19世紀初頭まで遡ることができる. Laudan, "The *vis viva* controversy" (1968), p. 131, n. 1.

(2) Hankins, *Science and the Enlightenment* (1985), pp. 30–33.「力」という言葉が19世紀においても多義的であったことについては, たとえば Harman『物理学の誕生』(1991), 特に65–70頁を参照.

(3) 川島『エミリー・デュ・シャトレとマリー・ラヴワジエ』(2005), 第3章. より広い文化的状況の中で議論したものとして, Shank, *The Newton wars and the beginning of the French Enlightenment* (2008), pp. 425–449 も参照.『自然学教程』の理論的内容については Iltis, "Madame du Châtelet's metaphysics and mechanics" (1977) でも議論されている.

(4) Châtelet, *Institution de physique* (1740), p. 413. "Un corps qui est en mouvement, posséde une certaine force qui augmente, lorsque la vîtesse de ce corps augmente, & qui diminue, lorsque la vîtesse diminue." この箇所を含む同書の第21章は「物体の力について」(De la Force des Corps) と題されている.

(5) d'Alembert, *Traité de dynamique* (1743), p. xvii. "[...] à laquelle enfin les écrits d'une Dame illustre par son esprit & par son savoir ont contribué à intéresser le Public."

(6) 本書では特に，Hankins, *Jean d'Alembert* (1970) と Firode, *La dynamique de d'Alembert* (2001) を参考にした．

(7) d'Alembert, *Traité de dynamique* (1743), pp. ii–v.

(8)「物理＝数理科学」については，第1章の注（13）を参照のこと．

(9) d'Alembert, "Discours préliminaire des éditeurs" (1751), 特に pp. vi–ix / 邦訳1, 427–440頁 / 邦訳2, 27–45頁．なお，「物理＝数理科学」と「実験自然学」の境界に位置していたと考えられる問題の一つに，河川の流れがある．Guilbaud「ダランベールの項目「河川」」(2018)，特に206–213頁の議論を参照．

(10) Ibid., p. viii / 437頁 / 41–42頁．

(11) d'Alembert, *Traité de dynamique* (1743), pp. i–ii. 18世紀における数学的知識の確実性や明証性の問題についてはさらに，隠岐「数学と社会改革のユートピア」(2010) を参照．

(12) "Dans lequel les loix de d'Equilibre et du Mouvement des Corps sont réduites au plus petit nombre possible, et démontrées d'une maniére nouvelle [...]"

(13) Ibid., pp. 3–8.「性質」は p. 3,「実体」は p. 7.

(14) Ibid., pp. 22–27.

(15) 'sGravesande, "Suplement à la Nouvelle Théorie du Choc" (1722), pp. 195–196 / 著作集版 p. 250 ; Bernoulli, *Discours sur les loix de la communication du mouvement* (1727), 全集版 pp. 51–53. この種の「証明」についてはさらに，Indorato and Nastasi, "Riccati's proof of the parallelogram of forces in the context of the *vis viva* controversy" (1991) も参照．

(16) d'Alembert, *Traité de dynamique* (1743), p. 37. "Si deux Corps dont les vitesses sont en raison inverse de leurs masses, ont des directions opposées, de telle maniére que l'un ne puisse se mouvoir sans déplacer l'autre, il y aura équilibre entre ces deux Corps."

(17) Ibid., p. xvi. "Tout ce que nous voyons bien distinctement dans le Mouvement d'un Corps, c'est qu'il parcourt un certain espace, & qu'il employe un certain tems à le parcourir. C'est donc de cette seule idée qu'on doit tirer tous les Principes de la Méchanique, quand on veut les démontrer d'une maniére nette & précise ; ainsi on ne sera point surpris, qu'en conséquence de cette réfléxion, j'ai, pour ainsi dire, détourné la vûe de dessus les *cause motrices*, pour n'envisager uniquement que le Mouvement qu'elles produisent ; que j'aie entiérement prosrit les forces inhérentes au Corps en Mouvement, êtres obscurs & Métaphysiques, qui ne sont capables que de répandre les ténèbres sur une Science claire par elle-même."

(18) 付言すれば，ここでのダランベールの要求は科学研究における倫理的次元に関わっていると考えられる．ダストンとギャリソンは『客観性』の中で，科学的図像をどのように描くべきかという暗黙の規範を "epistemic virtue" と名づけているが (Daston and Galison, *Objectivity* (2007))，この分析は図像制作にとどまらない広範な科学実践に適用できると思われる．すなわちここでは，どのような性質を持った理論を組み立てるべきかが問題なのである．

(19) d'Alembert, *Traité de dynamique* (1743), p. xviii. "un prétendu être qui réside dans le Corps" ; "une maniére[sic] abrégée d'exprimer un fait"

(20) Ibid., p. xx. "[...] si on veut ne raisonner que d'après des idées claires, on doit n'entendre par le mot de *force*, que l'effet produit [...]."

(21) 現代的には $\varphi=\pm du/dt$ と書くべきところだが，当時の微積分では $\varphi dt=\pm du$ のように，dt や du を単独で扱う（本書第5章第二節を参照）．また，ここでは単位質量について考えられており，φ は単位質量あたりの力と解釈できる．

(22) Ibid., p. 18. "Comme l'accroissement de la vitesse est l'effet de la cause accélératrice, & qu'un effet, selon eux, doit être toujours proportionnel à sa cause, ces Geométres ne regardent pas seulement la quantité φ comme la simple expression du rapport de *du* à *dt* ; c'est de plus, selon eux, l'expression de la force accélératrice, à laquelle ils prétendent que *du* doit être proportionel, *dt* étant constant ; delà ils tirent cet axiôme général, que le produit de la force accélératrice par l'Elément du tems est égal à l'Elément de la vitesse."

(23) Ibid., pp. 16–18 および pp. x–xi.

(24) Ibid., p. 19.

(25) Ibid., p. 42. "On ne doit donc entendre par l'action des puissances, & par le terme même de *puissances* dont on se sert communément dans la Statique, que le produit d'un Corps par sa vitesse ou par sa force accélératrice."

(26) なお，ここで取り上げたダランベールの主張には，それ自体としていくらか疑問が残る．第一に，「多くの数学者たち」に対する批判の延長で考えるなら，「加速力」は速度の増分ではなく速度の増分と時間要素の比（du/dt）を指すとしたほうが適切であるように思われる．第二に，ここで与えられた「動力」の規定からすると，「駆動力」と「動力」は同じものを指すことになるのではないか．これらの点に関して，ダランベールは説明を与えていない．

(27) Ibid., p. 139. "[L]e principe des forces accélératrices proportionnelles à l' Elément de la vitesses, ne doit point être employé pour déterminer les Mouvemens qui résultent de l'impulsion."

(28) Ibid., pp. 138–139. 小さいほうの物体の質量を m_1，衝突前の速度を v_1 とし，大きいほうの物体については m_2，v_2 とすると，衝突によって大きいほうの物体が得る運動の量は，$\frac{m_1m_2}{m_1+m_2}(v_1-v_2)$ と書くことができる．ここで，m_1 が無限小として m_1+m_2 を m_2 で置き換え，さらに v_1 が v_2 より無限に大きいことから v_1-v_2 を v_1 で置き換えると，この式は m_1v_1 となる．これらの操作は，当時の無限小解析では一般に許されていたものである．

(29) Ibid., pp. xviii–xxii. Cf. Iltis, "D'Alembert and the *vis viva* controversy" (1970).

(30) この点については，中田，"D'Alembert's second resolution in *Recherches sur la Précession des Equinoxes*" (2000) および "The concept of force in Jean le Rond d'Alembert" (2004) を参照．

(31) モーペルテュイについては，Terrall, *The man who flattened the earth* (2002) を参照．同書はラップランド遠征を通じた万有引力説の立証という有名な出来事について，実際はそれほど単純でなかったことを説得的に示している．

(32) Ibid., pp. 51–53 および 61–64.

(33) モーペルテュイの最小作用の原理については，Pulte, *Das Prinzip der kleinsten Wirkung* (1989), B-I が最も詳細な研究であり，力概念の批判についても立ち入って論じている．加えて，Boudri, *What was mechanical about mechanics* (2002), chap. 5 および山本（義）『古典力学の形成』(1997)，第14章も参照．モーペルテュイの「力」批判については，Cassirer『認識問題 2-2』(2003)，28–30頁でも簡潔に議論されている．

(34) Maupertuis, "Loi du repos des corps" (1740). これはアカデミーの会合で1740年2月20

日に発表されたが，議事録に書き写されている論文の内容と出版されたものとには若干の異同が認められる（Académie royale des sciences, *Procès-verbaux*, T59（1740), pp. 27r–29v）．また，2月24日にモーペルテュイはこの論文の続き（未出版）を読んでおり，それも議事録に転記されている（Ibid., pp. 30r–30v）．しかしこれらの内容は本書の議論に関係しないため，これ以上立ち入らない．

（35）Maupertuis, "Loi du repos des corps"（1740), p. 170 / 著作集版 p. 45. アカデミー紀要版と後年に編まれた著作集版の文面は同一でなく，後者で加筆修正がなされているため，特に注意を要する場合はその旨を注記する．以下で参照するモーペルテュイのほかの著作についても同様．

（36）Maupertuis, "Accord des différents loix de la Nature"（1744), p. 426 / 著作集版 p. 22. この論文は *Essai de Cosmologie*（1751）にも付録として転載されているが（pp. 208–238），煩雑になるため参照しない．なお，元の論文は1744年4月15日にアカデミーで読み上げられた．Académie royale des sciences, *Procès-verbaux*, T63（1744), pp. 206–213 を参照．

（37）Ibid., p. 421 / p. 12. "[L]a Nature dans la production de ses effets agit toûjours par les moyens les plus simples." なお，原文は斜体である．

（38）Ibid., pp. 421–424 / pp. 12–19. モーペルテュイは最初に論文を発表した時点では，ライプニッツもフェルマーと同様に考えていたと述べていた．しかし後にこれは誤解だと判明したため，著作集版ではこの点について長い注記を付け加えている．この注記部分は実質的には，Euler, "Sur le principe de la moindre action"（1751), pp. 205–209 からの転載である．

（39）ハンキンズはさらに進んで，モーペルテュイの最小作用の原理をマルブランシュの主張を数学的に厳密化したものとして捉えている．Hankins, "The influence of Malebranche on the science of mechanics during the eighteenth century"（1967), 該当箇所は pp. 203–205.

（40）ベルリン科学・文学アカデミーについては，たとえば以下の文献を参照．Harnack, *Geschichte der Königlich Preussischen Akademie der Wissenschaften zu Berlin*（1900）; McClellan, *Science reorganized*（1985), pp. 68–74 ; Aarsleff, "The Berlin academy under Frederick the Great"（1989）; Terrall, *The man who flattened the Earth*（2002), chap. 8 ; 有賀「言語から見たベルリン科学・文学アカデミー」(2010)．加えて，Calinger, *Leonhard Euler* (2016) にも，同アカデミーについての記述が豊富にある．

（41）Terrall, *The man who flattened the earth*（2002), pp. 265–269. 引用は p. 266 にある英訳より（原文は示されていない）．"The French are too disgusted with metaphysics ; the Germans are too mired down in the mud."

（42）Academie royale des sciences et des belles-lettres, *Die Registres der Berliner Akademie der Wissenchaften 1746–1766*（1957), S. 103. "Sur les lois du mouvement et du repos déduites des attributs de Dieu"

（43）Maupertuis, "Les Loix du Mouvement et du Repos déduites d'un principe metaphysique"（1746).

（44）Ibid., p. 279 / *Essai de Cosmologie*（1751), pp. 63–64 / 著作集版 p. 24. "[J]'ai cru plus sûr & plus utile de déduire ces loix des attributs d'un Etre tout puissant & tout sage. Si celles que je trouve par cette voie, sont les même qui sont en effet observées dans l'Univers, n'est ce pas la preuve la plus forte que cet Etre existe, & qu'il est l'auteur de ces loix?"

（45）Maupertuis, "Accord des différents loix de la nature"（1744), pp. 425–426 / 著作集版 p. 21.

(46) Maupertuis, "Les Loix du Mouvement et du Repos déduites d'un principe metaphysique" (1746), p. 290 / 著作集版 p. 36. "Lorsqu'il arrive quelque changement dans la Nature, la Quantité d'Action, nécessaire pour ce changement, est la plus petite qu'il soit possible." ただし原文は斜体.

(47) Maupertuis, *Œuvres de Maupertuis* (1768), t. 4, p. 17. 実際，一つの物体だけを考えている場合に質量を省略するのは，この時代の力学文献ではよく見られる.

(48) Pulte, *Das Prinzip der kleinsten Wirkung* (1989), B-I 節. これは「運動している物質」(Materie in Bewegung) の概念を中核とする点で，「ニュートン的」(Newtonsche) および「ライプニッツ的」(Leibnizsche) プログラムと対比される．この二つはどちらも力の概念を用いるが，前者ではそれは物体の外部に，後者では物体の内部に位置づけられる．同書，A-4 節の議論を参照.

(49) Maupertuis, "Les Loix du Mouvement et du Repos déduites d' un principe metaphysique" (1746) は 3 部から成っていたが，このうち第 1 部と第 2 部は改訂されて『宇宙についての試論』(*Essai de Cosmologie*, 1751) の序論と本文に組み込まれ，これがさらに改訂されて『著作集』(*Œuvres de Maupertuis*, 1756) に収められた．一方，原論文の第 3 部は "Recherche Mathématique des Lois, du Mouvement & du Repos" という表題で『宇宙についての試論』の付録という扱いになり，後にさらに手が加えられて，『著作集』では "Recherche des lois du mouvement" という単独の論文になった (t. 4, pp. 29–42).

(50) Maupertuis, "Les Loix du Mouvement et du Repos déduites d'un principe metaphysique" (1746), p. 283 / *Essai de Cosmologie* (1751), pp. 91–92 / 著作集版 p. 36. 衝突の法則の発見史については本書第 6 章で触れる.

(51) Ibid., pp. 284–285 / pp. 97–99 / pp. 38–39. 改訂版に当たる後二者では，本文で言及した箇所の少し前に付された脚注で，ベルヌーイの 1727 年の論考が明示的に参照されている (ベルヌーイの立場については本書第 6 章を参照のこと)．なお，このモーペルテュイの転向については，シャトレからの書簡がきっかけであったという説がある．Pulte, *Das Prinzip der kleinsten Wirkung* (1989), S. 67–68.

(52) Ibid., p. 285 / p. 102 / p. 41. "La conservation du Mouvement n'est vraie que dans certains cas. La conservation de la Force vive n'a lieu que pour certains corps." ただし原文は斜体.「運動の量」はベクトルでなくスカラーとして考えられているので，衝突においては保存されない.

(53) Ibid., p. 286 / p. 106 / 該当箇所なし (著作集版では別の文章に置き換わっている). "Dans le choc des corps, le mouvement se distribue de maniere, que la quantité d'action que suppose le changement arrivée, est la plus petite qu'il soit possible." ただし原文は斜体.

(54) この部分は 1751 年の『宇宙についての試論』にも対応箇所があるが，後の『著作集』でかなり改訂されている．なお，本書で参照している『著作集』は 1768 年刊行の版であるが，この版は訂正等を除いて 1756 年の版と同一内容とされている.

(55) Maupertuis, *Essai de Cosmologie* (1751), 著作集版 pp. xxiii–xxvi. "Il s'agissoit de tirer toutes les loix de la communication du mouvement d'un seul principe, ou seulement de trouver un principe unique avec lequel toutes ces loix s'accordassent : et les plus grands Philosophes l'avoient entrepris" ; "Descartes s'y trompa" ; "Leibnitz se trompa aussi" ; "En vain donc jusqu'ici les Philosophes ont cherché le principe universel des loix du mouvement dans une force inaltérable, dans une quantité qui se conservât toujours la même dans toutes les collisions des corps ; il n'en est

aucune qui soit telle."

(56) Maupertuis, *Essai de Cosmologie* (1751), p. 73 / 著作集版 pp. 28–29. "[D'autres] ont attribué aux corps une certaine *force* pour communiquer leur mouvement aux autres. Il n'y a dans la philosophie moderne aucun mot répété plus souvent que celui-ci ; aucun qui soit si peu exactement défini."

(57) Ibid., pp. 75–77 / pp. 29–30.

(58) Ibid., pp. 77–78 / pp. 30–31. "On voit par là, combien est obscure l'idée que nous voulons nous faire de la force des corps, si même on peut appeller idée ce qui dans son origine n'est qu'un sentiment confus. Et l'on peut juger combien ce mot qui n'exprimoit d'abord qu'un sentiment de notre ame est éloigné de pouvoir dans ce sens appartenir aux corps. Cependant comme nous ne pouvons pas dépouiller entierement les corps d'une espece d'influence les uns sur les autres, de quelque nature qu'elle puisse être, nous conserverons si l'on veut le nom de *force* : mais nous ne la mesurerons que par ses effets apparens ; & nous nous souviendrons toûjours que la *force motrice*, la puissance qu'a un corps en mouvement d'en mouvoir d'autres, n'est qu'un mot inventé pour suppléer à nos connoissances, & qui ne signifie qu'un résultat de phénomenes."

(59) Maupertuis, "Examen philosophique de la preuve de l'existence de Dieu employée dans l'*Essai de Cosmologie*" (1756), p. 406. "[M]ais ce signe n'est jamais que la répresentation du phénoméne."

(60) テラルによると，モーペルテュイとダランベールのあいだで交わされた書簡は散発的にしか残っていないが，少なくとも 1750 年前後の両者は友好的な関係にあったようである．Terrall, *The man who flattened the earth* (2002), pp. 290–291 を参照．

(61) Euler, "De la force de percussion" (1745). この論文について分析している先行研究としては，Pulte, *Das Prinzip der kleinsten Wirkung* (1989), B–II–3.1 および 3.2 のほか，Hepburn, "Euler, *vis viva*, and equilibrium" (2010) がある．

(62) Euler, "De la force de percussion" (1745), 全集版 p. 34. "[...] et je ne crois pas avoir besoin de rapporter les Argumens sur lesquels chaque parti fonde sa These. Car n'ayant jamais convenu entr'eux de l'effet, par la grandeur duquel il faloit mesurer cette force, leurs disputes ont dégénéré le plus souvent en Logomachies [...]."

(63) Ibid., p. 38. "Ainsi la force de percussion n'est autre chose que l'opération d'une pression variable qui dure pendant un espace de tems donné, et pour la mesurer if faut avoir égard à ce tems, et aux variations, suivant lesquelles cette pression croît et decroît."

(64) 具体的には，運動する 2 物体の衝突について，圧の最大値 P が次の式で与えられている（Ibid., p. 53).

$$P=\sqrt{\frac{2VMNccAB(\sqrt{a}-\sqrt{b})^2}{Lk^3(M+N)(A+B)}}.$$

ここで V, L, k は単位となる定数，M, N は両物体の「硬さ」，c^2 は両物体の接触面積（これは一定とされている），A, B は質量，a, b は速さを与える高さ（本書の補遺 1 を参照）である．これを現代的に解釈すれば，接触面積と硬さが与えられている場合，P は相対速度と質量の平方根とに比例することになる．

(65) Euler, "Recherches sur l'origine des forces" (1750), 全集版 pp. 127–128.

(66) Euler, "De la force de percussion" (1745), 全集版 p. 33. "Pour ramener à des idées certaines et fixes cette Question, que les Philosophes proposent pour l'ordinaire d'une maniere trop vague,

considérons le corps B en repos, contre lequel un autre Corps A vienne heurter avec une vitesse donnée directement suivant la ligne ab ; il est manifest que le Corps B, lorsque le Corps A le choque, souffre l'action d'une certaine force qui trouble son état. Ce cas étant donc proposé, on demande combien grande sera cette force que soutiendra le Corps B?"

(67) Ibid., p. 35. "[...] je remarque d'abord qu'on ne sauroit absolument attribuer aucune force au corps mû [...]. Ainsi cette force, de quelque maniere qu'on l'envisage, ne sauroit être attribuée à aucun Corps considéré en soi, mais elle se rapporte uniquement à la relation où ce Corps se rencontre avec d'autres."

(68) Ibid., pp. 29–31.

(69) Euler, *Mechanica* (1736), 全集版 p. 31.

(70) これと同様の主張は，山本（義）『重力と力学的世界』(1981)，第 9 章において，オイラーの未完の草稿『自然学序説』(*Anleitung zur Naturlehre*) に即して行われている．しかし『自然学序説』は 1750 年代の作と考えられており，『衝撃力について』よりも 10 年ほど後に成立している．

(71) Euler, "De la force de percussion" (1745), 全集版 pp. 29–31.

(72) Euler, "Recherches sur l'origine des forces" (1750).

(73) 小林『デカルトの自然哲学』(1996)，179–189 頁，引用箇所は 180 頁．

(74) Euler, "Découverte d'un nouveau principe de Mecanique" (1750). 現行のオイラー全集には，これらの論文がアカデミー紀要のどの部門に掲載されていたかという情報は含まれていないが，紀要の当該の巻を見れば直ちに明らかとなる．

(75) Euler, *Lettres à une princesse d'Allemagne* (1770).

(76) 不可入性に基づくオイラーの力概念についてはさらに，Gaukroger, "The metaphysics of impenetrability" (1982) などでも主題的に論じられている．

小括（第 I 部）

(1) Jammer『力の概念』(1979)，170–178 頁；Hankins, "Eighteenth-century attempts to resolve the *vis viva* controversy" (1965), pp. 291–297 ; Iltis, "D'Alembert and the *vis viva* controversy" (1970), pp. 138–140.

(2) 松山『若きカントの力学観』(2004)，94 頁．ただし，本書での説明から了解されるように，この著作は「ダランベールの登場後，論争がほぼ終結したそんな時期に」(同頁) 書かれたわけではない．

(3) Laudan, "The *vis viva* controversy" (1968), pp. 138–139.

(4) Indorato and Nastasi, "Riccati's proof of the parallelogram of forces in the context of the *vis viva* controversy" (1991).

(5) Harman and McGuire, "Cavendish and the *vis viva* controversy" (1971).

(6) Laudan, "The *vis viva* controversy" (1968), p. 134 ; Scott, *The conflict between atomism and conservation theory* (1970), chap. 7 ; Schaffer, "Machine philosophy" (1994).

第 II 部

(1) 1737 年 11 月 6 日付のオイラー宛て書簡．Euler, *Commercium cum Johanne (I) Bernoulli et Nicolao (I) Bernoulli* (1998), S. 182. "Sie haben Ihrem Werk den Titel *Mechanik* vorangestellt, was Sie im Vorwort begründen, doch weiss ich nicht, ob nicht der Titel *Dynamik* geeigneter

gewesen wäre [...].”

(2) Fellmann and Mikhajlov, “Einleitung zum Briefwechsel Eulers mit Johann I Bernoulli” (1998), S. 54–57.

第5章

(1) ヨハン・ベルヌーイと微積分の関わりについては，たとえば，Fellmann and Fleckenstein, “Bernoulli, Johann (Jean) I” (1981), p. 52 および野澤「ヨハン・ベルヌーイの力学研究」(2009)，34–35 頁を参照．

(2) 1695 年 6 月 8/18 日付のライプニッツ宛て書簡．Leibniz, *Briefwechsel zwischen Leibniz, Jacob Bernoulli, Johann Bernoulli und Nicolaus Bernoulli* (1855–1856), S. 188–189. “Quae dein dicis de tubo circa centrum rotato, de globo in cavitate ejus existente, de nisu seu sollicitatione, de vi viva et mortua etc. verissima debent videri iis, qui ex nostra interiori Geometria norunt, qua ratione quodlibet quantum ex infinitis differentialibus, et quodlibet differentiale ex infinitis aliis, et quodlibet horum aliorum adhuc ex aliis infinitis, et ita in infinitum, componi intelligendum sit [...].”

(3) ライプニッツ自身の思想における「力」の自然哲学と数学の関係については，たとえば，同一の論集に収められている次の三つの論考を参照．Duchesneau, “Rule of continuity and infinitesimals in Leibniz’s physics” (2008) ; Rutherford, “Leibniz on infinitesimals and the reality of force” (2008) ; Garber, “Dead force, infinitesimals, and the mathematicization of nature” (2008).

(4) Leibniz, “Brevis Demonstratio” ([1686] 1860), S. 117 / 邦訳 386 頁．“Complures Mathematici cum videant in quinque machinis vulgaribus veleritatem et molem inter se compensari, generaliter vim motricem aestimant a quantitate motus, sive producto ex multiplicatione corporis in celeritatem suam.”

(5) 仮想速度の原理の歴史については，Hiebert, *Historical roots of the principle of conservation of energy* ([1962] 1981), chap. 1 および Benvenuto, *An introduction to the history of structural mechanics* (1991), vol. 1 に詳しい．

(6) Leibniz, “Brevis Demonstratio” ([1686] 1860), S. 119 / 邦訳 389 頁．“per accidens ibi contingit”

(7) Leibniz, “Specimen Dynamicum” ([1695] 1860), S. 239 / 邦訳 500 頁．“[...] qui vim in universum cum quantitate ex ductu molis in velocitatem facta confuderunt, quod vim mortuam in ratione horum composita esse deprehendissent.”

(8) Bernoulli, *Discours sur les loix de la communication du mouvement* (1727), 全集版 p. 38.

(9) Leibniz, “Specimen Dynamicum” ([1695] 1860), S. 239 / 邦訳 499 頁．“Veteres, quantum constat, solius vis mortuae scientiam habuerunt [...].”

(10)「新しい」ということの同時代的な意味合いについては，Park and Daston, “Introduction : The Age of the New” (2006) を参照．

(11) 1737 年 11 月 6 日付のオイラー宛て書簡．Euler, *Commercium cum Johanne (I) Bernoulli et Nicolao (I) Bernoulli* (1998), S. 182–183. “Sie haben Ihrem Werk den Titel *Mechanik* vorangestellt, was Sie im Vorwort begründen, doch weiss ich nicht, ob nicht der Titel *Dynamik* geeigneter gewesen wäre, denn das Wort *Mechanik* ist schon von altersher angenommen worden, um jene Wissenschaft zu bezeichnen, welche von den toten Kräften handelt. Einer ihrer Teile ist

das, was man Statik nennt. Mir scheint es weder verwegen noch jenseits aller Notwendigkeit, Bezeichnungen abzuändern und sie mit einem etwas anderen Sinn zu verbinden, vor allem wenn neue Namen, die ein neues Ding hinreichend gut bezeichnen, vorhanden sind, z.B. das Wort *Dynamik*, dem Leibniz als Bedeutung derjenigen Wissenschaft beilegte, die von solchen Kräften handelt, welche er *lebendige* nennt. Doch dies sei nur en passant gesagt."

(12)『新科学論議』は初版では 4 日間の対話篇であるが，後の版で比例論についての「第 5 日」と衝撃力についての「第 6 日」が付け加えられた．「第 6 日」の初出に関する情報は，同書英訳に付されている『新科学論議』の諸版と翻訳の一覧（pp. 309–311）に基づく．

(13) Galileo, *Discorsi e dimostrazioni matematiche intorno a due nuove scienze*（[1638] 1898），p. 292 / 英訳 p. 242 / 邦訳 294 頁．訳文は邦訳に依った．

(14) Galileo, *Les mechaniques de Galilée*（1634），pp. 69–73 / 邦訳 267–270 頁．ただしこの邦訳では「衝撃力」でなく「打撃力」となっている．なお『機械学』については，伊藤和行教授による未公刊の訳稿も併せて参照させていただいた．

(15) Leibniz, "Specimen Dynamicum"（[1695] 1860），S. 238 / 邦訳 499 頁．"Et hoc est quod Galilaeus voluit, cum aenigmatica loquendi ratione percussionis vim infinitam dixit, scilicet si cum simplice gravitatis nisu comparetur." 文頭の "hoc" が受けているのは活力が無数の死力から生じるということであり，これについては次節で議論する．

(16) Hermann, "De Mensura virium Corporum"（1726），p. 4. "[...] probatissimi quique Autores respondet, quod vis viva *infinita* sit prae vi mortua [...]" ガリレオらの衝撃力論については，伊藤「運動物体の衝撃力をめぐって」（1996）で論じられている．

(17) 'sGravesande, "Essai d'une Nouvelle Théorie sur le Choc des Corps"（1722），p. 9 / 著作集版 p. 222. "Pression & force sont des quantitez entirement incommensurable."「非共測」という訳語は，従来の「通約（共約）不能」という語に替えて，古代ギリシア数学研究の分野で提唱されたものである．斎藤「『原論』解説（I–VI 巻）」(2008)，102–103 頁を参照．

(18) Ibid., p. 10 / p. 222. "On voit [...] que *l'effet de la moindre force est infiniment plus grand que l'effet d'une pression quelque grande qu'elle soit* : en supposant une force & une pression finie."

(19) Leibniz, "Specimen Dynamicum"（[1695] 1860），S. 238 / 邦訳 499 頁．"[...] vis est viva, ex infinitis vis mortuae impressionibus continuatis nata."

(20) Bernoulli, *Discours sur les loix de la communication du mouvement*（1727），全集版 p. 23. "J' appele *vitesses virtuelles*, celles que deux ou plusieurs forces mises en équilibre acquierent, quand on leur imprime un petit mouvement ; ou si ces forces sont déja en mouvement. La *vitesse virtuelle* est l'élement de vitesse que chaque corps gagne ou perd, d'une vitesse déja acquise, dans un tems infiniment petit, suivant sa direction." 原文中にある "...ou si..." の節は，文意から考えて，前ではなく後の文章に掛かると判断して訳出した．

(21) Ibid., pp. 35–36. "Ces petits degrez de vitesse périssent en naissant, et renaissent en périssant ; et c'est dans cette réciprocation constante, dans ce retour de production et de destraction, en quoi consiste l'effort de la pesanteur, quand elle est retenuë par un obstacle invincible, à qui nous avons donné le nom de force morte."

(22) Ibid., p. 36. "La force vive se produit successivement dans un corps, lorsque ce que corps étant en repos, une pression quelconque appliquée à ce corps, lui imprime peu-à-peu, & par degrez, un mouvement local. [...] Ce mouvement s'acquiert par des degrez infiniment petits, & monte à une vitesse finie & déterminée [...]."

(23) 正確に言えば，『無限小解析』は微分法を扱った第1部のみで構成されており，第2部となるべき積分法は1740年代になってようやく，ベルヌーイの全集の中で公刊された．

(24) 18世紀の微積分計算の詳細については，Bos, “Differentials, higher-order differentials and the derivative in the Leibnizian calculus” (1974) が標準的な研究である．積分の理解に関しては，Grabiner, *The origins of Cauchy's rigorous calculus* (1981) も参考にした．邦語文献では，どちらかと言えば一般向けの記述ではあるが，中村（幸）『近世数学の歴史』(1980) の第5章と，高瀬『無限解析のはじまり』(2009) の第1部に関連する説明がある．

(25) “Différence” という言葉は本来，単なる「差」ないし「差分」の意味であるが，ロピタルはこれを無限小の差という意味で使っているため，ここでは「微分」と訳す．

(26) この理解は次に負う．Ferraro, “Functions, functional relations, and the laws of continuity in Euler” (2000) および “Analytical symbols and geometrical figures in eighteenth-century calculus” (2001) ; Panza, “Concept of function, between quantity and form, in the 18th century” (1996).

(27) ただしロピタル自身は高次の微分を表すのに *dddy* などと表記し，d^3y のような記号は使っていない．

(28) Bernoulli, *Discours sur les loix de la communication du mouvement* (1727), 全集版 p. 37. “[...] il n'y a donc pas plus de comparaison à faire entre la simple pression ou la force morte, & la force vive, qu'entre une ligne & une surface, qu'entre une surface & une solid : ce sont des quantitez héterogénes, qui n'admettent point de comparaison.”

(29) Leibniz, “Specimen Dynamicum” ([1695] 1860), S. 237 / 邦訳 496 頁.

(30) Ibid., S. 238 / 497 頁. “Porro ut aestimatio motus per temporis tractum fit ex infinitis impetibus, ita vicissim impetus ipse (etsi res momentanea) fit ex infinitis gradibus successive eidem mobili impressis, habetque elementum quoddam, quo non nisi infinities replicato nasci potest.”

(31) Bernoulli, *Discours sur les loix de la communication du mouvement* (1727), 全集版 p. 32.

(32) Ibid., pp. 46–47.

(33) Bernoulli, “De vera notione virium vivarum earumque usu in Dynamicis [...] Dissertatio” (1735), 全集版 p. 241. “In genere vis mortua vocari potest *pressio*.”

(34) Hermann, “De Mensura virium Corporum” (1726), pp. 20–23.

(35) Ibid., p. 21. “[...] vis viva, quam descendens grave per spatium AE acquisivit in E, aliud non est quam aggregatum omnium Aa, Bb, Dd, Ee quae in area AaeE continentur [...].”

(36) Ibid., pp. 22–23. “[...] factum *gdx* denotabit incrementum *vis vivae* [...].”

(37) Ibid., p. 23. “Objectum enim mihi est, cum primum in Conventu Academiae argumentum istud proposuissem [...].”

(38) Ibid., pp. 24–25. 引用箇所の原文は次. “[...] *tempus* perinde ac *celeritas* sit tantum *ens modale* & *incompletum*, *spatium* vero descensu confectum sit *ens reale* [...].”

(39) Hermann, *Phoronomia* (1716), p. 6. “Ejusmodi Solicitationes *Potentiarum Mechanicarum* nomine apud veteres insigniebantur, quam nomenclationem nos etiam passim retinebimus.” ヘルマンの「励動」については，本書第3章第一節でも触れた．

第6章

(1) Truesdell, “A program toward rediscovering the Rational Mechanics of the Age of Reason”

(1968), 特に p. 96.

(2) Caparrini and Fraser, "Mechanics in the eighteenth century" (2013).

(3) 17 世紀における衝突の問題は多くの文献で扱われているが，近年の概観としては Bertoloni Meli, *Thinking with objects* (2006), § 5.5 および 8.3 がある．

(4) Szabó, *Geschichte der mechanischen Prinzipien und ihrer wichtigsten Anwendungen* (1996), Kap. 5-A, S. 452.

(5) 中田, "Joseph Privat de Molières" (1994). この論文は，18 世紀初頭のフランスにおける種々の衝突理論を検討し，モリエールという人物の衝突理論の同時代的位置づけを探ったものである．

(6) この問題を主題的に論じている 18 世紀中葉の文献の例として，Beguelin, "Recherches sur l'existence des corps durs" (1751) がある．

(7) Hankins, "Eighteenth-century attempts to resolve the *vis viva* controversy" (1965) ; Scott, *The conflict between atomism and conservation theory* (1970).

(8) 同じ理由から，以下ではすべての事例について，共通の記号を用いる．具体的には，質量を m, 衝突前後の速度を v, v' とし，二つの物体を添字で区別する．

(9) 'sGravesande, *Physices elementa mathematica* (1720). 同書については初版ラテン語版のほか，同時代の 2 種類の英語訳も併せて参照したが，本書で参照している箇所に関する限り同じ内容である．煩雑さを避けるため，参照箇所は節の番号によって示す（以降の文献についても同様).

(10) 式で表せば，$v'_A = v'_B = (m_B v_B - m_A v_A) / (m_A + m_B)$. 結果だけ見ると，これは完全非弾性衝突の正しい法則を与えている．

(11) 一例として，$m_A = 1$, $m_B = 3$, $v_A = 5$, $v_B = 11$ という場合を紹介する（第 182 節，実験 6)．弾性がなければ，衝突後の速度は $v'_A = v'_B = (3 \times 11 - 1 \times 5) \div (1+3) = 7$（向きは v_B の向き）となり，それゆえ両物体の運動の量の変化はどちらも 12 と計算される．よって弾性衝突における運動の量の変化は 24 のはずであり，ここから衝突後の運動の量は $m_A v'_A = 19$, $m_B v'_B = 9$ となる．これをそれぞれの質量で割ると，$v'_A = 19$, $v'_B = 3$ となって正しい結果が得られる．

(12) 'sGravesande, "Essai d'une Nouvelle Théorie sur le Choc des Corps" (1722).

(13)「相対速度」を d とすると，失われる「力」は $m_A m_B d^2 / (m_A + m_B)$ で与えられる．よって，これを衝突前の「力」$m_A v_A^2 + m_B v_B^2$ から引けば，衝突後の「力」として $(m_A v_A + m_B v_B)^2 / (m_A + m_B)$ が得られる（ただし $d^2 = (v_A - v_B)^2$ を用いた)．完全非弾性衝突のため，二つの物体は衝突後一体となって運動するから，残った「力」を質量の和 $m_A + m_B$ で割ったものは，共通の速度の 2 乗を与える．これより，求める速度は $(m_A v_A + m_B v_B) / (m_A + m_B)$ である．

(14) Académie royale des sciences, "Sur le choc des corps à ressort" (1721) ; (1723) ; (1726). モリエールの理論については，中田, "Joseph Privat de Molières" (1994) で論じられている．

(15) マクローリンについては，長尾『ニュートン主義とスコットランド啓蒙』(2001), 第 3 章で詳しく扱われている．『流率論』の大陸への影響とイギリスでの位置についてはさらに，Grabiner, "Was Newton's calculus a dead end?" (1997) および Guicciardini, "Dot-age" (2004) を参照．

(16) 印刷された論文には著者名が "Pere MAZIERE" と書かれているが，18 世紀後半に刊行された著者人名録はこの人物の氏名を Jean-Simon Mazieres としている．[Hébrail & de la

Porte], *La France littéraire*, t. 2 (1769), p. 78. この史料によれば，生年は 1679 年，没年は 1761 年である．

(17) McClellan, *Science reorganized* (1985), p. 65.

(18) Maclaurin, “Démonstration des loix du choc des corps” (1724), pp. 5-7. “5. Les forces des Corps dont les vîtesses sont égales, sont proportionnelles à leurs masses.” / “6. La force produite dans un Corps ne peut jamais être plus grande que celle qu’avoit l’agent, qui lui commuque [sic] son mouvement, s’il n’entre point de ressort dans leur action.”

(19) Ibid., pp. 7-9. 本書第 7 章で，これに対するオイラーの反論に触れる．なおス・グラーフェサンデ自身も後に，マクローリンの名前こそ出していないが，反論を行っている．’sGravesande, “Remarques sur la Force des Corps en mouvement, et sur le Choc” (1729), pp. 420-427 / 著作集版 pp. 262-266.

(20) マクローリンの衝突理論についてはスコットが詳しく論じており，かつ別の箇所ではス・グラーフェサンデの教科書も参照されているが，両者の議論の相似性は指摘されていない．Scott, *The conflict between atomism and conservation theory* (1970), pp. 24-29.

(21) Mazieres, “Les loix du choc des corps à ressort parfait ou imparfait [...]” (1726).

(22) A が圧縮時に失った「力」を $m_A x$（x は未知量）などと表記すれば，「弾性比」を r として，次の二つの式が得られる．

$$m_A v'_A = m_A v_A - m_A(r+1)x,$$
$$m_B v'_B = m_B v_B + m_A(r+1)x.$$

これを連立させて x について解き，得られた結果を元の式に代入し直せば，非弾性衝突に関する正しい法則が得られる．マズィエールの言う「一般公式」とは，次の式，もしくはそれを書き換えたものである．

$$v'_A = v_A - m_B \times \frac{(r+1)\times(v_A - v_B)}{m_A + m_B},$$
$$v'_B = v_B + m_A \times \frac{(r+1)\times(v_A - v_B)}{m_A + m_B}.$$

(23) 一般の弾性衝突についてはソルモンも同様の議論を行っていたことが，1723 年度のパリ科学アカデミー紀要で紹介されている．Académie royale des sciences, “Sur le choc des corps à ressort” (1723).

(24) Bernoulli, *Discours sur les loix de la communication du mouvement* (1727).

(25) 衝突を扱ったものではないが，数学的道具としての運動の相対性という論点については，次の研究を参照．Maltese, “On the relativity of motion in Leonhard Euler’s science” (2000).

(26) Bernoulli, *Discours sur les loix de la communication du mouvement* (1727), 全集版 p. 23. “Deux agens sont en équilibre, ou ont des momens égaux, lorsque leurs forces absoluës sont en raison reciproque de leurs vitesses virtuelles ; soit que les forces qui agissent l’une sur l’autre soient en mouvement, ou en repos.”

(27) 本章の旧版に相当する論文，有賀「合理力学の一例としての衝突理論」(2012) では “Méchanique” を「力学」としていたが，ここは「機械学」と訳すべきであった．本書第 5 章で論じたように，ベルヌーイは “Méchanique” を死力の学としていたからである．

(28) この議論では，ばねによって加速されているあいだ，両物体は釣りあっていると見なされていることになる．これは，現代の熱力学で準静変化と呼ばれるものに似た発想と

言える．

(29) ベルヌーイの論考における衝突の取り扱いについては，Scott, *The conflict between atomism and conservation theory* (1970), pp. 30–39 や野澤「ヨハン・ベルヌーイの力学」(2006) を始めとする多くの研究で論じられているが，管見の限り，衝突法則の導出に当たって「力」が使われていないという点が指摘されたことはないと思われる．

(30) 全集版ではこの書簡部分に 1723 年 11 月 1 日という日付があるが，パリ科学アカデミー懸賞論文集に収められた版はこれを欠いている．

(31) Bernoulli, *Discours sur les loix de la communication du mouvement* (1727), 全集版 pp. 3–4. "[M]ais peu satisfait de tirer par une espace d'induction la regle generale des cas les plus simples, l'Auteur s'est prescrit une méthode differente de la leur, et en même tems plus naturelle. [...] c'est sur les principes même de la Mechanique qu'il établit la regle generale, de laquelle il déduit ensuite, comme autant de Corollaires, les regles particulieres à chaque cas."

(32) Euler, "De communicatione motus in collisione corporum" (1730–1731). アカデミーでの口頭発表は 1731 年 9 月 28 日に行われた．Académie impériale des sciences, *Procès-Verbaux des séances*, t. 1 (1897), p. 50.

(33) 1728 年 1 月 9 日付のオイラー宛て書簡．Euler, *Commercium cum Johanne (I) Bernoulli et Nicolao (I) Bernoulli* (1998), p. 83.

(34) Bernoulli, *Discours sur les loix de la communication du mouvement* (1727), 全集版 p. 9.

(35) Blanc, "Préface des volumes II 8 et II 9" (1968), p. VII.

(36) Euler, "De communicatione motus in collisione corporum" (1730–1731), 全集版 p. 1. "Harum autem nulla, quantum mihi videtur, est genuina, sed derivatae sunt omnes ex alienis principiis."

(37) Ibid. "Accedit ad hoc, quod nullus adhuc ipsam alterationis motus causam monstraverit, neque quomodo corpora in se mutuo agere possint, explicuerit. Hanc ob rem operae pretium fore existimavi, istam dissertationem proponere, in qua regulae communicationis motus ex certissimis mechanicae principiis deducantur ; simulque ostendatur, quomodo in ipsa collisione corpora in se mutuo agant motusque immutent."

(38)『物体の衝突における運動の伝達について』では「『高さ』による運動方程式」が用いられているのに対し（本書の補遺 1 を参照のこと），『衝撃力について』では現在と同様の運動方程式が用いられている．

第 7 章

(1) オイラーの力学思想の展開を扱っている近年の研究では，Romero, "Physics and analysis" (2007) がおそらく最良の概観を与えているが，本書のような視点はない．

(2) 本章の内容は結果的に，かなりの程度，スタンがカントについて行っている議論をオイラーの場合で置き換えたものと見なせる．Stan, "Kant's third law of mechanics" (2013).

(3) オイラーの経歴に関する以上の記述は，Fellmann『オイラー』(2002)，特に 4–6, 20, 22, 43–46 頁と，Calinger, *Leonhard Euler* (2016), chap. 1 による．

(4) Euler, *Dissertatio physica de sono* (1727), 全集版 p. 196 ; Calinger, *Leonhard Euler* (2016), p. 34. オイラーのこの論文自体のテーマは音であるが，末尾の「追記」(Annexa) にはそれと直接関係のない命題が並んでいる．

(5) Euler, "Vera vires existimandi ratio" (1957) および "[De viribus mortuis et vivis]" (1965).

(6) オイラーの『全集』および『草稿集』の簡単な編者解説がおそらくすべてである．

Fleckenstein, "Vorwort des Herausgebers" (1957), S. XIV–XV; Mikhailov, "Prooemium" (1965), p. 14.

(7) Euler, "Vera vires existimandi ratio" (1957).

(8) Ibid., p. 257. "Professor quidam Hollandus Maclaurin nomine"

(9) Ibid. "tali paralogismo, cuius vel tyronum in geometria pudeat"

(10) Ibid., pp. 261–262. "Vis corporum aestimanda est ex eorum effectu"; "Sed corporum motorum effectus sunt in ratione composita ex simplici massarum et duplicata celeritatum"; "Ergo vires corporum sunt in ratione composita ex simplici massarum et duplicata celeritatum."

(11) Ibid., p. 262. "ac instar axiomatis"; "qui hanc negaret, nescio quid per vim intelligeret"

(12) Ibid., p. 260. "ex totis suis viribus"

(13) Ibid. "totam suam vim impendeat"

(14) Ibid., p. 258. "impressionem motus cuiusvis in corpus non fieri in instanti, sed pedetentim"

(15) Ibid. "vim mortuam A in corpus B sese exerentem eique motum imprimentem per aliquantum spatium Ba corpus B concomitari"

(16) Ibid., p. 261. "impossibilis est et futilis"

(17) Ibid. "omni caret fundamento et omni rationi repugnat"

(18) 現代的に考えると，速度 v と加速度 a と距離 s の関係は $v=\sqrt{2as}$ で与えられる．パラボラのパラメータと呼ばれる量はこの場合 $2a$ に当たるので，これが物体を動かす力（死力）に比例するという結論自体は間違っていない．なお，オイラーは実際には，手で動かす力の大きさが V と v の二つの場合を考え，それぞれから得られるパラボラの相似に基づいて議論しているが，ここではそれを簡略化して説明した．

(19) Ibid., p. 259. "cum corpora impulsa tantam habeant vim, qua fuerunt impulsa"

(20) Ibid., p. 262. "multo maior requiratur vis"

(21) Ibid. "quod experientia edoctum est"

(22) Euler, "[De viribus mortuis et vivis]" (1965).

(23) Ibid., p. 19.

(24) Ibid. "Quanquam penitius rem perscrutando omnes vires ad mortuas referri possint."

(25) Ibid. "Nemo dubitabit, quin virium mensura ex effectu pleno sit aestimanda, nempe ex motu genito [...]"; "Sed id tamen pro cognito accipi potest potentiam in corpore duplo eandem velocitatem generantem esse duplam."

(26) Ibid., p. 20. "Hinc habetur canon generalis: velocitates genitae sunt directae ut potentiae et tempora et reciproce ut massae."

(27) Ibid. "Effectus ergo producti ab eadem potentia eodemque tempore sunt ut facta ex massis corporum in celeritates"; "Effectus ergo producti ab eadem potentia per aequale spatium sunt ut facta ex massis in velocitatum quadrata."

(28) Ibid., p. 21.

(29) Ibid. 最初の式の分子にある「tPp」は，「一般原則」の内容とその後の式変形から考えて，微小時間 dt を表していると解釈した．つまり，微小距離 Pp を通過する時間，の意味であろう．

(30) Ibid., pp. 21–22.

(31) Ibid., p. 19.

(32) Fleckenstein, "Vorwort des Herausgebers" (1957), S. XIV.

(33) Mikhailov, "Prooemium" (1965), p. 13.

(34) 1728年1月9日付のオイラー宛て書簡. Euler, *Commercium cum Johanne (I) Bernoulli et Nicolao (I) Bernoulli* (1998), p. 83.

(35) 伊藤「オイラーの運動方程式」(2006), 159頁以下を参照. 本書で取り上げている範囲では, たとえば以下の著作で使われている. Euler, "De communicatione motus in collisione corporum" (1730-1731) ; *Mechanica* (1736) ; *Methodus inveniendi* (1744), "Additamentum II" ; "De la force de percussion" (1745) ; "Découverte d'un nouveau principe de Mecanique" (1750).

(36) Euler, "[Lectiones de Statica]" (1965).

(37) Mikhailov, "Prooemium" (1965), p. 13.

(38) McClellan, *Science reorganized* (1985), pp. 76-77 ; 隠岐「科学アカデミーとは何か」(2016), 25-26頁.

(39) Fellmann『オイラー』(2002), 60頁.

(40) Euler, "[Lectiones de Statica]" (1965), p. 23. "Constitui in sequentibus praelectionibus explicare scientiam de motu, eius productione et accidentibus. Comprehenditur haec scientia sub voce *Mechanicae*."

(41) Ibid. "Statica est scientia potentiarum, eas inter se comparans et ad aequilibrium disponens." 原文では斜体.

(42) Ibid. "de natura potentiarum [...] et earum inter se comparatione" ; "de aequilibrio"

(43) Ibid. "Potentia est conatus corpus oblatum versus certam plagam propellendi sive protrahendi." 原文では斜体.

(44) Ibid., p. 24. "aequales edunt effectus"

(45) Ibid., p. 25. "Universi aequilibrii principium deducere conantur ex sequenti axiomate, [...]."

(46) Ibid. "Duae potentiae aequales et contrarie applicatae puncto aequilibrium producunt."

(47) Ibid. "[...] veritates staticas omnes deducam [...]."

(48) Ibid. "Potentiae diversae aequalibus applicatae efficiunt, ut corpora aequalibus tempusculis per spatia promoveantur, quae sunt proportionalia ipsis potentiis."

(49) Ibid., pp. 27-28.

(50) Ibid., pp. 31-34.

(51) Ibid., p. 23. "Necesse autem est ante Mechanicam aliam disciplinam praemittere, *Staticam* scilicet, quae agit de potentiis, earum comparatione et aequilibrio. Namque sine hac in motus corporum explicatione minime progredi licet, cum ortus et productio motus ex natura potentiarum sit derivanda. Sunt igitur nobis duae scientiae pertractandae, Statica et Mechanica. Quarum illa de potentiis, earum comparatione et aequilibrio tanquam de causis motus, altera vero de motus productione a potentiis et alteratione tractat, nen non de vi corporibus motis insita, qua et aliis motum imprimere valent aliaque efficere, ad quae vis requiritur, quorum recidit motus communicatio et motus corporum in fluidis."

(52) Ibid. "Plurimi hodie ambas has scientias confundunt et uno nomine Mechanices designant. Quin et Varignonius in *Nova* sua *Mechanica* solam potentiarum doctrianam petractavit."

(53) Varignon, *Nouvelle méchanique ou statique* (1725), t. 1, p. 1. 同書の『梗概』(Projet) が1687年に出版されていたが, 草稿の成立時期からすると, 1725年版への言及と考えるほうが自然である.

(54) Euler, *Mechanica* (1736), Caput secundum. “De effectu potentiarum in punctum liberum agentium”

(55) Euler, *Mechanica* (1736), 全集版 t. 1, p. 40. “Potentia est vis corpus vel ex quiete in motum perducens vel motum eius alterans.” 原文では斜体.

(56) Ibid. “Omne corpus sibi relictum vel in quiete perseverat vel motu aequabili in directum progreditur. Quoties igitur evenit, ut corpus liberum, quod quiescebat, moveri incipiat aut motum vel non aequabiliter vel non in directum progrediatur, causa est potentiae cuidam adscribenda : quicquid enim corpus de statu suo deturbare valet, potentiam appellamus.”

(57) Ibid., p. 41. “Utrum huiusmodi potentiae ex ipsis corporibus originem suam habeant, an vero per se tales dentur in mundo, hic non definitio. Sufficit enim hoc loco potentias in mundo revera existere [...].” ; “Interim vero potentiarum quarumvis in corpora effectus determinare conabimur [...].”

(58) Ibid., p. 45. 原文では斜体（以下も同様）. “Dato effectu potentiae absolutae in punctum quiescens, invenire effectum eiusdem potentiae in punctum idem quomodocunque motum.”

(59) Ibid., p. 48. “Dato celeritatis incremento, quod quaedam potentia in puncto A tempusculo *dt* producit, invenire incrementum celeritatis, quod eadem potentia in eodem puncto tempusculo $d\tau$ producit.”

(60) Ibid., p. 53. “Dato effectu unius potentiae in punctum aliquod, invenire effectum cuiusvis alius potentiae in idem punctum.”

(61) Ibid., p. 55. “Moveatur punctum in directione AM et sollicitetur, dum per spatiolum Mm percurrit, a potentia *p* secundum eandem directionem trahente ; erit incrementum celeritatis, quod interea punctum acquirit, ut potentia sollicitans ducta in tempusculum, quo elementum Mm percurritur.”

(62) Ibid., p. 56. “Congruente puncti directione motus cum potentiae directione erit incrementum celeritatis ut potentia ducta in tempusculum et divisa per materiam seu quantitatem puncti.”

(63) Ibid., p. 57. “Potentiae cuiuscunque in punctum motum oblique agentis effectum determinare.”

(64) Ibid. オイラーは比例関係として述べているため，比例定数 *n* が含まれている．詳細については，伊藤「オイラーの運動方程式」（2006）を参照.

(65) この出来事については，以下の文献を参照. Calinger, “The Newtonian-Wolffian confrontation in the St. Petersburg academy of sciences (1725–1746)” (1968), pp. 431–433 ; 同, *Leonhard Euler* (2016), pp. 235–236 ; Boss, *Newton and Russia* (1972), pp. 112–115 および 138–151 ; Grigorian and Kirsanov, “The spread of Leibniz’s conceptions and the “vis viva” controversy in the St. Petersburg academy of sciences” (1978).

(66) 1746 年 9 月 24 日付のクラーメル宛て書簡．これは次に引用されている．Fellmann and Mikhajlov, “Einleitung” (1998), S. 56, n. 4. “[...] j’ai bien de la raison d’en être extrèment ravi, que vous étiez du même sentiment sur cette matière, mais je tremble déjà presque des réflexions, que Mr Bernoulli le Père ne manquera pas de m’écrire la dessus. Il a été déjà un peu mécontent, que je ne me suis pas encore melé dans cette grande question sur les forces vives, et particulièrement, que je n’en veux pas reconnaître la dernière importance.”

(67) Euler, “De la force de percussion” (1745), 全集版 p. 34. “[...] on voit manifestement que ni l’une ni l’autre de ces deux opinions n’admet aucune comparison entre les forces de percussion et les pression [...]. C’est surtout là dessus que les Leibnitiens se fondent pour nier fortement que les

forces vives et les forces mortes soient homogenes, et que l'on puisse ramener ces deux sortes de forces à aucune comparaison."

(68) Ibid., p. 33. "Toute force donc qui s'exerce sur un Corps, et en change l'état, sera ou percussion, ou pression [...]. La seconde espece de cette double force, savoir la pression, est ordinairement traitée dans la Statique, où l'on definit sa quantité, et où l'on compare entre elles les diverses pression. La Méchanique d'un autre coté enseigne, combien l'état de chaque Corps doit etre changé par une force quelconque qui le presse, de sorte que la Theorie des Pressions est presque complette. Mais il en est tout autrement de celle des Percussions, ou Chocs, en quoi consiste l'autre espece de forces [...]. Leibnitz, et ceux qui l'ont suivi, mettent une si grande différence entre ces deux sortes de forces, qu'ils appellent les pressions des forces mortes, et les percussions des forces vives. Ils ont voulu montrer par cette opposition de noms, non seulement qu'il y a une très grande différence entre ces forces, mais même qu'on ne sauroit les comparer ensemble. Ainsi quoiqu'on eut une mesure assez exacte des pressions, ils ont inventé de nouvelles regles pour mesurer les percussions, et les comparer entre elles, ce qui a causé de très grandes controverses parmi les Mathématiciens, et même parmi les Philosophes."

(69) ベルリン・アカデミー議事録の1744年6月4日の記載．Academie royale des sciences et des belles-lettres, *Protocolla Concilii, vol. 5* (1743-1745), p. 39r.

(70) Academie royale des sciences et des belles-lettres, "Sur le Choc & la Pression" (1745). ベルリン・アカデミーの紀要は，この最初の巻（1745年度）のみ，会合で発表された論文の一部を紹介する「年誌」の部が存在している．これはパリ科学アカデミーの紀要に倣ったものと考えられるが，翌年度からは実質的に無くなった．隠岐・有賀「18世紀の科学アカデミー紀要」(2015)，243頁を参照．

(71) Euler, "Recherches sur l'origine des forces" (1750), 全集版 p. 127.

(72) たとえば，小林「自然観の変容」(1989)，211頁；山本（義）『古典力学の形成』(1997)，174-184頁；Harman, "Concepts of inertia" (1985), pp. 127-129.

(73) ヴォルフの『世界論』については，山本（道）『カントとその時代』(2010) 所収の第2，第3，第4論文で詳しく論じられている．

(74) 1741年10月16日付のヴォルフ宛て書簡．Euler, *Wissenschaftliche und wissenschafts-organisatorische Korrespondenzen* (1976), S. 377-378. "Omnia scilicet phaenomena ad examen revocans deprehendi in corporibus omnibus aliam vim statui non posse praeter inertiam, si quidem inertia vis appellari queat ; nam si vis consistit in conatu statum suum mutandi, inertia nil minus est quam vis, cum per inertiam omnia corpora in statu suo sive quietis sive motus uniformis indirectum perseverent."

(75) Ibid., S. 378. "Hinc igitur per analogia elementis corporum praeter conatum in statu suo immutabiliter permanendi nullae aliae vires concipi poterunt [...]."

(76) Euler, *Gedanken von den Elementen der Cörper* (1746).

(77) 1746年11月15日付の，ヴォルフからモーペルテュイへの書簡．Maupertuis, *Maupertuis et ses correspondants* ([1896] 1971), pp. 426-429.

(78) ユスティについては，赤沢「J・H・G・フォン・ユスティとベルリンの啓蒙主義者たち」(1992) に詳しい．

(79) 以上の論争の詳細については次を参照．Calinger, "The Newtonian-Wolffian controversy" (1969), pp. 321-323 ; 同，*Leonhard Euler* (2016), pp. 247-253, 262-266, 296-298 ; Terrall,

The man who flattened the Earth (2002), pp. 257–265 ; Broman, “Metaphysics for an enlightened public” (2012) ; Euler, *Gedanken von den Elementen der Cörper* (1746), 邦訳（2004）の訳者解説.

(80) これと関連して注意されるべきは，物体の「力」という問題と宗教との関係である．Calinger, *Leonhard Euler* (2016) は，モナド論争を基本的に，キリスト教信仰をめぐる攻防の一部として捉えている（注（79）での参照箇所を見よ）．この見方には説得力があり，オイラーの力概念そのものを文化的背景に即して理解する上で極めて重要と予想されるが，本書の範囲を大きく超え出るテーマであるために取り上げていない．

(81) Academie royale des sciences et des belles-lettres, *Protocolla Concilii, vol. 5* (1743–1745), p. 39r および 40r によると，6 月 4 日に「衝突と圧，もしくは活力と死力の比較」(Comparaison entre le choc et la pression, ou entre les forces vives et mortes) が，6 月 18 日に「物体の最小部分の本性についての自然学的探究」([R]echerches physiques sur la nature des moindres parties des Corps) が口頭発表されている．

(82) Academie royale des sciences et belles-lettres de Berlin, “Sur le Choc et la Pression” (1745) および “Sur la nature des moindres parties de la matiere” (1745).

(83) Euler, “Recherches physiques sur la nature des moindres parties de la Matiere” (1746).

(84) Euler, *Lettres à une princesse d’Allemagne* (1770), 全集版 pp. 158–160.

(85) Ibid., p. 159. “Ils soutiennent que tout corps, en vertu de sa propre nature, fait des efforts continuels pour changer son état [...].”

(86) Ibid., p. 165. “[T]ous les corps sont doués d’une force qui les font changer continuellement leur état.”

(87) Euler, “Découverte d’un nouveau principe de Mecanique” (1750). アカデミーでの発表（9 月 3 日）の記録は，Academie royale des sciences et des belles-lettres, *Die Registres* (1957), S. 153.

(88) Ibid., 全集版 pp. 89–91, 引用箇所は p. 90. “Donc, comme x marque la distance du corps à un de ces plans, soient y et z ses distances aux deux autres plans, et après avoir décomposé toutes les forces qui agissent sur le corps, suivant des directions perpendiculaires à ces trois plans, soit P la force perpendiculaire qui en résulte sur le premier, Q sur le second et R sur le troisième. Supposons que toutes ces forces tendent à eloigner le corps de ces trois plans ; car en cas qu’elles tendent à le rapprocher, on n’auroit qu’à faire les forces négatives. Cela posé, le mouvement du corps sera contenu dans les trois formules suivantes :

I. $2Mddx = Pdt^2$, II. $2Mddy = Qdt^2$, III. $2Mddz = Rdt^2$.”

(89) これらの式に係数として 2 が付いているのは，オイラーがここで採用している特殊な単位系のためと考えられている（Truesdell, “Rational fluid mechanics, 1687–1765” (1954), pp. XLIII–XLIV）．すなわち，オイラーは速度を自由落下の高さ（本書の補遺 1 を参照）で表しているのだが，その際，この高さ v_h（オイラー自身は単に v と書いている）を，$(dx/dt)^2$ に等しいと置いている．現代の観点からは，重力加速度を g として $v=\sqrt{2gv_h}$ であるから，これは $g=1/2$ という単位系を取ったことに相当する．他方で，オイラーは M について，地表での重さを表すとも書いている．そうすると質量としては $m=M/g$ を考える必要があり，$g=1/2$ とすれば $m=2M$ となる．

(90) Euler, “Découverte d’ un nouveau principe de Mecanique” (1750), 全集版 p. 90. “Par conséquent le principe que je viens d’établir contient tout seul tous les principes qui peuvent

conduire à la connoissance du mouvement de tous les corps, de quelque nature qu'ils soient."

第 III 部

（1）1756 年 5 月 19 日付のオイラー宛て書簡．Euler, *Commercium cum A. C. Clairaut, J. d'Alembert et J. L. Lagrange*（1980），p. 391. "De Principio minimae quantitatis actionis [...] omnium tam staticorum, quam dynamicorum problematum universalem veluti clavem haberi posse [...]."

（2）Lagrange, "Application de la méthode exposée dans le mémoire précédent à la solution de difféerents problèmes de dynamique"（1760-61）；同，*Méchanique analitique*（1788）.

（3）ラグランジュの力学について主題的に論じている先行研究は以下の通り多数存在するが，いずれも本書のような問題意識によるものではない．Fraser, "J. L. Lagrange's early contributions to the principles and methods of mechanics"（1983）；Barroso Filho and Comte, "La formalisation de la dynamique par Lagrange（1736-1813）"（1988）；Barroso Filho, *La mécanique de Lagrange*（1994）；Pulte, *Das Prinzip der kleinsten Wirkung und die Kraftkonzeptionen der rationalen Mechanik*（1989），C-2；同，"Joseph Louis Lagrange, *Méchanique analitique*"（2005）；Galletto, "Lagrange e le origini della *Mécanique Analytique*"（1991）；山本（義）『古典力学の形成』（1997），第 15-17 章；Boudri, *What was mechanical about mechanics*（2002），chap. 7.

第 8 章

（1）Académie française, *Les dictionnaires de l'Academie Française*（2000）. "Signifie proprement la science des forces ou puissances qui meuvent les corps. Il se dit plus particulièrement de la science du mouvement des corps qui agissent les uns sur les autres, soit en se poussant, soit en se tirant d'une manière quelconque."

（2）Clairaut, "Solution de quelques Problemes de Dynamique"（1736）.

（3）Académie royale des sciences, "Sur quelques Problèmes de Dynamique par rapport aux Tractions"（1736）.

（4）Ibid., p. 105. "Les mouvements d'un ou de plusieurs Corps tirés par des Cordes, sont un des principaux Objets de la *Dynamique* ou Science des Forces."

（5）Clairaut, "Solution de quelques Problemes de Dynamique"（1736），pp. 9, 13, 20, 21.「活力の保存」は問題 2 に対する 3 番目の解法として導入されており，問題 3，6，7 でも明示的に言及されている．

（6）クレローは「活力の保存」が平面上での運動において成り立つとしており，鉛直面内での運動には適用していない．したがって，重力による位置エネルギーという考え方はここに含まれていない．「活力の保存」を拡張して一般的な力学的エネルギー保存則の意味にしたのは，おそらくダニエル・ベルヌーイである．Bernoulli, "Remarques sur le principe de la conservation des forces vives pris dans un sens général"（1748）. 全集版にある解題（pp. 95-101）を併せて参照．

（7）Clairaut, "Solution de quelques Problemes de Dynamique"（1736），p. 9. "[...] le principe qu'on appelle la *Concervation des Forces vives*, qui a été traité avec tant d'élégance par les célébres Mrs Bernoulli Pere & Fils., [...]." 野澤「ヨハン・ベルヌーイの力学研究」（2009），第 5 章によれば，ベルヌーイはこの頃，いわゆる運動方程式に基づく解法と「活力の保存」による

解法とを比較検討していた．

（8）Itard, “Clairaut, Alexis-Claude”（1981）, p. 281.

（9）Académie royale des sciences, *Procès-verbaux*, T54（1735）, p. 106v. “Mr Clairaut a commencé à lire un Ecrit sur les Mouvements des Corps // ensemble.” ただし，参照したGallicaのデジタル画像は右端部分が切れており，“Corps”の後，改行（//）の前に語句が書かれている可能性もある．

（10）Ibid., p. 107r. “Mr Clairaut a continué sa Lecture. // Et Mr de Maupertuis a lû Le Probléme // suivant par rapport au même sujet.”

（11）Ibid., pp. 107v–108v. “Probléme Dynamique // proposé par Mr Koënig.” この内容は出版されなかったと見られる．なお，モーペルテュイは5月11日，14日，21日にもこの続きを読んだと記録されているが，その具体的な内容までは記録されていない．Ibid., pp. 111r, 114r, 116r.

（12）ケーニヒの経歴ならびにモーペルテュイとの関係については，Fellmann, “Koenig (König), Johann Samuel”（1981）および Terrall, *The man who flattened the earth*（2002）, pp. 294–295 を参照．後年，モーペルテュイが提唱した最小作用の原理をめぐり，両者の関係は決裂することになった（本書第9章第二節で簡単に触れる）．

（13）1735年5月1日付の，ケーニヒからモーペルテュイに宛てた書簡．Maupertuis, *Maupertuis et ses correspondants*（[1896] 1971）, pp. 106–107. 引用は p. 106. “Faite-moi la grâce, Monsieur, de recommender ces problèmes aux jeunes géomètres de votre connoissance.”

（14）ケーニヒは前出の書簡で，「半ダース」（une demi douzaine）の問題を「公に提示した」（proposées publiquement）と述べており，これは実際，『博学報』誌に掲載されている．この中で提示されている7つの問題の中に，モーペルテュイが議論した「動力学的問題」は含まれていない．Koenig, “Epistla ad geometras”（1735）. 原典史料では著者名が“S. K.”と書かれているが，次の研究において，ケーニヒと同定されている．Laeven and Laeven-Aretz, *The authors and reviewers of the* Acta Eruditorum *1682–1735*（2014）, p. 134.

（15）Académie royale des sciences, *Procès-verbaux*, T54（1735）, pp. 107v–108v.

（16）川島『エミリー・デュ・シャトレとマリー・ラヴワジエ』（2005），第3章；Shank, *The Newton wars and the beginning of the French Enlightenment*（2008）, pp. 425–449.

（17）1739年1月27日付の，ケーニヒからモーペルテュイに宛てた書簡．Maupertuis, *Maupertuis et ses correspondants*（[1896] 1971）, pp. 109–111. 引用は p. 109（“une petite piece sur la mesure des forces vives”）および p. 110（“quelqu’un de ces Messieurs prévenus encore pour l’ancienne hypothèse”）. ただしこの小論の具体的内容は不明である．

（18）Montigni, “Problèmes de Dynamique”（1741）. この論文は1741年の3月11日と15日にアカデミーで読み上げられた．Académie royale des sciences, *Procès-verbaux*, T60（1741）, pp. 82, 86.

（19）Académie royale des sciences, “Eloge de M. de Montigni”（1782）, p. 101. “le seul Mémoire de Mathématiques qu’il ait imprimé”

（20）Clairaut, “Sur Quelques Principes qui donnent la Solution d’un grand nombre de Problèmes de Dynamique”（1742）.

（21）Académie royale des sciences, “Problème de Dynamique”（1743）. ダランベールの著書の紹介はこの記事に先立ち，pp. 164–165 に出ている．

（22）d’Arcy, “Problème de Dynamique”（1747）.

(23) クレローとダランベールのアプローチについては，中田，“The general principles for resolving mechanical problems” (2002) の特に第3節で分析されている.

(24) Montigni, “Problèmes de Dynamique” (1741), pp. 281, 286.

(25) Clairaut, “Sur Quelques Principes qui donnent la Solution d'un grand nombre de Problèmes de Dynamique” (1742), Article II.

(26) d'Arcy, “Problème de Dynamique” (1747), pp. 351–356 で論じられている4つの問題.

(27) Clairaut, “Solution de quelques Problemes de Dynamique” (1736), p. 13. “[...] principe qui est reconnu vrai de tous les Sçavants, malgré les disputes qu'ont causées la théorie des Forces vives.”

(28) Académie royale des sciences, “Sur un Problème de Dynamique” (1741), pp. 144–145. 引用は p. 145. “Aussi ce même principe [de la conservation des Forces vives] a-t-il été souvent employé par d'autres Géomètres fameux qui rejetent formellement les Forces vives, ou qui n'ont point voulu entrer dans la discussion de cette célèble dispute, dont il peut être aisément séparé.”

(29) d'Alembert, *Traité de dynamique* (1743), p. 169. “[...] M. Bernoulli le premier qui en ait fait voir l'usage, pour résoudre élégamment & avec facilité plusieurs Problême de Dynamique.”

(30) Académie royale des sciences, “Sur quelques Problèmes de Dynamique par rapport aux Tractions” (1736), p. 105. “Les mouvements d'un ou de plusieurs Corps tirés par des Cordes, sont un des principaux Objets de la *Dynamique* ou Science des Forces.”

(31) Académie royale des sciences, “Sur un Problème de Dynamique” (1741), p. 143. “Le nom de *Dynamique* qui est depuis peu en usage parmi les Géomètres François, & dont M. Leibnitz s'est servi le premier, signifie cette méchanique spéculative et sublime qui traite des forces motrices et actives des Corps” ; “[...] le véritable objet de la Dynamique est, [...] la théorie des Forces actuellement agissantes.”

(32) Académie royale des sciences, “Divers Problèmes de Dynamique” (1742), p. 125. “Les questions de Dynamique ont ordinairement pour objet un *systême* de corps, à l'un ou à plusieurs desquels on imagine qu'il soit donné un mouvement quelconque qui se communique à tous les autres ; après quoi il faut déterminer les vîtesse, les positions, les oscillations de chacun de ces corps, et les différentes courbes qu'ils décrivent sur un ou plusieurs plans fixes ou en mouvement, et dans l'espace absolu et immobile.”

(33) Ibid., p. 126. “[...] l'on peut dire que M. Newton a résolu plusieurs Problèmes de Dynamique dans son Livre des Principes [...].”

(34) d'Alembert, *Traité de dynamique* (1743), p. xxiii. “La seconde Partie, dans laquelle je me suis proposé de traiter des loix du Mouvement des Corps entr'eux, fait la portion la plus considérable de l'Ouvrage : c'est la raison qui m'a engagé à donner à ce Livre le nom de *Traité de Dynamique*. Ce nom, qui signifie proprement la Science des puissances ou cause motrices, pourroit paroître d'abord ne pas convenir à cet Ouvrage, dans lequel j'envisage plutôt la Méchanique comme la Science des effets, que comme celle des causes : néanmoins comme le mot de *Dynamique* est fort usité aujourd'hui parmi les Savans, pour signifier la Science du Mouvement des Corps, qui agissent les uns sur les autres d'une maniére quelconque ; j'ai cru devoir le conserver, pour annoner aux Geométres par le title même de ce Traité, que je m'y propose principalement pour but de perfectionner & d'augmenter cette partie de la Méchanique.”

(35) Ibid., p. 49.

(36) “§ 1. Des Corps qui se tirent par des fils ou par des verges” ; “§ 2. Des Corps qui vacillent sur

des plans" ; " § 3. Des Coprs qui agissent les uns sur les autres par des fils, le long desquels ils peuvent couler librement" ; " § 4. Des Corps qui se poussent ou qui se choquent"

(37) d'Alembert, "DYNAMIQUE" (1755), p. 174 / 邦訳 289 頁.

(38) [Anon.], "Traité de Dynamique par M. d'Alemberg [sic]" (1743), p. 523. "La Dynamique & la Méchanique ont à peu-près le même objet, toutes deux traitent du mouvement, mais la Dynamique considere particulierement les loix du mouvement des corps qui agissent les uns sur les autres d'une maniere quelconque."

(39) Académie royale des sciences, "Sur un nouveau principe général de Méchanique" (1749), p. 177 ; Courtivron, "Recherches de Statique et de Dynamique" (1749), p. 15.

(40) Maupertuis, "Loi du repos des corps" (1740), pp. 170, 171 / 著作集版 pp. 46, 47.

(41) Ibid., p. 171 / p. 47. "Il n'y a point de science où l'on sente plus le besoin de ces principes, que dans la Statique et la Dynamique." なお，モーペルテュイはここで「動力学」という言葉を説明抜きで使っているが，これは極めて早い用例である.

(42) Clairaut, "Sur Quelques Principes qui donnent la Solution d'un grand nombre de Problèmes de Dynamique" (1742). この論文については，中田, "The general principles for resolving mechanical problems" (2002) で詳しく分析されている.

(43) Ibid., p. 21. "Principe général et direct [,] pour résoudre tous les problèmes où il s'agit de déterminer le mouvement de plusieurs corps qui agissent les uns sur les autres, soit par des fils, soit par des leviers, soit de toute autre manière qu'on voudra."

(44) d'Arcy, "Problème de Dynamique" (1747), pp. 348–349. "Principe général de dynamique, qui donne la relation entre les espaces parcourus & les temps, quel que soit le système de corps que l'on considère, & quelles que soient leurs actions les uns sur les autres."

(45)「形而上学」の排除は，世紀の末に向かっていっそう顕著になる．この論点については，Terrall, "Metaphysics, mathematics, and the gendering of science in 18th-century France" (1999) を参照.

(46) ダランベールによる定式化については，たとえば以下の文献がある．Hankins, *Jean d'Alembert* (1970), pp. 190–194 ; Fraser, "D'Alembert's principle" (1985) ; 山本（義）『古典力学の形成』(1997)，第 13 章；Firode, *La dynamique de d'Alembert* (2001), chap. 6. また，シュミットはこの原理の由来について考察し，ヴァリニョンの重要性を主張している. Schmit, "Sur l'origine du 'Principe Général' de Jean Le Rond D'Alembert" (2013).

(47)『動力学論』での定式化は，d'Alembert, *Traité de dynamique* (1743), pp. 50–51 にある.

(48) d'Alembert, "DYNAMIQUE" (1755), p. 175 / 邦訳 291–292 頁. "Imaginons qu'on imprime à plusieurs corps, des mouvemens qu'ils ne puissent conserver à cause de leur action mutuelle, & qu'ils soient forcés d'altérer & de changer en d'autres. Il est certain que le mouvement que chaque corps avoit d'abord, peut être regardé comme composé de deux autres mouvemens à volonté [...], & qu'on peut prendre pour l'un des mouvemens composans celui que chaque corps doit prendre en vertu de l'action des autres corps. Or si chaque corps, au lieu du mouvement primitif qui lui a été imprimé, avoit reçu ce premier mouvement composant, il est certain que chacun de ces corps auroit conservé ce mouvement sans y rien changer, puisque par la supposition c'est le mouvement que chacun des corps prend de lui-même. Donc l'autre mouvement composant doit être tel qu'il ne dérange rien dans le premier mouvement composant, c'est-à-dire que ce second mouvement doit être tel pour chaque corps, que s'il eût été imprimé seul & sans aucun autre, le système fût demeuré

en repos."

(49) d'Alembert, *Traité de dynamique* (1743), p. 138. 本書第 6 章で行った種々の衝突理論の分析と比較しやすくするため，記号を適宜変更した.

(50) ダランベールの与えている式はこの通りであり，符号が合わないように見えるが，これはおそらく，平衡の原理では二つの物体が向き合っている前提で考えているためであろう.「問題 9」の衝突の事例では同じ向きに進む二つの物体（したがって追突）を扱っているため，片方だけ正負を逆にして考える必要があるのだと思われる.

(51) ダランベールによる衝突の法則の議論は，『百科全書』の項目「衝撃」にも見られる.この項目は，チェンバースの『サイクロペディア』にある同名項目を翻訳・増補したものである. d'Alembert, "PERCUSSION" (1765) と，Chambers, *Cyclopædia* (1728), "PERCUSSION," pp. 783–784 を比較せよ. なお，ダランベールによる力学関係項目の「翻訳＝ペースト」については，Quintili, "D'Alembert 'traduit' Chambers" (1996) と，最近の論集に収められている井田「『百科全書』の制作工程」(2018)，Passeron「アブラカダバクス」(2018)，Guilbaud「ダランベールの項目「河川」」(2018) で考察されている（ただしいずれにおいても，項目「衝撃」は扱われていない).

(52) d'Alembert, *Recherches sur la précession des équinoxes* (1749), pp. 35–36.

(53) 中田，"The general principles for resolving mechanical problems" (2002).

第 9 章

(1) Euler, "Recherches sur les plus grands et plus petits qui se trouvent dans les actions des forces" (1748), 全集版 p. 3. "Par là on voit qu'il doit y avoir une double methode de resoudre les problemes de Mecanique ; l'une est la methode directe, qui est fondée sur les loix de l'équilibre, ou du mouvement ; mais l'autre est celle dont je viens de parler, où sachant la formule, qui doit être un *maximum*, ou un *minimum*, la solution se fait par le moyen de la methode *de Maximis & minimis*. La premiere fournit la solution en déterminant l'effet par les causes efficientes ; or l'autre a en vuë les causes finales, & en déduit l'effet : l'une & l'autre doit conduire à la même solution, & c'est cette harmonie, qui nous convainc [sic] de la verité de la solution, quoique chaque methode doive être fondée sur des principes indubitables."

(2) Pulte, *Das Prinzip der kleinsten Wirkung* (1989), 特に B-II 章.

(3) この観点が，オイラーの最小原理を扱っているすべての先行研究から本章の議論を区別する. たとえば，前述のプルテの著書のほか，次のものを参照. Boudri, *What was mechanical about mechanics* (2002), chap. 5 ; Panza, "De la nature épargnante aux forces généreuses" (1995) ; 同，"The origins of analytic mechanics in the 18th century" (2003) ; 山本（義)『古典力学の形成』(1997)，第 14 章.

(4) Lagrange, *Méchanique analitique* (1788), p. 188. "quelque chose de vague & d'arbitraire" ; "[...] plus générale & plus rigoureuse, & qui mérite seule l'attention des Géomètres."

(5) Euler, *Methodus inveniendi lineas curvas maximi minimive proprietate gaudentes* (1744). 同書の概要については，Goldstine, *A history of the calculus of variations* (1980), chap. 2 および Fraser, "Leonhard Euler, book on the calculus of variations (1744)" (2005) を参照.

(6) たとえば，Mach『マッハ力学史』(2006)，下巻 130–131 頁および 233 頁；広重『物理学史 I』(1968)，111–116 頁；Dugas, *A history of mechanics* (1988), pp. 254–275.

(7) Pulte, *Das Prinzip der kleinsten Wirkung* (1989), S. 193.

（8）この一連の書簡は，Fuss, *Correspondance mathématique et physique de quelques célèbres géomètres du XVIIIeme siècle* (1843), t. 2 の中に活字化されて収められている．

（9）1739 年 3 月 7 日付のオイラー宛て書簡．Ibid., p. 457. "Je crois que pour l'équation générale pour la lame uniforme, naturellement droite et élastique, il faut rendre $\int ds^2/rr\ d\xi^2$ un maximum, en prenant $d\xi$ constant. Car je puis démontrer, qu'une lame quelconque, forcée à un état de courbure donné, doit être douée d'une force vive *potentielle* égale à $\int ds^2/rr\ d\xi^2$, et je ponse qu' une lame élastique, qui prend d'elle même une certaine courbure, se pliera en sorte, que la force vive sera un minimum, puisque autrement la lame même se mouvroit." 原文の rr は r^2 と書き換えた．書簡集に付された注によると，この書簡は元々ドイツ語で書かれていたが，原本は失われており，フランス語に訳された原稿だけが残っている．

（10）1741 年 1 月 28 日付のオイラー宛て書簡．Ibid., p. 468.

（11）1742 年 10 月 20 日付のオイラー宛て書簡．Ibid., p. 506. "[...] ich annehme, dass die vis viva potentialis laminae elasticae insita müsse minima seyn, wie ich Ew. schon einmal gemeldet."

（12）Ibid., p. 507. "Da Niemand die methodum isoperimetricorum so weit perfectionniret, als Sie, werden Sie dieses problema, quo requiritur ut $\int ds/RR$ faciat minimum, gar leicht solviren." ベルヌーイは RR と書いているが，本文では R^2 と表記した．

（13）最速降下線の問題をめぐる 1700 年前後の状況については，Blay, *La naissance de la mécanique analytique* (1992), pp. 77–98 で詳しく分析されている．

（14）Thiele, "Euler and the calculus of variations" (2007), 該当箇所は pp. 244–245.

（15）1738 年 5 月 24 日付のオイラー宛て書簡．Fuss, *Correspondance mathématique et physique* (1843), t. 2, p. 448. "Invenire curvam, quae inter omnes isoperimetricas et eosdem terminos habentes habeat $\int R^m\ ds$ maximum, allwo R den radium osculi, ds das elementum curvae exprimirt."

（16）1742 年 12 月 12 日付のオイラー宛て書簡．Ibid., pp. 512–513.

（17）1743 年 4 月 23 日付のオイラー宛て書簡．Ibid., p. 524.

（18）Euler, *Methodus inveniendi* (1744), 全集版 pp. 231–297. "Additamentum I : De Curvas Elasticis"

（19）Ibid., p. 231. "Cum enim Mundi universi fabrica sit perfectissima atque a Creatore sapientissimo absoluta, nihil omnino in mundo contingit, in quo non maximi minimive ratio quaepiam eluceat [...]."

（20）1742 年 12 月 12 日付のオイラー宛て書簡．Fuss, *Correspondance mathématique et physique* (1843), t. 2, p. 513. "[D]ie trajectoriae circa centrum virium, vel circa plura centra virium, müssen gleichfalls per methodum isoperimetricorum können solviret werden, obschon man das maximum vel minimum, quod natura affectat, nicht einsiehet."

（21）1743 年 4 月 23 日付のオイラー宛て書簡．Ibid., pp. 524–525. "Die Observation von den trajectoriis, dass $\int v\ ds$ ein maximum oder minimum seyn müsse, dünkt mich sehr schön und von grosser Wichtigkeit ; ich sehe aber die Demonstration dieses principii nicht ein. Ew. belieben mir zu melden, ob sich solches auch ad trajectorias circa plura centra virium ersrecke. Viel-leicht ist es nur eine observatio a posteriori, indem Sie angemerkt haben, dass die trajectoriae diese proprietatem haben, ohne solche a priori recht demonstriren zu können." 問題の式はベルヌーイの書簡では $\int v\ ds$ と書かれており，おそらくオイラーもそのように書いていたと思われるが，本文では後の議論と合わせるため，表記を $\int u\ ds$ と変更した．

(22) 1743年9月4日付のオイラー宛て書簡．Ibid., p. 533. “Aus Dero Brief ersehe ich, dass ich in meiner Conjectur mich nicht beetrogen [...].”

(23) Euler, *Methodus inveniendi* (1744), 全集版 p. 298. “ope Methodi directae”

(24) Ibid., pp. 298–308. “Additamentum II : De motu proiectorum in medio non resistente, per Methodum maximorum ac minimorum determinando”

(25) Ibid., p. 298. “Jam dico lineam a corpore descriptam ita fore comparatam, ut, inter omnes alias lineas iisdem terminis contentas, sit $\int Mds\,\sqrt{v}$, seu, ob M constans, $\int ds\,\sqrt{v}$ minimum.” 訳文では，通常の速度との混乱を避けるため，原文の v に h を添えた．なお，この式から実際に投射体の軌道を導く例は，有賀「黎明期の変分力学」(2011)，20–21頁を参照．

(26) Ibid., p. 308. “Quoniam enim corpora, ob inertiam, omni status mutationi reluctantur ; viribus sollicitantibus tam parum obtemperabunt, quam fieri potest, siquidem sint libera ; ex quo efficitur, ut, in motu genito, effectus a viribus ortus minor esse debeat, quam si ullo alio modo corpus vel corpora fuissent promota.”

(27) Ibid., p. 299. “[I] ta ut, [...] summa omnium virium vivarum, quae singulis temporis momentis corporis insunt, sit minima.”

(28) Ibid. “Quamobrem neque ii qui vires per ipsas celeritates, neque illi qui per celeritatum quadrata aestimari oportere statuunt, hic quicquam quo ostendantur reperient.”

(29) Ibid., p. 232.

(30) Ibid., p. 298. “Quaenam autem sit ista proprietas, ex principiis metaphysicis a priori definire non tam facile videtur [...].”

(31) 1745年12月10日付のモーペルテュイ宛て書簡．Euler, *Commercium cum P.-L. M. de Maupertuis et Frédéric II* (1986), p. 56. “En effet je suis convainquû [sic] que par tout la nature agit selon quelque principe d’un maximum ou d’un minimum [...].”

(32) このことは，それに対するオイラーの返信から知られる．1746年3月14日付のモーペルテュイ宛て書簡 (Ibid., p. 60) を参照．

(33) Maupertuis, “Les Loix du Mouvement et du Repos déduites d’un principe metaphysique” (1746), p. 267. “M. le Professeur Euler [..] démontre ; Que dans les trajectoires, que des corps décrivent par des forces centrales, la vîtesse multipliée par l’elément de la courbe, fait toujours un *minimum*.” ; “Cette remarque [...] est une belle application de mon principle au mouvement des Planetes [...].”

(34) 1748年4月26日付のモーペルテュイ宛て書簡．Euler, *Commercium cum P.-L. M. de Maupertuis et Frédéric II* (1986), p. 102. “Je travaille actuellement à une piece sur un grand nombre de courbes mechaniques, que je determine premierement par les principes de mechanique, mais ensuite je cherche les expressions dont les valeurs deviennent un minimum dans ces memes courbes, pour connoitre *a posteriori* dans chaque cas les formules qui representent ce que Vous nommes la quantité d’action et je crois qu’il sera alors d’autant plus facile de decouvrir ces memes formules *a priori*.”

(35) Academie royale des sciences et des belles-lettres, *Die Registres der Berliner Akademie der Wissenchaften 1746–1766*, S. 103. この日の会合の出席者としてオイラーの名前も記録されている．

(36) 1748年6月8日付のモーペルテュイ宛て書簡．Euler, *Commercium cum P.-L. M. de Maupertuis et Frédéric II* (1986), p. 115. “J’avoue franchement que j’ai eu tor de donner le nom

de quantité d'action à plusieurs formules bien differentes entr'elles [...]."

(37) Euler, "Recherches sur les plus grands et plus petits qui se trouvent dans les actions des forces" (1748), 全集版 p. 35. 原文では r が使われているが，前節で用いた記号に合わせるため R に変更している．

(38) Euler, "Réfléxions sur quelques loix générales de la nature qui s'observent dans les effets des forces quelconques" (1748), 全集版 p. 57.

(39) Euler, "Recherches sur les plus grands et plus petits qui se trouvent dans les action des forces" (1748), 全集版 pp. 36-37.

(40) Euler, "Réfléxions sur quelques loix générales de la nature qui s'observent dans les effets des forces quelconques" (1748), 全集版 pp. 55-56.

(41) Euler, "Recherches sur les plus grands et plus petits qui se trouvent dans les action des forces" (1748), 全集版 p. 39. "[...] la quantité d'action des forces, que Mr. de Maupertuis a découverte si heuresement dans le cas d'équilibre [...]"

(42) Maupertuis, "Lois du repos des corps" (1740).

(43) 1745 年 12 月 10 日付のモーペルテュイ宛て書簡．Euler, *Commercium cum P.-L. M. de Maupertuis et Frédéric II* (1986), pp. 56-57.

(44) 現代の力学の慣例と異なり，中心力 V は中心に向かう向きがプラスであり，距離 v は中心から離れる向きがプラスであるため，$\int Vdv$ は符号も含めてポテンシャルエネルギーに相当する．ただし，オイラーは別のところで，V が保存力でない場合にも $\int Vdv$ という量を考えているので，今日の理解と完全に合致するわけではない．Euler, "Harmonie entre les principes généraux de repos et de mouvement de M. de Maupertuis" (1751) の後半，静力学の諸問題を扱っている箇所を参照．

(45) この事件の顛末は，Terrall, *The man who flattened the Earth* (2002), p. 292 以下や，Calinger, *Leonhard Euler* (2016), pp. 337-344, 350-358, 369-374 に描かれている．また，事件の発端となったライプニッツの書簡の真贋に関する踏み込んだ分析として，Costabel, "L'affaire Maupertuis-Koenig et les questions de fait" (1979) も参照．

(46) 直接関係するものとしては以下がある．Euler, "Exposé concernant l'examen de la lettre de M. de Leibnitz, alléguée par M. le Professeur Koenig" (1750) ; "Lettre de M. Euler à M. Merian" (1750) ; "Sur le principe de la moindre action" (1751) ; "Examen de la dissertation de M. le Professeur Koenig" (1751). このうち 3 本目と 4 本目の論考はアカデミーの紀要と別に，フランス語とラテン語の対訳形式の書籍としても刊行された．Euler, *Dissertation sur le principe de la moindre action* (1753).

(47) Euler, "Sur le principe de la moindre action" (1751), 全集版 p. 188. "[...] le principe produit par M. de Maupertuis est universel, toute sa force consiste dans son universalité [...]."

(48) Euler, "Harmonie entre les principes généraux de repos et de mouvement de M. de Maupertuis" (1751), 全集版 p. 156. "[...] en tout cas d'équilibre la somme de tous les efforts, auxquels tous les élémens du corps sont assujettis, devient la plus petite qu'il est possible [...]."

(49) Ibid., p. 157. "Ainsi, suivant le sentiment de M. de Maupertuis, on est autorisé de dire que, tant dans le mouvement que dans le repos, la quantité d'action est toujours la moindre qu'il est possible."

(50) Euler, "Harmonie entre les principes généraux de repos et de mouvement de M. de Maupertuis" (1751) ; "Sur le principe de la moindre action" (1751) ; "Examen de la dissertation de M. le

Professeur Koenig" (1751) ; "Essay d'une démonstration métaphysique du principe général de l'équilibre" (1751).

(51) 以上の議論は，Euler, "Harmonie entre les principes généraux de repos et de mouvement de M. de Maupertuis" (1751), 全集版 pp. 156-162 の要約である．なおこの内容は，『調和』に先立つ 1748 年の論文でも手短に述べられていた．Euler, "Réfléxions sur quelques loix générales de la nature" (1748), 全集版 pp. 62-63.

(52) Ibid., pp. 173-174.

(53) Euler, "Sur le principe de la moindre action" (1751), 全集版 p. 193. "Ces deux principes sont donc si intimement liés l'un à l'autre, qu'on peut plutôt les regarder comme un seul [...]."

(54) Courtivron, "Recherches de Statique et de Dynamique" (1749). この論文について解説している次の記事も参照．Académie royale des sciences, "Sur un nouveau principe général de Méchanique" (1749).

(55) Euler, "Essay d'une démonstration métaphysique du principe général de l'équilibre" (1751), 全集版 p. 251 以下.

(56)「労力」(effort) の語は論文の終盤で登場する．Ibid., p. 255.

(57) Ibid., p. 252. "[...] ce principe géneral : *Que toute force agit autant qu'elle peut.*"

(58) Euler, "Réfléxions sur quelques loix générales de la nature" (1748), 全集版 pp. 51-54.

(59) Euler, "Statica" (1950), 全集版 pp. 300-301. "Axioma 2. Omnis potentia tantum agit quantum potest."

(60) Maupertuis, "Les Loix du Mouvement et du Repos déduites d'un principe metaphysique" (1746), p. 293 / *Essai de Cosmologie* (1751), pp. 205-207.

(61) 数式で書けば，$d(Az^2)+d(B(c-z)^2)=0$ より，展開すると $2Azdz-2Bcdz+2Bzdz=0$. よって $z=Bc/(A+B)$ となる．18 世紀の微積分計算については本書第 5 章第二節を参照.

(62) Maupertuis, *Œuvres de Maupertuis* ([1756] 1768), t. 1, pp. xxxv.

(63) Maupertuis, "Les Loix du Mouvement et du Repos déduites d'un principe metaphysique" (1746), pp. 290-293 / *Essai de Cosmologie* (1751), pp. 194-204 / 著作集版 pp. 36-41.

(64) モーペルテュイは事実上，(質量)×(速度の変化)×(距離の変化) を問題にしており，衝突前後で (質量)×(速度)×(距離) がどれだけ変化するかを計算しているのではない．最小作用の原理を批判したダルシーは後者のように解釈し，モーペルテュイの反論を招いた．d'Arcy, "Réflexions sur le principe de la moindre action de M. de Maupertuis" (1749), 特に pp. 533-534 ; Maupertuis, "Réponse à un Mémoire de M. d'Arcy" (1752).

(65)「変化に必要な作用の量」の微分をとると $d(A(x-a)^2+B(x-b)^2)=2A(x-a)dx+2B(x-b)dx$ となり，これをゼロと置いて解けば $x=(Aa+Bb)/(A+B)$ という結果になる.

(66) 結果のみを式で表せば次の通り．$\alpha=(Aa-Ba+2Bb)/(A+B)$, $\beta=(2Aa-Ab+Bb)/(A+B)$.

(67) d'Alembert, "Action" (1751), p. 119 および "Cosmologie" (1754), p. 296. "[...] l'Auteur a sû [...] faire dépendre d'une même loi le choc des corps élastiques & celui des corps durs, qui jusqu'ici avoient eu des lois séparées [...]." ; "[...] il a déterminé le premier par un seul & même principe, les lois du choc des corps durs & des corps élastiques."

(68) Maupertuis, "Examen philosophique de la preuve de l'existence de Dieu" (1756), p. 423.

(69) Euler, "Recherches sur l'origine des forces" (1750), 全集版 pp. 118-119. "Ainsi dans le choc des corps leur impénétrabilité ne fournit toujours que la plus petite force, qui est capable de les

garantir de la pénétration et c'est sans doute sur cette circonstance, qu'est fondé ce principe si général, que tous les changemens au monde sont produits aux moindres dépens qu'il est possible, ou avec les plus petites forces, qui sont capable de cet effet."

第 10 章

(1) Grattan-Guinness, "The varieties of mechanics by 1800" (1990). ここに名前の現れるカルノー (Lazare Carnot, 1753–1823) は革命期に活躍した政治家・数学者であり，熱機関の理論で知られるカルノー (Sadi Carnot, 1796–1832) はその長男である．

(2) Fraser, "J. L. Lagrange's early contributions to the principles and methods of mechanics" (1983).

(3) 山本（義）『古典力学の形成』(1997), 293–294 頁．

(4)『解析力学』は 1788 年に初版が出され，第 2 版は 2 巻本として，ラグランジュの亡くなる前後に刊行された（1811 年および 1815 年，下巻は未完の遺稿に基づく）．本書では専ら，初版を叙述の終点に据えた分析を行う．第 2 版の出版時期が，本書の対象とする時代の範囲を超え出るためである．2 つの版の相違については，山本（義）『古典力学の形成』(1997)，第 16 章・第 17 章に有益な議論がある．

(5) これはモーリスという数学者 (Jean Frédéric Théodore Maurice, 1775–1851) がラグランジュ本人から聞いた話として伝えているものである．Maurice, "Lettre à M. le Redacteur du *Moniteur Universel*" (1814), p. 226 ; Borgato and Pepe, "Lagrange a Torino (1750–1759)" (1987), p. 10. この史料については，Grattan-Guinness, "A Paris curiosity, 1814" (1985) の考証も参照．

(6) 1754 年 6 月 28 日付のオイラー宛て書簡．Euler, *Commercium cum A. C. Clairaut, J. d'Alembert et J. L. Lagrange* (1980), p. 361 以下．

(7) Lagrange, "Essai d'une nouvelle méthode pour déterminer les maxima et les minima des formules intégrales indéfinies" (1760–61) および "Application de la méthode exposée dans le mémoire précédent à la solution de différents problèmes de dynamique" (1760–61). 紀要の巻次は「1760–1761 年度」となっているが，出版年は 1762 年である．

(8) 変分法の歴史については次の文献が詳しい．Goldstine, *A history of the calculus of variations from the 17th through the 19th century* (1980) ; Fraser, "The calculus of variations" (2003).

(9) この整理は，Barroso Filho, *La mécanique de Lagrange* (1994), chap. 4 による．

(10) 1755 年 8 月 12 日付のオイラー宛て書簡．Euler, *Commercium cum A. C. Clairaut, J. d'Alembert et J. L. Lagrange* (1980), p. 366. "formulas tuas, absque omni lineari constructione, demonstrandi"

(11) Lagrange, *Méchanique analitique* (1788), p. vi / 邦訳 131 頁．"On ne trouvera point de Figures dans cet Ouvrage."

(12) Lagrange, "Application de la méthode..." (1760–61), 著作集版 p. 365. "Soient tant de corps qu'on voudra M, M', M'', ..., qui agissent les uns sur les autres d'une manière quelconque, et qui soient de plus, si l'on veut, animés par des forces centrales proportionnelles à des fonctions quelconques des distances ; que s, s', s'', ..., dénotent les espaces parcourus par ces corps dans le temps t, et que u, u', u'', ..., soient leur vitesses à la fin de ce temps ; la formule $M\int uds + M'\int u'ds' + M''\int u''ds'' + \ldots$ sera toujours un *maximum* ou un *minimum*."

(13) Lagrange, *Méchanique analitique* (1788), p. 188 および p. 211. 現代の物理学でふつう「最小作用の原理」と呼ばれているものは，19 世紀にハミルトンが与えた別の原理である．ラグランジュの定式化した原理は，それと区別して「モーペルテュイの原理」と呼ばれることもあるが，本書の内容から，モーペルテュイの寄与は極めて小さいことが分かる．「オイラー-ラグランジュの原理」などと呼ぶほうが，歴史的には正確であろう．

(14) Lagrange, "Application de la méthode..." (1760-61), 著作集版 p. 405.

(15) Ibid. "en regardent d'abord le fil comme un assembrage d'une infinité de points mobiles"

(16) Lagrange, "Recherches sur la nature et la propagation du son" (1759).

(17) Ibid., 著作集版 p. 54.

(18) Lagrange, *Méchanique analitique* (1788), p. 158. "La Dynamique est la Science des forces accélératrices ou retardatrices, & des mouvemens varié qu'elles peuvent produire."

(19) Ibid., p. 197 / 邦訳 146 頁.

(20) Ibid., p. 195 / 邦訳 144 頁．現代的な数式表現では，$\sum(\boldsymbol{F}-m\boldsymbol{a})\cdot\delta\boldsymbol{r}=0$ となる．

(21) ラグランジュの議論では，力 $P, Q, R, \ldots$ は単位質量あたりの量である．また，力の向きは中心に向かう向きが正にとられているため，現代とは符号が逆になる．

(22) Ibid., p. 198 以下. 同書第 2 部第 3 節がこの一連の議論に充てられている．最小作用の原理は最後の 4 番目として扱われる．

(23) Ibid., p. v / 邦訳 130 頁. "[...] une autre utilité ; il réunira et présentera sous un même point de vue, les différens Principes trouvés jusqu'ici pour faciliter la solution des questions de Méchanique, en montra la liaison et la dépendance mutuelle, et mettra à portée de juger de leur justesse et de leur étendue."

(24) オイラーとラグランジュが交わした書簡は 19 世紀末に編まれたラグランジュの著作集にも収録されているが，そこに含まれる書簡はすべてオイラーの全集に再録されて校訂・解説がなされているため，専ら後者を参照する．

(25) 1754 年 6 月 28 日付のオイラー宛て書簡．Euler, *Commercium cum A. C. Clairaut, J. d'Alembert et J. L. Lagrange* (1980), p. 362. "Haberem [...] observationesque nonnullas circa maxima, et minima, quae in naturae actionibus insunt [...]."

(26) 1755 年 8 月 12 日付のオイラー宛て書簡と，それに対する同年 9 月 6 日付のオイラーの返信．Ibid., p. 366 以下および 375 以下. 両者の文通における変分法の形成過程については，Fraser, "J. L. Lagrange's changing approach to the foundations of the calculus of variations" (1985) で検討されている．

(27) Academie royale des sciences et des belles-lettres, *Die Registres der Berliner Akademie der Wissenchaften 1746-1766* (1957), S. 223.

(28) 1757 年 1 月 5 日付の，モーペルテュイからラグランジュに宛てた書簡．Taton, "Sur quelques pièces de la correspondance de Lagrange pour les années 1756-1758" (1988), p. 9.

(29) 1756 年 5 月 19 日付のオイラー宛て書簡．Euler, *Commercium cum A. C. Clairaut, J. d'Alembert et J. L. Lagrange* (1980), p. 391. "Meditatiunculas meas de maximis, et minimis, et de applicatione principii minimae actionis ad dynamicam totam tibi, ac Illust. Praesidi non displicuisse gaudeo vehementer."

(30) 1756 年 10 月 5 日付のオイラー宛て書簡．Ibid., p. 396. "oportere ut ambae cohordinatae variabiles ponantur quo omnes necessariae aequat haberi possint"

(31) 詳しくは次を参照．Fraser, "J. L. Lagrange's changing approach to the foundations of the

calculus of variations” (1985), pp. 160–169.

(32) 1759年8月4日付のオイラー宛て書簡. Euler, *Commercium cum A. C. Clairaut, J. d'Alembert et J. L. Lagrange* (1980), p. 414.

(33) 1756年10月5日付のオイラー宛て書簡. Ibid., p. 400. “In eo nunc sum ut in ordinem redigam sive, quae de curvis maximi, minimique proprietate praeditis in genere, sive quae de applicatione principii D[omini] De Maupertuis ad problemata tam dynamica, quam hydrodynamica, meditatus sum, ut ad Academiam mittam.”

(34) 1757年5月4日付のフリーシ (Paolo Frisi, 1728–1789) 宛て書簡. 原史料には1756年と記されているが, 翻刻・校訂を行ったタトンは1757年が正しいとしており, 本節での検討に照らしてもこの判断は支持できる. Taton, “Sur quelques pièces de la correspondance de Lagrange pour les années 1756–1758” (1988), pp. 17–18. “due dissertazioni che ho quasi del tutto in ordine : una sopra il methodo dei massimi e minimi applicato alle curve [...] l'altra poi consiste nell'applicazione del Principio Maupertuisiano a tutti i casi più complicati della dinamiqua [sic] ed Idrodinamica [...].”

(35) “Hydrodynamica” は通常は「流体力学」と訳すが, ここでは「動力学」(dynamica) との関係を明示する目的で「流体動力学」とした. “Hydrodynamica” の語自体は, ダニエル・ベルヌーイの主著 (1738年) の表題として用いられたことで知られる.

(36) 1759年7月28日付のオイラー宛て書簡. Euler, *Commercium cum A. C. Clairaut, J. d'Alembert et J. L. Lagrange* (1980), p. 411. “Opus quod moliebar de applicatione principii minimae quantitatis actionis ad mechanicam universam, pene absolutum est[.]”

(37) 1759年8月4日付のオイラー宛て書簡. Ibid., p. 415.

(38) 1759年10月2日付のラグランジュ宛て書簡. Ibid., p. 418.

(39) Juškevič and Taton, “Introduction” (1980), p. 42 ; Boudri, *What was mechanical about mechanics* (2002), p. 215 ; Capecchi and Drago, “On Lagrange's history of mechanics” (2005), p. 19.

(40) 1759年11月24日付のオイラー宛て書簡. Euler, *Commercium cum A. C. Clairaut, J. d'Alembert et J. L. Lagrange* (1980), p. 430. “J'aurai l'honneur de vous parler une autre fois de ce que j'ai trouvé de nouveau touchant les isoperimetres, et l'application du principe de la moindre quantité d'action.”

(41) Lagrange, “Recherches sur la méthode de *maximis et minimis*” (1759), 著作集版 p. 15. “Je me réserve de traiter ce sujet, que je crois d'ailleurs entièrement nouveau, dans un ouvrage particulier que je prépare sur cette matière, et dans lequel, après avoir exposé la méthode générale et analytique pour résoudre tous les problèmes touchant ces sortes de maximum ou minimum, j'en déduirai, par le principe de la moindre quantité d'action, toute la mécanique des corps soit solides, soit fluides.”

(42) 1759年11月15日付のダニエル・ベルヌーイ宛て書簡. これは次の研究論文に付録として翻刻されている. Delsedime, “La disputa delle corde vibranti ed una lettera inedita di Lagrange a Daniel Bernoulli” (1971), p. 143. “Comme je travaille actuellement à un Ouvrage dont l'objet est de deduire d'une maniere simple et generale la solution des problemes les plus compliqués soit de l'equilibre, ou du mouvement des corps solides, et fluides, de la seule formule de la moindre quantité d'action, je desirerois fort de connoitre tout ce que vous avéz trouvé touchant les courbes elastiques par le moyen de la formule $\int ds/r^2$ que M. Euler a demontré etre

celle de la moindre action dans ce cas."

(43) 1756年5月19日付のオイラー宛て書簡．Euler, *Commercium cum A. C. Clairaut, J. d'Alembert et J. L. Lagrange* (1980), p. 391. "De Principio minimae quantitatis actionis ego ita sentio, nempe si ad ea excellentissima, quae de eius applicatione ad mechanicam iam passim dedisti, adiungantur illa paucula, quae partim iam tecum communicavi, partim mecum adhuc habeo, tum ad motum corporum quotcunque inter se quomodocunque connexorum, tum etiam ad equilibrium, et motum fluidorum quorumvis spectantia, omnium tam staticorum, quam dynamicorum problematum universalem veluti clavem haberi posse ; quae statim aequationes necessarias praebeat alias erutu difficillimas."

(44) Lagrange, *Méchanique analitique* (1788), pp. v–vi / 邦訳130–131頁．"Je me suis proposé de réduire la théorie de cette Science [i. e. Méchanique], et l'art de résoudre les problêmes qui s'y rapportent, à des formules générales, dont le simple développement donne toutes les équations nécessaires pour la solution de chaque problême." ; "Les méthodes que j'y expose ne demandent ni constructions, ni raisonnemens géométriques ou méchaniques, mais seulement des opérations algébriques, assujetties à une marche réguliere & uniforme." ; "Je le divise en deux Parties ; la Statique ou la Théorie de l'équilibre, et la Dynamique ou la Théorie du Mouvement ; et chacune de ces Parties traitera séparément des Corps solides et des fluides."

(45) Fraser, "J. L. Lagrange's early contributions to the principles and methods of mechanics" (1983).

(46)『解析力学』の理論体系は，現代の力学で「ラグランジュ形式」と呼ばれるものとは異なる．いわゆる「ラグランジュ方程式」は『解析力学』の第2部第2節で導出されているが，基本原理とはされていない．この点も含め，ラグランジュ以降の19世紀における発展については，橋本（秀）「W. トムソン＆テイト『自然哲学論』」(2011) および中根「解析力学」(2012) をまず参照されたい．

(47) Lagrange, "Recherches sur la libration de la Lune" (1764).

(48) Lagrange, "Théorie de la libration de la Lune" (1780).

(49) Lagrange, "Recherches sur la libration de la Lune" (1764), 著作集版 p. 8. "par le principe général de la Dynamique"

(50) Ibid., pp. 10–11.

(51) Ibid., p. 12. "le principe de Dynamique donné par M. d'Alembert"

(52) Lagrange, "Théorie de la libration de la Lune" (1780), 著作集版 pp. 17–18 ; *Méchanique analitique* (1788), pp. 192–193 / 邦訳142–143頁．

(53) この点に関して，山本は『解析力学』初版と第2版の記述の相違から，「初版の段階ではラグランジュはダランベールの原理を，まさに現実の力と慣性力とで物体が釣りあうと理解していた」と判断している（『古典力学の形成』(2007), 310–311頁）．この見解は支持できないが，相違の指摘自体は重要であり，さらに検討されるべきであろう．

(54) Lagrange, "Théorie de la libration de la Lune" (1780), 著作集版 p. 18. "D'où il suit qu'il doit y avoir équilibre entre ces différentes forces et les autres forces qui sollicitent les corps, et qu'ainsi les lois du mouvement du système se réduisent à celles de son équilibre ; c'est en quoi consiste le beau principe de Dynamique de M. d'Alembert."

(55) Lagrange, *Méchanique analitique* (1788), p. 179. "Cette méthode réduit toutes les loix du mouvement des corps à celle de leur équilibre, & ramene ainsi la Dynamique à la Statique."

(56) d'Alembert, *Traité de l'équilibre et du mouvement des fluides* (1744), p. 71. "Comme toutes les Loix du mouvement des Corps solides entr'eux, ont été réduites par ce Principe aux Loix de l'équilibre de ces mêmes Corps, les Loix du mouvement des Fluides, peuvent aussi se réduire par ce même moyen aux Loix de l'équilibre des Fluides."

(57) Lagrange, "Recherches sur la libration de la Lune" (1764), 著作集版 p. 12.

(58) Lagrange, "Théorie de la libration de la Lune" (1780), 著作集版 p. 11. "Elle n'est autre chose que le principe de Dynamique de M. d'Alembert, réduit en formule au moyen du principe de l'équilibre appelé communément *loi des vitesses virtuelles*. Mais la combinaison de ces deux principle est un pas qui n'avait pas été fait, et c'est peut-être le seul degré de perfection qui, après la découverte de M. d'Alembert, manquait encore à la Théorie de la Dynamique."

(59) Lagrange, *Méchanique analitique* (1788), p. 180. "Ce Principe ne fournit pas immédiatement les équations nécessaires pour la solution des différens problême de Dynamique, mais il apprend à les déduire des conditions de l'équilibre."

(60) Lagrange, "Recherches sur la libration de la Lune" (1764), 著作集版 p. 10. "une généralisation de celui qu'on nomme communément le *principe des vitesses virtuelles*"

(61) Lagrange, *Méchanique analitique* (1788), p. 12 / 邦訳 131 頁（ただし訳文を一部変更）. "La loi générale de l'équilibre dans les machines, est que les forces ou puissances soient entr'elles réciproquement comme les vitesses des points où elles sont appliquées, estimées suivant la direction de ces puissances."

(62)『解析力学』のこの箇所では δ でなく d が使われているが，同書の後のほうで変分に対して δ 記号が導入されるため，ここでもその記号を使用する．

(63) Ibid., p. 15 / 邦訳 133 頁．

(64) 本書では立ち入らないが，この証明は『解析力学』の初版と第 2 版でまったく異なる．違いについてはたとえば，山本（義）『古典力学の形成』(2007)，第 17 章を参照．

(65) Lagrange, "Recherches sur la libration de la Lune" (1764), 著作集版 p. 10 ; *Méchanique analitique* (1788), p. 11.

(66) Varignon, *Nouvelle méchanique* (1725), p. 174 以下 (sect. 9).

(67)「精力」(énergie) は 18 世紀のフランス語では，主として修辞学用語として，言葉の力強さといった意味で使われたほか，化学の文脈で，「物質にあらかじめ内在する固有の力」として用いられたとされる．川村「物質と精神のあいだ」(2018) を参照（引用箇所は 318 頁）．ただしこの論文では，ライプニッツの *vis viva* と区別する必要を指摘しつつも，「活力」という訳語が充てられている．

(68) Varignon, *Nouvelle méchanique* (1725), p. 176. "Proposition Générale. Theorème XL." ; "[...] la somme des Energies affirmatives sera égale à la somme des Energies négatives prises affirmativement."

(69) Ibid., 176 以下.

(70) Lagrange, "Recherches sur la libration de la Lune" (1764), 著作集版 p. 10 ; *Méchanique analitique* (1788), p. 11.

(71) Euler, "Harmonie entre les principes généraux de repos et de mouvement de M. de Maupertuis" (1751), 全集版 p. 163 以下. この議論の一例は，Fraser, "J. L. Lagrange's early contributions to the principles and methods of mechanics" (1983) の中で説明されている．

(72) Ibid., pp. 171–172. "Voici donc le principe général de toutes les Machines, qui découle

immédiatement du principle universel de repos [...]."

(73) Ibid., p. 172. "Or j'ai déjà fait voir, que toutes ces figures se découvrent très heureusement par le moyen du principe général de repos de M. de Maupertuis ; de sorte qu'on a toutes les raisons possibles de regarder ce principe comme la plus importante découverte dans la Mécanique."

(74) Lagrange, "Recherches sur la libration de la Lune" (1764), 著作集版 p. 10.

(75) d'Alembert, *Traité de dynamique* (1743), pp. 182-183.

(76) Lagrange, *Méchanique analitique* (1788), p. 11.

(77) Boudri, *What was mechanical about mechanics* (2002), 引用箇所は p. 226.

(78) Lagrange, *Méchanique analitique* (1788), p. 190 / 邦訳 140 頁（ただし訳文を一部変更）. "[...] dont l'action est continue, comme celle de la gravité, & qui tendent à imprimer à chaque instant une vîtesse infiniment petite & égale, à toutes les particules de matiere."

(79) Ibid, p. 168. "De même que le produit de la masse & de la vîtesse exprime la force finie d'un corps en mouvement, ainsi le produit de la masse & de la force accélératrice que nous avons vu être représentée par l'élément de la vîtesse divisé par l'élément du tems, exprimera la force élémentaire ou naissante ; & cette quantité, si on la considere comme la mesure de l'effort que le corps peut faire en vertu de la vîtesse élémentaire qu'il a prise, ou qu'il tend à prendre, constitue ce qu'on nomme *pression* ; mais si on la regarde comme la mesure de la force ou puissance nécessaire pour imprimer cette même vîtesse, elle est alors que ce qu'on nomme *force motrice*."

(80) この指摘は次に依る．Capecchi, *Storia del principio dei lavori virtuali* (2002), p. 82.

小括（第 III 部）

(1) 同様のことは，ラグランジュにおける微積分の理解についても言える．微積分の概念的基礎に関するラグランジュの見解をフランスでの議論と接続する試みについては，有賀「若きラグランジュと数学の「形而上学」」(2010) を参照．

(2) Lagrange, *Méchanique analitique* (1788), p. 190 / 邦訳 141 頁（ただし訳文を一部変更）. "Quand ces forces agissent librement & uniformément, elles produisent nécessairement des vîtesses qui augmentent comme les tems ; & on peut regarder les vîtesses ainsi engendrées dans un tems donnée, comme les effets les plus simples de ces sortes de forces, & par conséquent comme les plus propres à leur servir de mesure. Il faut, dans la Méchanique, prendre les effets simples des forces pour connus ; & l'art de cette science consiste uniquement à en déduire les effets composés qui doivent résulter de l'action combinée & modifiée des mêmes forces."

結論

(1)『百科全書』については，たとえば以下を参照．Proust『百科全書』(1979)；寺田『「編集知」の世紀』(2003)；逸見「『百科全書』を読む」(2005)；鷲見『「百科全書」と世界図絵』(2009)；Pinault『百科全書』(2017)；逸見・小関『百科全書の時空』(2018).

(2) Diderot, "Explication détaillée du système des connaissances humaines" (1751), p. xlix. "La *quantité* considérée dans les corps en tant que mobiles, ou tendans à se mouvoir, est l'objet de la *Méchanique*. La *Méchanique* a deux branches, la *Statique* & la *Dynamique*. La *Statique* a pour objet la *quantité* considérée dans les corps en équilibre, & tendans seulement à se mouvoir. La *Dynamique* a pour objet la *quantité* considérée dans les corps actuellement mus. La *Statique* & la *Dynamique* ont chacune deux parties. La *Statique* se distribue en *Statique proprement dite*, qui a

pour objet la *quantité* considérée dans les corps solides en équilibre, & tendans seulement à se mouvoir ; & en *Hydrostatique*, qui a pour objet la *quantité* considérée dans les corps fluides en équilibre, & tendans seulement à se mouvoir. La *Dynamique* se distribue en *Dynamique proprement dite*, qui a pour objet la *quantité* considérée dans les corps solides actuellement mus ; & en *Hydrodynamique*, qui a pour objet la *quantité* considérée dans les corps fluides actuellement mus. Mais si l'on considere la quantité dans les eaux actuellement mues, l'*Hydrodynamique* prend alors le nom d'*Hydraulique*. On pourroit rapporter la *Navigation* à l'Hydrodynamique, & la *Ballistique* ou le jet des Bombes, à la Méchanique."

(3) Lagrange, *Méchanique analitique* (1788), Premiere Parti, Section I および Seconde Partie, Section I. なお，ラグランジュの力学史については次の考察がある．Capecchi and Drago, "On Lagrange's history of mechanics" (2005).

(4) これに類する展開はほかの科学分野，特に化学や生理学でも指摘されている．Hankins, *Science and the Enlightenment* (1985), pp. 123–124 および Reill, "The legacy of the "Scientific Revolution" " (2003) の議論と比較せよ．

(5) Lagrange, *Méchanique analitique* (1788), pp. 1–2. "On entend en général par *force* ou *puissance* la cause, quelle qu'elle soit, qui imprime ou tend à imprimer du mouvement au corps auquel on la suppose appliquée ; & c'est aussi par la quantité du mouvement imprimé, ou prêt à imprimer, que la force ou puissance doit s'estimer."

(6) Ibid., p. 190 / 邦訳 141 頁（ただし訳文を一部変更）. "Il faut, dans la Méchanique, prendre les effets simples des forces pour connus ; & l'art de cette science consiste uniquement à en déduire les effets composés qui doivent résulter de l'action combinée & modifiée des mêmes forces."

(7) Boudri, *What was mechanical about mechanics* (2002), chap. 6.

(8) Harman『物理学の誕生』(1991)，特に 65–70 頁．

(9) 詳細はたとえば，堀内『フランス技術教育成立史の研究』(1997)，第 2 章；中村（征）「近代フランスにおける技術教育の展開」(2005)，第 3 章．

(10) 山本（義）『古典力学の形成』(2007)，335–341 頁．

(11) この論点については，有賀「力学史と科学革命論」(2017-8) も参照されたい．

(12) 19 世紀の理工学における共通語彙としての力学，という見立てについては，次の議論も参照．Wengenroth, "Science, technology, and industry" (2003), pp. 240–242 ("§ 5. Creating a Common Language").

(13) この論点は，次の論考に負うところが大きい．Pulte, "Order of nature and orders of science" (2001).

年表　主要な

本書で取り上げた主な著作や出来事を都市別にまと

1700

バーゼル

◆1734：モーペルテュ
◆1707：オイラー誕生
◆1739：ベ
◆1720：オイラー，バーゼル大学に入る
◆この頃：オイラー『力を見積もるための真の

ペテルブルク

◆1725：アカデミー設立；「力」の尺度に関
◆1725：ヘルマン『物体の力の尺度につい
◆1727：オイラー，バーゼルより移住
◆この頃：オイラー『死力と活力に
◆1731：オイラー『物体の衝突
◆この頃，オイラー『
◆1736：オイラー

ベルリンおよびドイツ諸都市

◆1686：ライプニッツ，デカルトの「力」尺度を批判【2.3，5.1】
◆1741
◆1695：ライプニッツ『動力学提要』【2.3，5.1，5.2】
◆1741
◆1713：ヴォルフ『普遍数学原論』初版【3.1】
◆1716：ライプニッツ没

パリ

◆1696：ロピタル『無限小解析』【5.2】
◆1724：アカデミーの懸賞で，マクローリン
◆1700：ヴァリニョン，無限小解析を中心力問題に適用【2.3】
◆1725：ヴァリニョン『新しい力学あるい
◆1726：アカデミーの懸賞で，マズィエ
◆1727：フォントネル『無限幾何学原論
◆1727：ベルヌーイ（ヨハン）『運動の
◆1735：モーペルテ
◆1740：
◆1740：
◆17

その他

◆1687：ニュートン『プリンキピア』初版【2.2】
◆1716：ヘルマン『ホロノミア』【3.1】
◆1720：ス・グラーフェサンデ『ニュートン哲学入門
◆1722：ス・グラーフェサンデ『物体の衝突に関
◆1727：ニュートン没

来事の一覧

末尾の数字は，本書の該当する章・節の番号を表す．

1750 | 1800

パリよりベルヌーイ親子を訪問；ケーニヒと知り合う【8.1】
ニエル)，一連のオイラー宛て書簡の最初（弾性曲線について)【9.1】
48：ベルヌーイ（ヨハン）没
◆1759：モーペルテュイ没（療養先にて）

究発表【3.1】
デミーに加わる
の伝達について』【6.5】
7.2】 ◆1766：オイラー，ベルリンより再び移住
◆1783：オイラー没

ペテルブルクよりベルリンに移住 ◆1766：ラグランジュ，トリノより移住；オイラーの後任としてアカデミー数学部門長となる
ヴォルフ宛て書簡（力と慣性について)【7.3】
ラー『最大または最小の性質を有する曲線を見出す方法』【9.1】
イラー『衝撃力について』【4.3，7.3】
ベルリンの新しいアカデミー発足（総裁モーペルテュイ，数学部門長オイラー）
オイラー，モナド論を批判する小冊子【7.3】
モーペルテュイ，一般的な最小作用の原理を提唱【4.2，9.4】
◆1750：オイラー『力学の新しい原理の発見』【4.3，7.3】
◆1750：オイラー『力の起源の探究』【4.3，7.3，9.4】
◆1751：最小作用の原理の先取権をめぐる論争（ケーニヒ事件)【9.2】
◆1751：オイラー，最小労力の原理に関する一連の論文【9.3，10.3】
◆1760：オイラー，後に『ドイツのある姫君への手紙』に収録される書簡（物体の本性について)【4.3，7.3】

【6.3】
2，10.3】
受賞【6.3】
いての論議』【3.3，5.2，5.3，6.4】
ー，「動力学」の問題【8.1】
然学教程』【4.1】
イ『静止の法則』【4.2，9.2】
，『動力学の多数の問題の解を与えるいくつかの原理について』【8.2，8.3】 ◆1783：ダランベール没
ベール『動力学論』【4.1，8.3】 ◆1788：ラグランジュ，ベルリンより移住
◆1751：『百科全書』第1巻【4.1，結論】 ◆1788：ラグランジュ『解析力学』【10.1，10.3】

◆1755：ラグランジュ，オイラー宛て書簡（δ記号による変分法について)【10.2】
◆この頃：ラグランジュ，最小原理についての未公刊の著作【10.2】
論の試み』【3.2，6.2】 ◆1762：ラグランジュ，変分法とその動力学への適用に関する論文【10.1】
◆1764：ラグランジュ『月の秤動についての研究』【10.3】

補遺 1
オイラーによる衝突法則の導出【第 6 章第 5 節】

論文『物体の衝突における運動の伝達について』(1731 年) でなされている議論を，オイラー自身の用いている数式表現に即して解説する。オイラーは，一方の物体 A がもう一方の物体 B に追突するという場合に即して説明しているので，ここでもそれに従うことにする．

まず，二つの物体（質量 m_A，m_B；オイラー自身の記号では A，B）が衝突の過程において接近した距離（すなわち初期状態からの中心間距離の減少分）を変量 x で表し，両物体が微小時間にそれぞれ進む微小距離をそれぞれ dr および ds とすれば，$dx = dr - ds$ である（第 14 節）．

次に，両物体の速度を，それに対応する自由落下の高さで表現する．これは，物理量として物体の速度をそのまま用いる代わりに，物体を自由落下させた際に当該の速度が獲得されるような高さを使うというもので，オイラーが頻繁に用いる手法である．この高さを，オイラーは単に v，u と書いているが，混乱を避けるため以下では v_h および u_h と表しておく．そうすると，実際に獲得される速度はこの高さの平方根に比例するので，$dr : ds = \sqrt{v_h} : \sqrt{u_h}$ の関係がある（第 15 節）．現代的に解釈すれば，実際の速度 v は重力加速度を g として $v = \sqrt{2gv_h}$ であるから，オイラーが「速度」と呼んでいる量（v_h）は v^2 の次元を持つことになる．

続いてオイラーは，ばねの復元力を P として，次の関係式を与えている（第 12 節および第 16 節）．

$$dv_h = -Pdr/m_A, \qquad du_h = +Pds/m_B. \tag{1}$$

これは，強いて現代的に解釈すれば運動エネルギーの微小変化が微小な仕事（力と変位の積）に等しいという意味になるが，やはり初期のオイラーがしばしば用いた関係であり，伊藤「オイラーの運動方程式」(2006) では「『高さ』による運動方程式」と呼ばれている．

これら二つの「運動方程式」から，次が得られる．

$$-m_A dv_h - m_B du_h = Pdr - Pds = Pdx. \tag{2}$$

これを積分すると次のようになる．

$$\text{Const.} - m_A v_h - m_B u_h = \int P\, dx. \qquad [3]$$

初期条件として，衝突が始まるとき（$x=0$）の「速度」（正確にはそれを与える高さ）を a_h および b_h（オイラー自身の記号では a，b）とすれば，

$$m_A(a_h - v_h) + m_B(b_h - u_h) = \int P\, dx. \qquad [4]$$

この式は，添え字 h を付された量が実際には速度の 2 乗に相当することに注意すれば，系全体の運動エネルギーの変化が相互作用によってなされた仕事に等しいということを表している（以上，第 16 節）．

他方，$dr : ds = \sqrt{v_h} : \sqrt{u_h}$ の関係と，$ds = dr - dx$ を組み合わせると，次が得られる（第 15 節）．

$$dr = \frac{dx\sqrt{v_h}}{\sqrt{v_h} - \sqrt{u_h}}. \qquad [5]$$

これを「『高さ』による運動方程式」[1] の第 1 式に代入し，さらに [2] を使って整理すると，

$$\frac{m_A dv_h}{\sqrt{v_h}} = -\frac{m_B du_h}{\sqrt{u_h}}. \qquad [6]$$

この両辺を積分すると $m_A\sqrt{v_h} = -m_B\sqrt{u_h} + \text{Const.}$ となり，積分定数を衝突開始時点での「速度」a_h，b_h によって表せば，次が得られる．

$$m_A(\sqrt{a_h} - \sqrt{v_h}) + m_B(\sqrt{b_h} - \sqrt{u_h}) = 0. \qquad [7]$$

これは重心運動の保存（運動量の保存）を表す関係である（第 17 節）．

以上の式から，完全弾性衝突と完全非弾性衝突のそれぞれについて衝突の法則が得られる．まず完全弾性衝突の場合には，ばねが完全に復元したところで衝突のプロセスが終わるという条件を適用する．具体的には，$x=0$ かつ $\int P\, dx = 0$ とし，今しがた得られた二つの式 [4] [7] にこれを用いると，衝突後の物体の「速度」が次の通り得られる（第 19 節）．

$$\sqrt{v_h} = \sqrt{a_h} + \frac{2m_B(\sqrt{b_h} - \sqrt{a_h})}{m_A + m_B}, \qquad \sqrt{u_h} = \sqrt{b_h} + \frac{2m_A(\sqrt{a_h} - \sqrt{b_h})}{m_A + m_B}. \qquad [8]$$

完全非弾性衝突の場合には，ばねの圧縮が最大になったところで相互作用が終わるものとする．これは $dx=0$ という条件であり，このとき $v_h=u_h$ である．そこで，重心運動の保存の式［7］において $v_h=u_h$ とすれば，衝突後の両物体の「速度」として次が得られることになる（第 20 節）．

$$\sqrt{v_h}=\sqrt{u_h}=\frac{m_{\mathrm{A}}\sqrt{a_h}+m_{\mathrm{B}}\sqrt{b_h}}{m_{\mathrm{A}}+m_{\mathrm{B}}}. \qquad [9]$$

なお，弾性が完全でない場合についても同様にして考えることは容易だとオイラーは述べているが（第 22 節），具体的には論じられていない．

補遺 2
ラグランジュによる変分計算の実例【第 10 章第 1 節】

変分原理を基礎として動力学の諸問題を扱った論文,『先の論文で提示された方法の, 動力学のさまざまな問題の解に対する適用』(1762 年) において, ラグランジュが行っている変分計算の実例を紹介する. ラグランジュはこの論文で, 次のような「一般原理」を提示した. これは後年の『解析力学』(1788 年) において,「最小作用の原理」と呼ばれることになるものである.

> 何らかの仕方で互いに作用している好きなだけ多くの物体 M, M', M'', ... があるとし, それらはさらに, お望みであれば, 距離の任意の関数に比例する中心力によって動かされているとする. s, s', s'', ... はこれらの物体の時間 t での通過距離を指し示すものとし, また u, u', u'', ... はこの時間の終わりにおけるそれらの速度であるとすると, 式 $M\int u\,ds+M'\int u'ds'+M''\int u''ds''+\dots$ は常に最大, または最小となる.

ここでは, ラグランジュの計算法がどのようなものであるかを示すことが目的であるため, 最も単純な「問題 1」だけを取り上げる. この問題では, 単位質量あたりの中心力 P, Q, R, ... を受けて運動する物体について論じられるが, これは実質的には, 質量 M の質点と考えてよい. 中心力は各中心に向かう向きを正とし, 各中心から物体までの距離を p, q, r, ... とする. 以下はラグランジュの議論を一部組み替え, 整理して示したものである.

まず, この問題では物体が一つだけなので,「一般原理」は次のように書ける (質量 M は落としてよい).

$$\delta\int u\,ds=0. \qquad [1]$$

ここで δ と $\int$ を入れ替えると (この操作が可能であることは別の箇所で議論されている), この式は次のように二つの部分に分けられる.

$$\int\delta\,u\,ds+\int u\,\delta\,ds=0. \qquad [2]$$

まず, 左辺第 1 項については, 次の関係式を用いて書き換えていく (これは現代

の観点からは，力学的エネルギー保存則である）．

$$\frac{u^2}{2}=E-\int(P\,dp+Q\,dq+R\,dr+\ldots)$$
$$=E+\int(X\,dx+Y\,dy+Z\,dz)/M. \qquad [3]$$

ここで E は定数（全エネルギー）であり，X，Y，Z は物体に作用するすべての力の合力の x，y，z 成分である（原文では単位質量あたりの力 $-X/M$，$-Y/M$，$-Z/M$ をそれぞれ別の文字で表して用いているが，ここではその表記は採用しなかった）．この式の両辺の変分を取って計算すると次のようになる．

$$u\,\delta u=\int\delta(X\,dx+Y\,dy+Z\,dz)/M$$
$$=\int(\delta X\,dx+\delta Y\,dy+\delta Z\,dz)/M+\int(X\,d\delta x+Y\,d\delta y+Z\,d\delta z)/M$$
$$=(X\,\delta x+Y\,\delta y+Z\,\delta z)/M$$
$$+\int(\delta X\,dx-dX\,\delta x+\delta Y\,dy-dY\,\delta y+\delta Z\,dz-dZ\,\delta z)/M$$
$$=(X\,\delta x+Y\,\delta y+Z\,\delta z)/M. \qquad [4]$$

ただし2行目から3行目にかけては第2項の部分積分を行い，3行目から4行目への移行では $\delta X/\delta x=dX/dx$ 等を用いている．また，E の変分がゼロであるということも暗に前提されている（これは現代的な観点からは，全エネルギーが一定であるような変分を取ることに相当する）．ここでさらに $u=ds/dt$ の関係を用いれば，結局のところ次が得られる．

$$\int\delta u\,ds=\int(X\,\delta x+Y\,\delta y+Z\,\delta z)\,dt/M. \qquad [5]$$

次に，元の式［2］の左辺第2項については，$ds=\sqrt{dx^2+dy^2+dz^2}$ を使うと，

$$\int u\,\delta ds=\int u\left(\frac{dx}{ds}d\delta x+\frac{dy}{ds}d\delta y+\frac{dz}{ds}d\delta z\right)$$
$$=-\int\left(d\frac{udx}{ds}\delta x+d\frac{udy}{ds}\delta y+d\frac{udz}{ds}\delta z\right) \qquad [6]$$

と書くことができる．ただし1行目から2行目への移行では部分積分を行い，端点は固定されている（変分がゼロ）とした．

以上から，二つに分けて計算した元の式［2］は全体として次のようになる．

$$0=\int\left(\frac{X}{M}\delta x+\frac{Y}{M}\delta y+\frac{Z}{M}\delta z\right)dt-\int\left(d\frac{udx}{ds}\delta x+d\frac{udy}{ds}\delta y+d\frac{udz}{ds}\delta z\right)$$

$$=\int\left(\frac{X}{M}dt-d\frac{udx}{ds}\right)\delta x+\int\left(\frac{Y}{M}dt-d\frac{udy}{ds}\right)\delta y+\int\left(\frac{Z}{M}dt-d\frac{udz}{ds}\right)\delta z. \qquad [7]$$

これが任意の変分 δx, δy, δz に対して成り立つとすれば，最終的に次が得られる.

$$d\frac{udx}{ds}-\frac{X}{M}dt=0,$$

$$d\frac{udy}{ds}-\frac{Y}{M}dt=0,$$

$$d\frac{udz}{ds}-\frac{Z}{M}dt=0. \qquad [8]$$

$u=ds/dt$ に注意すれば，これは質点 M の運動方程式にほかならない.